压力容器安全管理技术

任海伦　郝鹏鹏　王启超◎编　著

吉林科学技术出版社

图书在版编目（CIP）数据

压力容器安全管理技术 / 任海伦，郝鹏鹏，王启超
编著. -- 长春：吉林科学技术出版社，2023.7
ISBN 978-7-5744-0797-8

Ⅰ. ①压… Ⅱ. ①任… ②郝… ③王… Ⅲ. ①压力容
器安全 Ⅳ. ①TH490.8

中国版本图书馆CIP数据核字（2023）第166963号

压力容器安全管理技术

编　　著　任海伦　郝鹏鹏　王启超
出 版 人　宛　霞
责任编辑　石　焱
封面设计　长春美印图文设计有限公司
制　　版　长春美印图文设计有限公司
幅面尺寸　185mm×260mm
开　　本　16
字　　数　300千字
印　　张　22
印　　数　1–1500 册
版　　次　2023年7月第1版
印　　次　2024年2月第1次印刷

出　　版　吉林科学技术出版社
发　　行　吉林科学技术出版社
地　　址　长春市福祉大路5788号
邮　　编　130118
发行部电话/传真　0431-81629529 81629530 81629531
　　　　　　　　　　81629532 81629533 81629534
储运部电话　0431-86059116
编辑部电话　0431-81629518
印　　刷　三河市嵩川印刷有限公司

书　　号　ISBN 978-7-5744-0797-8
定　　价　99.00元

前　言

　　化工是国民经济的重要支柱产业，化工生产是国内生产总值的重要组成部分。但是化工产业属于高风险制造业，具有高风险、高消耗和高污染等显著特点，绝大部分化工工艺或装置中均涉及压力容器，压力容器和压力管道都属于国务院特种设备安全监督管理部门规定的特种设备范畴。

　　近20年，我国大化工、精细化工快速发展，对安全管理要求越来越高。压力容器是化工企业常用的重要生产设备，随着化工和石油化学工业的发展，压力容器的工作温度范围越来越宽，多样性的工艺操作等特点，给压力容器从选材、制造、检验到使用、维护以及管理等诸多方面造成了复杂性，对压力容器提出了更高的安全和技术要求。

　　《压力容器安全管理技术》严格遵循国家各项标准要求，以压力容器安全性开篇，主要介绍压力容器的基础知识，压力容器的设计方法，制造、焊接、安全装置、测试、使用与管理等具体内容，又对气瓶和移动式压力容器做了介绍；最后理论联系实际，结合发生的大量压力容器事故案例，阐述了压力容器事故的发生经过、基本原因、吸取教训，以强化压力容器设计、使用、管理等方面的安全意识。

　　本书为多人共同编著，其中第一、二、三、五、七、九、十、十一章为任海伦（字靖开）编写，约15万字；第四、八、十章为郝鹏鹏编写，约10万字；第六章为王启超编写，约3.7万字。同时感谢滕琳为整本书做的校正。由于水平有限，书中不足之处在所难免，敬请读者指正。

目 录

第一章　压力容器安全概论

1.1　压力容器安全的重要性

　　压力容器是指在化工和其他工业生产中用于完成反应、换热、分离、"三废处理"和储存等生产工艺过程，承受一定压力的设备，它属于承压类特种设备，广泛的应用于石油、化工、轻工、医药、环保、冶金、食品、生物工程及国防等工业领域以及人们的日常生活中得到广泛应用，且数量日益增大，绝大多数工艺过程均在压力容器内进行，如生产尿素需要与之配套的合成塔、换热器、分离器、反应器、储罐等压力容器；加工原油需要与原油生产工艺配套的精馏塔、换热器、加热炉等压力容器；此外，用于精馏、解析、吸收、萃取等工艺的各种塔类设备也为压力容器；用于流体加热、冷却、液体汽化、蒸汽冷凝及废热回收的各种热交换器仍属于压力容器；石油化工中三大合成材料生产中的聚合、加氢、裂解等工艺用的反应设备，用于原料、成品及半成品的储存、运输、计量的各种设备等均为压力容器。据统计，化工厂中80%左右的设备都属于压力容器的范畴。

　　由于各种化学生产工艺的要求不尽相同，使得设备处在极其复杂的操作条件下运行。并且随着化工和石油化学工业的发展，压力容器的工作温度范围越来越宽，加之规模化生产的要求，许多工艺装置越来越大，压力容器的容量也随之不断增大；同时压力容器种类多，操作条件复杂，有真空容器，也有高压超高压设备和核能容器；温度也存在从低温到高温的较大范围，处理的介质大多具有腐蚀性，或易燃、易爆、有毒，甚至剧毒。这种多样性的工艺操作特点对压力容器从选材、制造、检验到使用、维护以及管理等诸方面造成了复杂性，因此对压力容器的制造、现场组焊、检验等诸多环节提出了越来越高的要求，这就对压力容器提出了更高的安全和技术要求。

　　随着全面建成小康社会这一目标的实现，化工行业作为国民经济支柱产业更是发挥了关键性作用。近年来，化工生产规模的不断扩大，使得化工设备的投入也在不断增加。但带来收益的同时也给国家、社会、家庭、环境带来了伤害。化工设备是一种特殊设备，涉及能量复杂多变，内部介质危险性大，一旦引发事故会带来巨大的人员伤亡、财产损失及环境破坏。压力容器涉及多个学科，综合性很强，一台压力容器从参数确定到投入正常使用，要通过很多环节及相关部门的各类工程技术人员的共同努力才能实现。

1.1.1　压力容器事故的易发性及原因

压力容器是一种可能引起爆炸或中毒等危害性较大事故的特种设备。当设备发生破坏或爆炸时，设备内的介质会迅速膨胀、释放出极大的内能，这不仅使容器本身遭到破坏，瞬间释放的巨大能量还将产生冲击波，往往还会诱发一连串恶性事故，破坏附近其他设备和建筑物，危及人员生命安全，有的甚至会使放射性物质外逸，造成更为严重的后果。下面举例说明：

2011年8月，某新型建材有限公司在进行新型建材的蒸发过程中，发生一起蒸压釜爆炸事故。在事故现场共有6台蒸压釜，自南向北编为1#～6#，其中4#蒸压釜为本次事故釜，爆炸后的4#蒸压釜的釜体与西侧釜盖已分离，釜盖水平移动距离为9.6m（飞行过程中撞破并撞塌邻近厂房），釜体水平移动距离为66.5m（过程中撕断固定地脚螺栓，撞毁地基，击破邻近厂房）。宏观检查釜体、釜盖，除外保温破损严重外，釜体、釜盖基本完好。爆炸后的现场各釜分布位置见图1-1，图1-2为现场照片。

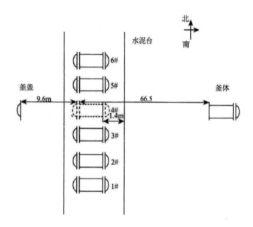

图1-1　蒸压釜位置分布图　　　　　图1-2　事故现场图

事故分析：

本次发生事故的蒸压釜为卧式筒形结构，釜门为活动快开门结构，其技术特性参数为：设计压力1.4MPa，设计温度：197℃，材料：Q345R，规格：φ2000×14×22474mm，容积：71.3m³，出厂日期：2010年1月。容器东西向放置，双面开门，西侧进料，东侧出料。经查，现场6台蒸压釜出厂技术资料齐全，2010年9月安装完成，10月领取压力容器使用证。运行一段时间后，企业负责人感觉安全联锁装置的存在使得釜门闭合及开启的时间延长很多，严重影响了生产，为提高生产效率，遂拆除安全联锁装置，取消了安全联锁功能。事发时该厂已转承包与他人经营，承包经营期间，企业既无安全管理人员、也无相应压力容器操作规程，仅聘用了2名蒸压釜操作人员轮流值班，而2名操作人员均无有效压力容器操作证件。

该蒸压釜所用的蒸汽来源由本厂的锅炉供给，事故发生时使用的锅炉型号为DZL4-1.57A-II，该锅炉及蒸压釜体上均安装了安全阀，根据现场勘查、讯问有关员工和事后验证，事故发生前锅炉蒸汽压力未超过1.0MPa，蒸压釜蒸汽压力约为0.96MPa，事发时该设备不存在超压运行的可能。

宏观检查发生爆炸蒸压釜的釜体、釜盖，除外保温破损外，釜体、釜盖基本完好，釜体、釜盖啮合齿，有明显的局部剪切痕迹。蒸压釜正常的闭合动作应该是：首先人工把釜门就位，然后通过手摇减速机转动釜门，当啮合齿充分啮合后，关闭电磁铁，安全销落下，锁住釜门，完成关釜动作。现场检查全部6台快开门安全联锁装置控制线路，其控制线路均已被割断，进一步检查现场其余5台蒸压釜安全联锁保护装置中的电磁铁及其关键部件"安全销"联动部件，电磁铁因控制线路被割断而失电，机械部件安全销被人为地用小木块卡死，无法工作，快开门安全联锁装置处于失效状态。

由于该蒸压釜的安全联锁装置完成一次启闭釜门的动作时间较长，影响了生产，企业经营者为加快生产进度，在不了解安全联锁装置作用的前提下，擅自取消安全联锁装置。当安全联锁装置被解体，快开结构闭合是否到位就只能依靠操作人员的主观判断，当操作人员能力不足、责任心不强而发生错误操作时，就会产生意想不到的后果。本起事故的直接原因就是蒸压釜安全联锁装置被人为破坏，在釜体与釜门还未完全啮合到位时，就能进气升压运行，在压力的作用下，啮合不完全的啮合齿所承受的压力远大于其屈服强度，致使啮合处产生明显塑性变形，发生剪切，继而脱开造成事故。其根本原因则是企业安全意识淡薄，无有效的安全管理制度和措施，重生产轻安全，缺少安全管理人员，操作人员能力不足，严重违反国家安全技术规范要求，致使事故不可避免地发生[1]。

2010年9月9日太平洋燃气电力公司（PG&E）在新管线接通后，进行置换进气操作。新建管线天然气置换氮气作业包含氮气均压、天然气升压、均压、阀门调节、收球筒泄压、进气等操作，132天然气管线39.28km处发生破裂，随后爆炸。事故发生在美国加利福尼亚州圣布鲁诺的一处居民区，位于伯爵大街和格伦维尤快车道的交叉路口。爆炸形成一个长22m，宽7.9m的大坑。一段长8.5m，重1.36t破裂管道在爆炸中被弹射至坑南30m。PG&E公司预估泄漏的天然气达$1.35 \times 10^6 m^3$。泄漏的天然气遇明火发生爆炸，随后引发重大火灾，导致38所房屋被毁坏，70所房屋受到严重损伤，8人死亡，多人受伤，大批居民逃离该区域，事故现场如图1-3和图1-4所示。

图1-3 炸形成的坑和断裂管道

图1-4 爆炸事故现场航拍

132管线破裂爆炸火灾影响区域以管道爆炸点为中心半径约183m，主要向东北方向蔓延。火灾波及108座房屋，其中30座被摧毁，17座严重损坏，53座轻微损坏。此外，74辆汽车、一个公园林地和一个游乐场被损坏或烧毁。根据PG&E报告，管道修理费用1350万美元，泄漏天然气价值26.3万美元。

事故分析：

事故调查排除了地震活动、腐蚀、第三方破坏、玩忽职守等因素；多根短管组成的事故管道不符合PG&E公司的规范或其他已知规范，故管段也不符合公认的工业质量控制和1956年的焊接标准；1956年的改线工程中，PG&E质量控制措施不到位导致安装了存在缺陷的管道，并且在运营期间没有发现此问题，导致半个世纪过去后发生了重大事故；132管线断裂源于纵向焊缝存在的未焊透缺陷，是塑性裂纹和疲劳裂纹逐步扩展导致管道承压能力下降引起的管道破裂；由于事故管道存在焊接缺陷，在内压的作用下逐步使裂纹扩展；在失效发生前，132号管线的运行压力没有超过PG&E规定的最大运营压力；G&E缺乏详细全面的规程应对大规模的紧急事件（如管体的破裂），没有明确应急指挥机构，也没有给SCADA（数据采集与监控系统）工作人员和其他相关人员分配具体职责；PG&E的SCADA系统的局限性，延迟了管体断裂事故确认和快速定位，用了95分钟才关断了管道断裂位置两端的截断阀，导致大量的天然气泄漏燃烧。如果全线使用自动关断阀或远程控制阀，或将大大减少天然气泄放量，降低燃烧程度；1970年美国运输局（DOT）规定所有管道要进行水压试验，同时提出"1970年施工的管道可以免除进行水压试验"条款，这个条款没有任何安全依据。如果132管线当时进行了1.25倍MAOP（最大容许操作压力）压力测试，那么很可能暴露出这次重大事故的管体缺陷；PG&E没有制定有效的完整性管理计划，未基于管道面临的威胁选择合适的内检测技术。同时，缺乏公众教育与宣传，导致事故状态下的组织管理、人员疏散等措施不到位。

美国国家运输安全委员会（NTSB）最终确定的事故原因如下：一、PG&E在1956年的132线改线工程中，因质量控制不合格，致使安装了有焊接缺陷的管道，其焊缝缺陷甚至可以用肉眼观察到。随着时间的推移缺陷达到临界尺寸，并由于米尔皮塔斯首站不良的电气工程设计导致的一次升压，造成管体破裂。二、PG&E管道完整性管理规程不足，未能发现并及时修复或移除缺陷管段。此外，CPUC（加利福尼亚公共设施委员会）和DOT（美国运输部）作为管理机构对现有管道免除压力测试，也对事故负有责任，此类压力测试很有可能检测到安装过程中的缺陷。DOT作为监管部门，没有发现PG&E管道完整性管理规程不足，也对事故负有责任。管线缺少自动关闭阀门和远程控制阀以及PG&E应急响应程序不足，导致天然气泄漏控制延迟是造成这次事故严重性的主要原因。

2017年6月5日凌晨1时左右，山东省临沂市金誉石化有限公司储运部装卸区的一辆液化石油气运输罐车在卸车作业过程中发生液化气泄漏，引起重大爆炸着火事故，造成10人死亡，9人受伤，直接经济损失4468万元。

临沂金誉物流有限公司驾驶员唐志峰驾驶豫J90700液化气运输罐车经过长途奔波、连续作业后，驾车人临沂金誉石化有限公司并停在10#卸车位准备卸车。唐志峰下车后先后将10#装卸臂气相、液相快接管口与车辆卸车口连接，并打开气相阀门对罐体进行加压，车辆罐体压力从0.6MPa上升至0.8Mpa以上。0时59分10秒，唐志峰打开罐体液相阀门一半时，液相连接管口突然脱开，大量液化气喷出并急剧气化扩散。正在值班的临沂金誉石化有限公司韩仲国等现场作业人员未能有效处置，致使液化气泄漏长达2分10秒钟，很快与空气形成爆炸性混合气体，遇到点火源发生爆炸，造成事故车及其他车辆罐体相继爆炸，罐体残骸、飞火等飞溅物接连导致1000立方米液化气球罐区、异辛烷罐区、废弃槽罐车、厂内管廊、控制室、值班室和化验室等区域先后起火燃烧。现场10名人员撤离不及，当场遇难，9名人员受伤。

事故分析：

直接原因：肇事罐车驾驶员长途奔波、连续作业，在午夜进行液化气卸车作业时，没有严格执行卸车规程，出现严重操作失误，致使快接接口与罐车液相卸料管未能可靠连接，在开启罐车液相球阀瞬间发生脱离，造成罐体内液化气大量泄漏。现场人员未能有效处置，泄漏后的液化气急剧气化，迅速扩散，与空气形成爆炸性混合气体达到爆炸极限，遇点火源发生爆炸燃烧。液化气泄漏区域的持续燃烧，先后导致泄漏车辆罐体、装卸区内停放的其他运输车辆罐体发生爆炸。爆炸使车体、罐体分解，罐体残骸等飞溅物击中周边设施、物料管廊、液化气球罐、异辛烷储罐等，致使2个液化气球罐发生泄漏燃烧，2个异辛烷储罐发生燃烧爆炸。

唐志峰驾驶豫J90700车辆，从6月3日17时到6月4日23时37分，近32小时仅休息4小时，期间等候装卸车2小时50分钟，其余24小时均在驾车行驶和装卸车作业。押运员陈会海没有驾驶证，行驶过程都是唐志峰在驾驶车辆。6月5日凌晨0时57分，车辆抵达临沂金誉石化有限公司后，唐志峰安排陈会海回家休息，自己实施卸车作业。在极度疲惫状态下，操作出现严重失误，装卸臂快接口两个定位锁止扳把没有闭合，致使快接接口与罐车液相卸料管未能可靠连接。

间接原因：超许可违规经营，违规将河南省清丰县安兴货物运输有限公司所属40辆危化品运输罐车纳入日常管理，成为实际控制单位，安全生产实际管理职责严重缺失；日常安全管理混乱，该公司安全检查和隐患排查治理不彻底、不深入，安全教育培训流于形式，从业人员安全意识差，该公司所属驾驶员唐志峰（肇事罐车驾驶员）装卸操作技能差，实际管理的河南牌照道路运输车辆违规使用未经批准的停车场；疲劳驾驶失管失察，对实际管理的河南牌照道路运输车辆未进行动态监控，对所属驾驶员唐志峰驾驶该公司实际管理的豫J90700车辆的疲劳驾驶行为未能及时发现和纠正，导致所属驾驶员唐志峰在长期奔波、连续作业且未得到充分休息的情况下，卸车出现严重操作失误；事故应急管理不到位，未按规定制定有针对性的应急处置预案，未定期组织从业人员开展应急救援演练，对驾驶员应急处置教育培训不到位。致使该公司所属驾驶员唐志峰在出现泄漏险情时未采取正确的应急处置措施，直接导致事故发生并造成本人死亡；致使该公司管理的其余3名驾驶员在事故现场应急处置能力缺失、出现泄漏险情时未正确处置及时撤离，造成该3名驾驶员全部死亡；特种设备安全管理混乱，企业未依法取得移动式压力容器充装资质和工业产品生产许可资质，违法违规生产经营。储运区压力容器、压力管道等特种设备管理和操作人员不具备相应资格和能力，32人中仅有3人取得特种设备作业人员资格证，不能满足正常操作需要；事发当班操作工韩仲国未取得相关资质，无证上岗，不具备相应特种设备安全技术知识和操作技能，未能及时发现和纠正司机的误操作行为；特种设备充装质量保证体系不健全，特种设备维护保养、检验检测不及时；未严格执行安全技术操作规程，卸载前未停车静置十分钟，对快装接口与罐车液相卸料管连接可靠性检查不到位，对流体装卸臂快装接口定位锁止部件经常性损坏更换维护不及时；危化品装卸管理不到位，连续24小时组织作业，10余辆罐车同时进入装卸现场，超负荷进行装卸作业，装卸区安全风险偏高，且未采取有效的管控措施，液化气装卸操作规程不完善，液化气卸载过程中没有具备资格的装卸管理人员现场指挥或监控；工程项目违法建设，该公司一期8万吨/年液化气深加工建设项目、二期20万吨/年液化气深加工建设项目和二期4万吨/年废酸回收建设项目在未取得规划许可、消防设计审核、环境影响评价审批，建筑工程施工许可等必需的项目审批手续之前，擅自开工建设并使用非法施工队伍，未批先建，逃避行政监管[2]。

2018年5月12日，上海赛科石油化工有限责任公司进行储罐检修作业时发生爆炸火灾事故，造成6名承包商员工死亡，事故现场如图1-5所示。

图1-5　爆炸火灾事故现场

发现苯罐75-TK-0201呼吸阀有微量泄漏导致VOC浓度超限，经呼吸阀检修后判断为浮盘密封泄漏，并安排浮盘密封检修。4月19日，安排苯罐75-TK-0201倒空作业；4月19日至23日，蒸罐4天；4月24日至5月1日，氮气置换8天；5月1日，打开储罐人孔进行自然通风；5月2日，从储罐人孔处检查发现浮盘密封损坏；5月4日，进罐检查发现39个浮箱泄漏积液，打孔后排液6桶，后续检查超过半数浮箱积液，并将部分浮箱打孔；至5月8日共排液25桶，约3.08吨。5月8日，工程服务部维护经理组织专题会，确认浮箱已无修复价值，决定整体更换浮盘；5月9日，埃金科施工仁安将疑有积液的浮箱全部打孔，并将流出的积液用泵排至另一苯罐；5月10日，开始浮箱拆除作业；至11日，共拆除38块浮箱；5月

12日，埃金科6名作业人员进入罐内继续作业；15时25分，苯罐发生爆炸并燃烧，造成6名作业人员死亡，罐顶撕裂，罐体位移；12日拆除27块浮箱。

事故苯储罐75-TK-0201情况：建造日期：2009年；投用日期：2010年；结构形式：钢制立式内浮顶拱顶罐；公称容积：10000m³；设计压力：100.835～103.285kPa；设计温度：-10～65℃；储罐尺寸：直径30m，罐顶高度19m；浮盘形式：箱式铝合金装配式；密封形式：舌形密封加囊式密封；浮箱规格：3800mm×520mm×80mm，壁厚0.65mm，共359只；储罐设计单位：中石化上海工程公司；浮盘制造单位：浙江龙飞集团乐清市银河特种设备有限公司；施工单位：北京燕华公司。

事故分析：

直接原因：打孔后的浮箱内残存苯液流出，在罐内挥发形成爆炸性混合气体，在拆除内浮顶储罐浮箱过程中，遇点火源发生爆炸燃烧；可燃物分析：经初步调查、了解情况与分析测试，结合视频记录与现场状况，综合判断可燃物为苯，来源为浮箱内的苯液；可能点火源：1.使用非防爆动力锂电钻时产生的火花。2.使用铁质工具时产生的火花。3.浮盘上的钢制螺栓在拆除或搬运过程中可能与罐体摩擦产生的火花；经过分析，认为使用非防爆动力锂电钻时产生的火花是最大可能性的点火源。

间接原因：违章作业，承包商擅自使用非防爆动力锂电钻和铁质撬棍拆除浮盘；施工方案存在漏洞，在确认浮盘已无修复价值后，决定整体更换浮盘，施工内容发生重大变化，施工方案没有进行相应的调整。施工人员佩戴空气呼吸器，没有佩戴便携式可燃气体检测仪，不能及时掌握作业环境中可燃气体浓度变化情况；施工方案审查不严，没有发现承包商施工方案中无浮盘拆除内容的问题，导致风险识别不充分，未识别出在浮盘拆除时存在苯液挥发可能导致燃爆的风险；施工现场监护不到位，一是承包商现场监护人变动随意，由其他项目临时抽调；二是未及时发现制止非防爆工具的使用，在发现浮箱有苯液后，未告知爆燃风险，也未将异常情况上报并采取安全措施；施工环境可燃气体浓度检测不规范不科学，取样点不具代表性，仅在一个人孔附近进行可燃气体浓度检测。

从以上事故中可以看出，事故均可避免。因此，压力容器制造企业和石油化工企业在展开生产工作期间，必须充分重视压力容器的生产、使用和安全管理工作，并且不断地优化压力容器的安全管理水平，有利于推动我国石油化工企业的健康发展。通过采用有效、科学的方式，逐渐提升石油化工企业在市场中的核心竞争力，确保企业的安全运输、压力容器的安全生产以及安全使用等，从而推动石油化工企业经济的可持续发展。

1.1.2　近年事故统计分析

压力容器一般均盛装气体或者液体，承载一定压力的密闭设备。压力、温度是流体的最基本状态参数，物理过程、化学过程或者生物过程都是在一定的压力和温度下实现的，物质转化、储存、换热、分离等均离不开压力容器。随着科学技术的发展，压力容器的应用领域更加广泛，而且在国民经济支柱领域、战略性新兴产业、航空航天、国防军工等领域发挥着不可替代的关键作用。表1-1为2012-2020年的部分特种设备数量，从2012-2020年的压力容器、气瓶和压力管道的数量反映出国民经济的持续稳定发展，尤其2020年压力管道长度达到101.26万千米，预示着以化工为首的产业经济保持健康较快的发展态势。

表1-1 2012-2020年部分特种设备数量

年份	压力容器/台	气瓶/亿只	压力管道/万千米	备注
2012	271.82	1.39	85.13	
2013	301.12	1.44	89.83	
2014	322.79	1.43	92.47	
2015	340.66	1.37	43.63	
2016	359.97	1.42	47.79	
2017	381.96	1.43	45.09	
2018	394.60	1.50	47.82	
2019	419.12	1.64	56.13	
2020	439.63	1.79	101.26	

注：数据来自国家市场监督管理总局特种设备安全监察局官网。

越来越多的压力容器投入使用，使部分产业经济得到了大力发展，近年来，化工企业安全生产事故在各类事故中的危害性是比较大的，此类事故的特点是发生的范围普遍，几乎在全国的各个省市都有发生；其次，该类事故时有发生，而且重复发生，尤其在一些重要岗位和主要的设备上事故率高；再次，化工企业生产事故的损失相当严重，不仅会造成重大的经济损失，也会使一些工人、干部付出生命的代价。化工企业发生安全生产事故后，不仅需要加倍紧张地工作恢复生产，也给社会增加了不安定因素。表1-2为2012-2020年压力容器事故、气瓶事故和压力管道事故统计，并确定了事故原因。

表1-2 2012-2020年部分特种设备事故统计

年份	压力容器事故/起	气瓶事故/起	压力管道事故/起	备注
2012	26	26	8	压力容器事故：违章作业或设备缺陷和安全附件失效，其中，4起为快开门式压力容器事故，2起为烫平机不锈钢烘筒爆炸事故。 气瓶事故：违章作业或操作不当，其中，3起为氧气瓶混入可燃介质的事故，2起为非法改装气瓶和非法倒装事故，2起为野蛮装卸事故。 压力管道事故：设备隐患，其中，2起为设备爆炸事故，2起为设备泄漏事故。
2013	18	16	9	压力容器事故：设备缺陷和安全附件失效事故9起，违章作业或操作不当事故4起，非法设备使用4起。 气瓶事故：违章作业或操作不当事故5起，设备缺陷和安全附件失效4起，气体泄漏引发事故3起，非法充装事故1起，非法销毁气瓶事故1起。 压力管道事故：事故现象均为管道破裂介质泄漏，或直接造成人员伤害，或引发爆燃造成人员伤害。事故原因主要是设备质量原因或人员违章操作，氨泄漏事故3起，燃气管道泄漏事故4起，蒸汽管道泄漏事故1起。

年份	压力容器事故/起	气瓶事故/起	压力管道事故/起	备注
2014	19	28	12	压力容器事故：设备缺陷和安全附件失效事故6起，违章作业或操作不当事故11起，非法设备使用1起。 气瓶事故：违章作业或操作不当事故6起，设备缺陷和安全附件失效1起，气体泄漏引发事故14起，非法充装事故2起。 压力管道事故：事故现象均为管道破裂介质泄漏，或直接造成人员伤害，或引发爆燃造成人员伤害。事故原因主要是设备质量原因或人员违章操作，其中，氨泄漏事故2起，燃气管道泄漏事故5起，蒸汽管道泄漏事故3起，其他介质管道泄漏事故2起。
2015	27	29	3	压力容器事故：设备缺陷和安全附件失效原因6起，违章作业或操作不当原因4起，非法设备使用原因5起。 气瓶事故：违章作业或操作不当原因2起，设备缺陷和安全附件失效原因2起，气体泄漏引发原因2起。 压力管道事故：事故现象均为管道破裂介质泄漏，或直接造成人员伤害，或引发爆燃造成人员伤害，事故原因主要是管道质量原因或人员违章操作。
2016	14	13	2	压力容器事故：违章作业或操作不当原因4起，设备缺陷和安全附件失效原因3起。 气瓶事故：违章作业或操作不当原因6起，设备缺陷和安全附件失效原因2起，非法经营1起。 压力管道事故：1起为山体滑坡导致管道破裂引发爆燃，1起为人员违章操作。
2017	11	7	4	压力容器事故：违章作业或操作不当原因1起，设备缺陷和安全附件失效原因4起，其他次生原因1起。 气瓶事故：违章作业或操作不当原因3起，设备缺陷和安全附件失效原因1起，非法经营原因1起，其他次生原因1起。 压力管道事故：设备缺陷和安全附件失效原因1起，安全管理不到位原因1起，其他次生原因1起。
2018	9	6	1	压力容器事故：违章作业或操作不当4起，设备缺陷和安全附件失效2起，其他次生原因3起。 气瓶事故：违章作业或操作不当3起，设备缺陷和安全附件失效1起，非法经营1起，其他次生原因1起。 压力管道事故：设备缺陷和安全附件失效1起。
2019	4	4	1	压力容器事故：违章作业或操作不当1起。 气瓶事故：安全管理、维护保养不到位1起，其他次生原因1起。 压力管道事故：安全管理、维护保养不到位1起。
2020	7	3	4	压力容器事故：违章作业或操作不当3起，设备缺陷或安全附件失效2起。 气瓶事故：违章作业或操作不当2起。 压力管道事故：违章作业或操作不当1起，设备缺陷或安全附件失效2起。

注：数据来自国家市场监督管理总局特种设备安全监察局官网。

　　从表1-2中可以看出，从2012-2020年，压力容器事故、气瓶事故和压力管道事故大体均呈下降趋势，2012年左右时候，可能由于压力容器管理不到位、常规检测不足和缺乏对安全附件重视、管理等原因，造成安全事故较多，随着管理规范化，事故相应下降。从表中也可看出，相当部分的事故均由违章作业、操作不当和管理不当引起，若极大提高设计、制造、使用和检验等步骤的规范管理和重视程度，将大幅降低事故发生概率。

企业为满足生产工艺的要求，选用、购置了不同类别的压力容器。压力容器是大部分工业企业不能缺少的重要设备，与企业的生产息息相关。压力容器存在潜在的安全风险，存在压力容器的企业管理中，对压力容器的使用、维护和管理都具有一定的难度，任何情况下，都不可能完全避免压力容器潜在的安全事故发生，只有通过科学的管理方法，减少压力容器发生事故的概率，保护人民群众的生命财产安全，减少企业的经济损失，2011-2018年万台设备死亡率曲线图如图1-6所示。

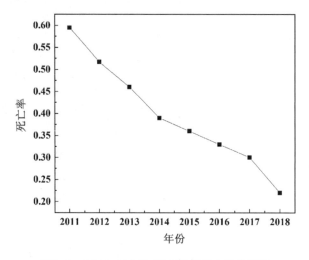

图1-6　2011-2018年万台设备死亡率曲线图

从图1-6中可以看出，从2011-2018年万台设备死亡率呈逐年下降趋势，这归功于科学的管理方法和科学的检验方式，压力容器的事故率虽然比较高，事故危害性比较大，但也不是完全不可避免。

1.2　我国压力容器的管理和监察

压力容器在国民经济的发展中发挥着举足轻重作用，也关乎人民群众生命和财产的安危。因此，压力容器制造企业应做好质量保证工作，确保压力容器产品制造质量，防范质量风险。为了防止压力容器发生事故，保证其安全运行，保障人民生命和财产的安全，目前我国对压力容器安全管理推行的是国家安全监察全过程控制的管理方法，即把容器设计、制造、安装、使用、检验、修理改造、事故、报废和信息反馈等各个环节作为一个系统实施管理，防范事故，确保压力容器安全、经济运行。通常，在进行压力容器设计时，要分析压力容器的使用要求和操作条件，选择合适的材料及确定合理的结构形式，并规定制造工艺和质量要求。为了使压力容器在确保安全的前提下达到设计先进、结构合理、便于制造、使用可靠和造价经济等目的，各国都制定了有关压力容器的标准、规范和技术条件，对压力容器的设计、制造、检验和使用等各个方面提出具体和必须遵守的规定。

压力容器是具有爆炸危险的特种设备，特种设备安全监察机构就是为了保障其安全运行而设立的机构，它的职责是制定安全监察制度、规程和标准，并保证其执行。安全监督检验机构是既不代表制造厂利益，也不代表用户利益的能谓"第三方"，包括锅炉、压力容器在内的特种设备如果未经第三方的检验认可，则不得出厂、安装和使用，也不许进口。

1.2.1　国外安全监察机构简介

目前各工业发达国家和地区大都已设立专门的锅炉、压力容器监察管理机构。其中多数为政府部门专设，有些则为政府部门认可并授权的民间技术权威机构。

1. 德国

德国"技术监督协会"（TÜV）是由政府认可并受委托的权威性监察机构，它成立于1872年，最初只对锅炉实行技术监督，后来逐步扩大到锅炉、压力容器、升降机、电气装置、可燃气体贮运装置、机车、环境保护等众多方面的安全监督检验。对特种设备建立了"法律-条例-部令-技术规范-相关标准"五个层次的安全法规标准体系。协会除承担具体的检验业务外，还接受政府委托有关立法工作和制订规程、标准工作，对操作人员进行培训、考核以及为制造商、用户和政府部门提供所负责检验、监督范围内的技术咨询。

TÜV标志是德国TÜV专为元器件产品定制的安全认证标志，得到全球广泛认可。在整机认证的过程中，凡取得TÜV标志的元器件均可免检。

2. 美国

美国各州政府设有监察部门，但权威性的组织是经政府认可的"美国全国锅炉及压力容器检验师协会"（简称NBBI）。它建立于1919年，NBBI是美国统一管理和执行ASME《锅炉及压力容器规范》的机构，是由美国各州、市及加拿大部分省总检验师组成的。NBBI的宗旨是通过协商以保证承压设备的安全，对锅炉压力容器设计、制造、安装、检验和修理实行统一管理。该协会的职权包括：编制统一的锅炉、压力容器管理规程和办法；对锅炉、压力容器制造厂进行检查，对按《美国机械工程师协会锅炉压力容器规范》制造的设备统一发钢印；对检查员进行培训、考核，并签发各级检查员证书。

3. 英国

英国政府设有监察局，而对锅炉压力容器监督、检验的权威组织是"联合部技术委员会"（AOTC）。它是由部分保险公司代表所组成，初建于1905年，1917年改为现名称。该会负责对锅炉、压力容器、电梯等的设计、制造、安装作技术检查和检验，并按某些具体规范（如EETA欧洲自由贸易区规范）的要求检查和鉴定压力容器、运输用槽车气瓶等。AOTC委员会还与大多数欧洲国家的监察机构签订了双边监察协定。

4. 日本

日本劳动省和通产省分别负责锅炉和压力容器的安全监察管理。主要负责制定法规、颁布政令、批准制造厂，具体监督、检查业务则分别由锅炉协会和高压气体保安协会承担。对锅炉、压力容器、气瓶等特种设备建立了"法律-政令-省令-告示-通知-相关标准"六个层次的安全法规标准体系。这是一种政府机构和民间协会相互配合和补充的管理体制。这两个专业协会的性质，与美国的NBBI和德国的TÜV基本相似。

1.2.2　国内安全监察机构简介

1. 压力容器安全监察体制

我国由国家质量技术监督检验检疫总局特种设备安全监察局负责全国特种设备的安全监察工作。各省、自治区、直辖市质量监督局内设特种设备安全监察处、各市（地）、部分县质量监督局内设特种设备安全监察科负责对本行政区域内特种设备实施安全监察。

国家质量技术监督检验检疫总局特种设备安全监察局的主要其职能为：管理锅炉、压力容器、压力管道、电梯、起重机械、客运索道、大型游乐设施、场（厂）内机动车辆等特种设备的安全监察、监督工作，拟订特种设备安全监察目录、有关安全规章和安全技术规范并组织实施和监督检查；对特种设备的设计、制造、安装、改造、维修、使用、检验检测等环节和进出口进行监督检查；调查处理特种设备事故并进行统计分析，负责特种设备检验检测机构的核准和特种设备检验检测人员、特种设备作业人员的资格考核工作。

2. 压力容器安全监察基本制度

我国压力容器安全监察基本制度分为两种：一是压力容器行政许可制度，包括：（1）设计许可；（2）制造、安装、改造许可；（3）维修许可；（4）充装许可；（5）使用登记；（6）压力容器作业人员考核；（7）检验检测机构核准；（8）检验检测人员考核。二是压力容器监督检查制度，包括：（1）强制检验制度；（2）执法检查制度；（3）事故处理制度；（4）监察责任制度；（5）安全状况公布制度。

具体做法是对压力容器的生产（包括设计、制造、安装、改造与维修）活动实行行政许可制度；对压力容器制造、安装过程实行监督检验制度；对压力容器使用实行登记和定期检验制度；对压力容器安全监察、检测检验、作业人员实行考核发证制度；实行现场监督检查，组织压力容器事故的调查处理。

3. 压力容器安全技术监察

2013年7月，国家质量监督检验检疫局（以下简称国家质检总局）特种设备安全监察局（以下简称特种设备局）下达制定《固定式压力容器安全技术检查规程》（以下简称《大容规》）的立项任务书，要求以原有的《固定式压力容器安全技术监察规程》（TSG R0004-2009）、《非金属压力容器安全技术监察规程》（TSG R5002-2013）、《压力容器定期检验规则》（TSG R7001-2013）、《压力容器监督检验规则》（TSG R7004-2013）等七个规范为基础，形成关于固定式压力容器的综合规范，形成了《固定式压力容器安全技术监察规程》（TSG 21-2016）。

为贯彻落实《中华人民共和国特种设备安全法》《特种设备安全监察条例》，推进特种设备安全监管改革，优化压力容器安全监管措施，2020年对《固定式压力容器安全技术监察规程》（TSG 21-2016）进行修订，形成第1号修改单；对《气瓶安全技术监察规程》

（TSG R0006-2014）等7个气瓶相关安全技术规范进行整合修订，形成《气瓶安全技术规程》（TSG23-2021），现予批准发布，自2021年6月1日起施行。

1.3　压力容器法律标准体系

1.3.1　法律

法律是第一层次，由全国人民代表大会批准。我国现行与特种设备有关的法律主要有：《安全生产法》《中华人民共和国劳动法》《产品质量法》《行政许可法》《节约能源法》和《商品检验法》。

《中华人民共和国特种设备安全法》由中华人民共和国第十二届全国人民代表大会常务委员会第三次会议于2013年6月29日通过，自2014年1月1日起施行，是为加强特种设备安全工作，预防特种设备事故，保障人身和财产安全，促进经济社会发展制定的法律。

其内容涵盖锅炉、压力容器（含气瓶）、压力管道、电梯、起重机械、客运索道、大型游乐设施、场（厂）内专用机动车辆，以及法律、行政法规规定适用本法的其他特种设备的设计、制造、销售、安装、使用、检验、维修、改造、经营、使用、检验、检测和特种设备安全的监督管理等各项活动。该法将以《特种设备安全监察条例》为基础，进一步调整范围，明确各方义务，强化法律责任，使特种设备安全及其他各项活动有法可依。

特种设备安全工作应当坚持安全第一、预防为主、节能环保、综合治理的原则。国家对特种设备的生产、经营、使用，实施分类的、全过程的安全监督管理。

1.3.2　行政法规

行政法规是第二层次，包括国务院颁布的行政法规和国务院各部委以令的形式颁布的与特种设备相关的部门行政规章。

《特种设备安全监察条例》（国务院令第373号）由朱镕基总理签署，于2003年3月11日公布的国家法规，自2003年6月1日起施行；依《国务院关于修改〈特种设备安全监察条例〉的决定》（国务院令第549号）修订，修订版于2009年1月24日公布，自2009年5月1日起施行。

国务院特种设备安全监督管理部门负责全国特种设备的安全监察工作，县以上地方负责特种设备安全监督管理的部门对本行政区域内特种设备实施安全监察（以下统称特种设备安全监督管理部门）。

《特种设备安全监察条例》规定特种设备生产、使用单位应当建立健全特种设备安全、节能管理制度和岗位安全、节能责任制度；特种设备生产、使用单位的主要负责人应当对本单位特种设备的安全和节能全面负责；特种设备生产、使用单位和特种设备检验检测机构，应当接受特种设备安全监督管理部门依法进行的特种设备安全监察；特种设备检验检测机构，应当依照本条例规定，进行检验检测工作，对其检验检测结果、鉴定结论承担法律责任。

《国务院关于特大安全事故行政责任追究的规定》（国务院令第302号）由温家宝总理签署，于2001年4月21日颁布施行。该规定为落实安全生产责任制提供了法律保障，是促进安全生产工作的有力举措。该明确规定了若发生特大火灾事故、特大交通安全事故、特大建筑质量安全事故、民用爆炸物品和化学危险品特大安全事故、煤矿和其他矿山特大安全事故、锅炉、压力容器、压力管道和特种设备特大安全事故、其他特大安全事故等七种特大安全事故，将给予地方人民政府和政府有关部门对特大安全事故的防范、发生直接负责的主管人员和其他直接责任人员行政处分，构成玩忽职守罪或者其他罪的，依法追究刑事责任。

1.3.3　部门规章

部门规章是指以国家质检总局局长令形式发布的办法、规定、规则。例如《特种设备质量监督与安全监察规定》《特种设备作业人员监督管理办法》《特种设备事故报告和调查处理规定》《锅炉压力容器制造监督管理办法》《锅炉压力容器使用管理办法》和《气瓶安全监察规定》等。

《特种设备质量监督与安全监察规定》于2000年6月27日经国家质量技术监督局局务会议通过，予以发布，自2000年10月1日起施行，2018年3月6日由国家质量监督检验检疫总局废止。

《国家质量监督检验检疫总局关于修改<特种设备作业人员监督管理办法>的决定》已在2010年11月23日国家质量监督检验检疫总局局务会议审议通过，现予公布，自2011年7月1日起施行。

《特种设备事故报告和调查处理规定》经2009年5月26日国家质量监督检验检疫总局局务会议审议通过，自公布之日起施行。

《锅炉压力容器制造监督管理办法》是国家质量监督检验检疫总局令第22号文件，于2002年7月1日国家质量监督检验检疫总局局务会议审议通过，局长于2002年7月12日公布，自2003年1月1日起施行。

1.3.4　安全技术规范

安全技术规范是特种设备法规标准体系的重要组成部分，其作用是将特种设备有关的法律、法规和规章的原则规定具体化。

安全技术规范是指以总局领导签署或授权签署，以总局名义公布的技术规范和管理规范。管理类规范包括各种管理规则、核准规则、考核规则和程序等；技术类规范包括各种安全技术监察规程、检验规则、评定细则、考核大纲等。安全技术规范是对特种设备全方位、全过程、全覆盖的基本安全要求。体现在对单位（机构）、人员、设备、方法等方面全方位的管理和技术要求；体现在对设计、制造、安装、改造维修、使用、检验、监察等环节全过程的管理和技术要求体现在对锅炉、压力容器等特种设备全覆盖的管理和技术要求。

特种设备安全技术规范（以下简称TSG），是指国家质量监督检验检疫总局（以下简称国家质检总局）依据《中华人民共和国特种设备安全法》《特种设备安全监察条例》所制定并且颁布的技术规范，主要包括特种设备安全性能、能效指标以及相应的生产（包括设计、制造、安装、改造、修理，下同）、经营、使用和检验、检测等活动的强制性基本安全要求、节能要求、技术和管理措施等内容。如《固定式压力容器安全技术监察规程》《安全阀安全技术监察规程》《蒸汽锅炉安全技术监察规范》《压力管道安全技术监察规程》和《气瓶安全技术规程》等均是典型的特种设备安全技术规范。

1.3.5　技术标准

技术标准是指由行业或技术团体提出，经有关管理部门批准的技术文件，有国家标准、行业标准和企业标准之分。

国家鼓励优先采用国家标准。国家标准是需要在全国范围内统一的产品技术要求，由国家标准管理委员会发布，是其他各类标准必须准遵守的共同准则和最低要求，国家标准又分为强制性标准（GB）和推荐性标准（GB/T），根据我国《标准化法》的规定，涉及安全卫生的领域必须实行国家强制性标准。

行业标准是在没有国家标准又需要在全国某一行业范围内对其产品进行统一规定的技术要求，行业标准不得与有关国家标准相抵触，有关行业标准之间应保持协调、统一，不得重复。行业标准在相应的国家标准实施后，即行废止。行业标准由行业标准归口部门统一管理。行业标准为强制性标准（如：石油化工行业标准SH等）和推荐性标准（石油天然气行业标准SY/T、石油化工行业标准SH/T等）企业标准是企业生产的产品没有国家标准和行业标准的，应当制定企业标准，作为组织生产的依据。已有国家标准或者行业标准的，国家鼓励企业制定严于国家标准或者行业标准的企业标准，在企业内部适用，且应在技术监督部门备案。

目前我国的与压力容器有关的标准比较多，涉及面很广。它包括基础标准、材料标准、设计标准、制造标准、产品标准、附件标准、检验标准、试验标准、安装标准、运行标准、管理标准等，如GB 150–2011《钢制压力容器》、GB/T 151–2014《热交换器》、GB/T 12241《安全阀一般要求》和GB 713–2014《锅炉和压力容器用钢板》等。

参考文献

[1] 袁健伟. 一台蒸压釜爆炸事故原因分析及思考[J]. 中国特种设备安全, 2020, 11(6): 82–88.

[2] GB 150–2011《压力容器》.

[3] 谭蔚. 压力容器安全管理技术[M]. 化学工业出版社, 2006, 北京.

[4] TSG 21–2016《固定式压力容器安全技术监察规程》.

第二章 压力容器的基础知识

2.1 压力容器概述

压力容器作为典型承压类特种设备在能源工业、石油化工行业、科研和军工企业中发挥着重要的作用。我国《压力容器安全监察规程》中将其分为固定式压力容器和移动式压力容器，其中固定式压力容器因使用位置固定而被广泛需求，在压力容器中占比较高。《固定式压力容器安全监察规程》中指出，固定式压力容器是安装在固定位置使用的压力容器，是除了用作运输和储存气、液体的盛装容器以外的所有压力容器。据国家质检总局数据表明，我国压力容器的使用量呈快速增长趋势，如图2-1所示，截至2020年底，压力容器数量已达突破430万台，同比增长4.89%，由此可见，固定式压力容器的需求量也不断增大。

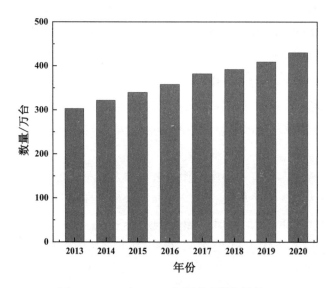

图2-1　2013年-2020年压力容器使用情况

然而，固定式压力容器数量快速增长、需求逐渐增大的同时，由于其密封、承压和存储危险有毒有害物质的原因，一旦发生事故容易造成灾害性后果。2020年9月28日18时许，新疆巴州库尔勒市新疆昆仑工程轮胎有限公司发生一起压力容器爆炸事故，造成7人死亡、4人轻伤。经初步核查，事故原因为该公司硫化车间硫化罐超压所致。固定式压力容器发生燃烧、爆炸等事故直接危及人们的生命安全和财产损失，并且会带来环境污染等一系列间接影响，后果堪忧。近年来，固定式压力容器逐渐向容量大型化和结构复杂化方向发展，因此必须深入了解压力容器。

2.1.1 压力容器的定义

压力容器是指盛装气体或者液体，承载一定压力的密闭设备。按照GB 150-2011《钢制压力容器的规定》，设计压力低于0.1MPa的容器属于常压容器，而设计压力大于等于0.1MPa的容器属于压力容器。

从安全角度考虑，压力并不是表征压力容器安全性能的唯一指标。在相同压力下，容器容积的大小不同，意味着容器内积蓄的能量也不同，一旦发生破裂或爆炸造成的危害也不同。此外，容器内盛装的介质特性也影响了设备的安全性能。因此，压力、容积、介质特性是关联到压力容器安全的三个重要指标。

根据国家质量技术监督局TSG 21-2016年《固定式压力容器安全技术监察规程》和GB 150-2011中规定：

1. 工作压力大于或者等于0.1MPa，工作压力指压力容器在正常工作情况下，容器顶部可能达到的最高压力（表压力）。

2. 工作压力与容积的乘积大于或者等于2.5MPa·L，容积是指压力容器的几何容积，即由设计图样标注的尺寸计算（不考虑制造公差）并且圆整。一般应当扣除永久连接在容器内部的内件的体积。

3. 盛装介质为气体、液化气体以及介质最高工作温度高于或者等于其标准沸点的液体，容器内介质为最高工作温度低于其标准沸点的液体时，如气相空间的容积与工作压力的乘积大于或者等于2.5MPa·L时，也属于本规程的适用范围。

其中，超高压容器应当符合《超高压容器安全技术监察规程》的规定，非金属压力容器应当符合《非金属压力容器安全技术监察规程》的规定，简单压力容器应当符合《简单压力容器安全技术监察规程》的规定。

2.1.2 压力容器的分类

压力容器的形式很多，根据不同的要求，有许多种分类的方法。

1. 按压力容器的受压情况可分为内压容器和外压容器两类。

容器的内部介质压力大于外界压力时为内压容器，反之，则为外压容器。真空容器是指内部压力小于一个绝对大气压（0.1MPa）的外压容器，其中内压容器又可按设计压力P大小分4个等级。

（1）低压容器　0.1MPa≤P<1.6MPa；

（2）中压容器　1.6MPa≤P<10.0MPa；

（3）高压容器　10MPa≤P<100MPa；

（4）超高压容器　P≥100MPa。

2. 按工艺中的作用可分为四大类：

（1）反应容器，用来完成介质化学反应的设备为反应容器，如反应釜、固定床反应器等，典型如图2-2所示；

（2）贮运容器，用以盛装工作介质的设备为盛装（贮运）容器，如球罐、卧式储罐等，典型如图2-3所示；

图2-2　典型反应容器-反应釜　　　　　　图2-3　典型贮运容器-球罐

（3）换热器，用来使介质在容器内实现热交换的设备为换热容器，如冷凝器和再沸器等，典型如图2-4所示；

（4）分离容器，用于完成介质的质量交换、热量交换、气体净化、固液气的分离容器，如精馏塔、吸收塔等，典型如图2-5所示。

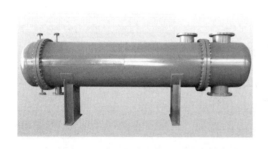 

图2-4　典型换热器-冷凝器　　　　　　图2-5　典型分离容器-精馏塔

3. 按容器壁温可分为-20℃～200℃的常温容器、在常温和高温之间的中温容器、达到蠕变温度的高温容器（对碳素钢或低合金钢容器，温度超过420℃，合金钢超过450℃，奥氏体不锈钢超过550℃）和≤-20℃的低温容器。

4. 从压力容器的使用特点和安全管理方面考虑，可分为固定式容器和移动式容器两大类，典型如图2-6和2-7所示。

固定式容器具有固定的安装和使用地点，工艺操作条件和操作人员都比较固定。

移动式压力容器分为汽车罐车、铁路罐车和罐式集装箱三大类。按其结构形式分为常温裸型、堆积绝热型、真空粉末绝热型及高真空多层绝热型。移动式压力容器属于贮运容器，主要盛装和运输压缩气体、液化气体和溶解气体。由于这类容器活动范围大，环境条件变化复杂，在运输和装卸过程中容易受到外界的冲击、振动，甚至可能发生碰撞或倾翻，一旦发生事故，带来的危害性可能更严重，所以对此类压力容器的设计、制造、检验和使用管理要求更高。

图2-6　卧式储罐　　　　　　　　　　　图2-7　汽车罐车

5. 按制造方法可分焊接容器、锻造容器、热套容器、多层包扎式容器、绕带式容器、组合容器等。

6. 按制造材料容器钢制容器、有色金属容器、非金属容器三类，其中非金属材料既可做容器的衬里，又可作独立的构件。

7. 按几何形状分类可分为：圆筒形容器、球形容器、矩形容器、组合式容器。

8. 按安装方式分类可分为：立式容器、卧式容器。

9. 按壁厚分类可分为：薄壁容器、厚壁容器。

10. 按安全监察管理分类

根据容器压力的高低、介质的危害程度（表2-1）及在使用中的重要性，将压力容器分为三类，即一类容器、二类容器、三类容器。其中三类容器最为重要，要求也最为严格。具体分法为：

（1）三类容器符合下列情况之一者为三类容器：

①高压容器；

②中压容器（毒性程度为极度和高度危害介质）；

③中压储存容器（易燃或毒性程度为中度危害介质，且设计压力与容积之积 $pV \geqslant 10MPa \cdot m^3$）；

④中压反应容器（易燃或毒性程度为中度危害介质，且 $pV \geqslant 0.5MPa \cdot m^3$）；

⑤低压容器（毒性程度为极度和高度危害介质，且 $pV \geqslant 0.2MPa \cdot m^3$）；

⑥高压、中压管壳式余热锅炉；

⑦中压搪玻璃压力容器；

⑧使用强度级别较高（抗拉强度规定值下限≥540MPa）的材料制造的压力容器；

⑨移动式压力容器，包括铁路罐车（介质为液化气体、低温液体）、罐式汽车（液化气体、低温液体或永久气体半挂式运输车）和罐式集装箱（介质为液化气体、低温液体）等；

⑩球形储罐（容积V≥50m³）；

⑪低温液体储存容器（容积V＞5m³）。

（2）二类容器符合下列情况之一且不在第1款之内者为二类容器：

①中压容器；

②低压容器（毒性程度为极度和高度危害介质）；

③低压反应容器和低压储存容器（易燃介质或毒性程度为中度危害介质）；

④低压管壳式余热锅炉；

⑤低压搪玻璃压力容器。

（3）一类容器低压容器且不在第1和2款之内者。

表2-1　介质危害程度

序号	危害程度	单位	数值	备注
1	极度危害（Ⅰ级）	mg/m³	＜0.1	
2	高度危害（Ⅱ级）	mg/m³	0.1~1.0	
3	中度危害（Ⅲ级）	mg/m³	1.0~10	
4	轻度危害（Ⅳ级）	mg/m³	≥10	

根据HG20660-2000压力容器中化学介质毒性危害和爆炸危险程度分类，常见的毒性程度为极毒危害的化学介质如表2-2所示、常见部分毒性程度为高度危害的化学介质如表2-3所示和常见部分毒性程度为中度危害的化学介质如表2-4所示。

表2-2　常见的毒性程度为极毒危害的化学介质

序号	名称	序号	名称	序号	名称
1	乙拌磷	8	内吸磷	15	汞
2	乙烯胺	9	四乙基铅	16	苯并芘
3	二甲基亚硝胺	10	甲拌磷	17	硫芥
4	二硼烷	11	甲基对硫磷	18	氰化氢
5	八甲基焦磷酰胺	12	对硫磷	19	氯甲醚
6	三乙基氯化锡	13	光气	20	羰基镍
7	五硼烷	14	异氰酸甲酯		

表2-3　常见的毒性程度为高度危害的部分化学介质

序号	名称	序号	名称	序号	名称
1	二甲肼	11	正/异丁腈	21	臭氧
2	二异氰酸甲苯酯	12	对硝基苯胺	22	氟
3	二氟化氧	13	氯化苄	23	氟化氢
4	二硝基苯	14	苯乙腈	34	硫酸二甲酯
5	二硝基氯化苯	15	三氯化磷	25	氯
6	1,2-二溴乙烷	16	五氯化磷	26	氯甲烷
7	1,2-二溴氯丙烷	17	丙烯腈	27	氯萘
8	3-丁烯腈	18	苯胺	28	溴甲烷
9	甲醛	19	环氧乙烷	29	磷化氢
10	甲酸	20	环氧氯丙烷	30	磷胺

表2-4　常见的毒性程度为中度危害的部分化学介质

序号	名称	序号	名称	序号	名称
1	一氧化碳	13	二氧化硫	25	苯酚
2	氯乙酸	14	二氧化氮	26	邻硝基甲苯
3	乙二胺	15	二硫化碳	27	吡啶
4	草酸二乙酯	16	三氧化硫	28	苯乙烯
5	乙叉降冰片烯	17	三溴甲烷	29	间甲酚
6	乙胺	18	己二腈	30	间苯二酚
7	乙硫醇	19	四氯乙烷	31	萘
8	乙腈	20	四氯化碳	32	硝酸
9	乙酸	21	丙硫醇	33	硫化氢
10	乙酸酐	22	甲醇	34	硫酸
11	二甲基乙酰胺	23	正丁醛	35	氯化氢
12	氯苯	34	氨	36	乙炔

2.1.3　压力容器的基本结构

　　压力容器是指在压力作用下盛装流体介质的密闭容器，其能够为化工产品的生产提供安全保障，因此在设计时要注重其安全可靠性能的突出。为了保证生产环节的顺利进行，还要在压力容器工作过程中做到专门的维修与管理。想要提高压力容器的实用性，需要技术人员在产品设计之初结合多种因素进行规范化考量，不断提升整个设计工作水平，利于创造更高质量水准的压力容器。我们经常接触压力容器有塔设备（精馏塔、萃取塔等）、换热器（冷凝器、再沸器等）、储罐和反应器等，其结构下面进行简单介绍。

　　1.塔设备

　　塔设备是石油化工装置中重要的单元操作设备。通过气液接触达到传质、传热目的，如精馏、萃取、吸收和解吸等。但并不是所有塔设备的作用仅是物理过程，也有化学反应过程，如加氢反应器、变化炉、反应精馏等。塔设备无论投资费用还是所消耗的钢材在整个静设备中所占比例相当高，占25%左右，催化裂化重量占49%左右。

塔设备的一般是由塔体（封头、筒体、塔内件、接管、人手孔）和裙座以及外部附件（梯子、平台、吊柱）等组成，具体如图2-8所示。

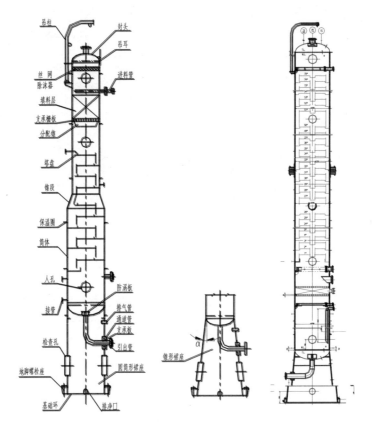

图2-8 塔设备简单示意图

2. 换热器

换热器是不同温度物料之间进行热量传递的设备，其主要作用是维持或改变物料的工作温度和相态，满足工艺操作要求、提高过程能量利用效率进行余热回收等。换热器在炼油、化工装置中占总设备量和设备投资的40%左右。在换热器设备中，管壳式换热器又是应用最为广泛、使用量最大的换热器型式。固定管板式换热器、浮头式换热器和U形管式换热器示意图分别如图2-9、2-10和2-11所示。

管板式换热器结构组成：管程—管箱（壳体、封头、分程隔板、法兰、接管等），换热管；壳程—壳体、管板、折流板、防冲板，接管、支座等。其特点：结构简单、制造成本较低；排管数比浮头式、U形管式要多；不能抽管束（抽芯），无法进行机械清洗，只可清洗换热管内；不适用大温差的场合；因不能单独更换管束，所以维修成本高。

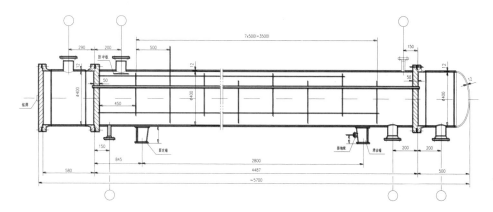

图2-9　管板式换热器示意图

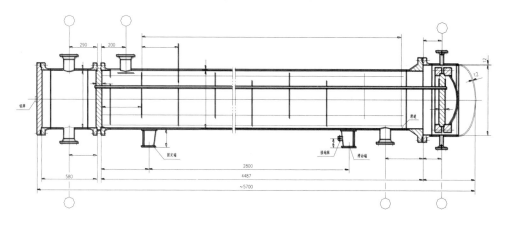

图2-10　浮头式换热器示意图

浮头式换热器结构组成：管箱—壳体、封头、分程隔板、法兰、接管等；管束—固定管板、换热管、折流板、浮动管板、浮头盖和勾圈法兰；壳程—壳体、法兰、接管、防冲板、外头盖、支座等。其特点：可抽式管束，当换热管为正方形或转角正方形排列时，管束可抽出进行机械清洗，适用于易结焦及堵塞的工况；浮头型式可自由浮动，无须考虑温差应力，可用于大温差的场合；浮头结构复杂，影响排管数，浮头密封面发生泄漏时，很难采取措施；压力试验时的试压很复杂。

U形管式换热器结构组成：管箱—壳体、封头、分程隔板、法兰、接管等；管束—固定管板、换热管、折流板；壳程—壳体、封头、法兰、接管、防冲板、支座等。U形管式换热器在换热器中是唯一适用于高温、高压和高温差的换热器，其特点如下：U形换热管的管束可以自由浮动，无须考虑温差应力，可用于大温差场合；只有一块管板，法兰数量少，故结构简单、泄漏点少；可以抽芯清洗；由于U形管的最小弯曲半径的限制，分程间距宽排管略少；当管内流速太高时，将会对U形弯管段产生严重的冲蚀，影响寿命。由于换热管是U形的，管内清洗困难，故管内介质宜是清洁且不易结垢的物料。

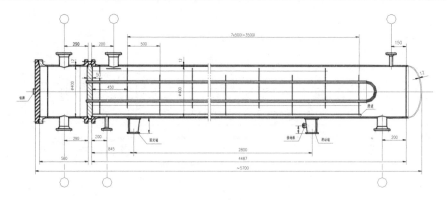

图2-11　U形管式换热器

3. 储罐

储罐是用于储存液体或气体的钢制密封容器，多为钢制。钢制储罐工程是石油、化工、粮油、食品、消防、交通、冶金、国防等行业必不可少的、重要的基础设施，我们的经济生活中总是离不开大大小小的钢制储罐，钢制储罐在国民经济发展中所起的重要作用是无可替代的。钢制储罐是储存各种液体（或气体）原料及成品的专用设备，对许多企业来讲没有储罐就无法正常生产，特别是国家战略物资储备均离不开各种容量和类型的储罐。典型球型储罐如图2-12所示。

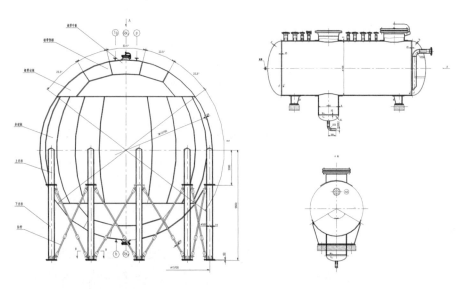

图2-12　球形储罐　　　　　　　　图2-13　卧式储罐

球型储罐可用于储存液化石油气、液化天然气、液氧、液氨、氮气、氢气、丙烯、乙烯、城市煤气等。球罐与圆筒形容器相比具有以下特点：球罐的表面积最小，即在相同容积下球罐所需钢材面积最小；在相同压力和直径下球壳的薄膜应力仅为相同厚度的圆筒体容器的环向应力的一半，因此球罐的承载能力比圆筒形容器大一倍；由于容积大，需制造厂预压成形球壳板，在现场组焊，安装难度大。

卧式储罐的示意图如2-13所示，卧式储罐设备构简单，属于静止设备，其特点为不需对它做太多的维护，只要对其进行日常维护便可；应用很广，可用于石油、化工、消防、食品、树脂等各大领域，主要用于存储气体或液体介质成本低，使用寿命久。

4.反应器

反应器是一种实现反应过程的设备，用于实现液相单相反应过程和液-液、气-液、液-固、气-液-固等多相反应过程。器内常设有搅拌（机械搅拌、气流搅拌等）装置。在高径比较大时，可用多层搅拌桨叶。在反应过程中物料需加热或冷却时，可在反应器壁处设置夹套，或在器内设置换热面，也可通过外循环进行换热。

常用反应器的类型有：

（1）管式反应器，由长径比较大的空管或填充管构成，可用于实现气相反应和液相反应；

（2）釜式反应器，由长径比较小的圆筒形容器构成，常装有机械搅拌或气流搅拌装置，可用于液相单相反应过程和液液相、气液相、气液固相等多相反应过程。用于气液相反应过程的称为鼓泡搅拌釜；用于气液固相反应过程的称为搅拌釜式浆态反应器；

（3）有固体颗粒床层的反应器，气体或（和）液体通过固定的或运动的固体颗粒床层以实现多相反应过程，包括固定床反应器、流化床反应器、移动床反应器、涓流床反应器等；

（4）塔式反应器，用于实现气液相或液液相反应过程的塔式设备，包括填充塔、板式塔、鼓泡塔等，其示意图如图2-14所示；

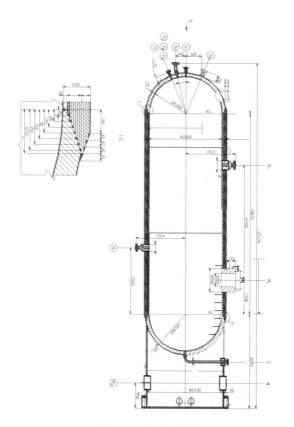

图2-14　氨合成塔

（5）喷射反应器，利用喷射器进行混合，实现气相或液相单相反应过程和气液相、液液相等多相反应过程的设备；

（6）其他多种非典型反应器。如回转窑、曝气池等。

2.1.4 压力容器与工艺的关系

压力容器是为工艺服务的，随着工艺的发展，对压力容器、设备提出了更高的要求，从而促使设备的发展，而一种新设备、一种新压力容器的出世、发展，往往会带来一系列的工艺变革。

压力容器质量的好坏，对生产工艺的影响是非常关键的，也可以说压力容器比生产工艺本身重要，压力容器是装置安全的基本保障，是正常生产的基本保障。作为合格的压力容器生产企业、人员，应该有这种程度上的认识，应多掌握设备方面的知识，只有这样，才能将压力容器质量做得更好，否则，很难有高深造就，更无法生产出精益的、安全的压力容器。

对于压力容器本身，在设计时，是根据生产工艺而设定的，它各方面的工作性能，必须满足生产工艺的要求，而工艺需要设备、压力容器这些主体实现工艺目标，故需要两者和谐统一、完美结合。压力容器需要对生产工艺具有强的适应性，需要充分满足生产工艺所涉及的调整范围。在以往的工作中，有一种传统意识，就是工艺和设备人员、压力容器制造者的工作界限分得太清，有机结合性弱。实际上，工艺人员与设备人员两者无轻无重，各专业间相互支持，相互配合，虽然这属于人为因素，但却可影响企业的安全生产，不得不重视。在生产过程中，有时往往由于设备方面的一些改进和优化，解决工艺人员自身难以解决的大问题；工艺人员也会对设备提出更高的要求，这样的例子较多。

所以，想要生产出高规格的目标产品，设备和工艺人员必须有机结合起来，两者密不可分，缺一不可。从某种程度上来说，压力容器状态的好坏，比生产工艺自身更为重要。

2.1.5 压力容器的应用

压力容器是一个涉及多行业、多学科的综合性产品，其建造技术涉及冶金、机械加工、腐蚀与防腐、无损检测、安全防护等众多行业。压力容器广泛应用于化工、石油、机械、动力、冶金、核能、航空、航天、海洋等部门。它是生产过程中必不可少的核心设备，是一个国家装备制造水平的重要标志。如化工生产中的反应装置、换热装置、分离装置的外壳、气液贮罐、核动力反应堆的压力壳、电厂锅炉系统中的汽包等都是压力容器。下面以催化精馏塔和氯甲烷反应器两个特殊的压力容器为例，简单说明其应用。

1. 催化精馏塔

催化精馏塔是由只具有分离作用的普通精馏塔段和同时具有反应及分离作用的催化精馏塔段构成。催化精馏塔段通常是把装有催化剂颗粒的"催化剂构件"搁置在塔器中，使反应和分离同时进行。塔的类型可以是填料塔，也可以是板式塔，但结构上要能满足固、液相反应过程的一些特定要求，使液体反应物料能与构件内的催化剂充分接触并不断更新表面。所以填料塔的催化剂构件除具有催化反应功能外，还应同时具有普通填料一样的分离功能。

催化精馏技术已成功用于醚化、酯化、水解、烷基化、加氢、缩合等反应过程，20世纪80年代，美国化学研究特许公司将催化反应精馏技术用于醚化过程，以甲醇、混合C4为原料，生产甲基叔丁基醚（MTBE）。国内齐鲁石化公司最先引进MTBE催化反应精馏生产装置，并在此基础上，开发出了自己的催化反应精馏技术，成功实现工业化。

2. 氯甲烷反应器

甲烷氯化物的制备通常采用甲醇法，属于气-固相催化法，在化工行业中用于气-固相催化反应的反应器主要有流化床和固定床反应器两种类型。与催化剂颗粒呈"沸腾"状态的流化床相比，固定床反应器具有催化剂不易磨损，气体流动平稳，反应速度快，反应过程转化率和选择率较高的优点。固定床反应器又分为绝热式和列管式两种，两种反应器结构型式与特点如图2-15所示。

（1）绝热式固定床反应器

绝热式固定床反应器外壳包裹绝热保温层，催化剂床层与外界没有热量交换，中空圆筒的底部放置支承结构，上面堆放固体催化剂，气体从上而下通过催化剂床层，整个反应过程接近绝热状态，反应过程中释放、吸收的热量全部用于自身反应系统的升温和降温。绝热式固定床反应器结构简单，床层横截面温度均匀，单位体积内催化剂量大，但只适用于热效应不大的反应，当反应过程释放、吸收的热量过大时，便需要借助外界进行调节热量平衡。

（2）换热式固定床反应器

换热式固定床反应器主体结构由若干个换热管在床层中排列而成，换热管两端固定在上下两块管板上，管内装填催化剂。换热式固定床反应器传热效果好，管内温度容易控制，返混小、选择性高，只要增加管数，便可实现过程的放大，对于极强的放热反应，还可以用同样粒度的惰性物料来稀释催化剂。

鉴于氯甲烷反应器高效传热能力的需求，列管式固定床反应器作为氯甲烷反应器整体结构方案，此外氯甲烷反应器内部结构还包括气体分布结构、传热结构等，氯甲烷反应器的结构示意图如图2-16所示。

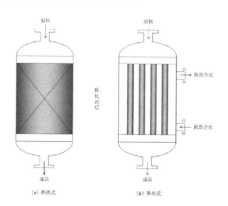

图2-15　氯甲烷固定床反应器

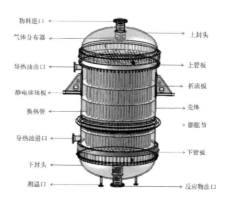

图2-16　氯甲烷固定床反应器的结构示意图

2.2 压力容器的运行特点与基本要求

2.2.1 运行特点

压力容器是在特殊条件下运行的特种设备，其安全可靠性是设计、制造中的关键问题。因此，了解压力容器使用中运行的基本特性是十分必要的，这些基本特性主要包括压力、温度以及介质的特性。

1. 压力

压力参数是压力容器运行的主要特性参数。容器内介质的压力是压力容器在工作时所承受的主要外力，会在容器壳体中产生一次应力。当壳体的一次应力超过壳体材料的承载能力时会导致容器破裂而发生事故。

压力容器内的压力主要来源于以下两个方面：一方面来自容器外部，如气体压缩机（往复式、离心式和螺杆式等）、泵（离心式和往复式等）、蒸汽锅炉、废热锅炉等外部设备提供的压力；另一方面来自容器内部压力或压力增大，包括：

（1）在密闭容器中的气态介质，由于温度升高而导致体积膨胀，但受容器内空间的限制而产生压力或使内部压力增大；

（2）在密闭容器中的液体介质，在容器工作温度高于标准沸点时，液体沸腾汽化，体积膨胀增大，受容器内部空间限制而产生的压力或压力增大；

（3）密闭容器中的液化气介质，以汽、液两相共存，在足够的气相空间条件下，由于温度升高，介质饱和蒸气压增大，导致容器内压力增大；

（4）密闭容器中如果充满液态介质，由于温度升高导致的液体体积膨胀，但受容器的现在而产生压力或压力增大；

（5）由于化学反应产生的压力或压力增大。

2. 温度

容器的设计温度是指在正常操作情况时，在相应的设计压力条件下，壳壁或受压元件可能达到的最高或最低（≤-20℃时）温度。温度是压力容器材料选用的主要依据之一，也是压力容器设计和使用中需要考虑的因素。

3. 介质特性

由用途和生产工艺所决定的压力容器的介质品种繁多复杂，从安全方面考虑，对介质的特性主要考虑三个方面：一是介质与压力和温度相关的物理特性；二是介质对材料的腐蚀性；三是介质的化学特性，主要是易燃、易爆性质，以及毒性程度。

压力容器的风险特征与工作条件有关，从某种程度上来说，压力容器工作条件决定压力容器的风险特征，风险特征是固有的，但受工作条件变动影响，包括压力指标、温度变化、介质毒性、爆炸危害程度等。危险程度指标受压力容器内部蕴藏能量影响，压力容器作为封闭性结构，可以当作危险源或者潜在的危险因素。这种危险性是在受到外界因素影响进而引发的，比如化学介质毒性、内部物质腐蚀性、火灾危险性、化学爆炸性，这些因素如果处理不好，很容易造成多方面的影响，比如造成环境污染、人员伤亡、能源浪费等问题。

结合压力容器的运行特点来看，对于压力容器危险源的种类可以进行划分，从而达到一个较好的分化效果，主要包括毒物释放、火灾、爆炸、泄漏等4个类别。危险与风险之间存在一定的连接关系，危险要想转化为风险，必然需要一定的因果关系或者偶然关系，转化的外在形式一般以失效的方式体现。压力容器失效形式多样化，造成失效的因素是多种的，比如压力运行负荷过大，荷载超标的情况，运行负荷过大的情况下，会使得结构磨损程度增大，使得正常的工作能力受到影响，无法正常运行，从而产生失效的情况。失效虽然是动态变化，有着多样表现性，但就总体来说，可以将其规划为四类，包括强度、刚度、稳定性、腐蚀性等，失效形式主要是基于压力容器内部功能出发，对固有的危险指标进行评估判断，当然，受外界人为或者环境因素影响，危险事件的概率也会相应发生改变。如果内部成因得到控制，那么风险指标就会相应地降低，将其控制在相对稳定的范围。

（1）毒物释放

在压力容器中，包含的内部物质比较多样化。压力容器的风险指标比较多，相关作业人员在操作过程中，如果与毒性介质接触，接触的可能性、接触时间、毒性强度，这些都是影响压力容器风险程度的因素。要想造成毒物泄漏，必然是内部结构受到损坏，压力容器的结构出现不稳定波动的情况，结构连接不稳定、安全附件出现断点的情况，超压泄装置失灵，操作人员在设备操作过程中，没有规范操作，出现违规操作的情况，通风设备失灵等，都会在一定程度上使得作业人员造成中毒危害。压力容器中所含的物质类别多种多样，根据所含物质类别的不同，造成的危害程度也不同。当容器中包含氯气的时候，作业人员在操作过程中，如果口腔不小心接触到相关物质，就会引起急性中毒，严重损坏身体健康。作业人员长期在有毒物质环境下工作，很多物质具有渗透性，非常不利于作业人员的身体健康，比如氯乙烯介质。在压力容器

设计过程中，要兼顾各个方面的影响因素，做好相关协调工作，特别是对于化学价值的毒性要严格把控，控制好化学物质的毒性以及作业人员的接触量和接触频率。中毒指标需要明确规定，不能超出标准范围。

（2）燃烧与爆炸

燃烧与火灾之间存在必然的联系，燃烧得不到控制，就会逐渐演化为火灾，火灾是更为严重的危险事故。燃烧是一个氧化过程，主要是可燃物与助燃物之间发生了反应，这两种物质具有一定的粘黏性。在压力容器运行中，容器内部中存在着易燃介质，如果没有控制好，与其他物质相接触，产生燃烧反应，进而扩大化，很容易衍生为火灾。因此，在压力容器设计过程中，要兼顾各个方面的影响因素，做好相关协调工作。压力容器的设计可以参照可燃气体和可燃液体的危险标准进行调控，并结合可燃物质的各项指标进行协调。不同可燃物质的燃点、自燃点都不同，需考虑周全，通过全面规划，确保压力容器内部系

统可以对潜在危险进行识别。

压力容器运行失效模式表现多样，任何一种形式的失效，造成的延伸性影响都比较大，都会在一定程度上引起燃烧或者爆炸的问题，具有概率性特点。一、对于安全附件来讲，主要是温度计失灵，使得温度计对容器内部温度变化无法进行有效的检测，使得容器内部温度不断升高，已经高于物质的自燃点，从而引起燃烧或者爆炸。二、压力表故障也会造成压力容器运行失效，如压力表内部的压力出现不稳定波动的情况，会导致安全附件结构损坏，造成介质泄漏。三、压力容器本身具有一定的结构性特点，在内部因素影响下，如材料磨损、腐蚀、性价指标降低等，会使得压力容器运行过程中的压力强度降低，整体性能呈现下降趋势。四、对于燃烧和爆炸的风险特征，可进行综合分析，在容器内部中，呈单一性的物质形态，与其他物质混合容易产生爆炸特性，内部容器温度上升，从而引起物质燃烧；在容器的外部结构中，遇到明火火源引起的燃烧。五、受腐蚀因素影响，导致容器结构壁出现弱化，使得介质出现泄漏。六、容器设计过程中，没有考虑到性能指标规划，性能指标不符合标准性能要求。七、在作业操作过程中，不按照要求执行，出现违规操作的情况。

（3）泄漏窒息

在压力容器中，所包含的物质成分较多，介质种类较为多样。介质中，液体物质是主要的存在形式，这些液体易出现气化，造成的泄漏，如果处理不及时，很容易引起严重的后果。这种情况在行业中非常重视，这种风险具有伴随性，一般是随着前面几种风险同步的，比如介质出现泄漏的情况，往往伴随爆炸、燃烧的情况，同时也会挤压空气，出现因为缺氧造成人员窒息死亡的事件。

这些风险特征具有联动性，并不是单一存在的，一般都是基于压力容器的运行特点而衍生的危险情况。因此，压力容器设计过程中，要考虑到各种因素，对不同的风险进行指标分析，判断危险的可能性。如在硝基苯的生产过程中，主要原料为甲苯和苯酚，这两种原料具有很强的化学活泼性，如处理不当，易出现燃烧、爆炸等情况。同时，浓硫酸和浓硝酸配制的溶液腐蚀性强，硝化产物具有一定的爆炸性。此外，反应过程中，伴随蒸汽和粉尘的产生，这些物质具有很强的毒性。因此，基于压力容器运行特点，进行综合性评估是非常重要的。

2.2.2 基本要求

对压力容器最基本的要求是在确保安全的前提下长期有效地运行，因此压力容器应满足以下几个方面的要求：

1.强度

强度是指容器在外力作用下不失效和不被破坏的能力。压力容器的受压元件应具有足够的强度，以保证在压力、温度和其他外载荷作用下不塑性变形、不破裂、不爆炸等事故。

2. 刚度

刚度是指容器在外力作用下保持原来形状的能力。与强度不同，容器或容器的部件由于刚度不足往往不会发生破裂，但会由于过大的变形而丧失正常的工作能力，如容器及管道的法兰，由于刚度不足产生翘曲变形而发生密封泄漏，使密封失效。

在法兰的选择中，管法兰比容器法兰更难以抉择，因为管法兰的压力等级一定要比容器法兰在设计温度的最大冲击压力还要大。在化工生产过程中，压力容器处于高温、高压、高腐蚀的环境中，如果选择不锈钢材质的法兰，则管法兰的最大无冲压力就会由于高温环境的影响而有所下降，因此，必须选择压力更高的法兰，保证在设计温度条件下，管法兰的设计压力小于最大无冲击压力。

如果设计压力较大，如果采用碳素钢作为容器材料，需要适当增加设备壳体壁厚，这样可增加压力容器的质量，增加成本。一般来说，当压力容器的强度较高时，壳体壁厚要大于8mm，最好使用低合金钢作为容器的材料，如果设计压力不大，容器直接打压，并且对容器的刚度以及结构要求比较高的时，最好选择普通碳素钢作为容器材料。

3. 稳定性

稳定性是容器在外力作用下保持其几何形状不发生突然改变的性能，如外压薄壁圆筒可能会突然压瘪而失稳。

压力容器在生产及制造的过程中，由于技术工艺以及生产条件的不同，对其在结构稳定性等方面也存在不同程度的影响。所以，压力容器在生产的过程中，应采取合理的工艺技术，做好各项指标的控制，尽量避免因工艺技术及相应参数的不标准而导致压力容器出现应力集中等问题，甚至发生容器爆炸等安全事故。因此，压力容器在结构的设计方面，需要针对不同环境、不同储存物质来提高相关的性能指标。

4. 密封

压力容器往往盛装一些易燃、易爆或有毒的介质，一旦泄漏，不仅会对环境带来污染，还可能引起财产的损失和人员伤亡，因此，压力容器的密封性能至关重要。

从结构设计方面分析，为压力容器选择合适的封头类型，进一步提高压力容器的密封性以及安全性能。压力容器在实际的生产制造时，一般会将封头类型分为半球形、蝶形以及平封头等多种类型。同时，压力容器通过选择合适的封头类型，才能从结构设计的角度，进一步降低应力集中现象的发生。所以，在压力容器实际的结构设计过程中，通过采用回转壳体和成型封头，提高压力容器的密封性。从材料消耗方面分析，可为压力容器选择椭圆形封头。通常情况下，压力容器一般不采用矩形的截面容器以及平盖封头，以确保压力容器的安全性能和稳定性能不受封头的影响。

压力容器的密封性不仅指可拆连接处（如搅拌反应釜搅拌轴处的轴封）的密封性，也包括母材和焊缝的致密程度。

5. 使用寿命

压力容器的设计使用年限一般为10～15年，对于高压容器等重要的容器，设计使用年限可为20年。容器的设计使用年限与其实际使用年限是不同的，如果操作使用得当，检验维修得当，则实际使用年限可能会比设计使用年限还要长得多。压力容器的使用年限主要取决于容器的腐蚀、疲劳和磨损等方面。

在压力容器寿命设计过程中，设计制造人员需要从实际出发，真正认识到压力容器使用寿命设计的有效性，科学界定压力容器使用寿命的数值。将寿命数值作为标准，融入压力容器设计制造各个环节，确保压力容器质量的提升，减少故障的发生。在完成压力容器寿命设计工作之后，设计制造人员需要充分考量评估设计制造标准、个人经验、技术能力等相关要素，立足于压力容器的使用场景，在完成原材料选型工作后，充分借助计算机技术对压力容器设计方案进行必要的评估，针对性地完成压力容器设计方案的细化调整，以确保压力容器寿命设计更加符合预期。

6.制造与维修

压力容器的结构应便于制造、安装和检查，如采用标准化的零部件，设置尺寸适宜的人孔和检查孔，以保证容器安全运行。此外，容器的外形和尺寸上还尚应考虑运输的方便。

压力容器作为常见的工业设备，它的质量问题受到复杂制造程序，维修问题多等各方面因素的影响。因此，在实际应用中，对其制造过程和维修等进行细致探索，找出各方面问题的根源，提出具体的应对方法，以此提高压力容器的质量，让它更符合生产生活的需要。

参考文献
[1] GB 150-2011《压力容器》.

[2] GB/T 151-2014《热交换器》.

[3] TSG 21-2016《固定式压力容器安全技术监察规程》.

[4] 谭蔚.压力容器安全管理技术[M].化学工业出版社,2006,北京.

[5] 孙辉.压力容器设计制造中的典型问题及对策[J].生产质量,2020,24:23-25.

第三章　压力容器的设计

3.1　压力容器的设计方法

　　压力容器是一个涉及多行业、多学科的综合性产品，许多行业均用到承压设备，尤其是化工、航天、石油等行业。压力容器作为一种承压设备，在生产过程中发挥着重要作用，能否安全运行不仅关系着工业生产的经济效益，更关系着人民的生命财产安全，所以压力容器的设计、制造和维护检测有着极高的要求，各国对此都有相应的国家规范予以规定。

　　目前，压力容器所采用的设计方法有两大类：一类是按规则进行设计，也叫常规设计。它的基本思想是结合简单力学理论和经验公式对压力容器部件的设计做一些规定。我国压力容器的国家标准 GB 150-2011《钢制压力容器》，美国的ASME锅炉与压力容器规范第VIII卷第一册和日本标准JISB 8243等均采用常规设计进行一般压力容器的设计。常规设计起源较早，主要依据材料力学中的公式进行设计，可以计算容器简单部件的基本壁厚，然后对计算结果取以一定的安全系数作为最终的设计结果，这种方法由于应用历史较长，经长期工程检验确定的经验系数虽然能够保证设计容器的安全性，然而设计结果往往较为保守，另外，常规设计对那些形状较为复杂的部件，没有现成的公式用于应力计算，无从进行设计计算，而且常规设计亦不能用于疲劳校核。另一类是分析设计方法。此方法对许多结构形状比较复杂或组合载荷作用的设计条件提供了可进行详细设计的手段。相应的设计标准为我国JB 4732-95《钢制压力容器-分析设计标准》美国的ASME规范第VIII卷第二册和欧盟EN 13445等。

3.1.1　常规设计

1. 常规设计的理论基础

　　自1925年美国ASME开始发布压力容器规范《非直接火压力容器》以来，其后许多国家发布的类似规范均属于常规设计范畴。它的理论基础是弹性失效准则，认为容器内某一最大应力点达到屈服极限进入塑性，丧失了纯弹性状态即为失效。常规设计只考虑单一的"最大载荷"工况，按一次施加的静力载荷处理不考虑交变载荷，不涉及容器的疲劳寿命问题。目前我国相应的设计标准为GB 150-2011《钢制压力容器》，美国的ASME锅炉与压力容器规范第VIII卷第1册和日本标准JISB 8243等。

常规设计是以弹性设计准则为基础，只考虑单一的最大载荷工况，按一次施加的静力载荷处理，不涉及容器的疲劳问题，不考虑热应力。它是以壳体的薄膜理论或材料力学方法导出容器及部件的设计计算式，给出了压力、许用应力、容器主要尺寸之间的关系。但这些并不是建立在对容器及其部件进行详细的应力分析基础之上，例如容器筒体，是根据内压与筒壁上均匀分布的薄膜应力整体平衡推导而得，采用的是"中径公式"。一般情况它仅考虑筒体中的平均应力，不考虑其他类型的应力（如弯曲应力），只要将平均应力值限制在以弹性失效设计准则所确定的许用应力范围之内，则认为设备就是安全的。

实际上，当容器承载以后，会在容器结构不连续区域出现多种应力。常规设计在标准中对此只是根据经验做出规定，把局部应力粗略地控制在一个安全水平上，并在结构、选材、制造等方面提出要求来保证安全。因此，从本质上讲常规设计是基于经验的设计方法。

常规设计在分析方法上是以材料力学方法或板壳薄膜理论导出计算公式，从基本的薄膜应力出发，同时将其他应力对容器安全性的影响，包括在较大的安全系数之中，未对容器重要区域的实际应力进行详细而严格的计算。实际上，当容器承载以后器壁上会出现多种应力，其中包括由于结构不连续所产生的局部高应力等。常规设计标准对此只是根据经验做出规定，将局部应力控制在一个安全水平上，只能在设计中选取许用应力时采用较高的安全系数，以保证压力容器的安全运行。

GB 150–2011标准适用于设计压力不大于35MPa的容器，当 $p_c \leq 0.4[\sigma]^t \phi$ 时，设计温度下圆筒的计算厚度公式：

$$\delta = \frac{p_c D_i}{2[\sigma]^t \phi - p_c}$$

$$\delta = \frac{p_c D_o}{2[\sigma]^t \phi + p_c}$$

式3–1

其中

p_c——计算压力，MPa；

δ——圆筒或球壳的计算厚度，mm；

D_i——圆筒或球壳的内直径，mm；

D_o——圆筒或球壳的外直径

δ_n——圆筒或球壳的名义厚度，mm；

$[\sigma]^t$——设计温度下圆筒或球壳材料的许用应力（按GB 150.2），MPa；

ϕ——焊接接头系数；

当 $p_c \leq 0.6[\sigma]^t \phi$ 时，设计温度下球壳的计算厚度的计算公式：

$$\delta = \frac{p_c D_i}{4[\sigma]^t \phi - p_c}$$

$$\delta = \frac{p_c D_o}{4[\sigma]^t \phi + p_c}$$

式3-2

式1与式2是以第一强度理论,即最大应力理论为基础,认为引起材料断裂破坏的主要因素是最大应力,不论材料处于整体应力还是局部应力,只要达到了材料的屈服极限,容器便失去正常工作能力,即"失效"。这些公式给出了压力、许用应力和容器主要尺寸之间的关系,包含了设计三要素:设计方法(简单公式)、设计载荷(内压)及许用应力。但这些不是建立在对容器及其部件进行详细的应力分析基础之上的。

外径D_0与内件D_i之比$K=D_0/D_i \leqslant 1.2$的薄壁容器也采用这一设计方法,薄壁容器的设计理论基础为薄膜理论,是一种近似计算方法,其忽略了垂直与容器壁面的径向应力,但可控制在允许的误差范围内。

由此可见,常规设计的理论基础简单,没有去深究隐含在许用应力后面的多种失效模式。因此,可以说常规设计本质上是一种基于经验的设计方法。但其设计方法简单易行,具有丰富的使用经验,在很长一段时间内对压力容器的设计和技术发展起着积极的推动作用。

2. 常规设计的不足之处

压力容器在实际运行中所承受的载荷往往是多种多样的,不但有机械载荷,还有热载荷、周期性变化的载荷等,这使得无法用常规设计方法进行设计。例如由于在容器中存在边缘效应开孔、接管、支座、附件连接等局部不连续,器壁中应力分布很不均匀,局部应力有时比基于薄膜理论的简化公式算出的应力高出很多倍,许多容器事故都是由这种局部高应力引发的。在设计上,如果按最大应力点达到屈服极限就算失效,把局部高应力限制在一倍的许用应力以下,则对其他广大的低应力区来说尚有很大承载潜力,材料没有充分发挥作用,设计是保守的。若不考虑局部应力,只按薄膜应力进行计算,应力集中区将会出现塑性变形,在反复载荷作用下还可能萌生裂纹,进而导致容器失效等不安全因素。又如对具有热应力的容器,热应力对容器失效的影响是不能通过提高材料设计系数或加大厚度的办法来有效改善的,有时厚度的增加倒起了相反的作用,因为厚壁容器的热应力会随厚度的增加而增大。

从实践中发现,压力容器出现的一些事故用常规设计的观点解释不了,常规设计的确存在一些不能满足设计要求之处,主要有以下三点:(1)工程结构中的应力分布大多数是不均匀的,对于几何或载荷不连续处(如:开孔接管),若按最大应力点进入塑性状态就算失效,显得过于保守。因为结构尚有很大的承载潜力;若不考虑应力集中,只按简化公式的平均应力进行计算又不安全,应力集中区将可能出现裂纹,进而会导致失效;(2)对具有热应力的容器,要热应力控制在传统规范允许的水平之下,有时是难以做到。在高温、高压的容器中，热应力与内压应力之和往往超过传统的许用应力值，无论加厚或减薄壁厚均不能满足传统标准规范的要求，因为两者对壁厚大小的要求是相反的；（3）在实际运行中，有许多承受交变载荷的容器出现了疲劳裂纹，这是一种实实在在的破坏形式。据统计，约有过半数的容器失效是属于疲劳破坏，但基于一次静力加载的常规设计和容器水压试验都不能对疲劳失效做出合理的评定和预测，且这些均不能按传统增加壁厚的办法加以解决，因此，除在结构型式与材料方面采取相应的措施外，还必须从设计观点和设计方法上加以改进。

那么还有没有更合理、全面的设计方法呢？随着科学技术的进步，压力容器设计有了质的变化，分析设计应运而生。

3.1.2 分析设计

事实上，压力容器除了薄膜应力外，还存在着局部应力和温差应力等。当局部应力达到材料的屈服极限，而容器大部分区域仍处于弹性状态时，已经屈服的局部区域受周围弹性区的影响，其变形量也不可能进一步增长，因而不会引起整个容器的失效。常规设计方法无法解决上述问题，需要研究新的设计方法。容器可选材料种类的增加，品质的提高，新结构、高参数的出现，制造工艺和检测手段的改进，这些都为分析设计的发展与应用创造了良好的条件；更重要的是计算技术的突飞猛进，有限元法的出现，各种功能软件的推广使用，为压力容器设计计算提供了重要的手段。所有这些都为分析设计的发展奠定了基础。

分析设计发展。压力容器分析设计标准是我国压力容器标准体系中两大核心产品建造方法标准之一，也是我国与美国和欧盟压力容器标准体系中的核心标准相对应的标准。

美国ASMEVIII-2《压力容器另一建造规则》是压力容器的分析设计方法篇。该标准于1968年首次出版，经过多次修订，2007版与上一版本相比做了较大调整，其中抗拉强度安全系数由3.0调整至2.4，建立了以失效模式为主线的标准编制原则，同时引入了弹塑性分析方法。

EN13445《非直接受火压力容器》作为欧盟1997年实施的《承压设备指令》的协调标准于2002年首次颁布。从首次颁布版本开始，覆盖了压力容器的材料、设计、制造和检验，其中规定了抗拉强度安全系数为2.4，涵盖了蠕变在内的8种失效模式，给出了用于设计的直接法，即弹塑性分析方法。

我国于1995年首次制定并发布实施了JB4732-1995《钢制压力容器—分析设计标准》，该标准主要借鉴ASMEVIII-2理念并参照其他欧洲工业发达国家等相应标准编制而成。标准技术内容借鉴了ASMEVIII-2的标准成果，同时在材料、制造、检验和验收以及管理方面结合了我国国情和当时的技术发展水平；在应力分析方法上结合当时的技术成果进行梳理整合，进而形成了具有我国技术特色的压力容器分析设计标准。该标准有效支撑了按分析设计方法实现压力容器合理建造，完善了我国压力容器标准体系建设，对形成与美国、欧盟并驾齐驱的世界三大压力容器标准体系起到了至关重要的作用。为了延续其有效性，2005年根据标准化管理的需要，对其内容进行了确认，重新出版了2005年确认版，该版在技术内容上无变化，仅是修订了编辑上的个别错误。

随着压力容器建造技术的发展和进步，尤其随着计算机技术的应用，该标准的某些技术内容已明显滞后，其中没有涵盖新研制的材料、缺少现代分析技术（如弹塑性分析、蠕变分析等）具体技术要求、制造检验验收要求也不尽合理；另外，TSG21-2016《固定式压力容器安全技术监察规程》实施后，该标准已与法规的相关要求不匹配。同时，近些年来随着国家在科技领域的重视和大量投入，在众多科研课题的支撑下，涌现出很多压力容器用材、不同结构的设计计算方法、无损检测方法、分析设计软件等技术成果。在此背景下，基于JB4732-1995《钢制压力容器-分析设计标准》近25年实施的经验积累，以及现代压力容器建造理念的变化，在现有压力容器相关科技成果基础上，结合材料、制造、检验验收技术发展及能力的提升，全国锅炉压力容器标准化技术委员会向国家标准化管理委员会提出该标准修订计划项目建议书，并实施该标准的具体制修订。

JB4732-1995《钢制压力容器-分析设计标准》提供了以弹性应力分析或弹塑性应力分析和塑性失效准则为基础的设计方法，规定了采用分析设计方法设计容器材料、设计、制造、检验和验收的方法和要求。本标准不适用于设计压力低于0.1MPa且真空度低于0.02MPa的容器、旋转或往复运动机械设备中自成整体或作为部件的受压器室、核能装置中存在中子辐射损伤失效风险的容器、直接火焰加热的容器。

分析设计的理论基础。分析设计放弃了传统的弹性失效准则，采用了弹性应力分析和塑性失效准则、弹塑性失效准则，允许结构出现可控的局部塑性区，合理地放松了对计算应力的过严限制，适当地提高了许用应力，又严格保证了结构的安全性。目前我国相应的设计标准为JB4732-95《钢制压力容器-分析设计标准》。

JB4732-95标准是以第三强度理论即最大剪应力理论为基础，认为不论材料处于何种应力状态，只要最大剪应力达到屈服时的最大剪应力值，就发生屈服破坏。分析设计方法的核心是将压力容器中的各种应力加以分类，分清主次，根据不同应力对容器安全性的影响程度，规定不同的安全系数，保证产品的安全性与经济性。

分析设计的发展也是建立在数值分析方法、弹塑性理论、板壳理论、测试技术的发展以及电脑广泛应用的基础之上的。分析设计可应用于承受各种载荷的任何结构形式的压力容器设计，克服了常规设计的不足。采用这个准则，可较好地解决常规设计中出现的矛盾，合理地放松了对计算应力的过严限制，安全系数相对降低，许用应力相对提高。

1. 弹塑性分析

由于能源、环境、经济、安全等要求不断提高，材料应变强化性能和结构非线性变形的结构塑性分析研究，目前已成为压力容器领域关注的焦点。考虑材料应变强化性能和结构非线性变形影响的塑性力学分析可使压力容器的设计更为合理。同时，目前有限元技术作为塑性力学分析的有力工具，具备更强的塑性力学分析能力，可用于压力容器的设计中。进入21世纪，压力容器的分析设计在原有弹性分析设计的基础上扩展为弹塑性分析设计，并被纳入压力容器的标准中。EN 13445-3-2002附录B中的直接法、ASMEVIII-2007版中压力容器分析设计规范中引入的弹塑性分析方法，在降低安全系数、全面引入数值分析工具和弹塑性分析评定方面具有突出特点，为压力容器的设计提供了功能强大的分析手段和先进可靠的安全评定准则，成为实现压力容器安全性和经济性相结合设计的有效途径。

（1）材料本构模型

结构变形和材料应变强化指数对压力容器爆破压力的影响很大，且对破坏形式产生影响。相比于弹性分析采用线弹性材料模型，弹塑性分析采用考虑材料应变效应的真实材料应力-应变曲线，能够更真实地反映压力容器在载荷作用下的实际响应。获取材料应变强化效应的本构模型有实验法和计算法。

（2）总体塑性变形失效

总体塑性变形考虑的短时响应（即不考虑蠕变影响）和单调加载的情况，主要涉及总体塑性变形和过度局部应变这两种失效。

总体塑性设计时，结构的响应情况会因结构的材料不同、结构形状不同（这里主要指材料的应变强化作用的强弱、结构几何强化或者弱化的大小），而表现出不同的响应情况，具体表现为结构响应时不同形状的载荷-变形（位移）曲线的不同。

（3）极限分析法求总体载荷

对于由理想弹塑性材料制成的构件或结构，在加载过程中，高应力区首先进入塑性，当载荷继续增加时塑性区不断扩大，出现应力重分现象。当外载荷达到一定值时，由理想塑性材料制成的构件或结构将变成不稳定的几何可变机构（垮塌机构），从而丧失承载能力，出现不可限制的塑性流动，此时载荷不再增加，塑性变形仍可继续增长，这种状态称为极限状态，而这种状态所对应的载荷被称为极限载荷。

极限分析就是假设材料为理想塑性体、结构处于小变形状态时，研究塑性极限状态下的结构特性，是塑性力学的一种分析方法。与常规计算相比，极限分析更能反映结构的性能，进一步发挥材料的潜能。

（4）弹塑性分析求总体载荷

塑性分析采用材料模型为真实的应力-应变曲线，与采用线弹性模型的应力分类法和采用理想弹塑性模型的极限分析法相比，其与结构的实际行为更加接近，对应力应变等的分析更加准确，而且由塑性变形以及元件变形特征引起的应力再分布能够在分析中直接体现。

在进行有限元的弹塑性分析时，当有小的载荷增量也不能获得平衡解（即求解不再收敛）时对应的载荷为结构的总体塑性载荷，许用载荷则由总体塑性载荷除以设计系数获得。

在进行弹塑性分析时，除了要防止总体塑性失效外，还要防止局部失效。在弹性分析中，校核局部失效时，采用局部一次薄膜应力加弯曲各主应力的综合，即（$\sigma_1+\sigma_2+\sigma_3$）$\leq 4S$。而在弹塑性分析中，防止局部失效由应力控制变为应变控制：欧盟标准规定弹塑性分析，操作时应变不能大于5%，实验时不能大于7%；美国标准并未给出应变限制的具体值，但给出了应变限制公式。

2. 应力疲劳设计

压力容器在下列情况下会产生交变应力：（1）频繁的间断操作和开停工造成压力和各种载荷的交变；（2）运行时出现的压力波动；（3）运行时出现的周期性温度变化；（4）在正常的温度变化时，容器及其部件膨胀和压缩受到了约束；（5）外加的载荷反复交变；（5）强迫振动。

如果交变应力幅度较大，超过使用材料的疲劳持久极限，在交变应力的作用下，位于高应力区受力最大的金属晶粒将会产生滑移，并逐渐发展成微小裂纹，裂纹不断扩展，最后导致容器的泄漏或破裂。容器在交变应力作用下的这种破坏称为疲劳。因此，疲劳失效实质上就是裂纹形成与扩展而造成破坏的过程。

20世纪60年代以前，疲劳常常不是压力容器设计时必须考虑的因素，这主要是因为它不像高速回转机件那样需要承受相当高的循环次数的交变载荷。同时，设计应力较低，以及制造压力容器的材质通常具有较高的塑性，不致造成裂纹的迅速扩展。

近年来，情况发生了变化。首先是随着压力容器设计规范的修订，安全系数下降，容器中实际承受的应力水平有了较大的提高。在容器的开孔接管周围，焊缝局部结构不连续处峰值应力更高，可以达到容器主体薄膜应力的2～4倍。若筒体的许用应力是以σ_s/n_s=1.5计算，则这些峰值应力就可以达到材料屈服限的1.33～2.66倍。这些高应力区，在一定的循环次数下就会产生疲劳失效。同时，随着容器的大型化，特厚材料的应用也不断增加，这些材料中的缺陷更易发生，并且高强度钢的应用也日益广泛，这些材料和它们的焊缝也同样容易形成各种缺陷，这些都使得压力容器增加了疲劳失效的危险性。据统计，从20世纪60年代以来，国外压力容器的破坏事故中，有40%左右是由于疲劳裂纹扩展引起。所以许多国家对于压力容器的疲劳研究都给予了很大的重视。同时，在许多国家的容器设计规范中也陆续增加了以疲劳分析为基础的设计方法。我国一些高等院校和研究所建立了疲劳试验装置对压力容器疲劳进行了研究，我国钢制压力容器分析设计标准也增编了压力容器的疲劳分析章节。

疲劳可分为高循环疲劳与低循环疲劳。在使用期内，应力循环超过10^5次的称为高循环疲劳，循环数在10^2～10^5此范围内的称为低循环疲劳。在设计回转机械时，高循环疲劳是主要的考虑因素，而对于压力容器，除个别例外的情况外，应力循环很少有超过10^5次的，故属低循环疲劳的范围。

3. 实验应力分析

在进行压力容器的分析设计时，通过解析解或有限元获得容器关键部位的应力分布情况，然后进行应力分类和评定是常用的方法。此外，容器中危险或起决定作用的应力及其分布情况可由实验的方法获得。实验应力分析法就是采用相似物理模型或实物对压力容器或构件进行应力分析的一种方法。实验应力分析法既可以建立接近实际结构的物理模型，又可以直接在实际结构上测取应力与变形，在考核新材料、新制造工艺时，能够取得可靠的数据基础。实验应力分析主要有：为确定控制应力的实验、为确定极限载荷的实验和疲劳实验三种实验。

利用实验应力分析法了解结构的应力大小及分布情况时，一方面可以直接在实际结构上进行测量，这种测量最能反映结构的真实情况；一方面可以建立相似的模型，然后在模型上进行测量，再根据相似性原理转换为实际结构的情况，在模型上测量还有一个好处就是可以建立多种不同的模型，然后对这些模型的应力分布进行比较，从而选出最合理的结构设计方案。

为了保证实验应力分析的准确性，最大程度反映结构的响应情况，精准的测量方法是关键，目前国内外标准中普遍采用应变测量应力（简称电测法）和光弹性实验（简称光测法）。这两种方法对于实际结构和模型均能采用。

3.1.3 常规设计与分析设计对比

我国现行的标准JB 4732-2005《钢制压力容器-分析设计标准》是在2005年对JB 4732-1995进行了重新编辑、修订后的再版，其与GB 150-2011在适用范围、材料、设计、制造、检验和试验等方面均有明显区别。通过比较，有助于对JB 4732有细微的认识，对掌握该标准将有指导作用。为对比分析设计标准和常规设计标准内容的差异，下面把这两种标准的主要不同点作归纳总结，具体如表3-1所示。

表3-1 分析设计标准与常规设计标准对比

项目（大类）	分项（小类）	钢制压力容器分析设计标准	钢制压力容器
范围	标准代号	JB 4732-2005	GB 150-1998
	设计压力	内压：0.1~100MPa	内压：0.1~35MPa
	设计温度	低于以钢材蠕变控制其设计应力强度的相应温度；对大多数材料，允许的使用温度比GB 150低。	按钢材允许的使用温度（可高于材料蠕变温度）
	不适用于	高温蠕变 标准第1.2.3条	交变载荷 热应力分析
理论及方法	设计准则	塑性失效或弹塑性失效，允许出现局部可控的塑性变形	弹性失效，只允许弹性变形
	分析方法	弹性或塑性力学方法（理论、数值和实验方法）、板壳理论	材料力学方法、板壳理论、简化公式加经验系数
	压力评定	应力分类，用应力强度对各类应力进行评定，用第三强度理论	应力不分类，统一的许用应力，用第一强度理论
	设计文件	设计文件至少应包括应力分析报告和设计图样，见3.4.3条	设计文件至少应包括设计计算书和设计图样，见3.4.3条
载荷	载荷特点	静载荷、交变载荷	一次加载（静载荷）
	载荷组合系数K	a. 设计载荷为设计压力，重力载荷时，$K=1.0$ b. 设计载荷为 a+ 风/地震载荷时，$K=1.2$ c. 设计载荷为试验压力，重力载荷时，$K=1.25$(液压试验)，或$K=1.15$(气压试验)	考虑风或地震载荷时，$K=1.2$
	计算压力	考虑液柱静压力	当液柱静压力 < 5% 设计压力时，忽略液柱静压力

项目（大类）	分项（小类）	钢制压力容器分析设计标准	钢制压力容器
材料	总体要求	按 JB 4732 第 6 章，附录 F	按 GB 150 第 4 章，附录 A
	选用原则	选用优质、延性好、性能稳定的材料许用板材约 21 种	一般要求，许用板材约 21 种
	最小厚度	扣除腐蚀裕量后，受压部分所用板材的最小厚度如下： 碳素钢和低合金钢 ≥ 6 mm； 高合金钢 23 mm	扣除腐蚀裕量后，壳体加工成形后的最小厚度： 碳素钢和低合金钢 23 mm； 高合金钢 22 mm
	最高使用温度（举例）	20R、16MnR：375℃ 15CrMoR：475℃ 0Crl8Ni9、0Crl7Nil2Mo2：425℃	20R、16MnR：475℃ 15CrMoR：550℃ 0Crl8Ni9、0Crl7Nil2Mo2：700℃
	安全系数（除螺栓材料外）	nb=2.6，ns=1.5	碳素钢和低合金钢：nb=3.0，ns=l.6； 高合金钢 nb=3.0，ns=1.5
	材料的应力许用值	a. 定义为设计应力强度 Sm； b. 钢板、钢管、锻件和螺柱的设计应力强度 Sm，分别见表 6-2、6-4、6-6 和 6-8； c. 在材料、温度和厚度相同的情况下，Sm 大于 GB 150 中相应的许用应力 [σ]	a. 定义为许用应力 [σ]； b. 钢板、钢管、锻件和螺柱的许用应力，分别见表 4-1、4-3、4-5 和表 4-7
	特殊应力的许用极限	a. 纯剪切情况： 纯剪切的截面，平均一次剪应力不得超过 0.6Sm； 承受扭矩的实心圆形截面外周，最大一次剪应力不超过 0.8Sm； b. 规定了支撑载荷的应力许用极限，见 7.4.1 条。	a. 无相应要求； b. 无相应要求。
	防止低温脆断的冲击试验要求（对碳素钢和低合金钢）	d. $t \leqslant 0℃$ 时，钢板、钢管、锻件和螺柱、螺母的使用状态及最低冲击试验温度，分别按表 6-3、6-5、6-7 和 6-9	d. $t \leqslant -20℃$ 时，钢板、钢管、锻件和螺柱、螺母的使用状态及最低冲击试验温度，分别按表 4-2、4-4、4-6 和 4-9
	钢板在其他条件下的拉伸和冲击试验要求	下列碳素钢和低合金钢板，应逐张进行拉伸和夏比冲击试验： a. 用于壳体，厚度 > 50mm； b.c. 略，见 6.2.3 条	下列碳素钢和低合金钢钢板，应逐张进行拉伸和夏比冲击试验： a. 用于壳体碳素钢和低合金钢，厚度 > 60mm；b.c. 略，见 4.2.6 条
	钢板逐张 UT 检验要求	下列碳素钢和低合金钢钢板，应逐张进行超声检测： a. 用于壳体，厚度 > 20mm； b.c. 略，见 6.2.5 条	用于壳体的下列碳素钢和低合金钢钢板，应逐张进行超声检测： a.20R、16MnR：厚度 > 30mm； b.15MnVR、15MnNbR、18MnMoNbR、13MnNiMoNbR 和 Cr-Mo 钢板：厚度 > 25 mm； c.16MnDR、15MnNiDR、09MnNiDR：厚度 > 20mm； d.e. 略，见 4.2.9 条

项目（大类）	分项（小类）	钢制压力容器分析设计标准	钢制压力容器
计算	受压元件的设计公式	对同一元件，计算公式可能完全不同，或虽在形式上相似，但导出的原理完全不同（具体略）	
	应力校核	对容器做出完整的应力计算后，进行应力分类，从而求出 5 个基本的应力强度，要求满足以下条件： $S_I \leq KS_m$ $S_{II} \leq 1.5KS_m$ $S_{III} \leq 1.5KS_m$ $S_{IV} \leq < 3S_m$ $S_V \leq S_n$	依据理论公式，求得受压元件中的计算应力要求 $\sigma \leq [\sigma]$ 无应力分类的过程
结构	接管内表面转角半径 r	a. 安放式接管、嵌入式接管以及插入式接管，其内表面转角半径 r 应不小于圆筒或封头名义厚度的 1/4，且不大于 20mm； b. 内伸的插入式接管，其内表面转角半径不小于接管名义厚度的 1/4，且不大于 10mm。	只针对插入式接管，在满足下列条件下，要求接管内径边角倒圆，圆角半径取接管厚度的 1/4 或 19mm，取两者之中的较小值： a. 低温压力容器； b. 钢材标准抗拉强度下限值 $\sigma_b >$ 540MPa 的容器（详见附录 J.3.1）。
焊接与热处理	焊接结构	a. 受压元件的焊接接头要求为全焊透结构； b. 具体结构见附录 H	a. 无相应要求； b. 具体结构见附录 J
	A、B 接头错边量	a. 对 $\sigma_b >$ 540MPa、Cr-Mo 钢，要求比 GB 150 严格，见 11.2.4.1； b. 锻焊容器 B 类接头，$b \leq \delta_n/4$ 且 $\leq$ 5mm（较 GB 150 的要求低）	a. 对如 $\sigma_b >$ 540MPa、Cr-Mo 钢，要求不及 JB 4732 严格； b. 锻焊容器 B 类接头，$b \leq \delta_n/8$ 且 $\leq$ 5mm
	不等厚板对接	B 类接头及球封与圆筒对接连接的 A 类接头，满足下列条件时需削薄或堆焊：	B 类接头及球封与圆筒对接连接的 A 类接头，满足下列条件时需削薄或堆焊：
焊接与热处理	不等厚板对接	a. $\dfrac{\delta_{厚} - \delta_{薄}}{\delta_{薄}} \geq \dfrac{1}{4}$ 或 b. 厚度差 $\geq$ 3mm	a. $\delta_{薄} \geq$ 10mm，$\dfrac{\delta_{厚} - \delta_{薄}}{\delta_{薄}} \geq 30\%$ 或厚度差 $\geq$ 5mm； b. $\delta_{薄} \leq$ 10mm，且 $\delta_{厚} - \delta_{薄}$ 3mm
	焊缝表面形状及外观尺寸	a. A、B 类焊接接头，需进行疲劳分析设计时，不允许保留余高；不需疲劳分析时，对余高的要求与 GB 150 相同。见表 11-3； b. C、D 类焊接接头的焊缝表面，须按附录 H 的要求进行修磨； c. 焊接接头的焊缝表面不允许有咬边。	a. A、B 类焊接接头，余高的要求见表 10-3； b. C、D 类焊接接头要与母材呈圆滑过渡； c. 焊接接头的焊缝表面允许有咬边，要求见 10.3.3.4 条。
	焊接返修	a. 下列部位应进行 MT 或 PT 检测： 1. 返修前，对缺陷去除部位； 2. 返修后，补焊的表面。 b. 当补焊深度 $\geq$ 10mm 或 $\delta_n/2$ 时，应按图样选择的方法进行 RT 或 UT 检测； 其余要求同 GB 150	a. 无相应要求； b. 无相应要求
	试板与试样	a. 产品焊接试板：每台容器、每种焊接工艺均需制备 1 块产品焊接试板； b. 母材热处理试板：钢材未按表 6-2 状态供货，或在制造过程中破坏了原供货状态时，应制备母材热处理试板。	a. 产品焊接试板：满足 11.5.1.1 条的要求才需按每台容器（没要求按焊接工艺）制备产品焊接试板； b. 母材热处理试板：需经热处理以达到材料力学性能要求的容器，每台应制备母材热处理试板。

项目（大类）	分项（小类）	钢制压力容器分析设计标准	钢制压力容器
	制造资料的保存期	焊接工艺评定报告、热处理等技术资料的保存期不少于 10 年。	焊接工艺评定报告、热处理等技术资料的保存期不少于 7 年。
成形封头	椭圆封头 碟形封头 球形封头	a. 内表面的形状偏差检查：用弦长等于 $0.9D_i$ 的内样板检查，最大间隙应 $\leq 1.25\%D_i$； b. 封头直边部分不许有纵向皱褶； c. 冷成形的奥氏体不锈钢封头，未说明是否可免作热处理。	a. 内表面的形状偏差检查：用弦长等于 $0.75D_i$ 的内样板检查，最大间隙应 V $\leq 1.25\%D_i$； b. 封头直边部分的纵向皱褶要求深度 ≤ 1.5mm； c. 冷成形的奥氏体不锈钢封头，可不进行热处理。
检验	无损检测 / RT/UT/MT/PT	a.A、B 类焊接接头，要求进行 100%RT 或 UT 检测；b. 条除外， b.$D \leq 250$ 的接管与长颈法兰、接管与接管连接的 B 类焊接接头，标准不要求作 100%RT 或 UT 检测（较 GB 150 的要求低）； c.$D \leq 250$ 的接管与长颈法兰、接管与接管连接的 B 类焊接接头，标准要求作 MT 或 PT 检测； d.C、D 类焊接接头表面，要求做 MT 或 PT 检测。 e. 非受压元件与受压元件相连的焊接接头，应作 MT 或 PT 检测； f. 弧坑、焊疤、修磨后的表面、缺陷去除后的表面以及焊补表面应作 MT 或 PT 检测； g. 其他要求同 GB 150。	a. A、B 类焊接接头，满足 10.8.2.1 条要求的进行 100%RT 或 UT 检测，其余的允许作局部检测； b. 若 A、B 类焊接接头进行局部检测，对 $D \leq 250$ 的接管与长颈法兰、接管与接管连接的 B 类焊接接头，标准要求作 100% RT. 或 UT 检测，但检测长度可计入局部检测长度之内； c. 若 A、B 类焊接接头进行 100% 检测，对 $D \leq 250$ 的接管与长颈法兰、接管与接管连接的 B 类焊接接头表面，要求作 MT 或 PT 检测； d. 若 A、B 类焊接接头进行 100% 检测，则 C、D 类焊接接头要求进行 MT 或 PT 检测。
其他类型的设备	多层包扎压力容器	a. 内筒 A 类焊接接头应进行 100%RT 或 UT 检测	无相应要求
	热套压力容器	a. 单层圆筒的 A 类焊接接头应进行 100%RT 或 UT 检测	无相应要求
试验	试验温度	a. 关于液压试验，对碳素钢、低合金钢制低温压力容器，试验液体的温度不得低于壳体材料和焊接接头的冲击试验温度（取其高者）加 20℃。	无相应要求
	试验压力	a. 对真空、外压容器，规定做内压试验，PT=1.25P； b. 对特殊情况，可以采用液压＋气压组合试验，试验压力按气压计算； c. 规定了试验时，若试验压力超过式（3–2）和（3–3）规定的试验压力值，确定试验压力上限的方法。	a. 对真空、外压容器，规定做内压试验，分液压和气压两种情况； b. 无相应规定； c. 无相应要求。
	试验状态下的应力校核	与设计工况下的应力校核过程类似，考虑试验压力、重力载荷和风载（必要时）等载荷的作用，对容器的总体和局部不连续区域进行完整的应力分析，要求 S_I、S_{II}、S_{III} 和 S_{IV} 满足各自的许用极限（考虑载荷组合系数）	筒体应力计算 g，$\sigma_T = \dfrac{P_T(D_i + \delta_e)}{2\delta_e}$ 要求如下： a. $\sigma_T \leq 0.9\varphi\sigma_s$（σ0.2）（液压试验）； b. $\sigma_T \leq 0.8\varphi\sigma_s$（σ0.2）（液压试验）
容器出厂资料	容器出厂质量证明书和铭牌	应包括最大允许工作压力	必要时需包括最大允许工作压力

　　JB 4732和GB 150是两个独立、平行的压力容器设计标准，具体设计中，可根据容器

的特定情况选用其一进行设计。JB 4732适用的范围更广，解决的问题更多。通过对标准的材料、设计、制造、检验和试验等方面的对比，说明在大多数情况下，分析设计标准比常规设计标准在相同问题上的要求更严格、细致，通过以上比较的形式，可较方便地对JB 4732的内容进行深入细致的了解。

3.1.4 设计监督管理

国家对压力容器设计单位试行强制的设计许可管理，没有取得设计许可证的单位或机构不得从事压力容器设计工作，取得设计许可证的单位或机构也只能从事许可范围之内的压力容器设计工作。压力容器设计许可证的类别、级别划分如表3-2所示。

表3-2 压力容器设计许可证的类别、级别划分表

类别	级别	容器类型
A 类	A1 级	超高压容器、高压容器(结构形式主要包括单层、无缝、锻焊、多层包扎、绕带、热套和绕板)
	A2 级	第三类低、中压容器
	A3 级	球形储罐
	A4 级	非金属压力容器
C 类	C1 级	铁路罐车
	C2 级	汽车罐车或长管拖车
	C3 级	罐式集装箱
D 类	D1 级	第一类压力容器
	D2 级	第二类低、中压容器
SAD		压力容器分析设计

A类、C类和SAD类压力容器设计许可证，由国家质检总局批准、颁发，D类压力容器设计许可证由省级质量技术监督部门批准、颁发。压力容器设计许可证的有效期限为4年，有效期满当年，持证单位必须办理换证手续。逾期不办或未被批准换证，取消设计资格，批准部门注销原《设计许可证》。

设计单位从事压力容器设计的批准（或审定）人员、审核人员（统称为设计审批人员），必须经过规定的培训，考试合格，并取得相应资格的《设计审批员资格证书》。

取得A类或C类压力容器设计资格的单位和设计审批人员，即分别具备D类压力容器设计资格和设计审批资格；取得D2级压力容器设计资格的单位和设计审批人员，即分别具备D1级压力容器设计资格和设计审批资格。

各类气瓶和医用氧舱的设计，实行产品设计文件审批制度，不实行设计资格许可。

设计单位应建立符合本单位的实际情况的设计质量保证体系，并且切实贯彻执行。质量保证体系文件应包括以下内容：

1.术语和缩写；

2.质量方针；

3. 质量体系，包括设计组织机构，各级设计人员，设计、校准、审核、批准（或审定）人员的职责权，各级设计人员任命书；

4. 设计控制，包括总则，工作程序，设计类别、级别、品种范围，材料代用，设计修改，设计审核修改单；

5. 各级设计人员的培训、考核、奖惩；

6. 设计管理制度，包括各级设计人员的条件、各级设计人员的业务考核、各级设计人员岗位责任制、设计工作程序、设计条件的编制与审查、设计文件的签署、设计文件的标准化审查、设计文件的质量评定、设计文件的管理、设计文件的更改、设计文件的复用、设计条件图编制细则、设计资格印章的使用与管理。

申请A1级、A2级、A3级设计资格的单位，应具备D类压力容器的设计资格或具备相应级别的压力容器制造资格；申请C类设计资格的单位，应具备相应的压力罐车（罐箱）的制造资格。但学会或协会等社会团体、咨询性公司或社会中介机构、各类技术检验或检测性质的单位、与压力容器设计、制造、安装无关的其他单位不能申请设计资格。

设计单位在其设计的压力容器总图上应当加盖有效期之内的设计资格印章，无设计资格印章的设计图纸不能进行制造，印章复印无效。设计资格印章为椭圆形，长轴为75mm，短轴为45mm，如图3-1所示。

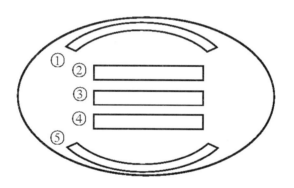

图3-1　设计资格印章样例

图中①为"压力容器设计资格印章"字样，②为设计单位技术总负责人姓名，③为设计单位设计许可证编号，④为设计单位设计许可证批准日期，⑤为设计单位全称。其中设计许可证编号规则为：SPR + 批准部门代号 + （设计类别代号）+ 设计单位编号 + 证书失效年份。

3.2　压力容器的材料

在压力容器设计中，正确地选择材料，对保证容器的结构合理、安全使用和降低制造成本都是至关重要的。压力容器使用的主要材料是碳素钢和低合金钢，这两类钢材构成了压力容器的基础材料。

3.2.1 材料的力学性能

压力容器的使用条件多种多样，如处理、输送易燃、易爆、有腐蚀性、有毒与有害等物料，操作压力可能从真空到高压甚至超高压、温度从低温到高温，使得设备处在极其复杂的操作条件下运行，这就对压力容器的选材提出了不同的要求。例如：对于高温容器，由于钢材在高温的长期作用下，材料的力学性能和金属组织都会发生明显的变化，加之承受一定的工作压力，因此在选材时必须考虑到材料的强度及高温条件下组织的稳定性。容器内部盛装的介质大多具有一定的腐蚀性，因此需要考虑材料的耐腐蚀情况。对于频繁开、停车的设备或可能受到冲击载荷作用的设备，还要考虑材料的疲劳等；而低温条件下操作的设备，则需要考虑材料低温下的脆性断裂问题。

因选材不当所引起的事故颇多。如2001年3月浙江省椒江汉昌晶体材料有限公司人造水晶224号超高压水晶釜发生爆炸釜爆炸事故，釜体下部被撕开长1130mm、宽约200mm的缺口，与缺口等面积的一块钢板被炸断飞出1.5m远，将水泥地砸出深300mm的凹坑，4根M40×2的地脚螺栓均被剪断，釜体歪斜倒在邻近的釜上，爆炸冲击波将车间部分门窗损坏，直接经济损失约30万元。

该釜设计压力151MPa，设计温度400℃，工作压力137MPa，工作温度380℃，工作介质1.0～1.25N碱溶液，釜体材质33CrNi3MoVA，为超高压三类压力容器。事故原因分析可知，除了违规操作，导致温度失控，超压运行外，NaOH、$NaNO_3$溶液对33CrNiMoVA材料是极为敏感的应力腐蚀介质，釜体材料存在应力腐蚀。

因此，要满足各种压力容器每个具体工况的要求，合理地选用材料是设计化工设备的主要环节，也是提高压力容器的安全可靠性，确保其安全运行的前提。为能选择合适的材料制造压力容器，保证压力容器安全正常地进行工作，必须首先了解材料的基本性能。

1. 强度

材料的强度是指材料抵抗外加载荷而不致失效破坏的能力。按所抵抗外力作用的形式可分为：抵抗外力的静强度；抵抗冲击外力的冲击强度；抵抗交变外力的疲劳强度。按环境温度可分为常温下抵抗外力的常温强度；高温或低温下抵抗外力的高温强度或低温强度等。制造压力容器的材料的主要的强度指标是屈服点σ_s（或屈服强度σ0.2）和抗拉强度σ_b。σ_s表示材料抵抗开始产生大量塑性变形的应力；σ_b表示材料抵抗外力而不致断裂的最大应力，是材料承载能力的极限。当构件的应力平达到或超过σ_s时，将产生明显的塑性变形，因此，屈服强度是一般受压元件设计的首要依据。

2. 弹性与塑性

弹性指材料在外力作用下产生变形，一旦外力除去，仍能恢复原状的性质。塑性指金属材料在外力作用下产生不能恢复原状的永久变形而又不被破裂的能力。工程上以延伸率δ、断面收缩率ψ和冷弯角α作为衡量金属静载荷下塑性变形能力的指标。冷弯（角）α，指试件被弯曲到受拉面出现第一条裂纹时所测得的角度。

构件在力的作用下尺寸或形状发生变化的现象，即变形，包括弹性变形、塑性变形（永久变形）、断裂三种情况。构件在外力的作用下发生变形，当外力撤除后变形完全消失，构件恢复原来的状态，这种变形称为弹性变形；当外力撤除后变形不能完全消失，构件不能完全恢复原来的状态，这种变形称为塑性变形。

（1）延伸率

延伸率主要反映材料均匀变形的能力，它以试件拉断后总伸长的长度与原始长度的比值百分率δ（%）来表示。延伸率的大小与试件尺寸有关，为了便于进行比较，须将试件标准化。现国内采用的拉伸试样有：长圆试样用$l_0/d_0=10$（d_0为试样直径）、短圆试样用$l_0/d_0=5$，分别在延伸率下标以δ_{10}和δ_5来表示。

（2）断面收缩率

断面收缩率主要反映材料局部变形的能力，它以试件拉断后，断面缩小的面积与原始截面面积比值的百分率ψ（%）来表示。断面收缩率的大小与试件尺寸无关。它不是一个表征材料固有性能的指标，但它对材料的组织变化比较敏感，尤其对钢的氢脆以及材料的缺口比较敏感。

材料的延伸率与断面收缩率值愈大，材料塑性愈好。一般压力容器材料要求$\delta_{10}>$16% ~ 18%。

3. 硬度

硬度是指材料对外界物体机械作用（如压陷、刻划）的局部抵抗能力。硬度不是金属独立的基本性能，而是反映材料弹性、强度与塑性等的综合性能指标。硬度和材料强度还有一定的关系，因此在容器制造或在役检查中，可用测硬度的方法来测定实物容器的焊接热影响区是否变硬、变脆，以及元件材质是否在使用过程中脆化。在工程技术中应用最多的有布氏硬度（HB）、洛氏硬度（HRC）和维氏硬度（HV）等。

4. 冲击韧性

韧性可理解为材料在外加动载荷突然袭击时的一种及时并迅速塑性变形的能力。常以使其破坏所消耗的功或吸收的能来衡量，称为材料的冲击韧度，以Ak表示，单位J。Ak值对材料的内部缺陷比较敏感，能反映出材料化学成分及冶金质量方面的微小变化。并由于αk值对材料的脆性转化情况十分敏感，在低温时会有不同程度的下降，因此，低温冲击试验能检验钢材的冷脆性。

目前材料标准的韧性值是通过不同形状试样进行冲击试验测取。韧性指标常见有U形缺口梅氏试样、V形缺口夏比试样、脆性转折温度Tk及无延性转折温度NDT等。制造压力容器用材料要求常温V形缺口试样夏比冲击功值。

表示材料韧性的一个新指标是断裂韧性，是反映材料对裂纹扩展的抵抗能力。它是以断裂力学为理论依据，计算各种缺陷的应力强度因子，以缺陷的应力强度因子之和小于该温度下材料的断裂韧性作为防止脆断的准则。

3.2.2 材料的选择影响因素

1. 介质

介质的性能（主要是腐蚀性）会极大影响材料的选择。在这方面可参考各种材料的腐蚀数据资料加以选用。更现实的是参考已投入运行的相应装置的使用情况来选择材料。对几类主要的介质：如硫化氢、氢和氯化物的存在要予以注意。

（1）硫化物应力裂纹（SSC）

含有硫化氢和液态水的流体是酸性介质，可能引起敏感材料的硫化物应力破裂。这一现象受多个参数的交互作用影响，包括硫化氢浓度、压力、温度、材料特性和拉伸应力。在这方面可参考NACE标准MR-01-75《材料要求-炼油设备用抗硫化物应力破裂的金属材料》。该标准规定了工作参数、适用材料，以及酸性条件下使用材料的冶炼要求。

（2）临氢使用

在常温下，即使压力很高，气态氢也不容易渗透到钢材中去。然而，当温度高于220℃时，材料就有发生内部脱碳的倾向。这是因为氢气渗透到钢铁内部，生成甲烷等气体。这些气体不能扩散到钢材之外，集聚在空隙中就造成裂纹或气泡。在这方面可参考API出版物RP941《炼油和石油化工厂高温临氢压力容器用钢》。该文献给出了碳素钢和铬钼钢的工作温度和氢分压上限。Nelson在1967年首次发表了这些数据的图表，该图表也称为"Nelson图表"。

（3）应力腐蚀裂纹（SCC）

这是由流体中存在的氯化物或苛性碱引起的。最初，通常是在高应力区域发生局部的电化学腐蚀，产生腐蚀裂缝或凹坑。尖端处的应力集中导致裂纹的扩展。发生应力腐蚀的前提是应力必须为拉应力，可以是焊接、弯曲或其他成型工艺引起的残余应力，也可以是内压、机械载荷或热膨胀引起的应力。

SCC造成的失效常是突发性的，很难预测，可能仅仅在暴露几个小时后就发生，也可能在安全运行几个月甚至几年之后再发生。金属在环境中发生SCC问题的实例有：黄铜在氨水溶液中；钢材在苛性碱或卤氮化合物溶液中；不锈钢和铝合金在含氯溶液中；钛合金在硝酸或甲醇中。

2. 温度

温度影响结构材料的性能，因此是选材的一个十分重要的因素。材料的强度以及抗氧化性随着温度的升高而降低，因此所有材料都有一个合适的最高使用温度的限制，高于该温度则材料不宜使用。温度高于某一温度时，材料会产生蠕变，即材料在一定拉力作用下随着时间的增加材料会形变，即使应力低于屈服线，在该温度（一般称蠕变温度）以上长期使用，材料也会产生永久变形，最终导致材料断裂或变形过大而失效。碳素钢的蠕变温度约为400℃，低合金钢约为450℃，不锈钢约为520～580℃。

材料的强度随着温度的降低而增加（如Rec、Rm、HB），但在压力容器设计中不允许采用因温度降低而升高的材料强度。在低温压力容器设计中只允许采用室温的强度指标作为设计依据。材料的延性及韧性随着温度的降低而降低。材料的韧性（特指冲击韧性）是确定材料低温使用的依据。往往要求一定强度水平的材料在某一低温使用时必须具有相应的冲击韧性。材料从韧性状态转变为脆性状态的温度称为冷脆转变温度。普通碳素钢的冷脆转变温度约为0℃，低合金钢（指C–Mn–Si钢）冷脆转变温度可达–50℃，当温度低于–50℃需要采用特殊的低温用钢或含镍3.5%、9%的镍钢或奥氏体不锈钢。一般来说，要确定材料的冷脆转变温度比较容易，材料在某一低温时该材料的冲击韧性值（即夏比V型缺口冲击值）发生波动时（即数据分散）的温度，此温度即为冷脆转变温度。

3. 压力

压力和设备的尺寸决定了所用材料的厚度。随着材料厚度增加，性能会降低，且对加工引起不便，使加工成本增加。因此对大直径、高压力的设备往往选用高强度钢，可减小壁厚以降低总体成本。对低压容器，因压力所需的厚度，可能低于保证结构稳定性所需的最小厚度，因此可不必要采用高强度钢。

4. 流体流速

流体的速度会产生冲蚀、磨蚀和汽蚀，在选材时应注意。流体含有固体颗粒会对冲蚀和磨蚀产生显著影响。因此需像防止腐蚀一样给予一定的裕量或采取其他的防护措施。

5. 材料的相容性

承压设备可由多种材料构成，在焊接连接时更应注意它们的相容性，如电化学腐蚀。对可能产生电化学腐蚀的设备要采取控制措施，如阴极保护等。

6. 材料的成本

最优秀的材料选择具有最低的成本寿命比，如：有时使用加大腐蚀裕量的碳钢比采用价格较贵的抗腐蚀材料更为经济（指材料成本、制造成本的总和）。

在必须使用不锈钢及其他贵重合金材料时，如厚度较厚可采用以碳素钢或低合金钢为基层的复合钢板或金属衬里，经济性更显著。在某些腐蚀场合下可采用非金属衬里或涂层，如橡胶、环氧树脂、玻璃或其他专用涂料。但这种措施一般要受温度的限制，以及真空度的限制。

3.2.3　压力容器常用的材料

1. 黑色金属

黑色金属就是化学成分以铁为主要元素的金属。这一类材料主要包括铸铁以及各种含有不同合金元素的钢。

（1）铸铁

铸铁是压力容器制造中最早使用的材料之一，至今还在使用，特别是形状要求比较特殊的压力容器。现在铸造压力容器实际上已没有尺寸限制，而且铸铁是一般用途下价格最低的金属。铸铁是含碳总量超过1.7%的铁碳合金。随着含碳量的改变、其他元素的加入以及热处理方式的不同，不同铸铁的性能差异很大。灰口铸铁很脆，没有预兆就可能断裂和失效。然而，将铸铁中的石墨制成球状，可以显著改善力学性质，这种铸铁称为球墨铸铁。压力容器中主要采用的铸铁为球墨铸铁。

铸铁的防腐能力有限，但这可通过加入多种合金元素来改善。球墨铸铁压力容器的设计制造可参考欧盟标准EN13445"非直接火压力容器"中EN13445-6"球墨铸铁压力容器及压力部件的设计及制造要求"。

（2）碳素钢和低合金钢

钢是含碳总量不超过1.7%的铁碳合金。实际上，为了改善焊接性能，含碳量要小得多，并且大多数碳素钢的含碳量都不到0.25%。降低碳含量可以提高材料韧性，降低硬度。含碳量低的钢被称为碳素钢或软钢。

在钢中以不同比例加入铬、锰、钼、镍和钒等金属，以及硅等非金属，可以获得力学性能各异的钢材。例如：碳锰钢可以改善力学强度，而又不降低韧性；低合金钢，如1.25Cr-0.5Mo和2.25Cr-Mo，可以改善高温性能；含镍3.5%、5%和9%的钢可以显著提高在0℃以下的抗脆性失效的能力。

碳素钢和碳锰钢有很多等级，通常根据它们的力学性能进行选择。这类材料的防腐性能与铸铁相似。一般碳素钢的韧脆转变温度大约为0℃。低于此温度材料就会变脆。特种碳素钢和碳锰钢的韧脆转变温度低于0℃，但是这类材料都不适合在-50℃以下使用。碳素钢和碳锰钢的温度上限大约为500℃，而低合金铬钼钢大约为600℃。

（3）不锈钢

不锈钢包括范围很大的铁-铬-镍合金，它们有很强的抗化学腐蚀能力和优良的高温性能。所有的不锈钢都至少含铬12%，这是这些材料抗腐蚀能力的基本保证。不锈钢表面可生成看不见的氧化铬薄膜，正是这层薄膜使不锈钢具有抗腐蚀的能力。所有的合金元素的总量不应超过50%，否则材料将被归为有色金属。

常规的不锈钢分为三组：马氏体不锈钢、铁素体不锈钢和奥氏体不锈钢。此外还有双相不锈钢。

1. 马氏体不锈钢。如410类型，含铬12%~14%，含碳0.08%~0.15%，不含镍。铬提高抗腐蚀能力，碳主要用于改善力学性能。这类材料的强度与中级碳素钢相似，其温度上限大约为500℃。马氏体不锈钢有时称为不锈铁，主要用于腐蚀并不严重，而需要较大强度、硬度和抗磨损性的场合。

2. 铁素体不锈钢。铁素体不锈钢的铬含量为17%~30%，碳含量一般低于0.1%。高的含铬量使其比马氏体不锈钢有更高的防腐能力，对应力腐蚀开裂也有很高的抵抗能力。承压设备用铁素体不锈钢通常分为两组：17%铬钢430类型；27%铬钢，446类型。

430型铁素体不锈钢的机械强度与中级碳素钢相似，其温度上限约为650℃。它对硝酸等液体、含硫气体，以及多种有机和含氧酸都有很强的抵抗能力。

446型铁素体不锈钢有相当高的机械强度，但其温度上限降低到约350℃。它在含硫大气中具有抗氧化能力。

3. 奥氏体不锈钢。奥氏体不锈钢含有至少18%的铬和8%镍，含碳量低于0.1%。加入一定数量的钛、铌等稳定化元素可以抑制钢中不利的碳化物的沉淀产生。奥氏体不锈钢通常比马氏体不锈钢和铁素体不锈钢有更高的抗氧化和抗腐蚀能力。最常见的奥氏体不锈钢是300系列（如304型、316型、321型和347型不锈钢）。

304型（18Cr-8Ni）是最常见的奥氏体不锈钢。它用于化工、食品、奶制品和饮料等行业。

316型（16Cr-12Ni-2Mo）用于化工、食品、饮料、造纸行业，以及腐蚀性强的环境。钼可以防止点蚀。

321型（18Cr-10Ni-Ti）和347型（18Cr-10Ni-Nb）用于腐蚀场合和间歇性暴露在温度400℃以上环境中的设备。321型是添加钛得到的，347型是添加铌得到的。在蠕变范围（大约高于540℃）内使用347类型不锈钢要谨慎。

奥氏体不锈钢不会发生低应力脆性断裂，在-196℃以上使用时无特殊要求。因而这类材料适合深冷使用。基本级的奥氏体不锈钢（如304、316）的最大含碳量为0.08%，其机械强度与中级碳素钢相似，使用温度上限约为700℃。

高温级奥氏体不锈钢（如304H）的含碳量为0.04%～0.1%。其机械强度与基本级奥氏体不锈钢相似，温度上限约为700℃。更高的含碳量使材料在极端温度下保持强度。低碳级奥氏体不锈钢（如304L）的含碳量被限制在最高为0.03%。其可焊性得到改善，但强度有所降低，温度上限降至450℃。现在可以买到双级锈钢（如304/304L），它们既能满足低碳级不锈钢的最大含碳量限制，又能达到基本级不锈钢的强度。氮加强级不锈钢（如304N）可以增加强度，其温度上限约为550℃。

4. 双相不锈钢（如UNSS31803）和超级双相不锈钢（如UNSS32750）是通过降低镍含量，使铁素体和奥氏体的比例为50：50的合金。这类合金比奥氏体不锈钢有高得多的强度，对氯化物有更强的抵抗能力。与奥氏体不锈钢不同，双相不锈钢有可能发生脆性断裂，温度低于-50℃时不能使用，温度上限约为300℃。

2. 有色金属

（1）镍-铁-铬（钼、铜）合金

这一组合金既不是铁基合金，又不是镍基合金，因为在化学成分上两种元素的含量都没有超过50%。镍合金和高镍合金常用研发公司使用的名称或编号来表示。

800合金（33Ni-42Fe-21Cr）相当于国内牌号NS111、NS112是一种不含钼的合金，用于抵抗氯点蚀或应力腐蚀开裂。其机械强度与中级碳素钢相似，温度上限约为600℃。这类合金又称为因科乃尔800（Incoloy800）。在600℃时仍具有卓越的抗氧、氮化及氢脆的能力。用于石化工厂热交换器和管路系统、高温蒸汽管路以及带保护层的加热源。其改良型Incoloy800H及Incoloy800HT分别在600～950℃，700～1000℃时具有较高的屈服强度。用于石油化工厂醋酸蒸汽管道、氢精炼设备、炉用管道及醋酐破碎机。

有几种含钼的镍-铁-铬（钼、铜）合金也能抵抗氯点蚀或应力腐蚀开裂，包括：

①20合金（35Ni-35Fe-20Cr-Nb），相当于国内牌号NS143，其机械强度与中级碳素钢相似，温度上限约为400℃。在高温条件下对硫酸也具有很好的抗腐能力。用于硫酸加工、氢氟酸生产、精炼设备。

②28合金（31Ni-31Fe-29Cr-4Mo），其机械强度与中级碳素钢相似，温度上限约为400℃。在氧化介质中具有极好的抗缝隙腐蚀、点蚀及应力腐蚀开裂的能力。用于硝酸、硫酸及磷酸的生产加工（特别对磷酸具有极好的抗蚀性）；海洋石油气生产、精炼热交换器。

③6XN合金（24Ni-46Fe-21Cr-6Mo-Cu-N），其机械强度比28合金高得多，温度上限约为400℃。用途同28合金。

④825合金（42Ni-28Fe-21.5Cr-3Mo-2.3Cu），其机械强度比28合金略高，温度上限约为540℃。825合金对硫酸和磷酸有非常好的抵抗能力。具有良好的抗缝隙腐蚀、点蚀及应力腐蚀开裂、氧化、还原酸、碱及海水腐蚀的能力。用于硫酸厂、核废料再生产、海洋油气生产的热交换器、苛性钠浓缩、酸洗设备。

⑤904和904 L合金（25Ni-45Fe-21Cr-6Mo），其机械强度与中级碳素钢相似，温度上限约为370℃。这些材料有时被称作超级奥氏体不锈钢。在卤化物介质中具有很好的抗缝隙腐蚀、点蚀及应力腐蚀能力。用于造纸工业、海洋平台、电厂烟气脱硫系统、盐浓缩厂及化工产品加工。

（2）镍基合金（含镍量超过50%）

①200合金（99Ni）相当国内牌号N6，是商业纯镍，主要用于热的强碱溶液。这类合金机械强度低（约为中级碳素钢的一半），其温度上限约为350℃；具有良好的热导率、电导率及抗蚀性。用于苛性钠及真空感应除气生产、食品加工、肥皂、清洁剂及有机氯化物生产。

②201合金含碳量比200合金略低，常用于温度在300℃以上的场合。它的机械强度甚至比200合金还要低，但其温度上限约为600℃。用途同200合金。

③400合金（67Ni-30Cu）是应用最广泛的镍合金，能承受酸碱的腐蚀。其机械强度与中级碳素钢相似，温度上限约为450℃。这类合金又称为蒙乃尔400合金。具有良好的抗海水、盐酸、经稀释的还原性酸、碱及盐溶液的腐蚀能力。用于化工及海洋工业、供水加热器、盐生产及核原料加工。

④600合金（72Ni-15Cr-8Fe）相当于国内牌号NS312。它的机械强度比400合金略高，有更好的高温性能，其温度上限约为600℃。这类合金又被称为因科乃尔600合金。具有极好的抗晶间腐蚀、应力腐蚀开裂及高温卤素腐蚀能力。用于蒸汽机、供水加热器、核电站冷却器、苛性钠和真空感应除气生产、造纸工业。

⑤625合金（60Ni-22Cr-2.5Fe-9Mo-3.5Nb）相当于国内牌号NS336，耐海水腐蚀，在很多腐蚀性场合下其抵抗能力与C 276合金相似。它明显地好于600合金的机械强度，高温

性能也好得多。退火材料的温度上限为650℃，固溶退火材料的使用温度上限为800℃。这类合金又称为因科乃尔625合金。具有极好的抗缝隙腐蚀、点蚀及应力腐蚀开裂能力，很强的抗无机酸碱腐蚀能力。用于电厂烟气脱硫系统、废物焚烧、浓磷酸生产、海洋油气平台、高温风机及风扇。

⑥C276合金（54Ni-16Mo-15Cr-5.5Fe）相当于国内牌号NS334，它的机械强度比600合金要好，但不如625合金。其温度上限为650℃。这类合金又称为哈斯特莱C-276合金或因科乃尔400合金。适用于氧化性和还原性酸，是常用的广谱防腐材料。

⑦B-2合金（65Ni-28Mo-2Fe）相当国内牌号NS332，曾用于抵抗沸腾盐酸的腐蚀，目前在大多数条件下用于抵抗硫酸和磷酸的腐蚀。应该注意到即使是存在痕量氧化剂，也会提高侵蚀速率。B-2合金机械强度与625合金相似，温度上限为400℃。这类合金又称为哈斯特莱B-2合金。用于醋酸、苯乙烯及甲烷基丙烯酸酯生产。

（3）铜合金

铜与很多其他金属形成铜合金，商用铜合金的种类很多。大多数铜合金的机械强度大于纯铜，有的铜合金改善了防腐性能。

①铜（99Cu），最低含铜量为99.5%，称纯铜或紫铜。我国标准压力加工纯铜牌号字头用T表示。除加入少量银的银铜外，纯铜按氧含量分为三类，普通纯铜或称含氧铜，其氧含量0.02%～0.1%，牌号为T2。无氧铜的氧含量≤0.003%，牌号为TU2。磷脱氧铜的氧含量≤0.01%，牌号为TP2。这类材料在约180℃以下有好的韧性和中等机械强度，在多数条件下有限好的防腐性能。然而，它对氧气的存在特别敏感，因为氧气能大大增加腐蚀速率。铜主要用于加工醋酸、酒精和酯等有机物。铜的等级很多，应按性能选用。

②高铜合金（96Cu～99Cu），这种合金用于锻压产品，其名称标出的铜含量低于99.3%，但高于96%，都没有被划分到其他铜合金组中去。

③黄铜，这类合金以锌作为主要合金元素，其名称中可能有也可能没有铁、铝、镍、硅等其他标称元素，表面呈淡黄色，牌号字头用H表示。铜锌合金中再加入其他合金元素时，可成为除简单黄铜之外的多元铜合金-复杂黄铜、如铅黄铜、锡黄铜、加砷黄铜等。锡黄铜常称为海军黄铜。增加1%的锡能提高耐腐蚀性。这类材料广泛用于换热器管和管板。

④青铜，主要合金元素不是锌或镍，而是锡、铝、硅、锰、铬、锆等的铜合金，分别称为锡青铜、铝青铜、硅青铜等。青铜牌号字头用Q表示。最初，"青铜"仅指以锡为唯一或主要合金元素的合金。目前，这一名词一般不单独使用，而要带一个修饰词。这些合金广泛地用于换热器管和管板。

⑤铜镍合金，以镍为主要合金元素的合金，又称白铜，呈银白色，铜-镍二元合金为普通白铜，铜中除加入镍外，还可加入其他合金元素，如加入铁为铁白铜。白铜牌号字头用B表示。90/10铜-镍合金（88Cu-10Ni-1Fe-1Mn）在250℃以下有中等强度，能耐淡水、海水和石化产品的腐蚀。

（4）铝合金

铝合金有很多种，它的力学性能和化学性能的范围很广。密度小（约为铁的1/3）是铝的重要特性之一。在低温下铝合金的韧性不会降低，最低使用温度可达196℃，因而适合在深冷下应用。

铝合金成分的表示方法有国际上通用的锻造合金分类体系和铸造铝合金命名方法。

对于锻造材料（板、管和锻件），每一合金是用4个数字来表示的。铝合金分为8个基本组，由合金数字的第一个数字（1~8）来表明。

通常，铝合金的纯度越高化学稳定性越好，而力学性能越差。加入少量锰、硅、铜和其他合金元素可以极大地提高其强度，但这会降低耐蚀性。

1. XXX系列（铝含量不小于99%）的耐蚀性最好，但力学性能很差（强度约为中级碳素钢的7%），温度上限约为200℃。这一系列中，压力容器只用1050合金和1060合金。

2. XXXX系列（铝-铜合金）主要有铝-铜-镁系和铝-铜-锰系合金。它们均属于可进行热处理强化的铝合金。合金的强度和耐热性较高，主要用于耐热可焊的结构材料及锻件。

3. 活性金属

之所以称为活性金属，是由于其在高温下很容易与氢、氧或氮化合。3种常见的活性金属是：钛、锆、钽。

（1）钛

钛能用在湿氯和硝酸等强氧化性条件，可以耐高氯化物环境；钛广泛用于用海水冷却的换热器中。它的另一优点是密度只有钢的56%。

①ASME规范的1、2、3级（相应的我国标准为TA0、TA1、TA2）是非合金或工业纯钛。最常用的是2等级，其机械强度与中级碳素钢相似，温度上限约为300℃。

②ASME规范的7、16、17级（Ti-Pd）（7、16级相当于我国标准TA9）是含少量钯（不超过0.25%）的钛合金，可以提高耐蚀性。其机械强度与中级碳素钢相似，温度上限约为300℃

③ASME规范的12级（Ti-0.8Ni-0.3Mo）（相应的我国标准为TA10）最初是用作抗高温盐水腐蚀，而成本又比7级低的材料，温度上限为300℃。

④ASME规范的9级（Ti-3Al-2.5V）是和铝、钒的合金，可以提高强度，尤其是在高温下。其力学强度大约比7级高80%，温度上限为300℃。

（2）锆

锆最初是用作核材料。在化学工业中最常用的商品级的锆其最高含铪量不超过2.5%，铪的冶金和化学性质与锆相似，不会影响其耐蚀性。锆能耐中等强度的硫酸和热盐铌酸的腐蚀。工业纯锆机械强度与中级碳素钢相似，温度上限约为400℃。锆与铌的合金（95.2Zr-Nb）能增加强度，特别是在高温下。

（3）钽

钽与玻璃的耐蚀性相似，可以用于其他金属不能承受的环境，使用温度上限为190℃。钽是一种重金属，其密度超过铁的2倍。钽易于制造，它柔韧性好、可锻，能做成复杂的形状。钽有很高的熔点（3000℃），很难焊接。为了阻止钽与大气中的气体反应，焊接通常都是在真空室中进行的。

钽的价格非常昂贵，仅限于制造强腐蚀条件下使用的热电偶壳、加热盘管、加热棒、冷却器和浓缩器。在化学工业中，有时也用钽做防腐衬里等。出于经济考虑，钽常用作衬里或薄的复合层。商业纯钽的机械强度相对较低，约为中级碳素钢的50%。钽与10%的钨组成的合金（90Ta-10W）强度有所增加，比纯钽的2倍还要高。含2.5%钨的钽合金（97Ta-2.5W）常用于化学工业，其机械强度介于纯钽和10%钨钽合金之间。

4. 非金属

（1）复合材料

复合材料是由两种或两种以上材料在宏观尺度上进行组合而成的有用材料。复合材料的一大优势就是兼有各组成物的优良性能。玻璃增强塑料（玻璃钢，GRP）是最著名的复合材料之一。这种"塑料"通常由聚酯树脂经多层玻璃纤维增强而成。玻璃增强塑料的强度在各个方向上是不同的。平行于纤维方向的抗拉强度可能和钢一样高，而垂直于纤维方向的抗拉强度通常很低。

（2）玻璃

在化学工业的一些特殊场合，硼硅酸盐玻璃可用于制造承压设备，但玻璃更常用作容器和储罐的衬里材料。玻璃特别适用于要求透明的管子。在流量计和视镜等设备中都要求透明。除氢氟酸外，玻璃对其他所有酸都有很好的耐蚀性。它会遭受热强碱溶液的侵蚀，长时间浸泡在热水中，可能会有轻微的损伤。除氢氟酸、磷酸和强碱之外，硼硅酸盐玻璃可以在150℃以下抵抗所有化学制品。已有既耐酸又耐碱的玻璃。

玻璃的主要缺点是很脆，以及受热冲击易破坏。

（3）石墨

工业石墨制品由碳的带状微粒材料组成，它们是加热到2000℃以上后形成的，具有石墨晶体结构。抗渗石墨是通过将石墨制成需要的形状、把气孔抽空及用树脂浸渍来制造的。浸渍起到了将石墨孔隙密闭的作用。

抗渗石墨有良好的耐酸性和耐碱性，除了超强氧化条件外，对其他所有条件都几乎完全是惰性的。它常用作爆破片和特殊设计的换热器（由于其有很高的热传导系数）。石墨还可以用作垫片材料。

抗拉强度低使这类材料的应用受到严重限制。此外，碳或石墨制成的元件易受机械冲击和振动而发生脆性断裂。石墨的温度上限为400℃。石墨在化工设备上的应用可参见《石墨制化工设备》一书。

3.2.4 压力容器选材原则

1. 压力容器选材料统一原则。化工压力容器在选材时，首先必须考虑到容器在什么条件下使用，所备选的材料耐腐蚀性和力学性能如何，是否具有较强的抗压性，备选材料冷热、可焊等加工性能如何，备选材料来源哪里，价格如何，要注意一般同一个工程的设计里，压力容器选用的材料要统一。

2. 经济适用的原则。以强度为主导的普通碳素容器，在板厚≥8mm时，可以选用含有少量合金元素的普通合金钢，这种钢的强度高，耐磨、耐腐、耐低温性强，并且具有良好的焊接性能；如果装置设计以刚度和结构为主，则受压壳体可以使用含碳量较小的普通碳素结构钢。这种钢不仅变形抗力小，压力加工后不易产生裂纹，由于含碳量低，合金元素含量少，其塑性好，淬透性低，不宜在焊缝处出现淬火组织或裂纹，而且由于合金元素作用，强度相对普通碳素钢高25%至50%，延伸率为15%至23%。

在各种大气条件下比碳素钢具有更高的耐腐蚀性能；如果装置设计是以强度为主导的，在选择材料时，必须结合设计的温度、介质的特点以及设计的压力等限制，严格按照《压力容器安全技术监察规程》、GB150等规定的要求，进行精准的材料选择；如果设计温度在350～500℃之间耐热钢或者温度＞250℃的抗氢用钢压力容器时，选择使用铬钼耐热钢是比较合适的，因为铬元素和钼能够提高高温蠕变强度，这种钢具有耐高温氧化和优异的抗氢腐蚀性能；设计温度＞500℃的耐热用钢或者具有较强腐蚀性的介质和铁离子污染的时候，不锈钢应该是个不错的选择。

3. 性能适用的原则。压力容器特别是承压元件在选择钢材的时候，应该进行应用测试，在性能方面所选钢材应该达到一定的压力指标，考虑韧性较高、焊接性良好、且塑性储备较大的材料建造。

3.2.5 压力容器材料代用

在我国目前条件下，压力容器建造过程中的材料代用问题还不能完全避免。材料代用一般是由于采购不到设计规定的材料而引起的，偶尔也有因技术问题而提出材料代用请求的情况。事实上材料代用是压力容器设计方案的变更，而压力容器设计中最重要的部分之一便是材料的选择，它直接关系到压力容器的质量和安全。常见的代用问题有：以优代劣、以厚代薄以及其他问题，这些问题直接关系到容器的质量和安全以及投资建设方的经济和管理问题，值得我们重视。

1. 材料代用的原则

依据TSG R0004-2016《固定式压力容器安全技术监察规程》中2.13的规定，压力容器制造或者现场组焊单位对主要受压元件的材料代用，应当事先取得原设计单位的书面批准，并且在竣工图上做详细记录。

最基本的原则是代用材料必须是压力容器建造规范或标准允许使用的材料；代用材料

必须具有满足容器设计要求的各项性能；代用材料的焊接性可以和被代用材料不同，但在制造厂具体条件下应该能够解决或在合同允许范围内通过改善现有条件可以解决。一般情况下材料代用应遵循以厚代薄、以高代低原则。

（1）以厚代薄。以厚代薄是指在材料性能相同或相似的情况下用相同钢号较厚规格的材料代替较薄规格的材料。

（2）以高代低。以高代低是指以较高级别或性能较好的材料代替较低级别或性能较差的材料。

2. 材料代用的基本程序

材料采购部门提出《材料代用申请单》，并注明零件名称、图号及代用前后的材质和规格。《材料代用申请单》经制造单位的材料责任工程师、焊接责任工程师及铆工工艺人员会签并同意代材后，报送至原设计单位。原设计单位书面批准后，方可在压力容器制造时进行材料代用；如果原设计单位有不同意见，则不允许进行代用。容器的竣工图以及出厂的质量证明文件中要详细记录代用材料的材质、规格、部位等信息。

3. 材料代用的几种情况以及相应注意事项

（1）材料的以厚代薄可能引起材料的供货状态及相关要求的提高

如：某一单层高压容器，按照设计图纸要求，封头和筒体名义厚度均为30mm的Q345R板，且对钢板有-20℃冲击试验要求。制造过程中考虑到封头热冲压时的加工减薄量，工厂采用了32mm的热轧板作为封头板进行了热冲压。但是按照GB150.2-2011《压力容器 第2部分：材料》4.1.8和4.1.11规定，32mm的Q345R应是正火状态，且应逐张进行超声检测。材料代用引起的供货状态及相关要求的提高，不容忽视。

（2）材料的以厚代薄可能引起容器受压元件强度的降低

查阅GB150.2-2011《压力容器 第2部分：材料》中《表2 碳素钢和低合金钢板许用应力》可知，随着板厚的增加，材料许用应力呈下降趋势，如Q345R在100℃下，由16mm增加到18mm，许用应力由189MPa下降到185MPa；Q245R在100℃下由16 mm增加到18mm时，许用应力由147MPa下降到140MPa。这在封头制造时尤应引起注意，因为在封头下料时往往都要增加一定的毛坯厚度来保证冲压后封头的最小厚度，结果有可能导致冲压后的封头强度不足。因此，当处于这些临界状况下的以厚代薄时，还必须对受压元件强度进行验算。

这种情况下，受压元件材料许用应力降低。受压元件若为筒体或封头会引起开孔削弱所需的补强截面积的增加，导致增设补强圈的可能。受压元件若为补强圈，由于其材料许用应力的降低，可能造成补强不足。对于开孔补强板也不应过多加厚，因为补强板过厚，在补强板与筒体连接的外周将会形成很高的应力集中，以致引起焊趾部位开裂。

材料的以厚代薄引起容器受压元件强度降低的这种情况还应考虑对耐压试验压力值的影响。因为GB150.1-2011《压力容器 第1部分：通用要求》中4.6.2.2注2规定，容器各主要受压元件，如圆筒、封头、接管、设备法兰（或人孔法兰）及其紧固件等所用材料不同时，应取各元件材料的[σ]/[σ]ᵗ比值中最小者。当处于这些临界状况下的材料以厚代薄时，容器元件在耐压试验温度下的许用应力与设计温度下的许用应力的比值有增大的可能，综合考虑对耐压试验压力值是否造成影响，若造成影响应进行修正。

（3）换热器主要受压元件以厚代薄会增大温差应力，造成力系不平衡，必须重新进行计算

由于换热器的特殊性，对换热器的主要元件进行以厚代薄很容易破坏原来的平衡力系，原则上不可以厚代薄，特殊情况下，必须代用时，需要重新设计计算。

（4）材料的以厚代薄可能引起容器元件无损检测要求的提高

GB150.4-2011《压力容器第4部分：制造、检验和验收》10.3.1规定符合下列条件之一的容器及受压元件，须采用设计文件规定的方法，对其A类和B类焊接接头，进行全部射线或超声检测：焊接接头厚度大于25mm的低温容器；奥氏体不锈钢、碳素钢、Q345R、Q370R及其配套锻件的焊接接头厚度大于30mm者；奥氏体-铁素体型不锈钢、15CrMoR、14Cr1MoR、08Ni3DR及其配套锻件的焊接接头厚度大于16mm者。在这种情况下材料以厚代薄时，代用材料厚度超过以上临界值应按以上规定对受压元件A类和B类焊接接头进行100%无损检测。

（5）材料的以厚代薄可能导致容器元件热处理

受压元件厚度的增加，可能会导致其焊后热处理。如：材质为S11306的筒节厚度为10mm，用同材质厚度为12mm钢板代用后，按GB150.4-2011《压力容器 第4部分：制造、检验和验收》8.2.2.1规定，筒节应进行焊后热处理。

受压元件厚度的增加，可能会增加其恢复性能热处理。如：按HG/T21518-2014《回转盖带颈对焊法兰人孔》设计的公称直径DN400，公称压力PN63，材质为Q245R，人孔筒节外径为426mm，人孔筒节壁厚为18mm。若采用同材质，厚度为22mm的钢板卷制代替，按GB150.4-2011《压力容器 第4部分：制造、检验和验收》8.1.1规定，材料代用后的人孔筒节应进行恢复性能热处理。

（6）材料以厚代薄还会导致焊接工艺、产品焊接试件要求的改变

当厚度增加较多时，常常还涉及焊接结构的变化，如接管与壳体焊缝及对接焊缝都有可能从原来的单V型改为X型坡口，从而导致焊接工艺的改变。

按GB150.4-2011《压力容器 第4部分：制造、检验和验收》9.1.1.1规定，上文中提到的材料的以厚代薄引起的恢复材料性能热处理的人孔筒节还应制作焊接试件。

（7）材料以厚代薄导致连接结构改变

筒体与加厚的封头连接时，通常需要对封头进行外削边处理。对以钢管为主要筒体构成的设备，若增加钢管壁厚，在封头与筒体连接部位也须对筒体实施内削边处理。

对原设计中封头和筒体间等厚焊接的容器，若对容器壳体的个别部件进行以厚代薄，很容易增加壳体的几何不连续情况，从而使封头和筒体间的连接部位受到的局部应力增加，此时，对于有应力腐蚀倾向的容器来说，会造成很大的损害。可能会导致疲劳裂纹，

严重的可能造成疲劳断裂。

（8）钢管以厚代薄的注意事项

在压力容器上的接管以厚代薄较为常见，用厚壁接管代用薄壁接管并不是总能满足规范要求的。如：压力容器上接管采用标准为GB/T 8163-2008《输送流体用无缝钢管》，材质为10，规格为$\phi 168.3 \times 7.1$。若代用规格的厚度为11mm，将违反GB 150.2-2011《压力容器 第2部分：材料》5.1.3规定，即：标准为GB/T 8163，材质为10，钢管壁厚不得大于10mm。

采用无缝钢管做筒体的小直径换热器，以厚代薄应当适当减小折流板外径，并核对折流板外径的减小量是否在允许范围之内。

（9）容器整体以厚代薄

容器壳体整体层面上的"以厚代薄"，虽然并不会造成筒体连接处和封头的局部应力增加，但不可避免地，仍会导致一些不良影响。（1）厚度增加后，原来的壳体设计中的探伤方式和焊接工艺也要进行相应的改变，增加难度；（2）壳体厚度的增加必然使容器的重量加大，当容器重量增加过大时，必然会对容器的基础和支座产生不利影响；（3）对壳体同时具有传热作用的容器，壳体厚度的增加肯定会影响其传热效果。

（10）挠性元件以厚代薄

因为原件厚度与其刚性是成正比的，厚度越大，刚性越强，所以原则上不允许对波纹管和膨胀节等元件实行以厚代薄，以防止减弱补偿变形的效果。

（11）材料增厚对现有设备、器具的影响

制造单位在会签《材料代用申请单》时，还应考虑现有加工设备、检验器具是否满足要求。若不能满足要求，制造单位应考虑在合同允许范围内通过改善现有条件能否解决。

（12）以优代劣应考虑材料与工作介质的相容性

材料代用时应考虑材料与工作介质的相容性，否则压力容器实际使用中可能会出现安全隐患。比如处于湿硫化氢环境下及存在应力腐蚀开裂风险的设备中，容器对应力腐蚀开裂的敏感性随容器使用的钢材的强度级别的提高而增大，二者正相关。此时若将Q245R用强度级别的较高Q345R代用就极易产生问题，因此，此类"以优代劣"原则上是行不通的，应当被禁止。

一般来说，不锈钢的耐腐蚀性较出色，但在含有氯离子的环境下，其耐腐蚀性却不如低合金钢和碳素钢。

以优代劣时，考虑代用材料与工作介质的相容性至关重要，这关系到容器的安全及正常使用。

（13）以优代劣可能导致焊接工艺及焊工资格要求的变化

由于低合金钢的高强度以及较差的可焊性及冷加工性能，采用低合金钢代替碳素钢时，应当及时修改相应的焊接工艺及参数，必要时修改热处理要求。焊接工艺的改变还会造成焊工资格要求的变化。

对于本身强度高可焊性差的材料，如果再用更高级的材料代用，可焊性更差，焊接工作难度将更大。

（14）钢管牌号的以优代劣

GB 9948-2013《石油裂化用无缝钢管》与GB/T 8163-2008《输送流体用无缝钢管》相比，GB 9948适用范围较广且质量等级较高。但GB 9948直接代用GB/T 8163钢管，在一些情况下还会导致一些问题。如：接管原为GB/T 8163-2008，材质为10，规格为ϕ168.3×7.1。若改用GB 9948-2013的钢管，按照GB 150.2-2011《压力容器 第2部分：材料》5.1.4规定，还应进行-20℃冲击试验。

（15）管板的以优代劣

对换热器管板而言，锻件的总体性能比板材要好，所以通常情况下采用锻件。但管板设计为板材时，倘若用锻件代替板材，此时需注意，即使锻件和板材的厚度、材质及设计温度都相同，但两者的许应用力却不相同，前者的许应用力稍低于后者。故如需锻件代用板材，应重新核准管板厚度。

（16）材料以优代劣还会导致焊接工艺的改变

低合金钢在强度、力学特征等机械性能方面尽管明显优于碳素钢，但其冷加工性能与可焊性都比不过碳素钢。一般来说，强度级别高的，其冷加工性能与可焊性就较差，所以在进行这方面的代用时，应相应调整焊接工艺，并给予充分重视。

压力容器制造过程中除了以厚代薄、以优代劣的情况外，还存在一些其他情况。如：法兰通常情况下采用锻件，但用板材代替锻件时，应按GB 150.3-2011《压力容器 第3部分：设计》7.1.4和7.1.5规定，即采用热轧钢板制造带颈法兰时应符合下列要求：钢板应经超声检测，无分层缺陷；应沿钢板轧制方向切割出板条，经弯制、对焊成为圆环，并使钢板表面成为环的侧面；圆环的对接接头应采用全焊透结构；圆环对接接头应经焊后热处理及100%射线或超声检测，合格标准按NB/T 47013的规定。对于碳素钢或低合金钢板制法兰断面厚度大于50mm的应经正火热处理。

3.3 压力容器力学基础知识

3.3.1 压力容器的应力分类

在应力分类分析设计中考虑的两种韧性失效形式是静力作用下的整体塑性变形和循环载荷作用下的递增塑性垮塌或棘轮。前者的设计标准基于极限载荷分析，后者基于安定性分析。这些设计标准和方法的核心是将压力容器中的各种应力加以分类，根据各类应力对容器安全性的影响程度分成三类：一次应力，二次应力和峰值应力。一次应力对应静载荷作用下的大量塑性变形或韧性失效。一次应力和二次应力共同作用下会引起结构递增塑性垮塌。峰值应力主要由应力集中引起，当和一次应力，二次应力共同出现时，会引起循环载荷作用下的疲劳失效。

1. 一次应力P

一次应力是指为平衡压力与其他外加机械载荷所必需的应力。一次应力必须满足外载荷与内力及内力矩的静力平衡关系，它随外载荷的增加而增加，不会因达到材料的屈服点而自行限制。一次应力引起的总体塑性流动是非自限的，即当一次应力超过屈服点时结构内的塑性区将不断扩展，使容器发生显著的变形直至破坏。一次应力可以分为以下三种：

（1）一次总体薄膜应力P_m

一次总体薄膜应力是指在容器总体范围存在的一次薄膜应力，它对容器强度危害最大。当整体即一次总体薄膜应力达到材料的屈服点时，整个容器发生屈服。

一次总体薄膜应力的特点有：是分布在整个壳体上的一种应力；沿容器壁厚方向均匀分布；无自限性。

例如：由内压作用在圆柱形或球形壳体中产生的薄膜应力，厚壁圆筒在内压作用下的轴向应力就属于此类。此应力分布在整个壳体上，且沿壁厚均匀分布，在工作应力达到材料的屈服限时，沿筒体壁厚的材料同时进入屈服。

（2）一次弯曲应力P_b

一次弯曲应力是由内压或其他机械载荷作用产生的沿壁厚呈线性分布的法向应力。例如：平板封头或顶盖中央部分在内压作用下所产生的应力就属于此类。

一次弯曲应力的特点是：沿容器厚度方向呈线性分布。

这类应力对容器强度的危害性没有一次总体薄膜应力那么大，这是因为当最大应力（板的上下表面）达到屈服极限进入塑性状态时，其他部分仍处于弹性状态，仍能继续承受载荷，应力沿壁厚的分布随载荷的增加而重新调整分布，所以在设计中可以允许比总体薄膜应力有稍高的许用应力。

（3）局部薄膜应力P_l

在局部范围内，由于压力或其他机械载荷引起的薄膜应力属于局部薄膜应力。例如在容器支座处由于力与力矩产生的薄膜应力就属此类。这种局部薄膜应力和一次总体薄膜应力一样，也是沿着壁厚方向均匀分布，但不像一次总体薄膜应力那样沿容器的整体或很大区域分布，而是在局部地区发生。因此，虽然这类应力具有二次应力的特征，但从保守角度考虑，仍将其划分为一次应力。

2. 二次应力Q

二次应力是由于容器自身的约束或相邻部件间的相互约束所引起的正应力或剪应力。二次应力不是由外载荷直接产生的，其作用不是为平衡外载荷，而是使结构在受载时变形协调，实际上，二次应力是同一次应力一起满足变形协调（连续）要求的。这种应力的基本特征是它具有自限性，也就是当局部范围内的材料发生屈服或小量的塑性流动时，相邻部分之间的变形约束得到缓解而不再继续发展，应力就自动地限制在一定范围内。这类应力一般不会直接导致容器破裂，因此其危险性较小。

二次应力具有以下三个特点：（1）满足变形协调（连续）条件，而不是满足外力平衡条件；（2）具有局部性，即二次应力的分布区域比一次应力要小，其分布区域的范围与 $\sqrt{Rs}$ 为同一量级（R 为壳体平均半径，s 为壳体壁厚）。例如，平板与圆柱壳连接时的边缘应力影响区域约为 $2.5\sqrt{Rs}$；（3）具有自限性，由于应力分布是局部的，当二次应力的应力强度达到材料的屈服点时，相邻部分之间的约束便得到缓和，使变形趋向协调而不再继续发展，应力自动限制在一定范围内。

二次应力的实例有：（1）总体结构不连续处的弯曲应力，如筒体与封头、筒体与法兰、筒体与接管以及不同厚度筒体连接处；（2）总体热应力，它指的是解除约束后，会引起结构显著变形的热应力，例如管壳式固定管板热交换器中由于管子和壳体温度不同而产生的温差应力，厚壁圆筒中径向温度梯度引起的当量线性热应力。

3. 峰值应力 F

总应力中除去薄膜应力和弯曲应力（包括一次应力和二次应力）后，沿壁厚方向呈非线性分布的应力称为峰值应力。

它发生在载荷、结构形状突然改变的局部地区。或者说，峰值应力是由于局部结构不连续（如耳孔、小圆角半径等引起的应力集中）而造成一次应力或二次应力上的增量。例如：壳体与接管连接处（内角或外角），小的圆角半径或小孔边缘等局部处产生峰值应力。

峰值应力具有两个特点：（1）应力分布区域很小，其区域范围约与容器壁厚 s 为同一量级，引起的变形甚微；（2）不会引起整个结构任何明显的变形，但它却是导致疲劳破坏和脆性断裂的可能根源。因此一般设计中不予考虑，只是在疲劳设计中加以限制。

压力容器典型零部件中的应力分布见表3-3所示。

表3-3　压力容器典型零部件中的应力分布

零部件名称	应力位置	引起应力原因	应力分类
圆柱形或球形壳体	远离不连续处的壳壁	内压	一次总体薄膜应力—p_m 沿壁厚的应力梯度（如厚壁筒）—二次应力 Q
		轴向温度梯度	薄膜应力—二次应力 Q 弯曲应力—二次应力 Q
	与端盖或法兰的连接处	内压	局部薄膜应力——一次应力 Pi 弯曲应力—二次应力 Q
任何壳体或端盖	沿整个容器的任何截面	外部载荷或力矩或内压	沿整个截面平均的总体薄膜应力，应力分量垂直于横截面—P_m
		外部载荷或力矩	沿整个截面线性分布（并非沿厚度）的弯曲应力，应力分量垂直于横截面—P_m
	在接管或其他开孔的附近	外部载荷或力矩或内压	局部薄膜应力—P_l 弯曲应力—Q 峰值应力（填角或直角）—F
	任何位置	壳体和端盖间温差	薄膜应力—Q 弯曲应力—Q
碟形端盖或锥形端盖	顶部	内压	一次薄膜应力—P_m 一次弯曲应力—P_b
	过渡区或与壳体连接处	内压	局部薄膜应力—P_l 弯曲应力—Q

零部件名称	应力位置	引起应力原因	应力分类
平端盖	中央区	内压	一次薄膜应力—P_m 一次弯曲应力—P_b
	与壳体连接处	内压	局部薄膜应力—P_l 弯曲应力—Q
多孔的端盖或壳体	均匀布置的典型管孔带	压力	薄膜应力（沿横截面平均分布）—P_m 弯曲应力（沿管孔带宽度均布，沿壁厚线性分布）—Pb 峰值应力—F
	分离的或非典型的孔带	压力	薄膜应力—二次应力 Q 弯曲应力—峰值应力 F 峰值应力—F
	垂直于接管轴线的横截面	内压外部载荷 或力矩	一次总体薄膜应力（沿截面均布）—P_m
		外部载荷或力矩	沿接管截面的弯曲应力——一次薄膜应力 P_m
接管	垂直于接管轴线的横截面	内压外部载荷或力矩	一次总体薄膜应力（沿截面均布）—P_m
		外部载荷或力矩	沿接管截面的弯曲应力——一次薄膜应力 P_m
	接管壁	内压	一次总体薄膜应力—P_m 局部薄膜应力—P_l 弯曲应力—Q 峰值应力—F
		膨胀差	薄膜应力—Q 弯曲应力—Q 峰值应力—F
衬套	任意位置	热膨胀差	薄膜应力—F 弯曲应力—F
任何部件	任意位置	沿壳壁厚度方向上的温度梯度	当量线性应力—Q 应力分布的非线性部分—F
任何部件	任意位置	任意原因	应力集中（缺口效应）—F

3.3.2 压力容器的局部应力

1.边缘应力

压力容器的设计是按无力矩理论进行的，但实际的压力容器大都是组合壳体，并且还装有支座、法兰和接管等。当容器整体承压时，在这些互相联接的部位会因为不能自由变形而产生弯矩。由此引起的弯曲应力有时要比由于内压而产生的薄膜应力大得多。由于这种现象只发生在联接边缘，因此称为边缘效应或边缘问题。而由边缘效应所引起的应力称为边缘应力，边缘应力的特点是它的局部性和自限性。

由不同性质的联接边缘产生不同的边缘应力，但它们都有一个明显的衰减波特性，在离联接边缘不远的地方就衰减完了。对于钢制圆筒，边缘应力的作用范围为$x=0 \sim 2.5\sqrt{Rs}$。由于边缘应力具有局部性，因此在设计中，一般只在结构上作局部处理。如改变连接边缘的结构，边缘区局部补强，保证边缘区的焊缝质量，降低边缘区的残余应力，以及在边缘区内，尽可能地避免附加其他局部应力或开孔等。

另外，边缘应力是由于薄膜变形不连续，以及由此而产生的对弹性变形的互相约束作用所引起的。一旦材料产生了局部的塑性变形，联接部件之间的变形不协调就可以得到缓解，应力重新进行分布，边缘应力也就自动限制。这就是边缘应力的自限性。因此当压力容器是由塑性较好的材料制成时，在静载荷作用下一般都不考虑边缘应力的影响。因为，在这类容器中即使局部产生了塑性变形，周围尚未屈服的弹性区能抑制塑性变形的扩展，而使容器处于安定状态，重点应是如何改进边缘处的结构。

设计中是否计算边缘应力的影响，要根据容器的重要性，材料和载荷性质等方面综合考虑来决定。但是，不论设计中是否计算边缘应力，都要尽可能地改进连接边缘的结构，使边缘应力处于较低水平。

2. 热应力

压力容器的工作条件极其复杂，很多都是在一定的温度下运行。例如石油化工的乙烯裂解、氨的合成等，都是在高温下使用的设备，其温度往往达到1000℃以上。而深冷分离、空气分离等生产中所使用的设备又是处在低温（-100℃以下）工作条件下运行的。这些容器或部件运行温度远高于（或低于）其运行前的温度。如果它的热变形受到外部限制或本身温度分布不均匀，就会产生应力。这种因温度变化而产生的变形受到约束所引起的应力称为热应力或温差应力。热应力有时可能很高，足以产生过量塑性变形或断裂。

在压力容器中，并不是在所有情况下的温度改变都会引起热应力，而只有在变形受到限制时，才会产生热应力。热应力经常在以下几种情况下产生：

（1）容器在较高或较低的温度下运行时因温度变化受到外部的约束或限制。零部件内部的温度分布是均匀的，但其由于温度引起的变形受到某种外部约束或限制而产生热应力。例如：两个支座都是固定的卧式容器，如果运行的温度高于（或低于）设备安装时的温度，它的热变形就会受到限制，在容器的横截面上就会产生热应力。

构件内部温度分布不均匀，各部分产生不同的膨胀，这时即使没有任何外约束或限制，也会由于内部各部分的热膨胀量不一致，相互约束而产生热应力。例如，厚壁圆筒形容器，内外壁存在温差时，由于不同直径处的材料的自由膨胀量不同，相互间的约束阻止这种自由膨胀，使内壁材料的膨胀（或收缩）受到外部材料的约束，在内壁产生压缩（或拉伸）的热应力。而在外壁面产生拉伸（或压缩）的热应力。又如衬里容器或复合钢板容器，由于复层与基层材料的热膨胀系数不同，当温度变化时两者的热膨胀量也不同，但互相间的贴合又不允许各自单独变形，则必然产生温差应力。

（2）由两个或两个以上的零部件组成的容器，当温度分布不均匀（各部分温度不等）或温升不等，或各个零部件材料的线膨胀系数不相等时，也会引起各部分之间的相互作用力，从而引起热应力。例如固定管板式换热器的管子和外壳的温升往往是不相等的，由于膨胀量不同而相互约束产生热应力。

热应力是由于零部件的热变形受到约束而产生的，所以它具有自限性。当某一区域应力达到材料的屈服极限时，局部即产生塑性流动，使应力不再增大，并产生有利的应力分布。因此在容器设计时，如果热应力与其他载荷所产生的应力相比比较小，就可以不考虑。例如，承受内压的容器，如果壁温之差小于10℃就可以不计其热应力；具有隔热保温层的高温或深冷贮存容器，如果绝热材料效果良好，壳壁的热应力也可以不考虑；操作温度已达到材料的蠕变温度，一般也不考虑热应力。

3. 制造偏差引起的附加应力

在制造过程中，由于加工成型与组装过程产生的缺陷，也会在容器上产生附加的应力。

（1）截面不圆引起的附加应力

制造过程中常因卷板操作不当，筒体在同一截面上存在直径偏差，造成截面不圆。截面不圆一方面影响筒节之间的对接质量，在对接环焊缝处造成错边，另一方面在内压作用下，不圆的壳体内将产生附加的弯矩和弯曲应力。

截面圆公差越大，附加弯曲应力越大，对承受内压的圆筒体来说，随着公差的增大，附加弯曲应力也不断增大，降低了圆筒体的承载能力。对承受外压的圆筒体来说，截面不圆不仅影响强度，也降低了其稳定性，甚至可使结构在正常载荷下失稳。

（2）错边和角变形引起的附加应力

错边是指两块对接钢板沿厚度方向没有对齐而产生的错位。筒体纵缝和环缝都有可能产生错边，但环缝错边较多。角变形是指对接的板边虽已对齐，但板的中心线不连续，形成一定的棱角，因此这样的缺陷也称棱角度。筒体的纵缝和环缝都有可能产生角变形，但以纵缝角变形居多，这是由于卷板前钢板边缘没有预弯或预弯不当造成的。另外，单V形坡口焊接时也会造成角变形。

错边和棱角度造成结构上的不连续，结构承载后在错边和棱角度部位产生附加的弯曲应力和剪应力，造成局部应力升高。错边和棱角度都会降低结构的疲劳强度，缩短结构的疲劳寿命，甚至可以直接造成压力容器断裂事故。

错边和棱角都是压力容器制造中常见的结构缺陷，尤其是球罐等大型容器，由于施工现场条件和工装的影响，组装时错边和棱角往往较易产生，必须加以控制。

（3）表面凹凸不平引起的附加应力

表面凹凸不平主要产生在凸形封头上，包括封头表面局部的凹陷或凸出以及封头直边上的纵向皱折。前者是由于压制成型时所用模具不合适或手工成型操作不当所造成的，后者常见于相对直边高度过大的封头。

4. 焊接接头的局部应力

焊接广泛应用于压力容器制造过程。由于焊接过程中在焊接接头各区进行着不同的焊接冶金过程，并经受不同的热循环和应变循环的作用，使得各区的组织和性能存在较大的差异，造成焊接组织的不均匀和力学性能的不均匀性。同时由于焊接接头存在几何不连续，致使其工作应力不均匀，出现应力集中。当焊缝中存在缺陷，焊缝外形不合理或接头型式不合理时将加剧应力集中程度，影响接头强度，特别是疲劳强度。另外，由于焊接过程中的不均匀加热，引起焊接残余应力及变形。焊接变形可能引起结构的几何形状发生不良改变，产生附加应力。而焊接接头又具有较大刚性，因拘束而产生的局部应力更大。

不同接头型式会引起不同程度的应力集中，对接接头的应力集中最小，搭接接头的应力集中最大，T型或十字接头应力集中介于其中。焊接接头的局部应力可以通过改变焊缝形状来减少应力集中，例如改变焊透情况，把角趾加工成圆滑过渡。

焊接残余应力是一种局部应力，但其作用的区域比峰值应力大得多，加热区越宽，则残余应力波及面也越宽，其作用范围最大可达焊缝两侧200~300mm。在厚度不大的焊接结构中，焊接残余应力基本上是两向的，即在沿焊缝方向及垂直焊缝方向都有焊接应力，通常沿焊缝方向（纵向）的应力比垂直焊缝方向（横向）上的应力大，压力容器焊件大都属于这种情况。而厚度方向的残余应力很小，可以忽略。只有在大厚度的焊接结构中，厚度方向的应力才有较高的数值，这时焊接应力呈三向应力状态。

焊接残余应力分布是不均匀的，焊后收缩趋势愈大的区域应力值愈大，且是拉应力，远离焊缝的区域则是压应力。

3.3.3 压力容器的载荷

作用于压力容器及其附件上的力称为载荷，和其他的机械设计一样，在压力容器的设计中首先就要确定容器在使用中所承受的实际载荷。

压力容器设计中需要考虑的主要载荷有：工作压力（内压或外压、或最大压差）、容器的自重以及正常工作条件下或压力试验状态下内装物料的重力载荷、风载荷、地震载荷、温度梯度或热膨胀量不同引起的温度载荷，有时还要考虑支撑件的反作用力、管道载荷与冲击载荷等以及雪载荷等。对于每一个容器而言，在设计时并非都要考虑上述全部载荷，但有时需要考虑这些载荷同时作用的可能性。

正常运行中的压力容器都将承受一定的压力载荷，对多数容器来说，压力往往是确定其壁厚的唯一载荷。压力容器的工作压力根据容器承受的压力载荷情况不同而不同。承受内压的容器，工作压力是指正常工作情况下，容器顶部可能出现的最高压力；承受外压的容器，是指正常工作情况下，容器可能出现的最大内外压差；对于真空容器，是指正常工作情况下，容器可能出现的最大真空度。

内压将在容器器壁中引起周向和轴向拉伸应力；外压会使容器失稳，在不使圆筒失稳的条件下引起周向和轴向压缩应力。

1. 重力载荷

容器的重力载荷包括容器的自重、所容纳的介质重量以及永久性地连接于容器上的工艺附件、保温材料及操作平台等附属设备的重量。容器的自重（包括内件和填料等），以及正常工作条件下或耐压试验状态下内装介质的重力载荷；还需考虑附属设备及隔热材料、衬里、管道、扶梯、平台等的重力载荷。

考虑容器的各种工作状况，一个容器有三个不同的重量载荷。这就是最小（吊装）重量、操作重量和最大（水压试验或充满介质）重量。

重量载荷对器壁的作用与容器的支承方式有关，通常是局部地作用于支座部位的器壁，如具有鞍式支座的卧式容器和具有支柱式支座的球形容器等。但对于具有裙式支座的容器，其重量载荷是以轴对称的方式作用于壳体上，对设备引起轴向压缩应力。若容器上置有其他与设备轴线偏心设置的附件，则附件的重量将引起附加的偏心弯矩，引起在设备上拉压相对的轴向弯曲应力。

对于小型容器，由重量产生的局部应力较小，一般忽略不计。

2. 风载荷

对于安置于室外的高耸设备必须考虑风载荷的作用。当风载荷吹到设备的迎风面上时，相当于对设备作用了一个脉动的力矩。若将这类高耸直立容器当作一个支承于地表的悬臂梁，由于风力矩的作用将使设备受到平行于风向的静弯矩作用，在迎风面的器壁产生轴向拉应力，背风面产生轴向压应力。风载荷的大小与风速、空气密度、所在的地区和季节有关。

在一定风载荷条件下，当风吹向设备时气流会在其背风面产生周期性的旋涡（卡门涡街），并使该设备在垂直于风的方向产生周期性振动（横风向振动），当此振动频率和设备的固有频率一致时将产生有阻尼的共振，称为风的诱导共振，其结果使设备在垂直于风的方向产生诱导共振弯矩。柔性的自支承式的设备，高度大于30米，高度与直径之比大于15，且常年处于多风的地区，设计时应该考虑风诱发共振弯矩。

风诱发振动一般可能发生在高径比H/Dl值较大的塔设备或加热炉上。2008年5月某炼化企业脱甲烷塔发生的开裂事故。该塔高77.7m，上段直径φ2600mm，下段直径φ3600mm，壁厚18～40mm，材质为304不锈钢。该塔安装完8个月后（未投入使用），在塔体变径段（锥段）大小端焊缝、裙座焊缝、人孔接管等部位都出现了穿透性开裂现象。其直接原因为设计时根本没有考虑临海地区台风频繁所带来的循环载荷，导致焊缝中的原始缺陷在风载荷的作用下发生了疲劳扩展，而临海环境中氯离子也对裂纹扩展起着推动作用。焊缝中原始缺陷是由于制造时对40mm厚不锈钢焊缝采用了 γ 源检测，致使部分小缺陷无法有效检出造成的，在这种情况下，即使没有原始制造缺陷，长期使用也会不安全。现场情况如图3-2所示。

类似的事故在2009年6月沿海某石化企业C5装置上再次重现。该装置14台塔中6台安装8个月后，在下封头与裙座连接焊缝部位发生风载引起的疲劳锻炼，开裂情况如图3-3所示。

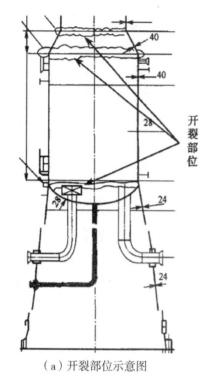

（b）开裂宏观形貌

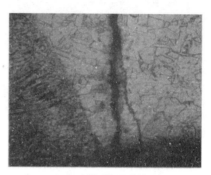

（c）裂纹微观形貌

（a）开裂部位示意图

图3-2　脱甲烷塔开裂现场照片

（a）开裂部位宏观形貌1

（b）开裂部位宏观形貌2

图3-3　碳五装置塔开裂照片

3. 地震载荷

地震时，地面突然产生水平或垂直的运动，使固定于地面的容器产生惯性力，即地震力。地震波的作用下有三个方向的运动：水平方向振动、垂直方向振动和扭转，其中以水平方向振动危害较大。为此，计算地震力时，一般仅考虑水平地震力对设备的影响，仅在地震烈度较高的区域（烈度为8度或9度）的设备考虑垂直地震力的作用。

一般将水平地震力简化为相当的静态力。对于不同结构动态特征的容器，相当静态力的计算方法也不同。对于短而重的立式容器与双支承的卧式圆筒，可认为是刚性结构，即在水平地震力（惯性力）作用下不产生挠曲，因而只相当作用于一个惯性力。

对于高而细长的直立设备，在地震力作用下地基相对于容器重心的移动会引起容器的挠曲变形和阻尼振荡，水平地震力与风力相似，会使设备产生弯矩并构成拉压相对的轴向弯曲应力，此时地震力与容器重量，以及考虑地震烈度、土地性质和容器自振周期的地震影响系数有关。

4. 温度载荷

对于操作温度高于或低于室温的容器，在使用时其壁温将高（或低）于安装温度。根据热胀冷缩的原理，容器元件的壁温变化也就会引起相应的膨胀或收缩变形。如果这种由于温度变化产生的变形受到相邻构件或材料的限制，构件内部就会产生温差应力。温差应力的数值与容器元件的材料性质、温度变化的幅度以及约束元件与热变形元件的拉压刚度比有关。

3.4 结构设计

压力容器的结构设计合理与否将会直接决定容器的安全性能，而且大多数事故都是由于结构设计不合理导致的。要想从根本上提高压力容器结构设计的合理性，不仅要求结构便于制造，以减少制造缺陷和提高设计质量，而且压力容器结构的检测要方便，从而确保每一个裂缝和故障都能得到及时的检修，确保压力容器结构的合理性、可靠性和安全性。

3.4.1 概述

在工业生产中由于压力容器用途特殊，应用面广，一旦出现事故危害性极大。压力容器设计人员除了严格按照GB150-2011《钢制压力容器》、GB151-2014《钢制管壳式换热器》及劳动部颁发《压力容器安全技术监察规程》进行设计外，还一直在不懈地努力寻求提高压力容器安全可靠性的设计。因为影响压力容器安全性能的不仅有设计上的原因也有制造和操作管理上的原因。

3.4.2 压力容器结构设计的一般原则

1. 设计参数的确定

设计参数的确定是压力容器设计工作的前提和基础，也是决定压力容器设计的关键环节。设计参数的选择与制定正确与否，将直接影响压力容器的使用可靠性，因此在设计中要特别予以重视。压力容器设计参数包括的内容比较多，但最关键的主要有设计压力、设计温度、介质及其特性（包括化工物料反应性能、易燃易爆的危险程度、介质毒性的危害程度及腐蚀性能等）。确定设计参数的依据是工作参数，而工作参数一般由用户提供。作为我们设计人员在设计时应对用户所提供的工作参数进行核查，看其是否准确可靠。设计压力的确定直接决定着设备选材、强度计算、结构设计及制造检验要求。这些都直接影响设备的使用安全。

设计温度的确定，常温下盛装混合液化石油气的压力容器，应以50℃为设计温度。当其50℃的饱和蒸气压力低于异丁烷50℃的饱和蒸气压力时，取50℃异丁烷的饱和蒸气压力为最高工作压力；如其高于50℃异丁烷的饱和蒸气压力时，取50℃丙烷的饱和蒸气压力为最高工作压力；如其高于50℃丙烷的饱和蒸气压力时，取50℃丙烯的饱和蒸气压力为最高工作压力。总之设计温度系指容器在正常操作情况，在相应设计压力下，设定的受压元件的设计温度。设计温度的确定也直接决定着选材、结构设计及强度计算等重要的安全性能。

工作介质不仅决定着容器的类别，而且还决定材料选择，结构及制造上的特殊要求等。如介质Cl⁻浓度较高时，就不能选用普通的奥氏体不锈钢，否则将会出现应力腐蚀破裂；又如对高度、极度危害介质的简体材料要求逐张进行超声波探伤；压力容器的A类和B类焊缝要求进行100%射线或超声波探伤，对角焊缝要求进行磁粉或着色探伤检查；对结构设计有一些特殊要求，尤其是密封结构和焊接结构的可靠性尤为重要。在结构上要求全焊透，且焊缝尽可能圆滑过渡。总之，设计人员在确定设计参数时，应认真掌握工艺条件的工作压力、工作温度及介质特性，结合生产实际情况确定可靠的设计参数，为压力容器设计提供可靠依据。

2. 受压元件材料的合理选用

受压元件材料的选用一般取决于设计压力、设计温度及工作介质等因素。在进行压力容器设计时，除了严格按照GB 150–2011《钢制压力容器》、GB 151–2014《钢制管壳式换热器》及劳动部颁发《压力容器安全监察规程》等进行选材外，还特别注意介质特性对受压元件的影响。因为介质的腐蚀性、介质的易燃易爆程度和毒性程度均直接决定着选材。如：Q253–AF不允许用于易燃或中、高、极度危害介质的压力容器；Q235–A不允许用于盛装液化石油气及高、极度危害介质的压力容器；Q235–B不允许用于盛装高、极度危害介质的压力容器。总之，压力容器受压元件材料的选用不仅要根据容器的工作压力和温度及必须在设计标准与规范的允许范围，还应特别注意介质特性对材料性能的影响。

3. 选择合理的结构设计

对于压力容器设计选择合理的结构设计，这就要求设计人员充分发挥自己的能动性，尽可能在设计中做到精益求精，结构设计合理。合理的结构指的是容易施工，加工完毕后的残余应力低，应力集中小，应力分布合理的结构。压力容器接管及开孔补强结构设计，是结构设计中的一大内容：

（1）接管方面的内容：接管补强结构设计；接管防腐结构设计；接管开孔的焊接结构尺寸及相关问题；其他方面的结构，如防冲击、防振动、防外载荷结构设计等。

（2）关于补强结构的内容：一般工况下的结构；承受交变或疲劳载荷的结构；高低温下的结构；大开孔结构；非径向开孔结构；其他情况下的补强结构。

但是采用补强板补强时要具体问题具体分析，在很多情况下补强板结构是不宜采用的，如凸形封头上大尺寸接管、距离主焊缝较近的开孔、尺寸较大的非径向管、大开孔接管等，而且在选用补强板的焊接结构时也应根据实际情况，不能一概照搬，应根据补强计算，具体选择合理的补强结构，需要采用补强的则采用补强板，需要整体补强则采用整体补强。多年设计经验证明，在压力容器设计中其接管开孔处往往是设备的薄弱环节，因此在进行结构设计时应特别注意。压力容器结构设计中还有一大内容，就是封头及端盖与筒体的连接结构设计。

对于与筒体等厚度或凸形封头与筒体连接的结构，应按GB 150-2011推荐的结构选择。当板材厚度相差较大时则必须采用削边，而且最好是双面削边，这对于降低接头处附加弯曲应力是十分有益的，对于低温容器及承受交变载荷容器尤为有益。平盖与筒体的连接结构设计比之凸形封头连接结构设计要复杂得多，其结构设计的最终目的在降低边缘应力，尽可能减小两连接件间的刚度差，以适应内压所引起的变形协调。无折边球封头与筒体焊接结构不仅要做到全焊透，还应考虑到焊缝圆滑过渡，以充分降低连接部位的边缘应力及应力集中并使该部位应力分布更为合理。因此，在进行结构设计时，不仅要考虑到本身的安全可靠性，而且尚应考虑到利于设备的制造和检测。对于能够开设人孔的设备，必须开设人孔，以保证筒体上的角焊缝和对接焊缝都能实现双面焊，以保证焊透，从而提高焊缝的内在质量和方便检测。对于那些确实无法设置人孔的设备，进行结构设计时，应开设一定数量的检查孔，以便于检测。另外，设备上要尽可能考虑设置安全保护装置（包括安全附件），以防发生意外。

4. 特殊结构元件的强度计算

通常情况下，常规的压力容器设计计算只需按GB 150-2011等进行。然而由于压力容器的种类型式较多，结构也各不相同，因此对于特殊结构元件，按GB 150-2011等计算不太合适甚至于不能使用。在这种情况下，就必须借助于材料力学的知识作具体的受力分析和应力计算，或者借助一些专业或行业标准进行计算。如国家石油和化学工业局颁发的HG/T 20582-2020就是对GB 150-2011的内容补充和延伸，很多无法解决的强度计算问题却能在HG/T 20582-2020中解决。此外，还应阅读相关的专业期刊，以寻求解决实际问题的方法。超常规的压力容器则应按JB 4732-95《钢制压力容器-分析设计标准》进行设计计算。

3.4.3　几种典型设备的结构设计要点

1. 大型储罐结构设计

大型储罐是一种储存油品及各种液体化学品的大型立式储存设备，是石油化工装置和储运系统设施的重要组成部分之一，是压力容器设计人员经常触及到的设计工作。根据结构特点，大型储罐可分为固定顶储罐和浮顶储罐两大类，其中固定顶储罐按罐顶又可分为锥顶储罐、拱顶储罐、伞形顶储罐和网壳顶储罐4种，浮顶罐可分为浮顶储罐（外浮顶罐）和内浮顶储罐（带盖浮顶罐）2种。经过多年的实际应用，大型储罐的结构设计方法已经比较成熟。但是在实际设计工作中，由于大型储罐体积较大、附件较多，设计人员常常只遵循以前的储罐设计方案，而忽略了以前设计方案存在的一些需要注意和改进的地方，由此导致已经投入运行的大型储罐结构设计上或多或少存在着一些不合理之处。

根据在大型储罐设计中和使用过程中遇到的问题，结合GB 50341-2014《立式圆筒形钢制焊接油罐设计规范》、GB 50128-2014《立式圆筒形钢制焊接储罐施工规范》、GB 50393-2008《钢质石油储罐防腐蚀工程技术规范》、SH/T 3530-2018《石油化工立式圆筒形钢制储罐施工工艺标准》中对大型储罐的要求，根据多年的现场检测情况，提出了大型储罐设计中应当注意的事项，以期为相关设计人员提供借鉴。

（1）罐壁结构选择

从大型储罐的设计案例来看，大型储罐的罐壁结构大致可分为搭接和对接两种。从GB 50341-2014中6.1部分可知，近年来储罐罐壁一般采用对接结构。

搭接罐壁结构存在的主要缺点：焊缝受力情况不好，导致安全性较低；搭接结构的储罐罐壁内径并不是定值，而是从下至上递减，因此对储罐体积造成一定影响；由于罐壁内径的变化，防腐处理的难度增加（罐壁喷砂处理存在死角，防腐涂料涂敷困难）；对于浮顶储罐来说，罐壁搭接结构会增加浮盘的升降阻力，并在密封结构通过搭接处时增加浮盘下部介质的泄漏可能。因此，现行储罐设计中多采用的是对接结构，不仅可以有效提高设计安全性，还可以减少防腐等内壁处理的难度，同时不会对浮盘上下移动造成困难。

（2）罐底排液槽位置设置

根据有关标准要求，许多大型储罐结构中均要求设置排液槽。根据储罐的现场实际使用情况来看，罐底发生泄漏是大型储罐使用寿命缩短的主要原因之一。实际使用效果表明，排液槽位置设置不合理是造成罐底发生泄漏的主要原因之一。大型储罐内储存的介质大多为易燃、易爆物料，这些介质的危险性比较高，一旦发生泄漏，不仅会对装置的正常运行带来不确定的安全隐患，而且还将对环境造成不必要的污染。为此，有必要妥善考虑排液槽的设计位置。

大型储罐罐底板结构为多块罐底板搭接而成，如果排液槽设置在两块罐底板交界处，将对两块罐底板之间的焊缝产生一定影响，使其严密性变差，因而易发生罐底泄漏。笔者建议，排液槽应尽可能安排在一块罐底板上，这样可以减少上述情况发生的可能性。

（3）罐顶栏杆

在罐顶栏杆的设计中，设计人员常将栏杆的设计高度作为安全高度，而忽视了罐顶周边踏步的存在对罐顶栏杆安全高度的影响，设计出来的栏杆在减去踏步高度后实际起安全作用的高度不满足要求如图3-4所示。现场施工完毕后，发现还需要对栏杆进行再一次加高才能保证其有足够的安全性。

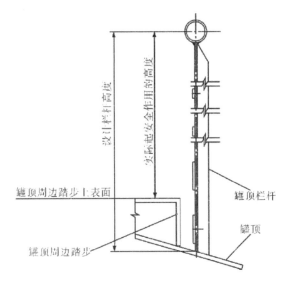

图3-4 储罐罐顶栏杆设置高度示图

鉴于没有将罐顶周边踏步高度考虑在内，设计完的栏杆实际安全高度比设计时想要达到的安全高度低。因此，栏杆的安全作用会降低。在设计栏杆时，如遇到罐顶存在周边踏步的情况下，应考虑适当加高栏杆高度，使其设计高度在减去踏步高度后仍满足安全高度的要求。

（4）罐顶通气孔防水防污功能

对常压储罐（如水罐等），常需要在罐顶设置通气孔，与大气直接相连以保证储罐内、外压保持一致。经过现场的多年使用经验发现，在遇到雨雪天气或者沙尘天气时，降下的雨雪或沙尘可能经过通气孔直接进入罐内，对现场储存的介质产生一定程度的污染。

为了解决以上问题，可将通气孔结构设计为一段直管加180°弯头，将与大气接触的开口结构变为向下，这样可以有效避免多数雨雪及沙尘的进入。考虑到通气管口直径较大且为敞口结构，有飞禽等物经由通气口进入罐内的可能性，可采用金属丝网对开口进行保护。考虑到部分储罐所处地域冬季温度较低，通气管口存在结冰问题，丝网结构还应当设置成可拆卸型式，便于工作人员对通气管内部进行除冰处理，见图3-5。

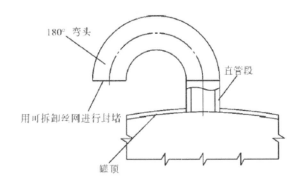

图3-5 罐顶通气孔改进后示图

2. 管壳式换热器结构设计

GB/T 151-2014《热交换器》是我国关于换热器设计、制造、检验等方面的国家标准。标准不可能包罗万象，不同人对标准规定的解读又有差异，为此在换热器设计中尚有不少标准之外的具体问题需要另行解决。

（1）热交换器筒体最小厚度

与外形尺寸相同的卧式容器相比较，卧式换热器的质量要大得多，因为换热器中有管板、换热管和折流板等管束组件，其质量往往比筒体的质量还要大。卧式容器按标准需计算许多应力，其中包括计算鞍座部位筒体的局部应力，从σ1到σ6。而换热器设计标准 GB/T 151中并没有要求计算这些应力。由于换热器壳体内还需要安装管束组件，并且有的还有抽芯检修的要求，有的卧式换热器还有重叠安装的要求，故筒体应有足够的刚性以保持筒体的圆度，综合考虑以上因素，GB/T 151对换热器筒体厚度规定了最小厚度，其值与换热器型式有关，且与筒体直径、筒体材料有关，详见GB/T 151中表7-1，其规定的最小厚度值远大于普通容器规定的最小厚度值。

在相同直径下，由于GB/T 151规定的筒体最小厚度值较大，使得圆筒各截面的应力水平相应较低。因此GB/T 151不要求对筒体进行类似卧式容器的局部应力校核。此外，换热器通过折流板、拉杆等元件将换热管和管板组成整体放置在壳体内，其受力情况与卧式容器的"空筒"完全不同，筒体的变形也不相同，因此目前卧式容器的计算模型是不适用于卧式换热器。

（2）弓形折流板缺口布置

在卧式换热器中，弓形折流板的缺口布置是设计重点。其布置方式有两种：缺口上下布置和缺口左右布置。当壳程介质为气液两相并存时（如壳程为蒸汽进口，凝液排出），则折流板缺口必须左右布置。进入壳程的蒸汽会在冷的换热管外壁上冷凝变成冷凝液，凝液沿管壁向下流至筒体底部而形成一定的液面。蒸汽通常由壳程一端上方入口，如果设计成缺口上下布置，靠近入口的第一块折流板的缺口总是朝下的；第二块折流板缺口则朝上，其下部开有排残液用的小缺口。蒸汽经第一块折流板缺口后流经的通道是折流板缺口以下至冷凝液液面以上的空间。由于蒸汽冷凝速度较快，而凝液经第二块折流板小缺口的流通面积很小，排液较慢。当凝液生成速度大于排出速度，会使凝液液面升高。当液面超过第一块折流板缺口位置时形成液封，蒸汽流通通道被堵死，从而导致壳程蒸汽流路阻断，造成换热无法正常进行。此为弓形折流板设计的大忌，应避免。

当壳程介质为单相液体时，折流板缺口宜上下布置。若采取左右布置，会使壳程介质水平迂回前行，温度较高的流体总在上方，温度较低的总处下方，流体温度场不均匀会影响换热效率。而采取上下布置时，当液体翻过折流板上缺口时，会有搅动作用，使流体温度场趋向均匀，提高换热效率。

当壳程介质为单相气体时，则缺口布置方向并无多大差别，因气体重度小，流经上缺口折流板时，向下的翻动作用不明显，对均匀流体的温度场作用不大。

（3）立式换热器中拉杆的固定方位

拉杆除在换热器组装时起固定折流板的作用外，对立式换热器来说，当拉杆固定在上管板时，拉杆还承受折流板和定距管的重量，使拉杆上端旋入管板的螺纹承受轴向拉力。当壳程介质具有腐蚀性时，特别是拉杆靠近进口端产生较大振动时，拉杆螺纹会在腐蚀和振动共同作用下发生拉脱，使折流板部件落下，或使螺纹松动，产生更大振动。而如将拉杆固定在下管板时，则折流板的重量通过定距管直接作用在下管板上，拉杆此时不承受轴向力，也就不存在拉杆端部螺纹拉脱的问题，安全可靠，所以立式换热器中，拉杆一般宜固定在下管板上。

（4）防冲板的布置

壳程防冲板的安装方式有两种：一是将防冲板固定在拉杆的定距管上；二是直接将防冲板固定在壳程筒体上。后者结构简单，很多换热器上多采用。但采用此结构时，应注意防冲板尽量避免与拉杆的固定端（旋入管板的一端）处在同一管板端。因为这样布置会导致换热器组装时，造成防冲板与折流板相碰，导致无法组装。

因此应使防冲板与拉杆固定端分别位于换热器两端，可避免上述问题的发生。

（5）立式固定管板式换热器中膨胀节的布置

立式换热器中膨胀节的布置是个比较令人疑惑的问题。膨胀节有2种布置方式：一是设于支座上方；二是设于支座下方。设于支座上方，有人担心膨胀节会被换热器重量压垮，而设于支座下方，又担心有可能被轴向拉坏。上述2种担心是不必要的，因为无论如何设置，换热器重量的绝大部分可由筒体传递到支座承受。

对于不设膨胀节的立式换热器，其重量通过上下两路传递至支座。假设支座位于换热器壳程筒体的中间位置。管板、换热管和折流板等管束部件的一半重量及支座上方换热器其他部件的重量是经上方的筒体轴向受压缩，其重量传递至支座。而管束部件的另一半重量及支座下方的其他部件的重量是经下方的筒体轴向受拉伸，其重量可传递至支座。即整个换热器的重量是分上、下两路分别由支座以上筒体和以下筒体的轴向受压和受拉的方式传递至支座。上、下筒体大体各分担换热器总重量的一半，几个支座也可分担换热器的总重量。

若设置了膨胀节（无论位于支座上方或下方），由于管束通过上、下管板与筒体连接为一个整体，换热器总重依然分两路传至支座，但两路所承担的轴向力则各不相同，依上、下筒体（其中有一端带膨胀节的）的总轴向刚度不同而进行分配，刚度大者分担轴向力较多，刚度小者分担较少。据计算可知，壳程筒体设置膨胀节后的轴向拉压刚度可为无膨胀节时筒体刚度的1/10甚至更小。为此，一旦在筒体上设置膨胀节后，整个换热器的总重的极大部分（90%以上）都将由不设膨胀节的那部分筒体来承担，并传递到支座上。当膨胀节设于支座上方时，换热器总重的极大部分由下筒体轴向受拉传递至支座，而上筒体及膨胀节只能承担1/10的换热器重量的轴向压力，为此膨胀节是不会被压垮的。而当膨胀节设于支座下方时，则整个换热器总重的极大部分是由上筒体轴向受压传递至支座的，而下筒体及膨胀节只承受1/10的换热器重量的轴向拉伸，膨胀节也是不会被拉坏的。

由于筒体轴向受拉伸的承载能力远大于轴向受压缩时的稳定承载能力，为此将膨胀节设于支座上方，使筒体的受力更为有利。

以上是仅就换热器重量载荷作用下，壳体上设置膨胀节时筒体的受力情况分析。当固定管板换热器上设置膨胀节后，壳程筒体的轴向刚度变得很小，为此在壳程压力、管程压力和管壳温差作用下产生的轴向应力均趋很小，故可忽略其与重量载荷作用下产生的应力叠加。

此外，壳程筒体与管板间有1道不能双面焊且无法进行无损检测的环缝，应设置在上管板位置，以使其在换热器重量作用下承受压缩力，有利于焊缝受力。

参考文献

[1] GB 150–2011《压力容器》.

[2] GB/T 151–2014《热交换器》.

[3] JB 4732–2005《钢制压力容器—分析设计标准》.

[4] 蔡钢思, 陈年金. 压力容器结构设计之浅见[J]. 化学工程与装备, 2014, 9: 155–157.

[5] 侯贵华. 浅谈压力容器的安全可靠性设计[J]. 化工设备设计, 1999, 16: 23–25.

[6] 常岳松, 赵生利, 杜明岩, 等. 大型储罐结构设计中几点注意事项[J]. 化工设备设计, 2016, 45(4): 100–102.

[7] 冯清晓, 谢智刚, 桑如苞. 管壳式换热器结构设计与强度计算中的重要问题[J]. 石油化工设备技术, 2016, 37(2): 1–7.

[8] 陶颖, 马志富. 压力容器材料代用应注意的问题[J]. 化工设备与管道, 2015, 52(6): 15–18.

[9] 刘志鹏. 浅谈压力容器制造过程中的材料代用[J]. 化工装备, 2015, 9: 31–34.

[10] 李海英. 关于化工压力容器选材标准探析[J]. 中国石油和化工标准与质量, 2017, 20: 7–8.

[11] 洪德晓. 石油化工设备选材基本原则[J]. 化工设备与管道, 2006, 43(2): 1–6.

[12] 洪德晓. 石油化工设备选材基本原则续[J]. 化工设备与管道, 2006, 43(3): 10–18.

[13] 元少昀. 我国压力容器分析设计标准与常规设计标准的对比[J]. 石油化工设备技术, 2009, 30(5): 45–49.

[14] 江楠. 压力容器分析设计方法[M]. 化学工业出版社, 2013, 北京.

[15] 谭蔚. 压力容器安全管理技术[M]. 化学工业出版社, 2006, 北京.

[16] 王夕芹. 压力容器的常规设计和分析设计[J]. 中国石油大学胜利学院学报, 2006, 20(4): 19–21.

[17] 蔡劲松. 应力分析设计概念在压力容器常规设计标准GB 150中的应用[J]. 石油化工设计, 2015, 32(1): 18–21.

[18] TSG 21–2016《固定式压力容器安全技术监察规程》.

第四章　压力容器的制造与焊接

近年来，科学技术取得了长足的进步，随着科学技术的进步，各个行业中的生产工艺也取得了突飞猛进的发展。压力容器这种工业生产中的重要装置也得到了更加广泛的应用，在工业生产中发挥了重要作用。但压力容器的生产质量也受到多方面的影响，一些压力容器的生产缺乏质量的保障，在工业生产中出现了各种问题，给工业生产安全带来了重大的风险和隐患。

从我国化工机械压力容器安全事故的最终统计结果可以看出，绝大多数安全事故是由制造问题或不合格焊接质量引起，需要严格地从生产过程，工业原料，热处理工艺，机械加工，物理化学和无损检测层面进行严格控制，以确保压力容器的生产符合国家要求并预防危险事故的发生。

压力容器的制造要遵守相关的制造标准和相应制度。由于压力容器多在高温、高压、真空和腐蚀等恶劣环境下进行工作，且压力容器内装的多为易燃、易爆、剧毒、有害物质等，所以必须把压力容器的制造质量放在生产的第一位，从压力容器的设计就开始要按照一定的要求进行。随着社会科学的不断进步，新的技术、工艺、材料、理念等不断更新，将加强压力容器制造标准和规范化发展。

4.1　压力容器制造

压力容器除了直接采用管子外，圆形筒体也是压力容器的重要组成部分，其成型方法主要有两种：卷制焊接成型（包括多层包扎焊接成型）和锻造成型。这两类压力容器又简称为板焊结构容器和锻焊结构容器。板焊结构适用于各种类型压力容器，应用十分广泛；锻焊结构则主要用于大型、高压、厚壁容器。

4.1.1　板焊结构压力容器制造工艺

从原材料进厂到产品最终检验合格出厂，板焊结构压力容器制造的基本工艺路线是：领料和标记移植、按图样划线剪切或数控切割机下料、冲压、卷制成型、坡口加工、部件装配焊接、变形矫正、机械加工、总装焊接、热处理、无损检测、耐压试验（气密性试验、性能试验）、成品后处理、涂装、包装。典型的制造工艺顺序示意图如图4-1所示。

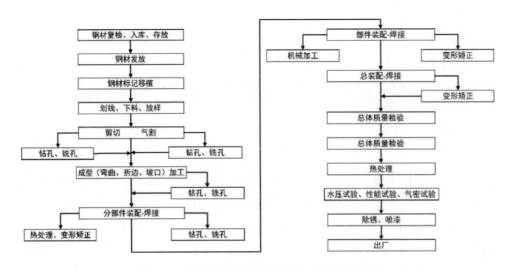

图4-1 典型板焊结构压力容器工艺顺序示意图

1. 材料的验收入库

由于金属结构材料和焊接材料的化学成分和性能直接影响到压力容器的运行特性和使用寿命，材料生产单位必须提供内容齐全的质量证明书原件或有效复印件，各项理化性能必须符合相应的国家标准或行业标准的规定。

材料的验收项目应根据产品的设计要求而定，主要项目有材料型号、牌号、炉批号、化学成分、力学性能、耐蚀性、高温或低温韧性等。对于首次应用的结构材料，还应按相应的标准进行金属的焊接试验和焊接工艺评定试验。

2. 金属材料的发放与切割下料

（1）放样、画线

材料发放应有严格手续，发料时应核对领用单内容和材料标记，确保材料的牌号、规格无误。放样、画线是压力容器制造过程的第一道工序，直接决定零件成型后的尺寸和几何形状精度，对以后的组对和焊接工序都有很大的影响。放样、画线包括展开、放样、画线、打标记等环节。

筒节的放样、划线工作一般靠人工进行，而压力容器的制造大多为单件小批生产，因此划线的劳动量大，速度慢。容器的划线又是十分重要的工作，一旦产生错误，将导致整个筒节报废。近年来，在划线工序的改进方面，已出现数控自动划线及电子照相划线。

（2）下料

在板料冲压中，剪切是基础的工序之一。剪切的任务是根据冲压工艺的要求，将板料剪成适合冲压工序的片料、条料或其他形状的毛坯。

合理地选择剪切设备，正确地排样以及提高剪切工作机械化、自动化程度，对提高剪切件质量、提高生产效率、改善劳动条件、提高材料利用率、降低生产成本都有着重要的意义。

不锈钢板剪切下料时应注意切口附近的冷作硬化现象，此硬化带的宽度一般为

1.5 ~ 2.5mm。由于冷作硬化对不锈钢的性能有严重的不利影响，此硬化带应采用机械加工方法去除掉。

合金总的质量分数超过3%的高强度钢和耐热钢厚板热切割时，切割表面会产生淬硬现象，严重时会产生切割裂纹。裂纹形成的原因是切口的淬硬组织加上切割应力。厚板切割时钢板轧制的残余应力会加速表面切割裂纹向钢板的纵深方向扩展。因此，低合金高强度钢和耐热钢厚板切割前，应将切口的起始端预热100 ~ 150℃，板厚超过70mm时，应在切割前将钢板退火处理。

采用数控切割机下料，可以省去划线工序，同时还可提高切割的精度。通过计算机合理套裁，可大大提高材料的利用率，这是一种值得推广的现代化自动切割设备。

（3）坡口加工

为使焊缝的厚度达到图样规定的尺寸或获得全焊透的焊接接头，接缝的边缘应按板厚和焊接工艺方法加工成各种形式的坡口。最常用的坡口有V形、双V形、U形及双U形坡口。坡口加工可以采用机械加工或热切割法。

钢板边缘坡口的机械加工可采用专用的刨边机、铣边机，也可采用普通的龙门刨床加工。管子端部的

坡口加工则可采用气动和电动的管端坡口机。大直径筒体（直径600mm以上）环缝的坡口加工可采用大型边缘车床。

坡口加工的尺寸公差对于焊件的组装和焊接质量有很大的影响，应严格检查和控制。坡口的尺寸公差一般不应超过 ± 0.5mm。

不锈钢、有色金属和淬硬倾向高的合金钢焊件边缘应采用机械加工方法加工坡口。具有淬硬倾向的合金钢焊件，如采用热切割法加工坡口，则坡口表面在热切割后应作表面磁粉探伤。

（4）成形加工

成形工艺包括冲压、卷制、弯曲和旋压等。

圆筒形和圆锥形构件，如压力容器的筒体和过渡段、大直径管道等都是采用钢板卷制而成的。卷制通常在三辊或四辊筒卷板机上进行，厚壁筒体亦可采用特制的模具在水压机或油压机上冲压成形。

筒体的卷制实质上是一种弯曲工艺。卷制成型是将钢板放在卷板机上进行滚卷成筒节，其优点为：成形连续，操作简便、快速、均匀。

在常温下弯曲，即所谓冷弯时，工件的弯曲半径不应小于该种材料特定的最小允许值。对于普通碳素结构钢（简称碳素钢），弯曲半径不应小于25δ（δ为板厚），否则材料的力学性能会大大下降。冷卷的筒体，当其外层纤维的伸长率超过15%时，应在冷卷后作回火处理，以消除冷作硬化引起的不良效果。冷卷工艺一般用于板厚小于50mm的钢板，大于50mm的钢板应采用热卷或热冲压成形。热卷和热冲压温度应选择在材料的正火温度，以保证热成形后材料仍保持标准规定的力学性能。但是，在许多情况下，由于设备

功率不足等原因，工件被加热到超过材料正火温度的高温，从而导致晶粒长大，力学性能降低。对于这种超温卷制或冲压的筒体，应在卷制或冲压完成后，再作一次常规的正火处理，以恢复其力学性能。

压力容器球形封头、椭圆形封头、顶盖、球罐的球瓣通常采用水压机或油压机在特制的模具上冷冲压或热冲压而成。冷冲压和热冲压对冲压件材料性能的影响类似于冷卷和热卷。当冲压后的工件冷变形度超过容许极限或冲压温度超过材料正常的正火温度时，冲压后工件应作相应的热处理，以恢复材料的力学性能。奥氏体不锈钢冷冲压件，冲压后应作固溶处理。

在未配备水压机或油压机的制造厂中，壁厚小于32mm的碳素钢封头和壁厚小于25mm的不锈钢封头可以采用旋压成形的方法制造。旋压成形是将工件在旋转过程中利用紧靠工件内外壁的两个辊轮加压，按预定的要求将工件旋压成形的工艺。与冲压相比，这种工艺具有设备功率小，适应性强，加工周期短，成形质量好，表面粗糙度低等优点。

封头的旋压可按工件的壁厚采用冷旋压和热旋压法。冷旋压成形又可分二步法和一步法两种。厚壁封头的热旋压通常采用冲旋联合成形法。二步冷旋成形法首先是将毛坯在压鼓机上压成碟形，即把封头的中心圆弧部分压制成所要求的曲率，然后再在旋压机上翻边，把封头的周边旋压到所要求的球面。现有旋压机旋压的最小封头直径一般为1500mm，最大封头直径可达5200mm甚至更大。

（5）装配与焊接

装配与焊接是决定产品最终质量的关键性工序，工厂必须为每一部件编制装配工艺术卡和焊接工艺规程。专职检查员应严格按工艺文件检查装配质量和焊接质量。

焊件的装配不仅要求部件的尺寸符合设计图样的规定，而且要保证接头的装配及定位焊缝的质量符合产品焊接技术条件的要求。

影响焊接质量最重要的接头装配尺寸是：

1. 接头的间隙，间隙的大小与所采用的焊接工艺方法有关，间隙的装配尺寸允差不应大于焊接工艺规程规定值的 ±0.5mm。

2. 对口错边，即两相接边缘偏离中心线的差值。标准按接头类别规定了不同的允许值。例如A类对接接头，厚度50mm以下时，对口错边量b不大于1/4板厚且大于3mm，对复合钢板要求更严一些，对口错边量b不大于复层厚度5%，且不大于2mm。标准对B类对接接头、嵌入式接管与筒体式封头对接连接的接头，锻焊容器的B类接头等都做出具体规定。

为保证装配的质量，在装配时应按图样和有关工艺文件严格检查待装配零部件的加工尺寸和焊缝坡口尺寸。在装配过程中应采用相应的装配工夹具组装定位，不应采取强制装配。当发现零部件装配尺寸不符合图样要求时，不容许用手工气割修正，应退回原定工序工位修正合格后再组装。

采用定位焊缝组装焊件时，尽量采用拉肋板定位焊，避免在焊接坡口内用定位焊加固。如因条件限制，必须在焊接坡口内用定位焊加固装配时，则应在焊接前，用电弧气刨或砂轮打磨清除定位焊缝。如将定位焊缝保留作为产品焊缝的一部分时，则定位焊应由考试合格的焊工担任，并采用与焊接产品焊缝相同的焊接工艺。当组装高强度钢和其他低合金钢焊件时，如采用拉肋板直接在焊件上进行定位焊时，则必须采用低氢型焊条，并在定位焊区加局部预热，预热温度不得低于焊接工艺规程对该种钢所规定的预热温度。

装配—焊接顺序可分整装—整焊，部件装配焊接—焊接和交替装焊三种类型。主要按产品结构的复杂程度和生产批量选定。整装—整焊方式是将所有零部件按图样要求组装定位焊加固好，转入焊接工序，将全部焊缝焊完。这种装焊方式适用于结构简单、便于采用各种装配工夹具组装定位、生产批量较大的焊接结构。部件装配焊接—总装焊接方式是将整个结构分成若干部件，先将各部件装配焊好，再将各部件总装焊成产品。这种装焊方式适用于大型复杂的焊接结构，也便于采用各种先进高效的焊接工艺方法和专用工艺装备。交替装焊法是先将部件、零件组装焊接，再将部件、零件装焊直至装焊成最终的产品，这种结构适用于特殊的复杂结构的单件或小批量生产。

压力容器的制造中，无论是零部件的焊接，还是总装焊缝的焊接，都应严格遵守评定合格的焊接工艺规程。焊工必须经专门的培训并按相应的技术监督机构制定的考试规则考试合格。这是保证焊接结构制造质量最重要的先决条件。

（6）焊后热处理

焊后热处理是焊接工艺的重要组成部分，它与材料的种类、型号、板厚，所选用的焊接工艺焊接材料及对接头性能的要求密切相关，是保证压力容器使用特性和寿命的关键工序。焊后热处理不仅可以消除或降低结构的焊接残余应力，稳定结构的尺寸，而且能改善接头的金相组织，提高接头的各项性能，如抗冷裂性、抗应力腐蚀性、抗脆断性、热强性等，对于某些合金钢和调质钢焊件，焊后热处理是决定接头性能的重要工序。

（7）总体质量验收检查

压力容器的质量主要应依靠生产全过程各工序，特别是关键工序的控制。长期的生产实践证明，这是最可靠的质量控制方法，也是最经济的质量保证措施。如果只强调最终的总体质量检查而疏于对生产全过程的控制，很可能会造成重大的经济损失。不过，就目前企业的管理水平而言，最终总体质量检查仍然是保证压力容器质量不可缺少的重要环节。按产品的结构特点和技术要求，压力容器的最终质量验收项目有所不同，但至少应包括以下几项：

①总体几何尺寸检查。

②总体外观质量检查。

③焊接接头的无损检测。

④产品焊接试板的试验和检查。

⑤整体结构的耐压检查

4.1.2　锻焊压力容器制造工艺

锻焊式压力容器是由锻造的筒节经组焊而成，结构上只有环焊缝而无纵焊缝。70年代以来，由于冶炼、锻造和焊接等技术的进步，已可供应570吨重的大型优质钢锭，并能锻造最大外径为10米、最大长度为4.5米的筒体锻件，因而大型锻焊式压力容器得到了发展，成为轻水反应堆压力容器、石油工业加氢反应器和煤转化反应器的主要结构形式。

锻造是一种借助工具或模具在冲击或压力作用下加工金属零件或零件毛坯的方法。锻造生产根据使用工具和生产工艺的不同而分为自由锻、模锻和特种锻造。

1. 自由锻

（1）自由锻造一般是指借助简单工具，如锤、砧、型砧、摔子、冲子、垫铁等对铸锭或棒材进行镦粗、拔长、弯曲、冲孔、扩孔等方式生产零件毛坯自由锻造。

（2）自由锻的特点：工具简单、通用性强，生产准备周期短。自由锻件的质量范围可在不及一千克到二三百吨，对于大型锻件，自由锻是唯一的加工方法。加工余量大，生产效率低；锻件力学性能和表面质量受生产操作工人的影响大，不易保证。这种锻造方法主要应用于单件、小批量生产，修配以及大型锻件的生产和新产品的试制等。

自由锻设备依锻件质量大小而选用空气锤、蒸–空气锤或锻造水压机。

（3）自由锻工序

自由锻工序有基本工序、辅助工序和修整工序。

基本工序是使金属杯料产生一定程度的塑性变形，以得到所需形状、尺寸或改善材质性能的工艺过程。它是锻件形成过程中必需的变形工序，如镦粗、拔长、弯曲、冲孔、切割、扭转和错移等。实际生产中最常用的是镦粗、拔长和冲孔三个工序。

①镦粗：沿工件轴向进行，使其长度减小，横截面积增大的操作过程。

镦粗时应注意：镦粗部分的长度与直径之比应小于2.5，否则容易镦弯；坯料端面要平整且与轴线垂直，锻打用力要正，否则容易锻歪；镦粗力要足够大，否则会形成细腰形或夹层。镦粗时要考虑金属塑性的高低，控制其变形程度，对于硬度高的金属，强烈镦粗会产生纵向裂纹。

镦粗可以分为全墩粗和局部镦粗两种形式。局部镦粗：为了使坯料的一部分横截面增大，采用对坯料局部加热进行的镦粗方法。根据镦粗部位不同，局部镦粗可分为两端镦粗和中间镦粗两种。局部镦粗法有很大的经济价值，它省工、生料、纤维组织流向符合零件形状，很多机型零件的生产采用这种方法。完全镦粗：就是将坯料全部加热后，垂直立在砧子上，用大锤打击至要求高度，然后再拔长至所需形状尺寸，镦粗过程需要大力打击。

镦粗时产生的缺陷：弯曲和歪料，原因如下：镦粗时坯料长度与直径之比大于2.5–3；镦粗坯料端面与轴线不垂直；打击力不正；没有转动坯料，或转动不均匀；坯料加热不均匀。表面裂纹和折叠：弯曲歪斜的坯料如不及时校直而继续镦粗时，就会使弯曲更加严重，以致无法镦粗。这时再校直就会从弯曲处严重拉裂，造成表面裂纹；有的坯料尽管尺寸符合要求，但表面不光滑，有明显的锤花印迹，在镦粗时也会形成折叠。

镦粗的操作规程：坯料镦粗部分的长度与直径之比应小于2.5：3；坯料端面平整，并垂直坯料轴线；坯料镦粗前应均匀加热至允许最高温度；坯料表面光滑，不允许有明显锤印；方坯应倒棱成圆坯再镦粗；镦粗过程中及时校直弯曲，坯料应不断均匀转动。

②拔长。拔长是沿垂直于工件的轴向进行锻打，以使其截面积减小，长度增加的操作。对于圆形坯料，一般先锻打成方形后再进行拔长，最后锻成所需形状。

锻造生产工艺中拔长工序是常见的一种方法，拔长的作用是由横截面面积较大的坯料得到横截面面积较小、而轴向较长的轴类锻件，作为辅助工序进行局部变形。锻件生产的拔长工序是通过逐次送进和反复转动坯料进行压缩变形，耗费工时最多。

拔长时面主要质量问题和变形流动特点：质量问题：裂纹，表面折叠，端面内凹，组织与性能不均。拔长时的变形特点：拔长时坯料变形情况与镦粗变形有某些相似之处，它是两端有不变形金属的镦粗。拔长时，最关注的是拔长速度和拔长对锻件质量的影响；送进量的大小，除影响生产率外，还影响锻件质量当送进量太小，坯料厚度又比较大，会出现锻不透的现象，坯料内部变形小而产生轴向拉应力，有可能导致锻件内部产生.裂纹。送进量过大又会产生外部横向裂纹和内部纵向裂纹。所以，送进量还需要根据坯料厚度来考虑。

③冲孔。利用冲头在工件上冲出通孔或盲孔的操作过程。常用于齿轮、套筒和圆环等锻件的加工，对于直径小于25mm的孔一般不锻出，而采用钻削的方法进行加工。

辅助工序，为使基本工序操作方便而进行的预变形工序为辅助工序（压钳口、切肩等）。

修整工序，用以减少锻件表面缺陷而进行的工序（如校正、滚圆、平整等）。

2.模锻

模锻是指将坯料放入上、下模块的型槽（按零件形状尺寸加工）间，借助锻锤锤头、压力机滑块或液压机活动横梁向下的冲击或压力成形为锻件。模锻件余量小，只需少量的机械加工（有的甚至不加工）；模锻生产效率高，内部组织均匀，件与件之间的性能变化小，形状和58尺寸主要是靠模具保证，受操作人员的影响较小。模锻须要借助模具，加大了投资，因此不适合单件和小批量生产。

3.胎模锻

自由锻还可以借助简单的模具进行锻造，亦称胎模锻，兼有自由锻和模锻的特点。其效果要比人工操作效率高、成形效果亦大为改善，适用于中、小批量生产小型多品种的锻件。

4.特种锻造

有些零件采用专用设备可以大幅度提高生产率，锻件的各种要求（如尺寸、形状、性能等）也可以得到很好的保证，这时可用特种锻造。特种锻造有一定的局限性，特种锻造机械只能生产某一类型产品，因此适合于生产批量大的零配件。

锻造压力容器主要用于高温高压反应器，如加氢反应器、核电站的压力壳、人造水晶反应釜、超高压聚乙烯管式反应器等。锻造筒体的成型方法是用锻造水压机将钢锭锻成空心锻坯，加工成圆筒体或带有法兰或支座的筒节，或实心锻坯通过钻孔加工制成。锻焊结构加工工艺过程如图4-2所示。

锻造的筒体没有纵焊缝，安全性得到较大的提高；锻件的形状、尺寸稳定性好，并有最佳的综合力学性能；由于金属材料通过塑性变形后，消除了内部缺陷，如锻合空洞，压实疏松，打碎碳化物、非金属夹杂并使之沿变形方向分布，改善或消除成分偏析等，得到了均匀、细小的低倍和高倍组织。但缺点是需要较大吨位的大型锻造水压机，锻件的加工余量较大，无损检测工作量大，一旦检测不合格，造成的损失较大。

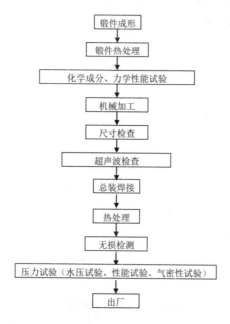

图4-2　锻焊结构压力容器制造的基本工艺图

4.2　压力容器的焊接

在焊接前需要确认进行焊前准备，如焊条、焊剂及其他焊接材料的贮存库应保持干燥，相对湿度不大于60%。在施焊环境出现下列任一情况，且无有效保护措施时，禁止施焊：1. 焊条电弧焊时风速大于10m/s；2. 气体保护焊时风速大于2m/s；3. 相对湿度大于90%；4. 雨、雪环境；5. 焊件温度低于-20℃。当焊件温度低于0℃但不低于-20℃时，应在施焊处100mm范围内预热到15℃以上。

4.2.1　常用的焊接方法

1. 焊条电弧焊焊接

焊条电弧焊是利用焊条与工件之间建立起来的稳定燃烧的电弧，使焊条和工件熔化，从而获得牢固焊接接头的工艺方法。焊接过程中，药皮不断地分解、熔化而生成气体及溶渣，保护焊条端部、电弧、熔池及其附近区域，防止大气对熔化金属的有害污染。焊条芯也在电弧热作用下不断熔化，进入熔池，组成焊缝的填充金属。

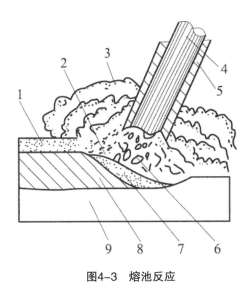

图4-3　熔池反应

1-固态渣壳；2-液态熔渣；3-气体；4-焊芯；5-焊条药皮；6-金属熔滴；

7-熔池；8-焊缝；9-工件

焊条电弧焊是利用焊条与工件之间建立起来的稳定燃烧的电弧，使焊条和工件熔化，从而获得牢固焊接接头的工艺方法。焊条电弧焊的焊接回路是由弧焊的电源、电缆、焊钳、焊条、电弧和焊件组成。焊接电弧是负载，弧焊电源为其提供电能，焊接电缆则连接弧焊电源与焊钳和焊件。

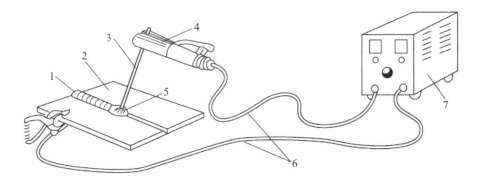

图4-4　焊条电弧焊的焊接回路

1-焊缝；2-焊件；3-焊条；4-焊钳；5-电弧；6-焊接电缆；7-弧焊电源

焊条电弧焊的优点是：

（1）工艺灵活，适应性强。对于不同的焊接位置、接头形式、焊件厚度的焊缝，只要焊条所能达到的任何位置，均能方便地进行焊接。灵活，操作方便。

（2）应用范围广。焊条电弧焊的焊条能够与大多数焊件金属性能相匹配，因此，接头的性能可以达到被焊金属的性能。

（3）易于分散焊接应力及控制焊接变形。由于焊接是局部的不均匀加热，因此，焊件在焊接过程中都存在着焊接应力和变形。采用焊条电弧焊，可以通过改变焊接工艺来减少变形和改善焊接应力的分布。

（4）设备简单，成本较低。焊条电弧焊使用的交流焊机和直流焊机，其结构都比较简单，维护及保养也较方便；设备轻便，易于移动，且焊接中不需要辅助气体保护，并具有较强的抗风能力；投资少，成本相对较低。

焊条电弧焊的缺点是焊接生产效率低，劳动强度大。由于焊条的长度是一定的，因此，每焊完一根焊条后必须停止焊接，更换新的焊条。且每焊完一条焊道后要求清渣，焊接过程不能连续地进行，所以生产效率低，劳动强度大。另外焊缝质量依赖性强，由于采用手工操作，焊缝质量主要靠焊工的操作技术和经验来保证，因此，焊缝质量在很大程度上依赖于焊工的操作技术及现场发挥，甚至焊工的精神状态也会影响焊缝质量。而且焊条电弧焊不适合活泼金属、难熔金属及薄板的焊接。

焊条电弧焊采用手工操作较多，采用此方法进行压力容器的焊接规范应遵照焊接工艺文件规定，压力容器零部件间的定位点焊应使用与产品焊接相同牌号的焊条进行焊接，点固焊的长度和间距，应根据工件的具体情况确定，起头和收尾处应圆滑，不应存在裂纹、未焊透等缺陷。

2.埋弧自动焊焊接

埋弧焊也是利用电弧作为热源的焊接方法。埋弧焊时电弧是在一层颗粒状的可熔化焊剂覆盖下燃烧，电弧不外露，埋弧焊由此得名。所用的金属电极为不间断送进的光焊丝。

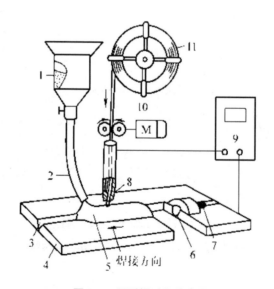

图4-5　埋弧焊过程示意图

1-焊剂漏斗；2-软管；3-坡口；4-母材；5-焊剂；6-熔敷金属；7-渣壳；8-导电嘴；

9-电源；10-送丝机构；11-焊丝

工作原理：埋弧焊的电弧引燃、焊丝送进和使电弧沿焊接方向移动等过程都是由机械装置自动完成。图4-5是埋弧焊焊缝断面示意图。焊接电弧在焊丝与工件之间燃烧，电弧热将焊丝端部及电弧附近的母材和焊剂熔化。熔化的金属形成熔池，熔融的焊剂成为溶渣。熔池受熔渣和焊剂蒸汽的保护，不与空气接触。

电弧向前移动时，电弧力将熔池中的液体金属推向熔池后方。在随后的冷却过程中，这部分液体金属凝固成焊缝。熔渣则凝固成渣壳，覆盖于焊缝表面。熔渣除了对熔池和焊缝金属起机械保护作用外，焊接过程中还与熔化金属发生冶金反应，从而影响焊缝金属的化学成分。

埋弧焊时，被焊工件与焊丝分别接在焊接电源的两极。焊丝通过与导电嘴的滑动接触与电源联接。焊接回路包括焊接电源、联接电缆、导电嘴、焊丝、电弧、熔池、工件等环节。焊丝端部在电弧热作用下不断熔化，因而焊丝应连续不断地送进，以保持焊接过程的稳定进行。焊丝的送进速度应与焊丝的熔化速度相平衡。焊丝一般由电动机驱动的送丝滚轮送进。随应用的不同，焊丝数目可以有单丝、双丝或多丝，如有的应用采用药芯焊丝代替实心焊丝，或是用钢带代替焊丝。

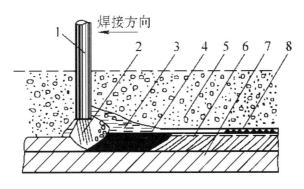

图4-6　埋弧焊焊缝断面示意图

1-焊丝；2-电弧；3-熔池；4-熔渣；5-焊剂；6-焊缝；7-焊件；8-渣壳

埋弧焊有自动埋弧焊和半自动埋弧焊两种方式。前者的焊丝送进和电弧移动都由专门的机头自动完成，后者的焊丝送进由机械完成，电弧移动则由人工进行。焊接时，焊剂由漏斗铺洒在电弧的前方。焊接后，未被熔化的焊剂可用焊剂回收装置自动回收，或由人工清理回收。

埋弧焊的优点是：（焊接方法与设备）

（1）生产效率高。埋弧焊所用的焊接电流可达到1000A以上，因而电弧的熔深能力和焊丝熔敷效率都比较大。

（2）焊接质量好。因熔池有熔渣和焊剂的保护，使空气中的氮、氧难以侵入，提高了焊缝金属的强度和韧性。同时由于焊接速度快，热输入相对减少，故热影响区的宽度比焊条电弧焊小，有利于减少焊接变形及防止近缝区金属过热。焊缝表面光洁、平整、成型美观。

（3）劳动条件好。由于实现了焊接过程机械化，操作简便，电弧在焊层剂下燃烧，没有刺眼的弧光。这既能改善作业环境，也能减轻劳动强度。

（4）节约金属及电能。所用的焊接电流大，相应输入功率较大。加上焊剂和熔渣的隔热左右，热效率较高，熔深大。对于20~25mm厚以下的焊件可以不开坡口焊接，这既可节省由于加工坡口而损失的金属，也可使焊缝中焊丝的填充量大大减少。同时，由于焊剂的保护，金属的烧损和飞溅也大大减少。由于埋弧焊的电弧热量能得到充分的利用，单位长度焊缝上所消耗的电能也大大降低。

（5）在有风的环境中焊接时，埋弧焊的保护效果比其他电弧焊方法好。

（6）自动焊接时，焊接参数可以通过自动调节保持稳定。与手工电弧焊相比，焊接质量对焊工技艺水平的依赖程度可大大降低。

（7）焊接范围广。埋弧焊不仅能焊接碳钢、低合金钢、不锈钢，还可以焊接耐热钢及铜合金、镍基合金等有色金属。此外，还可以进行磨损、耐腐蚀材料的堆焊。但不适用于铝、钛等氧化性强的金属和合金的焊接。

埋弧焊具有的缺点：

（1）焊接适用的位置受到限制由于采用颗粒状的焊剂进行焊接，因此一般只适用于平焊位置（俯位）的焊接，如平焊位置的对接接头、平焊位置和横焊位置的角接接头以及平焊位置的堆焊等。对于其他位置，则需要采用特殊的装置以保证焊剂对焊缝区的覆盖。

（2）焊接厚度受到限制。由于埋弧焊时，当焊接电流小于100A时电弧的稳定性通常变差，因此不适于焊接厚度小于1mm以下的薄板。

（3）对焊件坡口加工与装配要求较严。因为埋弧焊不能直接观察电弧与坡口的相对位置，故必须保证坡口的加工和装配精度，或者采用焊缝自动跟踪装置，才能保证不焊偏。

（4）焊接设备比较复杂，维修保养工作量比较大。且仅适用于直的长焊缝和环形焊缝焊接，对于一些形状不规则的焊缝无法焊接。

采用埋弧自动焊焊接时需在焊前检查自动焊设备各组成部分的电气以及机械部件是否正常；焊剂覆盖层厚度在25-40mm范围；焊丝伸出长度控制在40mm左右；焊接时应注意电流、电压表读数，当不符合要求时，应及时调整，并随时注意和调整机头位置，保证焊丝和焊缝对中。

3. 氩弧焊焊接

氩弧焊是利用氩气作为保护气体的保护电弧焊，如图4-7所示。焊接时氩气从焊枪的喷嘴中连续喷出，在电弧周围形成保护层，将电极与熔池金属与空气隔离。同时利用电极（钨极或焊丝）与焊件之间产生的电弧热量，来熔化附加的金属或自动送给的焊丝以及基本金属形成熔池，冷却后凝固形成焊缝。氩气属惰性气体，不溶于液态金属，也不与金属发生化学反应，因此焊接质量高。

氩弧焊根据电极是否熔化分为不熔化极氩弧焊和熔化极氩弧焊。不熔化极氩弧焊不熔化极通常是钨极，它以钨棒作电极，在氩气保护下，靠钨极与工件间产生的电弧热，熔化基本金属进行焊接。钨极氩弧焊电弧稳定，可使用小电流焊接薄工件，并可单面焊双面成形，在压力容器制造中得到广泛应用。特别是采用钨极氩弧焊打底，然后用手工电弧焊或其他焊接方法形成焊缝，可以避免根部未焊透等缺陷，提高焊接质量。缺点是焊接生产效率低，焊接电流受钨极载流能力的限制，电弧功率较小，电弧穿透力小，焊接速度低，同时在焊接过程中需经常更换钨极。

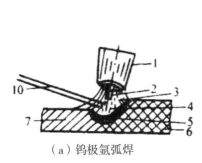 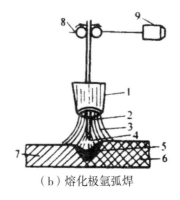

（a）钨极氩弧焊　　　　　　　　　　　（b）熔化极氩弧焊

图4-7　氩弧焊示意图

1-喷嘴；2-焊丝或电极；3-氩气流；4-电弧；5-熔池；6-焊缝；7-焊件；8-送丝辊轮；

9-送丝电机；10-填充焊丝

熔化极氩弧焊是采用连续送进的焊丝作为电极，在氩气保护下，依据焊丝与工件之间产生的电弧热，熔化基本金属与焊丝形成焊缝。在压力容器制造中，熔化极氩弧焊通常用于中厚板的焊接，其焊接速度快，生产率较钨极氩弧焊高几倍，但由于弧光强烈，烟气大，所以需要加强防护。

一般氩弧焊的优点：

（1）保护良好。气体代替了渣保护，焊缝干净无焊渣，无飞溅。惰性气体氩在熔池和电弧周围形成一个封闭气流，有效防止了有害气体的侵入，从而获得高质量的焊接接头。适用于各种合金钢和有色金属的焊接。

（2）热量集中，电弧在氩气流的压缩下，温度高，热量集中，速度快，热影响区小，焊件变形及裂纹倾向小。特别适用于焊接空淬倾向大的钢材。

（3）操作方便。明弧焊接，熔池清晰可见，操作容易掌握，焊接时可不用焊剂，焊缝表面无熔渣；成形美观。

（4）容易实现自动化。

（5）能焊接除熔点非常低的铝锡外的绝大多数金属和合金。

（6）能进行全方位焊接，用脉冲氩弧焊可减少热输入，可焊0.1mm不锈钢。

（7）焊接接头组织致密，综合力学性能较好；在焊接不锈钢时，焊缝的耐腐蚀性特别是 抗晶间腐蚀性能较好。

氩弧焊的缺点是：（1）氩弧焊因为热影响区域大，工件在修补后常常会造成变形、硬度降低、砂眼、局部退火、开裂、针孔、磨损、划伤、咬边，或者是结合力不够及内应力损伤等缺点。（2）氩弧焊与焊条电弧焊相比对人身体的伤害程度要高一些。氩弧焊的电流密度大，发出的光比较强烈。其电弧产生的紫外线辐射，约为普通焊条电弧焊的5～30倍，红外线约为焊条电弧焊的1～1.5倍，在焊接时产生的臭氧含量较高，因此，尽量选择空气流通较好的地方施工，不然对身体有很大的伤害。

需要注意的点有：使用的氩气必须有成分化验单，氩气纯度应大于或等于99.99%；焊接材料必须有产品质量证明书，主要不同直径的钨极有不一样的许用电流；使用直流氩弧焊时，必须采用正极性；焊枪喷嘴孔径原则上按D=2d+4（D-喷嘴孔径mm，d-钨极直径mm）；焊枪氩气流流量按Q=KD确定。（Q-流量升/分钟，D-喷嘴孔径mm，K-系数0.8～1.2）。

4. CO_2气体保护焊

CO_2气体保护电弧焊是利用CO_2气体作为保护气体，使用焊丝作为熔化电极的电弧焊方法。

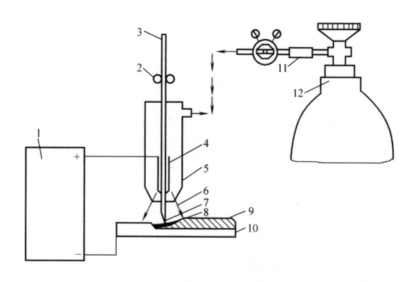

图4-8　CO_2气体保护电弧焊过程示意图

1-焊接电源；2-送丝滚轮；3-焊丝；4-导电嘴；5-喷嘴；6- CO_2气体；7-电弧；8-熔池；

9-焊缝；11-预热干燥器；12- CO_2气瓶

焊接时，在焊丝与焊件之间产生电弧；焊丝自动送进，被电弧熔化形成熔滴，并进入熔池；CO_2气体经喷嘴 喷出，包围电弧和熔池，起着隔离空气和保护焊接金属的作用。同时，CO_2气还参与冶金反应，在高温下的氧化性有助于减少焊缝中的氢。当然，其高温下的氧化性也有不利之处。

在CO_2焊的初期发展阶段，由于CO_2气体的氧化性，难以保证焊接质量。后来在焊接钢铁材料时，采用含有一定量脱氧剂的焊丝或采用带有脱氧剂成分的药芯焊丝，使脱氧剂在焊接过程中进行冶金脱氧反应，就可以消除CO_2气体氧化作用的不利影响。

CO_2气体保护电弧焊的优点：

（1）CO_2气体保护电弧焊是一种高效节能的焊接方法。耗电量比焊条电弧焊低2/3，比埋弧焊略低，生产率高，焊接材料价格低廉。

（2）用粗丝（焊丝直径$\geqslant\varphi1.6mm$）焊接时可以使用较大的电流（1.6mm可达500A），实现射滴过渡。$100\sim300A/mm^2$，焊丝熔化系数大熔深大，可不开坡口或开小坡口基本上没有熔渣。用细丝（焊丝直径$<\varphi1.6mm$）焊接时可以使用较小的电流，实现短路过渡方式。

（3）焊接质量高，CO_2气体保护电弧焊是一种低氢型焊接方法。焊缝抗锈能力强，焊低合金钢不易产生冷裂纹，不宜产生氢气孔。

（4）CO_2气体保护电弧焊所使用的气体和焊丝价格便宜，焊接设备在国内已定型生产，为该方法的应用创造了十分有利的条件。

（5）CO_2气体保护电弧焊是一种明弧焊接方法，焊接时便于监视和控制电弧和熔池，有利于实现焊接过程的机械化和自动化。用半自动焊焊接曲线焊缝和空间位置焊缝十分方便。

（6）生产率高。由于CO_2气体保护电弧焊的焊接电流密度大，使焊缝厚度增大，焊丝的熔化率提高，熔敷速度加快；另外，焊丝又是连续送进，且焊后没有焊渣，特别是多层焊接时，节省了清渣时间。所以生产率比焊条电弧焊高$1\sim4$倍。

（7）焊接变形和焊接应力小。由于电弧热量集中，焊件加热面积小，同时CO_2气流具有较强的冷却作用，因此焊接应力和变形小，特别宜于薄板焊接。

其不足之处在于：（1）使用大电流焊接时，焊缝表面成形较差，飞溅较多；（2）不能焊接容易氧化的有色金属材料；（3）很难用交流电源焊接及在有风的地方施焊；（4）弧光较强，电弧辐射较强，而且操作环境中的CO_2的含量较大，对工人的健康不利，故应特别重视对操作者的劳动保护。

使用CO_2气体保护焊需要注意CO_2气体纯度应大于99.5%，含水量和含氮量均不超过0.1%，压力降至0.98MPa时，禁止使用；确保施焊风速小于2.0m/s；施焊过程中灵活掌握焊接速度，防止未焊头、气孔、咬边等缺陷。

由于CO_2气体保护焊的优点显著，而其不足之处，随着对CO_2气体保护电弧焊的设备、材料和工艺的不断改进将逐步得到完善与克服。因此，CO_2气体保护电弧焊是一种值得推广应用的高效焊接方法。

5. 等离子弧焊

一般的焊接电弧未受到外界的压缩，称为自由电弧。自由电弧中的气体电离是不充分的，能量不能高度集中，并且弧柱直径随着功率的增加而增加，因而弧柱中的电流密度近乎为常数，其温度也就被限制在$5730\sim7730\,℃$。如果对自由电弧的弧柱采取压缩效应，进行强迫"压缩"，就能获得导电截面收缩得比较小而能量更加集中，弧柱中的气体几乎达到全部电离状态的电弧，这种电弧称为等离子弧。

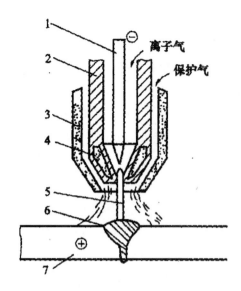

图4-9 等离子弧的形成

1-钨极；2-水冷喷嘴；3-保护罩；4-冷却水；5-等离子弧；6-焊缝；7-工件母材

等离子弧的形成原理目前广泛采用的压缩电弧的方法是将钨极缩入喷嘴内部，并在水冷喷嘴中通以一定压力和流量的离子气，强迫电弧通过喷嘴孔道，以形成高温、高能量密度的等离子弧。等离子弧的形成如图4-8所示（等离子弧切割无保护气和保护罩），此时电弧受到如下三种压缩作用：

（1）机械压缩作用。电弧弧柱被强迫通过细孔道的喷嘴，使弧柱截面压缩变细，而不能自由扩大。（2）热收缩作用。电弧通过水冷却的喷嘴，同时又受到外部不断送来的高速冷却气流（氮气、氩气等）的冷却作用，这样弧柱外围受到强烈冷却，使其外围的电离度大大减弱，电弧电流只能从弧柱中心通过，电弧弧柱进一步被压缩。（3）磁收缩作用带电粒子在弧柱内的运动，可看成是电流在一束平行的"导线"内移动，由于这些"导线"自身磁场所产生的电磁力，使这些"导线"相互吸引，从而产生磁收缩效应。由于前述两种效应使电弧中心的电流密度已经很高，使得磁收缩作用明显增强，从而使电弧更进一步地受到压缩。电弧在以上三种压缩作用下，弧柱截面很细，温度极高，弧柱内气体也得到了高度的电离，从而形成稳定的等离子弧。

等离子弧焊接的优点：

（1）等离子弧的能量密度高度集中，弧柱温度高，弧流流速大，穿透能力较强，12mm厚的板材可不开坡口，一次焊透双面成形。

（2）电弧挺度好、燃烧稳定自由电弧的扩散角度约为45°，而等离子弧由于电离程度高，放电过程稳定，在压缩作用下，其扩散角仅为5°。故电弧挺度好，燃烧稳定。

（3）电弧呈圆柱形，弧长变化时对焊件表面加热点的能量密度影响较小，弧长变化的允许偏差不十分严格。

（4）钨极缩于喷嘴内，焊缝可避免钨夹杂污染。

（5）焊接速度快，生产率高。

（6）用穿透法焊接时，焊件不开坡口，背面无衬垫，可一次焊透双面成形。

（7）具有很强的机械冲刷力等离子弧发生装置内通入常温压缩气体，由于受到电弧高加热而膨胀，使气体压力大大增加，高压气流通过喷嘴细通道喷出时，可达到很高的速度甚至可超过声速，所以等离子弧有很强的机械冲刷力。

不足在于：（1）穿透法焊接不适于手工操作，灵活性不如手工钨极氩弧焊。（2）设备较复杂，气体消耗量较大，只宜在室内焊接。

根据电极的不同接法，等离子弧可以分为转移弧、非转移弧、联合型弧三种。见图4-10。

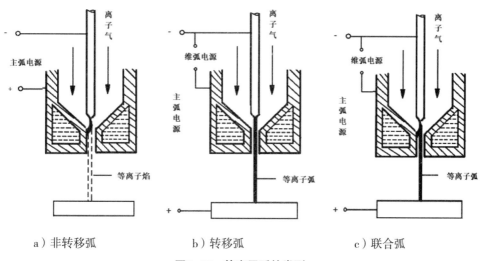

a）非转移弧　　　　　　b）转移弧　　　　　　c）联合弧

图4-10　等离子弧的类型

需要注意的是：在使用转移型等离子弧进行焊接的时候，由于某些原因往往还会在钨极和喷嘴及喷嘴和工件之间产生与主弧并列的电弧，产生双弧现象。为避免双弧现象的产生：正确选择焊接电流和离子气种类及流量；合理选择喷嘴结构及其相关参数，喷嘴和电极尽可能同心；加强对喷嘴和电极的冷却。

6. 电渣焊

电渣焊是利用电流通过液体熔渣所产生的电阻热进行焊接的方法。图4-11。

电渣焊是利用电流通过熔渣所产生的电阻热作为热源，将填充金属和母材熔化，凝固后形成金属原子间牢固连接。在开始焊接时，使焊丝与起焊槽短路起弧，不断加入少量固体焊剂，利用电弧的热量使之熔化，形成液态熔渣，待熔渣达到一定深度时，增加焊丝的送进速度，并降低电压，使焊丝插入渣池，电弧熄灭，从而转入电渣焊焊接过程。

常用的电渣焊根据所用电极形状的不同，可分丝极电渣焊、熔嘴电渣焊（包括管极电渣焊）和板极电渣焊。

（1）丝极电渣焊。丝极电渣焊是应用得最早、最多的一种电渣焊方法。它利用不断送进的焊丝作为熔化电极（填充金属）。根据焊件厚度不同，可同时采用1～3根焊丝。在焊丝根数不变的情况下，为了增加焊件的厚度并使母材在厚度方向上受热熔化均匀，焊丝可沿焊件厚度方向作横向往复摆动。在采用多根焊丝焊接时，焊接设备和焊接技术就比较复杂。丝极电渣焊方法一般用于焊接厚度为40～450mm且焊缝较长的焊件以及环焊缝的焊接。

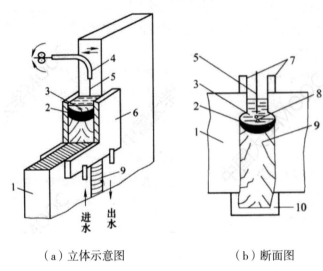

（a）立体示意图　　　　　　（b）断面图

图4-11　电渣焊原理示意图

1-焊件；2-金属熔池；3-渣池；4-导电嘴；5-焊丝；6-强迫成形装置；7-引出板；

8-金属熔滴；9-焊缝；10-引弧板

（2）板极电渣焊。板极电渣焊是用金属板条作为熔化电极。根据焊件厚度不同，板极电渣焊可采用一块或数块板极进行焊接。由于焊接时板极只需向下送进，不作横向摆动，而且板极的送进速度很慢（1～3m/h），完全可以手动送进，因而板极电渣焊设备比较简单。板极材料的化学成分与焊件相同或相近即可，因此可用板材的边角料制作，既方便又经济。但板极电渣焊需要采用大功率电源（因电极的截面大），同时要求板极的长度为焊缝长度的4～5倍。所以板极电渣焊焊缝长度受到限制。

（3）熔嘴电渣焊。熔嘴电渣焊是利用不断送进的焊丝和固定于焊件装配间隙并与焊件绝缘的熔嘴共同作为填充金属的电渣焊方法。熔嘴是由与焊件截面形状相同的熔嘴板和导丝管组成，焊接时，熔嘴不仅起导电嘴作用，而且熔化后又成为填充金属的一部分。根据焊件厚度不同，可采用一个或多个熔嘴同时焊接。

（4）管极电渣焊。管极电渣焊又称管状熔嘴电渣焊，它的基本原理与熔嘴电渣焊相同。管极电渣焊用一根在外表面涂有药皮的无缝钢管充当熔嘴。在焊接过程中，药皮除可起绝缘作用并使装配间隙减小外，还可以起到随时补充熔渣及向焊缝过渡合金元素的作用。这种方法适用于焊接厚度为20～60mm的焊件。

电渣焊的优点：

（1）电渣焊一次能焊接很厚的焊件，焊接生产率很高；从理论上讲，可焊工件的厚度是无限的，但实际上受设备、电源容量和操作技术等方面的限制，其焊接厚度还是有限的，常焊的板厚为20～500mm。

（2）焊接成本低电渣焊时焊件不需要开坡口，只要使焊件边缘之间保持一定的装配间隙即可，因而可以节省许多机械加工时间和减少填充金属的消耗，焊剂的消耗量也比埋弧焊时少得多，故焊接成本较低。

（3）焊缝中气孔与夹渣少。电渣焊时熔池体积大，有一层厚厚的熔渣始终覆盖在熔池上。因此，熔池金属的冷却速度比较慢，在高温下停留时间较长，有利于气体和杂质从熔池中析出，故电渣焊一般不易产生气孔和夹渣等缺陷。

（4）渣池对焊件有预热作用，焊接碳当量较高的金属不易出现脆硬组织，冷裂倾向较小，焊接中碳钢、低合金钢时均可不预热。

电渣焊的缺点是输入的热量大，接头在高温下停留时间长、焊缝附近容易过热，焊缝金属呈粗大结晶的铸态组织，冲击韧性低，焊件在焊后一般进行正火和回火热处理。电渣焊过程要求连续进行，在生产中如果遇到焊接过程中断，则恢复焊接过程的辅助工作量较大，因此电渣焊在应用上有一定的局限性。

电渣焊主要用于厚壁压力容器纵缝的焊接和大型铸-焊、锻-焊或厚板拼焊结构件的制造。可以焊接碳钢、低合金高强度钢、合金钢、珠光体型耐热钢，还可以焊接铬镍不锈钢和铝等。焊件厚度在30～450mm之间的均匀断面（纵缝和环缝），多采用丝极电渣焊。厚度大于450mm的均匀断面及变断面焊件可采用熔嘴电渣焊。

7. 摩擦焊

摩擦焊是一种压焊的方法，它是在外力作用下，利用焊件接触面之间的相对摩擦运动和塑性流动所产生的热量，使接触面及其临近区金属达到黏塑性状态并产生适当的宏观塑性变形，通过两侧材料间的相互扩散和动态再结晶而完成的焊接。

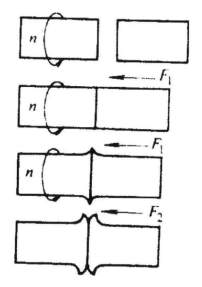

图4-12　摩擦焊示意图

n-主轴转速；F_1-摩擦力；F_2-顶锻压力

摩擦焊工艺方法目前已由传统的几种形式发展到20多种，常用的摩擦焊工艺有连续驱动摩擦焊、惯性摩擦焊、线性摩擦焊、搅拌摩擦焊等。

摩擦焊的优点：

（1）焊接施工时间短，生产效率高。

（2）因焊接热循环引起的焊接变形小，焊后尺寸精度高，不用焊后校形和消除应力。

（3）机械化、自动化程度高，焊接质量稳定。当给定焊接条件后，操作简单，不需要特殊的焊接技术人员。

（4）适合各类异种材料的焊接，对常规熔化下不能焊接的铝-钢、铝-铜、钛-铜、金属间化合物-钢等都可以焊接。

（5）可以实现同直径、不同直径的棒材和管材的焊接。

（6）焊接时不产生烟雾、弧光以及有害气体等，不污染环境。

摩擦焊的缺点与局限性有：（1）对非圆形截面焊较困难，所需设备复杂；（2）对形状及组装位置已经确定的构件，很难实现摩擦焊接；（3）接头容易产生飞边，必须焊后进行机械加工；（4）夹紧部位容易产生划伤或夹持痕迹。

4.2.2 焊缝与焊接接头

1.焊接接头

以对接接头对接焊缝为例，焊接接头组成包括：焊缝、熔合区和热影响区三部分，如图4－13所示。

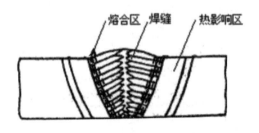

图4-13 焊接接头示意图

焊缝是焊件经焊接后形成的结合部分，通常由熔化的母材和焊材组成，有时全部由熔化的母材组成。熔合区是焊接接头中焊缝与母材交接过渡的区域，是刚好加热到熔点与凝固温度区间的部分。热影响区是焊接过程中，材料因受热的影响（但未熔化）而发生金相组织和机械性能变化的区域。热影响区的宽度与焊接方法，线能量、板厚及焊接工艺有关。

焊接接头则是由两个或两个以上零件用焊接组合或已经焊合的接点，常用的焊接接头分为对接接头、T形接头、十字接头、搭接接头、角接接头、塞焊搭接接头、槽焊接、端接接头、套管接头、斜对接接头、卷边接头和锁底接头12种形式。这里只介绍常用的几种。

（1）对接接头

将同一平面上的两个被焊工件的边缘相对焊接起来而形成的接头称为对接接头。它是各种焊接结构中采用最多、也是最完善的一种接头形式，具有受力好、强度大和节省金属材料的特点。

但是，由于是两焊件对接连接，被连接件边缘加工及装配要求则较高。在焊接生产中，通常使对接接头的焊缝略高于母材板面。由于余高的存在造成构件表面的不光滑，在焊缝与母材的过渡处会引起应力集中。

（2）T形接头

将相互垂直的被连接件用角焊缝连接起来的接头称为T形（十字）接头。T形（十字）接头能承受各种方向的力和力矩。T形接头是各种箱型结构中最常见的接头形式，在压力容器制造中，插入式管子与筒体的连接、人孔加强圈与筒体的连接等也都属于这一类。

由于T形（十字）接头焊缝向母材过渡较急剧，接头在外力作用下力线扭曲很大，造成应力分布极不均匀、且比较复杂，在角焊缝根部和趾部都有很大的应力集中。保证焊透是降低T形接头应力集中的重要措施之一。

（3）搭接接头

两块板料相叠，在端部或侧面进行角焊，或加上塞焊缝、槽焊缝连接的接头称为搭接接头。

由于搭接接头中两钢板中心线不一致，受力时产生附加弯矩，会影响焊缝强度，因此，一般锅炉、压力容器的主要受压元件的焊缝都不用搭接形式。由于搭接接头使构件形状发生较大的变化，所以应力集中要比对接接头的情况复杂得多，而且接头的应力分布极不均匀。

（4）角接接头

两钢板成一定角度，在钢板边缘焊接的接头称为角接接头。角接头多用于箱形构件，骑座式管接头和筒体的连接，小型锅炉中火筒和封头连接也属于这种形式。

与T形接头类似，单面焊的角接接头承受反向弯矩的能力极低，除了钢板很薄或不重要的结构外，一般都应开坡口两面焊，否则不能保证质量。

设计和选择焊接接头的主要因素：

（1）保证焊接接头满足使用要求；

（2）接头形式能保证选择的焊接方法正常施焊；

（3）接头形式应尽量简单，尽量采用平焊和自动焊焊接方法，少采用仰焊和立焊，且最大应力尽量不设在焊缝上；

（4）焊接工艺能保证焊接接头在设计温度和腐蚀介质中正常工作；

（5）焊接变形和应力小，能满足施工要求所需的技术、人员和设备的条件；

（6）焊接接头便于检验；

（7）焊接前的准备和焊接所需费用低；

（8）对角焊缝不宜选择和设计过大的焊角尺寸，试验证明，大尺寸角焊缝的单位面积承载能力较低等。

2. 焊缝

焊缝是指焊件经焊接后所形成的结合部分。它是在焊接热源的作用下，母材发生了局部熔化，并与熔化了的填充金属混合而形成熔池，热源离开后，熔池金属便开始凝固结晶形成的。

按焊缝结合形式，焊缝分为对接焊缝、角焊缝、槽焊缝、塞焊缝和端接焊缝五种形式，分别介绍如下：

（1）对接焊缝：在焊件的坡口面间或一零件的坡口面与另一零件表面间焊接的焊缝。

（2）角焊缝：沿两直交或近直交零件的交线所焊接的焊缝。

（3）塞焊缝：两零件相叠，其中一块开长孔，在长孔中焊接两板的焊缝，只焊角焊缝者不叫槽焊。

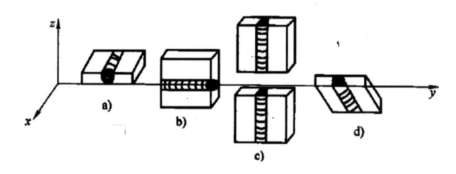

图4-14　各种焊接位置

a-平焊；b-横焊；c-立焊；d-仰焊

（4）端接焊缝：构成端接接头所形成的焊缝。

按施焊时焊缝在空间的所处的位置，焊缝分平焊缝、立焊缝、横焊缝及仰焊缝四种形式：（1）平焊位置是焊缝倾角0°，焊缝转角90°的焊接位置；（2）立焊位置焊缝倾角90°（立向上）或270°（立向下）的焊接位置；（3）横焊位置是焊缝倾角0°或180°，焊缝转角0°或180°的对接位置；（4）仰焊位置是对接焊缝倾角0°或180°、转角270°的焊接位置。

按焊缝断续情况，焊缝分为连续焊缝和断续焊缝两种形式。

焊缝的形状可用一系列几何尺寸来表示，不同形式的焊缝，其形状尺寸也不同：

（1）焊缝宽度。焊缝表面与母材的交界处叫焊趾。焊缝表面两焊趾之间的距离叫作焊缝宽度。

（2）余高。超出母材表面连线上面的那部分焊缝金属的最大高度叫作余高。在静载下它有一定的加强作用，所以也叫加强高。在动载或交变载荷下，余高非但不起加强作用，反而因焊趾处应力集中易于促使脆断。所以余高不能低于母材也不能过高。

（3）熔深。在焊接接头横截面上，母材或前道焊缝熔化的深度叫作熔深。

（4）焊缝厚度。在焊缝横截面中，从焊缝正面到焊缝背面的距离，叫焊缝厚度。

（5）焊脚。角焊缝的横截面中，从一个直角面上的焊趾到另一个直角面的最小距离，叫作焊脚。在角焊缝的横截面积画出最大的等腰直角三角形中直角边的长度叫作焊脚尺寸。

（6）焊缝成形系数。熔焊时，在单道焊缝横截面上的焊缝宽度和焊缝计算厚度的比值，叫作焊缝成形系数。焊缝成形系数的大小对焊缝质量有较大影响，成形系数过小，焊缝窄而深，易产生气孔和裂纹；成形系数过大，焊缝宽而浅，易产生焊不透等现象，所以焊缝成形系数应控制在合理数值内。

3. 坡口

为了保证焊接质量，一般在焊接接头处开适当的坡口。坡口的主要作用是保证焊透。此外，坡口的存在还可形成足够容积的金属液熔池，以便焊渣浮起，不致造成夹渣。对于钢板厚度小于6mm以下的双面焊，考虑到熔深可达4mm，可以不开坡口。坡口的形式主要有V形坡口、单边V形坡口、双边V形坡口单U形坡口、双U形坡口、J形坡和K形坡口和X形坡口等。

V形和Y形坡口加工和施焊方便，但焊后容易产生角变形；双Y形坡口是在V形坡口的基础上发展的。当焊件厚度增大时，采用双Y形代替V形坡口，在同样厚度下，可减少焊缝金属量约1/2，并且可对称施焊，焊后的残余变形较小；U形坡口填充金属量在焊件厚度相同的条件下比V形坡口小得多，但这种坡口的加工较复杂。

常见的坡口、焊缝与焊接接头的形式如表4-1所示。

表4-1　坡口、焊缝与焊接接头形式

序号	简图	坡口形式	接头形式	焊缝形式
1		I形	对接接头	对接焊缝（双面焊）
2		V形	对接接头	对接焊缝
3		单边V形	T形接头	对接焊缝
4		X形（带钝边）	对接接头	对接焊缝

序号	简图	坡口形式	接头形式	焊缝形式
5		K形	T形接头	对接和角接的组合焊缝
6		K形	十字接头	对接焊缝
7		I形	搭接接头	角焊缝
8		—	塞焊搭接接头	塞焊缝
9		—	槽焊接头	槽焊缝
10	0°~30°	—	端接接头	端接焊缝
11		单边V形（带钝边）	角接接头	对接焊缝
12		—	套管接头	角焊缝
13		—	斜对接接头	对接焊缝
14		—	卷边接头	对接焊缝
15	(A) (B)	双J形	T形接头（A）对接接头（B）	对接焊缝
16	(A) (B)	J形	T形接头（A）对接接头（B）	对接焊缝

序号	简图	坡口形式	接头形式	焊缝形式
17		V 形	镜底接头	对接焊缝
18		U 形（带钝边）	对接接头	对接焊缝
19		双 U 形（带钝边）	对接接头	对接焊缝

4. 热影响区

从热处理特性看，用于焊接的结构钢，可分为两类。一类是在一般焊接条件下淬火倾向较小的，称为不易淬火钢，如低碳钢和含合金元素很少的低合金钢。另一类是在一般焊接条件下淬火倾向较大的，称为易淬火钢，如含碳量或合金元素较多的。这两类钢材的焊接热影响区的组织、性能也不同，见图4－13所示。

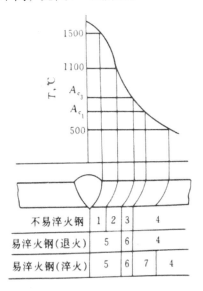

图4-15　热影响区各部分组织分布

1-过热区；2-正火区；3-不完全重结晶区；4-未发生组织变化区；5-淬火区；

6-不完全淬火区；7-回火区

不易淬火钢的热影响区大体可分为四个部分：熔合区（不完全熔化区）、过热区（粗晶粒区）、正火区（重结晶区）和不完全重结晶区（部分相变区）。熔合区为熔合线附近焊缝金属到母材金属的过渡部分，温度处于固相线和液相线之间。这个区域的晶粒十分粗大，化学成分及组织都极不均匀，冷却后的组织属于过热组织。在很多情况下，熔合区附近是产生裂纹和局部脆性破坏的发源地；过热区段金属处于1110℃以上，晶粒十分粗大，冷却后可能出现粗大魏氏组织，使钢的塑性和韧性都大大降低；正火区加热温度在A_{c3}以上至1100℃，冷却后得到均匀细小的铁素体加珠光体组织，既有较高强度，又有较好塑性韧性，是焊接接头中综合性能最好的部位；不完全重结晶区加热温度在A_{c1}至A_{c3}之间，冷却后，既有经过重结晶的细晶粒铁素体加珠光体，又未发生相变的粗大铁素体晶粒，晶粒大小极为不均，力学性能也较差。由此可知，不易淬火钢的热影响区性能差的是熔合区和过热区。该部位在结构上也容易形成应力集中，因而最容易破坏。低碳钢热影响区部分组织特征见表4-2所示。

表4-2　低碳钢热影响区各部分组织特征

热影响区部位	加热的温度范围/℃	组织特征及性能
熔合区（不完全熔化区）	1400~1250	晶粒粗大，可能出现魏氏体组织、塑性极差，易产生裂纹
过热区（粗晶粒区）	1250~1100	晶粒粗大，形成脆性组织，力学性能下降
正火区（重结晶区）	1100~900	晶粒变细，力学性能良好
不完全重结晶区（部分相变区）	900~730	粗大铁素体和细小珠光体、铁素体，力学性能下降
再结晶区	700~450	对于经过冷变形加工的材料，其破碎了的晶粒再结晶，使塑性稍有改变
蓝脆区	450~300	纤维组织看不出变化，但有脆性

易淬火钢的热影响区也分为四个部分：熔合区、淬火区、部分淬火区和回火区四部分。熔合区与不易淬火钢熔合区的情况相同；淬火区相当于不易淬火钢的过热区和正火区，加热温度在A_{c3}至熔点之间。由于淬透性好，焊后冷却时很容易获得淬火组织马氏体。此区在焊后强度和硬度增高，塑性和韧性下降。由于组织不均匀，该区性能的不均匀程度也较大，易于产生冷裂纹；部分淬火区加热温度在A_{c1}至A_{c3}之间。该区的不完全淬火组织使该区性能 不均匀程度增加，塑性和韧性下降；回火区的加热温度低于A_{c1}。回火区的组织依母材焊前热处理状态不同而不同。若母材焊前为退火状态，则不形成回火区。若母材焊前为淬火状态，则形成不同的淬火组织。若母材焊前为调质状态，则部分组织和性能不发生变化，部分组织发生与母材淬火相似的变化。

熔合区是焊缝与母材交接的过渡区，即熔合线处微观显示的母材半熔化区。在这个区域内，化学成分十分不均匀，从而表现在性能上也必然是不均匀的。实践表明，熔合区往往是焊接接头最薄弱的部位，存在缺口效应，易于产生冶金缺陷。

4.2.3　焊接残余应力与变形

在焊接过程中，焊接区以远高于周围区域的速度被急剧加热，并局部熔化。焊接区材料因受热而膨胀，热膨胀受到周围较冷区域的约束，并造成（弹性）热应力，受热区温度升高后屈服极限下降，热应力可部分地超过该屈服极限；结果焊接区形成了塑性的热压缩；冷却后，比周围区域相对缩短、变窄或减小。因此，这个区域就呈现拉伸残余应力，周围区域则承受压缩残余应力。冷却过程中的显微组织转变（例如奥氏体—铁素体转变）会引起体积的增加，如果这种情况发生在较低的温度，而此时材料的屈服极限足够高，则会导致焊接区产生压缩残余应力，周围区域承受拉伸残余应力。

1. 焊接残余应力

（1）焊接残余应力的分类

焊接残余应力可按应力形成的原因或应力在结构中的作用进行分类，见表4-2所示。

其中温度应力、组织应力、拘束应力以及氢致应力这几种焊接残余应力形式，它们对结构的承载能力以及加工尺寸的精度不可避免地产生影响。对于用塑性较好的钢材制造的焊接结构，由于材料本身能产生足够的变形来消除残余应力的影响，因此对整个结构的承载能力没有太大影响。但是当材料的塑性较差或处于脆性状态时如处于三向拉伸应力状态，则可能发生局部开裂导致结构的破坏。高温状态下工作的焊接结构如容器、管道等，残余应力还会加速蠕变过程。用焊接结构部件进行机械加工时，由于切削的部分破坏了原来构件中的应力平衡，应力重新分布会产生一定的变形，这样会影响加工精度。

表4-2 焊接应力的种类

分类		说明
按应力形成的原因分	温度应力（热应力）	它是由于金属受热不均匀，各处变形不一致且相互约束而产生的应力。焊接过程中温度的应力是不断变化的，且峰值一般都达到屈服强度，因此产生塑性变形，焊接结束并冷却后产生残余应力保存下来。
	组织应力	焊接过程中，引起局部金属组织发生转变，随着金属组织的转变，其体积发生变化，而局部体积的变化受到皱纹金属的约束，同时，由于焊接过程中是不均匀的加热与冷却，因此组织的转变也是不均匀的，结果产生了应力。
	拘束应力	焊件结构往往是在拘束条件下焊接的，造成拘束状态的因素有结构的刚度、自重、焊缝的位置以及夹持卡具的松紧程度等。这种在拘束条件下的焊接，由于受到外界或自身刚度的限制，不能自由变形就产生了拘束应力。
	氢致应力	氢致应力：焊缝局部产生显微缺陷，扩散氢向显微缺陷处聚集，局部氢的压力增大，产生氢致应力。氢致应力是导致焊接冷裂纹的重要原因。
按应力在结构中的作用方向分	线应力（单向应力）	在焊接中应力只沿其中一个方向发生。焊接薄板对接焊缝及在焊件表面上堆焊时，焊件上存在的应力都属于此种应力。
	平面应力（双向应力）	应力存在于焊件中一个平面的不同方向上。焊接厚板对接焊缝时产生，虽不同向但均在一个平面内，在薄板交叉焊缝中也产生。
	体积应力（三向应力）	焊件存在的应力，是沿空间三个方向作用的。存在于厚大焊件的对接焊缝和三个方向焊缝的交叉处。

（2）控制焊接残余应力的措施

焊接残余应力的控制可以从设计和工艺这两个方面来考虑。设计方面，在保证结构有足够强度的前提下，应尽量减少焊缝的数量和尺寸，合理地选择焊接接头形式，将焊缝布置在最大工作应力区域外等。下面从工艺方面介绍控制焊接残余应力的方法。

①选择合理的装配焊接顺序。施焊时，要考虑到焊缝尽可能地收缩，以减少结构的拘束度，从而降低焊接残余应力。例如，大型贮罐容器的罐底是由若干块板拼焊而成。焊接时焊缝从中间向四周进行，并先焊板与板之间短拼缝，再焊直通长焊缝。这样能最大限度地让焊缝收缩，减少焊接残余应力。

②选择合理的焊接参数。对于需要严格控制焊接残应力的结构，焊接时尽可能地采用较小的焊接电流和较快的焊接速度，以减少焊件的受热范围，从而可以减少焊接残余应力。

③采用冷焊工艺方法。冷焊就是焊接过程中使整个结构上的温度尽可能均匀，即要求焊接部位的温度控制低些，同时在整个结构中所占的范围应尽量小。此外，结构的整体温度应高些，

（3）消除焊接残余应力的方法

焊接残余应力的有害影响只有在一定的条件下才表现出来。因此，是否需要消除焊接残余应力应根据设计要求并依据钢材的种类、性能、厚度、结构的制造及使用条件等诸多因素综合考虑后做出决定。

在容器的焊接过程中，产生残余应力是不可避免，但是由于焊接工艺、施焊程序以及容器外观尺寸等的区别，他们造成的残余应力的大小也不一样，分布的区域也是不同的，所以需要不同的方法以及对策来分别对其进行消除残余应力的工作，在保证质量的前提下，尽量获得最多的效益并保证压力容器能够长期、安全、平稳使用。

①超载法

在适当条件下通过对容器施加一定的外载荷来达到消除残余应力的目的的方法叫作超载法。通过将焊接造成的残余应力与在和形成的应力叠加形成合成应力，若材料的屈服极限高于合成应力时，材料会出现弹性状态且应变效果和应力大小呈直线关系；若材料的屈服极限等于合成应力，会使得产生的塑性变形随着外载荷的增加而增大，并且达到的屈服极限的范围也不断扩大，在塑性变形范围增加的同时，应力值略微增加或保持不变。但由于压力容器的本体是连续的，卸载外载荷的过程中，弹性变形区域与曲阜变形区域都会以弹性状态回复，消除了大小为外载荷长生应力值大小的容器残余压力。

②整体热处理法

按照一定的速度，将整个焊接完成的压力容器加热到一定温度，并保持在该温度一段时间，通过使变形金属形成等轴晶粒的过程来消除晶体的缺陷、降低金属的强度的同时提高金属韧性，最终达到减小、消除由焊接造成的残余应力的目的。

③局部热处理法

整体热处理的原理与局部热处理的原理基本相同，但局部热处理大多都是采用履带式电阻加热器或者红外板式加热器来对焊缝区进行加热，但由于只是局部加热达不到整体加热对残余应力那么明显的消除效果，只能达到平缓分布应力、降低应力峰值的目标，所以局部热处理的改善处理区域力学性能的能力也被广泛使用，只不过大多数情况下局部热处理只是用来处理简单的焊接接头。

④温差拉伸法

针对焊缝区残余应力的分布状态，利用温差热效应形成一个反向应力场，从而消除残余应力的一种方法。此法消除效果的关键在于温差的选择，与材料屈服极限，模量以及热

膨胀系数有关，只要加温区选择适当，不致引起塑性变形而损失塑性储备，也不影响金属的金相组织，可以取得较好的消除应力效果，消除效果可达50%~70%，此法在焊缝较规则，厚度又不太大的板壳结构上有一定应用价值。

⑤锤击法

焊缝金属在迅速均匀的锤击下产生横向塑性伸展，使焊缝收缩得到一定补偿，从而使该部位的拉伸残余应力的弹性应变得到松弛，焊接残余应力即可部分消除。

⑥爆炸法

通过引爆布置在焊缝及其附近的炸药带，利用炸药在焊缝区瞬间爆炸的冲击波与残余应力的交互作用，使金属产生适量的塑性变形，残余应力因而得到松弛。

爆炸法处理不仅可以有效地消除焊接残余应力，而且在处理区域内产生一定量的压应力，从而使焊接接头提高了与拉应力有关的破坏抗力，对此，热处理是无能为力的。爆炸法对于在役的压力容器开罐检查中焊缝返修工程消除残余应力具有独到之处。

焊后消除应力热处理中，应注意下面几个问题：

①热处理制定的工艺参数应合理，测温必须准确可靠。若工艺参数制定得不合理或水测温不准，造成温差大，则会产生温差应力。如果降温过快，又会产生新的残余应力。恒温温度的确定是保证最大可能地松弛残余应力而又不会造成对接头性能的影响，温度过高会造成对接头性能的不良影响。恒温时间的确定要保证残余应力有足够的时间释放，但不宜过长，否则会对材料的性能尤其是韧性产生不利的影响。

②对于有再热裂纹倾向的钢种，如Cr-Mo-V、Cr-Mo-V-B等钢种在消除应力热处理时，加热过程中要尽快通过450~650℃再热裂纹敏感温度区间，以防止再热裂纹的产生。

③一般来讲，钢材经过多次加热或加热时间过长，如工序间热处理和消除应力热处理，或返修后需重新热处理等原因造成多次加热，都会使材料的性能变差。

2. 焊接变形

焊接过程是一个不均匀加热与冷却的过程，这样便导致了焊接应力和变形的出现。焊件的变形从焊接开始时发生并持续到焊接过程结束，直至冷却，焊接后残存在结构中的变形称为焊接残余变形，简称为焊接变形。

（1）焊接变形的分类

在实际的焊接结构中，由于结构式的多样性，焊缝数量与分布的不同，焊接顺序和方向的不同，产生的焊接变形是比较复杂的，常见的是下面五种基本类型，或者这几种变形的组合。

①纵向收缩变形和横向收缩变形

这是焊缝及其附近加热区域的纵向搜索和横向收缩所产生的平行于焊等长度方向和垂直于焊缝长度方向上的变形，是最基本的两种变形，其余变形大多由此而产生。

②角变形

这是由于焊缝横截面形状不对称和施焊层次不合理，致使横向收缩量在焊缝厚度方向上不均匀分布所产生的变形。角变形造成了构件平面绕焊缝的转动，在堆焊、对接、搭接和T形接头的焊接时，往往会产生角变形。

③弯曲变形

这是因为焊缝的位置偏离焊件的形心轴，而焊缝的纵向收缩和横向收缩引起的变形。

④这是由于焊缝的收缩，在刚性较小的结构造成局部失稳而引起的变形。在薄板焊接时，焊缝收缩引起的大于丧失稳定的临界压缩量时将出现这种变形，也叫波浪变形。

⑤扭曲变形

这是由于装配不良，施焊程序不合理，致使焊缝纵向收缩和横向收缩没有一定规律而引起的变形。扭曲变形也称螺旋形变形，是若干角变形在梁、柱等结构上综合作用的变形形式。其中纵向、横向收缩、弯曲和扭曲变形属于整体变形，其他为局部变形。

（2）影响焊接变形的因素

①焊缝位置的影响；

②结构刚性的影响；

③装配焊接程序的影响；

④焊缝长度和坡口型式的影响；

⑤焊接规范和方法的影响；

⑥焊接操作方法的影响；

⑦材料线胀系数的影响；

（3）控制焊接变形的措施

①合理的设计；

②必要的工艺措施；

（4）矫正焊接残余变形的方法

①机械矫正；

②火焰加热矫正。

4.2.4 焊接质量控制方法

压力容器焊接质量控制的原则是避免淬硬组织和冷裂纹，为此，除了要求选择合适的焊接材料外，焊接质量的控制是至关重要的。

1.设计方面

焊接结构的设计应使得能对结构在其制造过程中产生的焊接残余应力和焊接变形加以有效控制，即应能保证焊接过程的可行性。采取的措施主要是降低拘束度。

（1）尽量减少焊缝的数量和尺寸

尽量减少焊缝的数量及其尺寸，尤其是角焊缝的焊脚尺寸，应保证不要超出最小焊脚尺寸太多。因为焊接线能量与焊脚尺寸成正比。过大线能量，必然造成大的应力，而且会引起大的应变。

（2）避免焊缝密集与交叉

焊缝间相互平行且密集时，相同方向上的焊接残余应力和塑性变形区均会出现一定程度的叠加；焊缝交叉时，两个方向上均会产生较高的残余应力。这两种情况下，作用于结构之上的双倍温度 – 形变循环均可能会在局部区域（譬如在缺口和缺陷处）超过材料的塑性。对此，可将横焊缝在（连续的）纵焊缝间作交错布置，见图4-16。

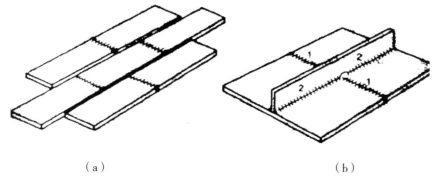

（a）　　　　　　　　　　　　　　　　　　　　（b）

图4-16　避免焊缝交叉的措施

（a）用交错横焊缝（先焊）与连续　　　（b）用横焊缝连接两平板，再用连接加强肋，肋

纵焊缝（后焊）拼焊　　　　　　　　板需在横焊缝位置处开出切口以避免焊缝交叉

（3）采用尽可能小的板厚

设计中要采用尽可能小的板厚，以限制三维拉应力的水平，因为三维拉应力会促使脆性断裂。当板厚较大时，第三主应力便可能在板厚方向上占有较大比例，因而设计规范中对超过一定板厚的焊接构件通常要安排消除应力退火。在实际应用时，圆柱形厚壁容器可用多层设计代替。

（4）避免复杂的多构件连接

对于大型复杂结构，可将其划分为若干组件（或部件），分别预制使达规定的尺寸精度后再行组装。这一措施不仅能非常有效地控制整个结构的焊接残余应力与焊接变形，而且组件的尺寸精度保证了整体结构的尺寸精度。

2.材料方面

目前要在理论上足够准确地确定焊接残余应力仍很困难。材料因素对于焊接残余应力与焊接变形的影响，主要按材料特征值，如熔化温度、热扩散率、热膨胀系数、弹性模量、屈服极限来做出比较性评定，评定时不考虑它们与温度的相关性。熔化温度对焊接残余应力和焊接变形的影响是同向的，即较高的熔化温度引起较高应力和较大的变形。单位容积熔化热对焊接残余应力与变形的影响也与熔化温度相同。就熔化温度而论，铝合金较能适应焊接，而钛合金的适应性相对较差。热扩散率对焊接应力与变形有着同向影响，它表征瞬时热传导过程中的热均匀化速率，包含了几个参数的作用。较小的热导率配以较大的体积比热容特别适合于钢材或钛合金（但对铝、铜不利）。

热膨胀系数对焊接应力与变形也产生同向影响且特别明显，但在出现具有反相影响的相变应变时，其作用也会受到一定限制。就热膨胀系数而论，钛合金较能适应焊接而铝合金相对较差。弹性模量（包括较少变化的泊松比）增大时焊接残余应力随之增大，而焊接变形随之减小，不稳定现象（翘曲）尤其可因弹性模量较大而受到抑止。就此而论，焊接铝材时残余应力会较低，但变形较大；而焊接钢、钛和铜等则残余应力较高，变形较小。

屈服极限（包括硬化系数）对焊接残余应力与焊接变形的影响与弹性模量相同。较高的屈服极限会引起较高的残余应力，且峰值应力与平均应力均高。焊接结构贮存的变形能也会因此而增大，从而可能会促使脆性断裂。此外，由于塑性应变较小且塑性区域范围不大，因而变形（包括焊接熔池前方坡口面的位移）得以减少。上述现象也同样适用于高温下屈服极限增大（例如采用高温钢时）的情形，不过这种情况下高温产生裂纹的可能性也会随之增大，为避免这种情况则须增大材料的高温塑性（即可锻性）。

3. 工艺方面

从焊接工艺上要求设法减少焊接热作用的集中，使焊缝有收缩余地，减少对焊缝的拘束作用。

（1）采用合理的焊接顺序和方向

焊接顺序对残余应力和变形产生的影响极大，因此质量要求较高的焊接结构均要在其焊接工艺流程中精细安排焊接顺序。通过焊接顺序的优化，可使残余应力分散，降低应力峰值。为了减小残余应力，应该力求使焊缝能自由收缩，特别是横向收缩不受拘束或有较大的横向可变形长度，但这可能导致有较大的残余焊接变形，所以必须综合考虑。一般总是先焊接收缩量大的焊缝，焊缝收缩自由，应力自然小。因为对接焊缝收缩量大，对接焊缝和角焊缝同时存在时，应先焊对接焊缝。对于圆柱形容器的拼焊，应先焊纵向焊缝，再焊环向焊缝。

（2）厚壁构件采用多层焊

厚壁构件采用多层焊主要是为了限制焊接过程中的热功率。此外，从残余应力的观点来看也优于单层焊，即采用多层焊时板厚方向上不会产生明显的残余拉应力，因而可增强其抗脆性断裂能力。但多层焊一般会使横向残余应力和横向变形与角变形增大，不过多层焊的纵向残余应力却会由随后熔敷其上的焊层消除。

（3）长焊缝采用分段退焊

分段退焊这一措施主要用于解决低速焊接长焊缝时，焊缝熔池前方坡口容易出现楔形张开或闭合这一问题。若破口面的位移因点固或横向刚性约束而受到限制，则可能会在焊接接头部位引起残留的屋顶状拱曲变形。

（4）预热

预热可以减缓焊接冷却速度，遏制或减少了淬硬组织的形成。同时减少了焊接区的温度梯度，降低了焊接接头的残余应力。预热还有利于焊缝中氢的选出，因此是一种较好的降低焊接冷裂倾向的措施。预热温度与施焊时环境温度、钢材的强度级别、坡口形式、焊缝金属类型或焊缝金属的含氢量有关。

（5）焊接能量参数

焊接能量参数是指焊接电流、电弧电压和焊接速度。焊接能量参数选择受焊接材料和焊接方法等因素的影响。在焊接各种合金钢时，焊接能量参数通常以热输入（线能量），即熔焊时，由焊接能源输入给单位长度焊缝上的热能来表征。线能量影响焊缝和热影响区的冷却速度，因此也影响了焊接接头的淬硬程度、氢的扩散速度以及焊接残余应力水平，也即影响了焊接接头的冷裂倾向。在低合金钢焊接中，适当增加线能量可提高接头的抗冷裂倾向。但增大线能量时必须注意避免奥氏体晶粒粗化，以免降低接头的冲击韧性与强度。在铬镍奥氏体不锈钢的焊接中，过高的焊接会扩大近缝区的敏化温度区间，并延长了在高温的停留时间，导致接头热影响区耐腐蚀性的降低。对于含铌稳定元素的铬镍不锈钢，高的热输入还可能导致焊缝热裂纹的形成。因此对于这类不锈钢，在保证接头各层焊缝良好熔合的前提下，采用尽可能低的焊接热输入。

（6）机械方法

用反变形法和加热反应区法降低焊接残余应力。反变形可降低局部刚度。其实"加热反应区法"也是反变形法，只是采用局部加热使该加热点局部延伸，带动焊接部位，使之能够比较自由的伸缩。

（7）消除残余应力，为提高焊接结果股的制造质量和使用的安全可靠性，必须对焊接变形和残余应力加以控制。

4.2.5　焊接性能评定

焊接质量是影响压力容器制造质量的一个关键因素，因此焊接控制系统是压力容器制造安装质量管理体系中最重要的控制环节。焊接控制系统包括焊接性能、焊接工艺评定和编制焊接工艺规程，焊接性能是焊接工艺评定的基础，焊接工艺评定又是焊接工艺规程的依据，而焊接工艺规程则是保证压力容器焊接质量的准则。

1. 焊接性能试验

金属材料的焊接性能是指在限定的条件下，焊接成符合设计要求的焊接接头，并满足各种使用要求。也即是针对钢材是否可焊和如何焊接问题进行的试验。首先根据钢材特点，通过试验选择与其相适应的焊接方法。然后，依据焊缝金属性能不低于钢材性能原则进行焊接材料的筛选或研制。之后，进行焊接工艺试验，确定适合的焊接规范参数。在确定焊接方法、焊接材料和焊接规范过程中所进行的试验称为焊接性试验。

2. 焊接工艺评定

焊接工艺评定是为验证所拟定的焊接工艺的正确性而进行的试验过程及结果评价。主要通过焊接接头力学性能试验，判断所确定的焊接工艺是否合格。我国压力容器的焊接工艺评定已制定有标准，即JB 4708－2000《钢制压力容器焊接工艺评定》。在焊接工艺评定中，将焊接工艺因素分为重要因素、补加因素和次要因素。重要因素是指影响焊接接头抗拉强度和弯曲性能的焊接工艺因素；补加因素是指影响焊接接头冲击韧性的焊接工艺因素；次要因素是对要求测定的力学性能无明显影响的焊接工艺因素。例如：对于焊条电弧焊，重要因素有焊条牌号、预热温度；补加因素有用非低氢型药皮焊条代替低氢型药皮焊条、电流种类或极性等；次要因素有坡口形式、焊接位置等。对于埋弧焊，重要因素有药芯焊丝牌号、预热温度等；补加因素有电流种类或极性等；次要因素有坡口形式、焊丝直径等。当增加或变更任何一个补加因素时，则可按增加或变更的补加因素增焊冲击韧性试件进行试验；当变更次要因素时，不需要重新评定焊接工艺，但要重新编制焊接工艺指导书。

3. 焊接工艺规程

焊接工艺规程是指导焊接生产的指令工艺文件。焊工应根据焊接工艺规程所要求的焊接条件、焊接材料、焊接参数进行施焊。焊接工艺规程分为通用性焊接工艺规程和专用焊接工艺规程两种。对于批量生产、材料相同、厚度相同或变化范围不大、接头及坡口等参数基本相同的产品，可制定通用性焊接工艺规程。对于材料、结构、坡口或质量验收条件互不相同的产品应制定专用焊接工艺规程。

4. 产品焊接试板

在焊接结构的生产过程中，影响焊接接头力学性能的因素是多方面的，包括焊接方法、焊接材料、焊接能量参数和温度参数，以及焊后热处理等和其他偶然因素。为确保焊接接头的力学性能，并提供可信的证据，我国有关技术规程提出了在焊接产品的同时，应按要求制作见证件，即产品试板。

4.2.6 焊工考试

焊接压力容器的焊工必须经过焊工考试，持有锅炉压力容器安全监察机构签发的焊工合格证。焊工考试的目的是评定焊工按评定合格的焊接工艺焊出没有超标缺陷的能力。焊工考试按照《锅炉压力容器压力管道焊工考试与管理规则》规定进行。考试规则围绕影响焊工操作技能的八个方面：焊接方法、机械化自动化程度、试件钢号、试件形式、焊缝金属厚度、试件外径、焊条类别和焊接要素。

4.3 压力容器制造监督管理

压力容器的制造必须符合GB150《钢制压力容器》《压力容器安全技术监察规程》《气瓶安全监察规程》《液化气体汽车罐车安全监察规程》等国家强制标准和安全技术规范的要求。境外企业如果短期内完全执行中国压力容器安全技术规范确有困难时，对出口到中国的压力容器产品，在征得国家市场监督管理总局安全监察机构的同意后，可以采用国际上成熟的、体系完整的，并被多数国家采用的技术规范或标准，但必须同时满足我国对压力容器安全质量基本要求，详见《锅炉压力容器制造许可条件》。国家对压力容器制造单位试行强制的制造许可管理，没有取得制造许可证的单位不得从事压力容器制造工作，取得制造许可证的单位也只能从事许可范围之内的压力容器制造工作。境外企业生产的压力容器产品，若出口到中国，也必须取得我国政府颁发的制造许可证。无制造许可证企业生产的压力容器产品，不得进口。压力容器制造许可证的级别划分和许可范围如表4－4所示。D级压力容器的制造许可证，由制造企业所在地的省级质量技术监督局颁发，其余级别的制造许可证由国家质检总局颁发；境外企业制造的用于境内的压力容器，其制造许可证由国家质检总局颁发。

　　《制造许可证》有效期为4年。申请换证的制造企业必须在《制造许可证》有效期满6个月以前，向发证部门的安全监察机构提出书面换证申请，经查合格后，由发证部门换发《制造许可证》。未按时提出换证申请或因审查不合格不予换证的制造企业，在原证书失效1年内不得提出新的取证申请。各级别压力容器制造许可企业，应具备适应压力容器制造需要的制造场地、加工设备、成形设备、切割设备、焊接设备、起重设备和必要的工装。压力容器制造企业具有与所制造压力容器产品相适应的，具备相关专业知识和一定资历 的质量控制系统责任人员。包括设计工艺质控系统责任人员、材料质控责任人员、焊接质控系统责任人员、理化质控制责任人员、热处理质控系统责任人员、无损检测质控系统责任人员、压力试验质控系统责任人员、最终检验质控系统责任人员。企业应建立符合压力容器设计、制造，而且包含了质量管理基本要素的质量体系文件。质量体系文件应包括文件和资料控制、设计控制、采购与材料控制、工艺控制、焊接控制、热处理控制、无损检测控制、理化检验控制、压力试验控制、其他检验控制、计量与设备控制、不合格产品的控制、质量改进、人员培训和执行中国压力容器制造许可制度的规定。压力容器制造企业必须接受国家授权的特种设备监督检验机构对其压力容器产品的安全性能进行的监督检验。监督检验在企业自检合格的基础上进行，不能代替企业的自检。监督检验应当在压力容器制造过程中进行，监督检验项目主要包括：设计图样审查、主要承压 元件和焊接材料材质证明书及复验报告审查、焊接工艺及无损检测质量审查、外观及几何尺寸检查、热处理质量检查、耐压试验检查、出厂资料审查等，监督检验合格的压力容器产品应逐台（气瓶按批）出具"锅炉压力容器产品安全性能监督检验证书"，并在产品铭牌上打印监督检验钢印。未经监督检验或监督检验不合格的产品不得出厂。

表4-3　压力容器制造许可级别划分

级别	制造压力容器范围	备注
A	A1 超高压力容器、高压容器 A2 第三类低、中压容器 A3 球形储罐现场组焊或球壳板制造 A4 非金属压力容器 A5 医用氧舱	A1 应注明单层、锻焊、多层包扎、绕带、热套、绕板、无缝、锻造、管制等结构形式
B	B1 无缝气瓶 B2 焊接气瓶 B3 特种气瓶	B2 著名含（限）溶解乙炔气瓶或液化石油气瓶。 B3 注明机动车用、缠绕、非重复充装、真空绝热低温气瓶等。
C	C1 铁路罐车 C2 汽车罐车或长管拖车 C3 莞式集中箱	

级别	制造压力容器范围	备注
D	D1 第二类低、中压容器 D2 第一类压力容器	

注：球壳板制造项目含直径大于等于 1800mm 的各类型封头

参考文献

[1] 简明焊工手册编写组编. 简明焊工手册(第3版). 北京: 机械工业出版社, 2000.

[2] JB 4708 – 2000《钢制压力容器焊接工艺评定》.

[3] JB/T 3375–1994《焊接术语》.

[4] 王宽福编. 压力容器焊接结构工程分析(第一版). 北京: 化学工业出版社, 1998.

[5] 邱葭菲, 焊工工艺学(第五版). 中国劳动社会保障出版社.

第五章　压力容器的安全性能

在我国工业发展当中，化工工业占据着非常重要的地位，其生产对我国工业以及整体经济都有着极大的影响。目前我国化工工业发展非常迅速，其中许多化工机械设备的性能、功用也都得到不断优化。在化工生产中很大程度上都依赖于机械设备，因此机械设备的先进性、应用的可靠性非常重要，一旦机械设备出现故障或者问题，对整个化工生产的顺利进行都有极大的影响。近些年来，承压设备发生爆炸或泄漏的事故时有发生，给化工企业内部财产、人员以及生态环境等造成了严重危害。

压力容器很多部分运行条件十分严格，常伴随着压力高和温度高、高应力、高危险性介质及腐蚀性工况等的影响。压力容器失效引发的事故一般都伴随着泄漏及爆炸等，更为严重的还会造成爆炸、火灾、毒气扩散和人员迁移等大规模现象，有时也会引起环境的变化造成大气污染，这些现象对于国家和人们来说是极大的损失。纵使我国对此类危险使用多种措施，但是仍然有事故不断发生，想完全杜绝是十分困难的。

压力容器在能源、轻工、医药、纺织、科研等领域均有广泛的应用，随着科学技术的不断发展，压力容器趋向于大型化，操作条件向高温、高压等方向发展，且工作介质通常具有易燃易爆、有毒及腐蚀的特点。这些苛刻的工作条件导致压力容器在生产使用过程中极易发生事故，造成严重的人员伤亡及财产损失。然而压力容器在长期作业和使用的状态下，其内部的承压部件会因为长时间处于高压的状态下，会产生不同程度、不同形式的失效，所以必须对压力容器尤其是超高压容器的安全性能和安全运行给予足够的重视。

5.1　压力容器的失效形式

压力容器在规定的使用期限内，如果设计结构不合理、制造质量不良、使用维护不当或其他原因而失去按原设计参数正常工作的能力，称为压力容器失效。由于压力容器受力和盛装介质的特殊性，失效后不仅使设备无法使用，导致生产不能正常运行，而且可能会引起快速破裂引起的爆炸、有毒物质或易燃物质的泄漏引起的中毒、燃烧或爆燃，往往危及人身和财产安全，甚至发生巨大的灾难性事故。

在化工机械的运转中，常见的承压设备的失效形式大致可分为四大类，即强度失效、刚度失效、失稳失效和泄漏失效，其中强度失效是压力容器最主要的失效形式。

5.1.1 强度失效

强度失效是指因材料屈服或断裂引起的压力容器失效，包括韧性断裂、脆性断裂、疲劳断裂、蠕变断裂和腐蚀断裂等。

1. 韧性断裂

韧性破坏是压力容器在内部压力作用下，器壁上产生的应力达到器壁材料的强度极限，从而发生断裂破坏的一种形式。这种形式的破坏属韧性破裂，也称之为延性破裂。

（1）机理

压力容器的金属材料在外力作用下引起变形和破坏的过程大致分为三个阶段，即弹性变形阶段、弹塑性变形阶段和断裂阶段。

①弹性变形阶段是指当对材料施加的外力不超过材料固有的弹性极限值时，一旦外力消失，材料仍能恢复到原来的状态而不产生明显的残余变形；

②弹塑性变形阶段是指当对材料施加的外力超过材料固有的弹性极限值时，材料开始屈服变形后仍继续施加外力并超过材料的屈服极限，材料将产生很大的塑性变形。外载荷消失后材料不再恢复原状，塑性变形仍将保留；

③断裂阶段是指材料发生塑性变形后，如施加外力继续增加，当应力超过了材料的强度极限后，材料将发生断裂。

（2）特征

①器壁上有明显的伸长变形。由于容器筒体四壁受力时，其环向应力比轴向应力大一倍，所以，明显的塑性变形主要表现在容器直径增大，容积增大、壁厚减薄、而轴向增长较小，产生"腰鼓形"变形。当容器发生韧性破坏时，圆周长的最大增长率和容积变形率可达10%～20%；

②端口呈暗灰色纤维状。碳钢或低合金钢韧性断裂是发生在夹杂物位置，形成纤维空洞，在拉应力作用下使夹杂物与基本界面脱开而使空洞长大并聚集成裂纹，直至断裂，所以在断裂处形成锯齿形纤维断口。这种断裂多数属于穿晶断裂，即裂纹发展途径是穿过晶粒的，因此断口没有闪烁的金属光泽而呈暗灰色。由于这种断裂是先滑移而后断裂，其断裂方式一般是切断，即断裂的宏观表面平行于最大切应力方向，与拉应力成45°角，故而裂口是斜断的，断口不平齐；

③容器一般不是碎裂。延性破裂的容器的材料一般是塑性和韧性较好的，所以破裂方式一般不是裂成碎片，而只是裂开一个口子。壁厚比较均匀的圆筒形容器，常常在中部裂开一个形状如"X"的口子。裂缝的宽度与容器爆破时所释放的能量有关，能量大的，裂口较宽；能量小的，裂口较窄。储装一般液体（如水）时，因液体膨胀能量较小，容器破裂的裂口较窄，而装气体的容器，则因气体膨胀能量较大，裂口也较宽。特别是装液化气体的容器，破裂后由于器内压力瞬时下降，液化气体迅即蒸发，大量的气体使容器的裂口不断扩大，有的整个气瓶有1/3周长裂开并几乎展成平板状；

④容器实际爆破压力接近计算爆破压力。金属的韧性断裂是经过大量的塑性变形，而且在外力引起的应力达到它的断裂强度时发生的，所以延性破裂的压力容器器壁上产生的平均应力一般都达到或接近材料的抗拉强度，即它的实际爆破压力往往与计算爆破压力相近。

（3）原因

容器的韧性破坏只有在器壁整个截面上的材料都处于屈服状态下才会发生，其主要原因如下：

①盛装液化气体介质的容器充装过量，对盛装液化气体介质的容器，应按规定的充装系数充装，即留有一定的气相空间，这是因为液化气体随环境温度的增高，其饱和蒸气压显著增大。如液氯钢瓶充满液后，当温度每升高1℃瓶内压力增加将超过1MPa。随着温度的继续升高瓶内压力会不断增大，容器器壁上的应力也相应增大，当达到材料强度极限时即发生断裂；

②使用中的压力容器超温超压运行。压力容器运行中，若操作人员违反操作规程、操作失误、安全装置（如安全阀、压力表等）不全或失灵会造成容器超温超压；因投料不当，造成反应速度过快，引起温度压力急剧增高，当容器器壁应力达到材料强度极限即导致压力容器破坏；

③容器壳体选材不当或容器安装不符合安全要求。若压力容器壳体材料选用的强度较低，或压力容器安装错误，压力来源处的压力高于压力容器的设计压力或最高工作压力，而又无可靠的减压装置，则可能导致破坏；

④维护保养不当。因维护保养不当，压力容器器壁发生大面积腐蚀，壁厚减薄，在正常工作压力下器壁一次薄膜应力超过材料的屈服极限，造成受压部件整体屈服而发生破裂。

（4）事故预防

①在设计制造压力容器时，要选用有足够强度和厚度的材料，以保证压力容器在规定的工作压力下安全使用；

②压力容器应按规定的工艺参数运行，安全附件应安装齐全、正确，并保证灵敏可靠；

③使用中加强巡回检查，严格按照工艺参数进行操作，严禁压力容器超温、超压、超负荷运行，防止过量充装；

④加强维护保养工作，采取有效措施防止腐蚀性介质及大气对压力容器的腐蚀。若发现压力容器器壁严重腐蚀以致变薄，或运行中器壁产生明显塑性变形时，应立即停止使用。

韧性断裂是压力容器在载荷作用下，产生的应力达到或接近所用材料的强度极限而引发生的断裂。其特征是断裂后的容器有肉眼可见的宏观变形，如整体鼓胀，周长延伸率可达10%～20%。造成应力过高的主要原因是容器的壁厚过薄或内压过高。

2. 脆性断裂

脆性破裂指压力容器在破裂时没有显著的塑性变形，破裂时器壁的压力也远远小于材料的强度极限有的甚至还低于材料的屈服极限，这种破坏与脆性材料的破裂很相似，故称为脆性破裂。由于这种破坏是在较低的应力状态下发生的，所以又称为低应力破坏。

（1）机理

①钢在低温下其冲击韧性显著降低，表明温度低时钢对缺口的敏感性增大，这种现象称为钢的冷脆性。钢由韧性状态转变为低温脆性状态极易产生断裂这种现象称为低温脆性断裂；

②低碳钢在300℃左右会出现强度升高，塑性降低的区域，这种现象称为材料的蓝脆性。若在压力容器制造和使用时，正好在蓝脆温度范围内经受变形应力，就有可能产生蓝脆，导致断裂事故的发生；

③某些钢材长期停留在400～500℃温度范围内以后冷却至室温，其冲击值有明显下降，这种现象称为钢的热脆性。此时压力容器经受变形应力，也有可能导致脆性断裂。

（2）特征

①容器壁没有明显伸长变形。脆性破裂的容器一般都没有明显的伸长变形，许多在水压试验时脆性破裂的容器，其试验压力与容积增量的关系在破裂前基本还是线性关系，且容器的容积变性还是处于弹性状态。有些脆裂成多块的容器，将碎块组拼起来再测量其周长，往往与原有的周长相同或变化甚微，容器的壁厚一般也没有变薄；

②裂口齐平，断口呈金属光泽的结晶状。脆性断裂一般是正应力引起的解体断裂，所以裂口齐平，并与主应力方面垂直。容器断裂的纵缝，裂口与容器表面垂直，环向脆断时，裂口与容器的中心线相垂直。又因为脆断往往是晶界断裂，所以端口形貌呈闪烁金属光泽的结晶状。在容器较厚的容器断口上，还常常可以找到人字形的纹路（辐射状），人字形的尖端指向裂纹源，即始裂点。始裂点往往是有缺陷或几何形状突变之处；

③容器常破裂成碎块。由于脆性变裂的容器材料多为高强度的，韧性较差，而脆性断裂的过程又是裂纹迅速扩展的过程，破裂往往是在一瞬间发生的，容器内的压力难以通过一个小裂口释放，所以常常将容器爆裂成碎片并飞出，因此，造成的危害也较延性破裂更大；

④事故多在温度较低的情况下发生。由于金属材料的断裂韧性随温度降低而下降，所以脆性破裂事故一般都发生在温度较低的情况下。

（3）原因

①温度因为钢在低温下或某一特定温度范围内其冲击韧性将急剧下降；

②裂纹性缺陷压力容器受压元件一旦产生裂纹，其尖端前缘产生很高的应力峰值，且应力状态也发生变化，变为三相拉伸应力。在这个区域，实际的应力要比按常规方式计算的数值高得多，材料的实际强度比无裂纹的理想材料的强度低得多。所以，即使材料具有较高的冲击韧性，但当裂纹性缺陷的尺寸达到一定值时，仍可能发生脆性断裂。

（4）事故预防

①提高容器制造质量特别是焊接质量，是防止容器脆性破坏的重要措施。因为容器结构尺寸的突变，不连续以及焊缝中裂纹性缺陷的存在，会造成容器局部区域应力集中，易形成脆性断裂源；

②容器材料在使用条件下，应有较好的韧性。材料的韧性差是造成脆性断裂的另一主要因素。因此在选择材料时应选用在使用温度下仍能保持较好韧性的材料。由于材料的断裂韧性不仅与其化学成分有关，而且还与其金相组织有关。因此制造过程中的焊接及热处理工艺必须合理；使用过程中也应防止压力容器材料的韧性降低。例如，防止容器的使用温度低于其设计温度；开停容器时，避免压力的急剧变化，防止压力容器材料的断裂韧性因加载速度过快而降低；

③加强压力容器的维护保养和定期检验工作，及时消除检验中发现的裂纹性缺陷，确保容器安全运行。

脆性断裂的特征是断裂时容器没有鼓胀，即无明显的塑性变形，断裂后有碎片产生。由于脆性断裂时容器的实际应力值往往很低，爆破片、安全阀等安全附件不会动作，其后果要比韧性断裂严重得多。引起压力容器脆性断裂的主要原因是材料自身脆性或容器存在严重缺陷。

3. 疲劳断裂

使用中的压力容器，在交变载荷作用下，经一定循环次数后产生裂纹和突然发生断裂失效的过程，称为疲劳断裂。交变载荷是指大小和（或）方向都随时间周期性（或无规则）变化的载荷，它包括压力波动、开车停车、加热或冷却时温度变化引起的热应力变化、振动引起的附加交变载荷等等。疲劳断裂指压力容器器壁在反复加压和卸压过程中受到交变载荷的长期作用，没有经过明显的塑性变形而导致容器断裂的一种破坏形式，疲劳断裂是突然发生的，因此具有很大的危险性。据有关资料统计，压力容器在运行中的破坏事故有75%以上是由疲劳引起的。需要指出的是，原材料或制造过程中各种缺陷，会在交变载荷的作用产生裂纹、裂纹扩展从而加速压力容器的疲劳断裂。

疲劳破坏一般是由于疲劳裂纹扩展到一定值时才会发生，因此，疲劳破坏需要有一定时间。但由于疲劳裂纹源位于局部应力较高的部位，破裂一般在压力容器工作时发生，破坏时容器总体应力水平较低，不会有明显的变形。导致疲劳断裂的原因有结构设计不良、制造质量差或非正常操作。

（1）机理

①低压力高周疲劳，材料循环周次在105次以上，而相应的应力值在材料的弹性范围以内，可以承受周次的交变载荷作用而不会产生疲劳破坏。但当外载超过这个弹性范围内的应力值极限后，材料就易发生断裂；

②高应力低周疲劳，材料承受的应力水平较高，交变应力幅度较大，但交变周次较少，当容器材料在较高应力水平下承受交变周次超过了102～105次后，材料就易发生

断裂。

（2）特征

①容器破坏时没有明显的塑性变形。这是由于容器的疲劳破坏也是在局部应力较高的部位或材料缺陷处开始产生微裂纹，然后在交变应力作用下微裂纹逐渐扩展为疲劳裂纹，最终突然断裂。在这个过程中器壁的总体应力水平较低，器壁整体截面上处于弹性范围内，所以疲劳破坏时容器不会有明显的变形。与脆性破裂相似，断裂后的压力容器直径没有明显增大，大部分壁厚也无变薄；

②疲劳断裂与脆性破坏的断口形貌不同，疲劳断口存在两个明显的区域，一个是疲劳裂纹产生及扩展区，另一个是最终断裂区。大多数压力容器的变化周期较长，裂纹扩展较为缓慢，所以有时仍能见到裂纹扩展的弧形纹路。如果断口上的疲劳线比较清晰，还可以根据它找到疲劳裂纹的策源点。这个策源点和断口的其他地方的形貌不同，策源点往往产生在应力集中的地方，特别是容器的接管处；

③容器的疲劳破坏一般是疲劳裂纹穿透器壁而泄漏失效。不像韧性断裂时形成撕裂。也不像脆性破裂时产生碎片；

④疲劳破裂总是在经过多次的反复加压和泄压以后发生。因为压力容器开停车一次可视为一个循环周次，在运行过程中容器内介质压力的波动也是载荷，若交变载荷变化较大，开停车次数较多，容器就容易发生疲劳破坏。

（3）原因

①内部因素，即压力容器存在着局部高应力区（如压力容器的接管、开孔、转角以及其他几何形状不连接处，在焊缝附近以及钢板原有缺陷等都会有程度不同的应力集中，有些地方的局部应力比计算压力大好多倍），其峰值应力会超过材料的屈服极限随着载荷的周期性变化，该部位将产生很大的应力变化幅，具备了微裂纹向疲劳裂纹扩展开裂的条件；

②外部因素，压力容器存在着反复交变载荷，这种交变载荷的形式不是对称循环型，而是变化幅度大的非对称循环载荷。例如，间隙式操作的容器，器内压力、温度波动较大；周围环境对压力容器造成的强迫振动；外界风、雨、雪、地震对容器造成的周期性外载荷等，都会导致疲劳破坏。

（4）事故预防

①压力容器的制造质量应符合要求，避免先天性缺陷，以减少过高的局部应力；

②在压力容器安装中应注意防止外来载荷源影响，以减少压力容器本体的交变载荷；

③在运行中要注意操作正确性，尽量减少外压、卸压的次数，操作中要防止温度压力波动过大；

④对无法避免的外来载荷、无法减少开停次数的压力容器，制造前应做疲劳设计，以保证压力容器不致发生疲劳破裂。

4.蠕变断裂

压力容器在高温下长期受载，随时间的增加材料不断地发生蠕变变形，造成厚度明显减薄与鼓胀变形，最终导致压力容器断裂的现象，称为蠕变断裂。当压力容器的壁温高于某一限度时，即使应力低于屈服极限，容器材料也会发生缓慢的塑性变形，这种塑性变形经长期积累，最终会导致压力容器的破坏。按断裂前的变形来看，蠕变断裂具有韧性断裂的特征；但从断裂时的应力来看，蠕变断裂又具有脆性断裂的特征。由于在材料、设计或工艺上采取了适当措施，压力容器发生蠕变断裂的现象较少。

（1）机理

金属材料在高温下其组织会发生明显的变化，晶粒长大，珠光体和某些合金成分有球化或团絮状倾向，钢中碳化合物还能析出石墨等，有时还可能出现蠕变的晶间开裂或疏松微孔。某些情况下材料的金相组织发生改变，使韧性下降。蠕变破坏也可能无明显的塑性变形。

（2）特征

①蠕变破坏往往发生在容器温度达到或超过了其材料熔化25%～35%的时候，一般碳素钢的蠕变温度界限为350～400℃。部分低合金钢的蠕变温度界限大于450℃；

②蠕变破坏是高温及拉应力长期作用的结果，因而通常有明显的塑性变形，其变形量大小取决于材料的塑性，破坏时的应力值低于材料在使用温度下的强度极限。

（3）原因

①压力容器发生蠕变破坏往往是由于容器长期在某一高温下运行，即使其应力低于材料的屈服极限，材料也能发生缓慢塑性变形；

②压力容器因选材不当结构不合理，造成蠕变破坏；

③容器由于结垢、结炭、结疤等影响传热，造成局部过热。

（4）事故预防

①选择满足高温力学性能要求的合金钢材料制造压力容器；

②选用结构合理制造质量符合标准的压力容器；

③在使用中防止容器局部过热。经常维护保养，消除积垢、结炭、可有效防止容器破坏事故的发生。

5.腐蚀断裂

腐蚀断裂指压力容器材料在腐蚀性介质作用下，引起容器壁由厚变薄或材料组织结构改变、力学性能降低，使压力容器承载能力不够而发生的破坏形式。压力容器受腐蚀的情况各异，因均匀腐蚀导致的厚度减薄，或局部腐蚀造成的凹坑，所引起的断裂一般有明显的塑性变形，具有韧性断裂特征；因晶间腐蚀、应力腐蚀等引起的断裂没有明显的塑性变形，具有脆性断裂特征。

压力容器的金属腐蚀情况比较复杂，同一种材料在不同的介质中有不同的腐蚀规律；不同材料在同一种介质中的腐蚀规律也各不相同；即使同一种材料在同一种介质中，因其内部或外部条件（如材料金相组织、介质的温度浓度和压力等）的变化往往也表现出不同的腐蚀规律。因此，只有了解腐蚀规律，才能正确地判断各种腐蚀的危害程度，以便采取有效的防止措施。

金属腐蚀的分类方法很多。

按温度分：低温腐蚀和高温腐蚀；

按腐蚀环境分：化学介质腐蚀、海水腐蚀、土壤腐蚀等；

按有无液相分类：湿腐蚀，干腐蚀；

按金属腐蚀破坏形态：全面腐蚀（或均匀腐蚀），局部腐蚀，晶间腐蚀，断裂腐蚀，氢损伤；

按腐蚀原理分：化学腐蚀，电化学腐蚀。

（1）按腐蚀破坏形态分

①全面腐蚀（或均匀腐蚀）

金属的均匀腐蚀是指在金属整个暴露表面上或者是大部分面积上产生程度基本相同的化学或电化学腐蚀。均匀腐蚀也称全面腐蚀，遭受全面腐蚀的容器是以金属的厚度逐渐变薄的形式导致最后破坏。但从工程角度看，全面腐蚀并不是威胁很大的腐蚀形态，因为容器的使用寿命可以根据简单的腐蚀试验进行估计，设计时可考虑足够的腐蚀裕度。但是腐蚀速度与环境、介质、温度、压力等方面有关，所以每隔一定的时间需要对容器腐蚀状况进行检测，否则也会产生意想不到的腐蚀破裂事故。

②局部腐蚀

局部腐蚀是指材料表面的区域性腐蚀。这是一种危险性较大的腐蚀形态之一，并经常在突然间导致事故。

a. 电偶腐蚀只要有两种电极电位不同的金属相互接触或导体连通，在电解介质存在的情况下就有电流通过。通常是电极电位较高的金属腐蚀速度降低甚至停止，电极电位较低的金属腐蚀速度增大。前者为阴极，后者为阳极；

b. 孔蚀指金属表面产生小孔的一种局部腐蚀。孔蚀一般容易在静止的介质中发生，通常沿重力方向发展；

c. 选择性腐蚀当金属合金材料与某种特定的腐蚀性介质接触时，介质与金属合金材料中的某一元素或某一组分发生反应，使其被脱离出去，这样的腐蚀称为选择性腐蚀，选择性腐蚀一般在不锈钢、有色金属和铸铁等材料中发生；

d. 磨损腐蚀指由于腐蚀性介质与金属之间的相对运动，而使腐蚀过程加速的现象，又称为冲刺腐蚀。如冷凝器管壁的磨损腐蚀，腐蚀流体既对金属表面的氧化物产生机械冲刷破坏，又与不断露出的金属新鲜表面发生剧烈的化学或电化学腐蚀，故腐蚀速度较快；

e. 缝隙腐蚀暴露于电解质溶液中的金属表面上的缝隙和其他隐蔽区域内常常发生强烈的局部腐蚀。这种腐蚀与孔洞、垫片底面、搭接缝、表面沉积物、螺母和铆钉帽下的缝隙内积存少量的静止溶液有关。一些表面纯化致密氧化物的金属（如不锈钢、铝、钛等）容易产生缝隙腐蚀。

③晶间腐蚀

金属的腐蚀局限在晶界或晶界附近，而晶界本身的腐蚀较小的一种腐蚀形态称之为晶间腐蚀。这种腐蚀造成晶粒脱落，使容器材料的强度和伸长率显著下降，但仍保持原有的金属光泽而不易被发现，故危害很大。奥氏体不锈钢经常发生晶间腐蚀。这种腐蚀往往发生在不锈钢由高温缓慢冷却或在敏感温度范围内（450～850℃），晶粒中铬离子与过饱和的碳化合成碳化铬（Cr23C6）在晶界析出，由于铬的扩散速度较慢，这样生成碳化铬所需的铬必须要从晶界附近获取，造成晶界附近区域含铬量降低，"贫铬"现象，从而降低了不锈钢的耐蚀性能，导致晶间腐蚀。由于焊接过程中热影响区正处于敏感温度范围，所以易造成晶间腐蚀。因此在对不锈钢容器施焊时，应严格控制焊接电流、返修次数、以减少热输入量。

④断裂腐蚀

断裂腐蚀主要有应力腐蚀和疲劳腐蚀，它是材料在腐蚀性介质和应力共同作用下产生的，两者缺一不可。其中，应力可以是静载拉伸应力，也可以是交变应力。

a. 应力腐蚀金属在拉应力和特定的腐蚀性介质共同作用下

发生的断裂破坏。这是一种极危险的腐蚀形态，常在没有先兆的情况下发生局部腐蚀，裂纹一旦出现，他的扩散速度比其他局部腐蚀速度快得多。其裂纹大体向垂直于拉应力方向发展，裂纹形态有晶间形、空晶形或两者兼有的混合型。

b. 疲劳腐蚀金属在交变应力和腐蚀性介质的同时作用下产生的破裂。这种破裂常产生于振动部件，在动载荷应力作用下，所有的金属材料，即使是纯金属也会发生疲劳腐蚀。疲劳腐蚀可以有多条裂纹，裂纹通常发源于一个深蚀孔，一般是穿晶形无分支，通常呈锯齿形，尖端较钝。

⑤氢损伤

由于氢渗进金属内部而造成金属性能恶化的现象称为氢损伤，也称为氢损坏。由于氢的原子半径量

小，最易渗入钢或其他金属内部，氢离子被还原成初生态的氢，随后复合生成分子氢。当初生态的氢复合生成氢分子的过程受到环境阻碍时，就促进了初生氢向钢或其他金属内部渗透，引起渗氢。

a. 氢鼓包，由于氢进入金属内部而产生，结果造成局部变形，甚至四壁遭到破坏。

b. 氢脆，由于氢进入金属内部而产生，结果引起韧性和抗拉性强度降低。

c. 脱碳，由于湿氢进入钢中，使钢中碳含量减少，其结果是钢的强度下降。

d. 氢腐蚀，在高温下氢与合金中的组分反应造成腐蚀。

（2）压力容器金属腐蚀虽有各种各样的形态和特征但就其腐蚀产生的机理而言，通常分为化学腐蚀和电化学腐蚀两大类。

①化学腐蚀

指容器金属与周围介质直接发生化学反应而引起的。这类腐蚀主要包括金属在干燥或高温气体中的腐蚀以及在非电解质溶液中的腐蚀。典型的化学腐蚀有高温氧化、高温硫化、钢的渗碳与脱碳、氢腐蚀等。

在化工生产中，上述四种化学腐蚀屡见不鲜。例如，化工行业中各种炉管，其外壁受到的严重的高温氧化，碳酸工业中的高温二氧化硫，炼油工业中高温硫化氢对设备的严重腐蚀；合成氨及石油工业中高温高压下氢气等气体的严重腐蚀等。

a. 高温氧化指金属在高温下与介质或周围环境中的氧作用而形成金属氧化物的过程。例如，钢在空气中加热，在较低的温度（200～300℃）下表面出现可见的氧化膜。氧化速度随温度的升高而加快。当温度达800～900℃时，氧化速度显著增加。除氧气外，CO_2、H_2O、SO_2等介质的存在也能引起高温氧化，特别是水蒸气的氧化作用较强。

b. 高温硫化指金属在高温下与含量介质（如硫蒸汽、硫化氢、二氧化硫）作用生成硫化物的过程。硫化作用较氧化作用更强。硫化物不稳定、易剥离、晶格缺陷多。熔点低，而且与氧化物、硫酸盐及金属生成不稳定价的低熔点共晶物，因此在高温下易造成材料破裂。

c. 钢的渗碳与脱碳高温下某些碳化物（如CO和烃类）与钢铁接触时发生分解生成游离碳渗入钢内生成碳化物称渗碳，它降低了钢材的韧性。钢的脱碳是由于钢中的渗碳体在高温下与介质作用被还原成铁发生脱碳反应，使得钢表面渗碳体减少，导致金属表面硬度和疲劳极限降低。

d. 氢腐蚀，指钢受高温高压氢的作用引起组分的化学变化，使钢材的强度和塑性下降，断口呈脆性断裂的现象。氢腐蚀的机理是氢分子扩散到钢的表面，分解为氢原子或氢离子而被化学吸附，扩散到钢材内部在空穴处生成甲烷。甲烷的扩散能力低，随着反应继续进行，甲烷逐渐积聚，形成局部高压，引起应力集中并发展为裂纹。产生氢腐蚀需一个起始温度与一个起始氢分压，碳钢起始温度为220℃，起始氢分压为1.38MPa左右。当氢分压低于起始分压时只发生表面脱碳而不发生氢腐蚀。

②电化学腐蚀

容器金属在电解质中，由电化学反应引起的腐蚀称为电化学腐蚀。电化学腐蚀中既有电子的得失，又有电流形成。电化学反应是指一个反应过程可以分为两个或更多氧化和还原反应。

电化学腐蚀是微电池的存在造成微电池腐蚀。绝大部分压力容器是由碳钢或不锈钢制造的。它们含有夹杂物，当其与电解质接触时，由于夹杂物的电位高成为微阴极，而铁的电位低时，成为微阳极，这就形成许多微小的电池，称为微电池。它所造成的金属腐蚀为微电池腐蚀。在实际生产中形成微电池的原因很多，如金属表面和介质总是不均一，只是程度不同；金属表面有微孔，孔内金属是阳极；金属表面被划伤时，划伤处是阳极；金属内应力分布不均匀时，应力较大处为阳极。此外，温度和介质的浓度不均一等，也会构成微电池而造成电化学腐蚀。

压力容器腐蚀的形态很多，引起不同腐蚀形态的原因也是多种多样的，大致有下述几个主要原因。

a. 压力容器维护保养不当。

b. 选材不当或未采取有效防腐措施。

c. 结构不合理，或焊接不符合规范要求。

e. 介质中杂质的影响。

如何进行腐蚀防范，需注意以下几点：

a. 根据介质选用合适厚度的防腐蚀材料的容器。

b. 对奥氏体不锈钢容器应严格控制氯离子含量，并避免在不锈钢敏感温度下使用，防止破坏不锈钢表面的钝化膜和防止晶间腐蚀的产生。

c. 选择有腐蚀隔离措施的容器以避免腐蚀介质对容器壳体产生腐蚀。如在容器内表面涂防腐层，在容器内加衬里，或采取复合钢板制造容器，以防介质的腐蚀等。

d. 选用结构合理、设计制造质量符合国家标准和要求的容器，容器由于结构不合理（如几何形状突变），焊接工艺不合理、焊接质量差、强行组装、表面粗糙等都会造成较大残余应力，最终可能导致容器腐蚀破裂。

e. 使用中采取适当的工艺措施降低腐蚀速度。如在中性碱溶液中和在锅炉水系统中除氧，避免介质直接冲刷容器壳体及受压部件；在容器使用、维修中避免机械损伤，避免或减小外部附加应力等。为减少电化学腐蚀的危害，也可采用阴极保护法。

5.1.2　刚度失效

由于承压设备过度的弹性变形引起的失效，称为刚度失效。刚度失效和强度失效的本质是不同的，刚度失效指的是承压设备及其零部件不会因强度不足而发生破裂或过量的塑性变形，但由于弹性变形过大而使其丧失正常工作的能力。例如法兰、螺栓等密封联接件，由于刚性不足，在内压作用下，因为法兰变形过大会使密封结构发生泄漏换热器中的管板，在介质压力作用下，如果变形过大，会使换热管变弯。因此，承压设备设计时必须使构件在载荷作用下的变形数值不超过工程中所给定的允许范围，从而保证它的正常使用，也就是确保构件有足够的刚度。

5.1.3　失稳失效

在压应力作用下，压力容器突然失去其原有的规则几何形状引起的失效，称为失稳失效。当压力容器所承受的横向外压达到某极限值时，其横断面会突然失去原来的圆形，被压扁或出现有规则的波纹，此种现象称为外压设备的轴向失稳。当承压设备所承受的轴向外压或轴向均布载荷达到某极限值时，其轴向截面会突然形成有规则的波纹，则称为压力容器的轴向失稳。

容器弹性失稳时的临界压力与材料的强度无关，主要取决于容器的尺寸和材料的弹性性质。但当容器中的应力水平超过材料的屈服点而发生非弹性失稳时，临界压力与材料的强度有关。

5.1.4 泄漏失效

泄漏失效，顾名思义，由于承压设备发生泄漏而引起的失效，则称为泄漏失效。泄漏不仅有可能引起中毒、燃烧和爆炸等事故，而且会造成环境污染。一般来说，压力容器发生泄漏的原因有多种，有的是因为安装材料选择不当造成，如在一些密封件、连接件以及辅助装置等承压设备连接部件的安装过程中，部件结构和安装材料选择不当等，将有较大可能引起设备泄漏失效；有的则是因为安装工艺不精造成部件破损，从而引发泄漏失效，如在压力容器的制作和安装过程中，工作人员存在技术上的失误，在焊接中使得相关部件或构成材料出现裂纹、气孔等，部件缺陷的出现也是造成泄漏失效的主要原因之一。除了以上两方面原因之外，环境因素的影响也有可能引起设备泄漏，比如化学介质对设备连接部件，尤其是密封件的腐蚀、工作温度和压力的波动、机械运作时振动和对设备的冲击等，均能够引起泄漏失效。

压力容器作为化工机械中的一种关键设备，其本身所具有的潜在泄漏和爆炸风险都将是引起安全事故发生的重要导火索。为了减少设备泄漏和爆炸事故的发生率，保证化工企业内部财产和工作人员的安全，保护现有的生态环境，就必须对影响其设备发生泄漏失效的各种因素加以控制，排除所存在的安全隐患。需要指出，在多种因素作用下，压力容器有可能同时发生多种形式的失效，即交互失效，如腐蚀介质和交变应力同时作用时引发的腐蚀疲劳、高温和交变应力同时作用时引发的蠕变疲劳等。

5.2 压力容器的安全性能

化工机械中的压力容器（承压设备通）常是在比较严苛的环境下运行，如承压设备需承受高温、高压等环境。为了确保承压设备能够高效地安全工作，则该设备必须严格符合运行参数，其材质、设计、结构和制造等环节必须得到充分的保障。

5.2.1 压力容器的强度分析与安全评定

伴随着社会经济快速发展，科学技术水平也在不断提升，压力容器在社会的应用越加广泛。压力容器在制造及应用过程中，非常容易受到各种因素的影响，进而出现安全隐患，对于压力容器静载强度造成影响，出现脆性断裂的可能性显著提升。所以，对于压力容器强度分析与安全评定，对于压力容器应用具有关键性作用。

1.压力容器的强度分析

压力容器在强度分析过程中，应用最为广泛的研究方法应该为有限元法，即对于压力容器强度计算及分析过程中还能够应用有限元软件ABAQUS。

（1）有限元法

1943年有关研究人员正式提出有限元法，有限元法在刚开始产生的时候主要在扭转问题计算内应用，主要作用就是计算出扭转问题最佳解，有限元法在经过不断完善及实践应用之后，逐渐在电子计算机计算内应用，主要是对于电子计算机复杂弹性有关问题进行分析研究。有限元法在实际应用过程中，主要是通过变分原理对于计算数据进行研究，然后将弹性体进行划分，形成单独弹性体，在应用有限节点和不同弹性体充分进行连接，构成单元体。在这种构成形式内的单元体内，每一个单元体都能够体现出整体弹性体在力学上面所发生的改变，使弹性体所具有的特性更加突出。

正是由于有限元法在实际应用过程中所具有的特点，所以能够在真实结构模型内应用，利用计算近似力学的方式计算出强度参数。有限元法在实际应用过程中能够对于多个方程式进行分析研究，具体步骤为：首先就将一个整体结构进行划分分散，让一个整体结构能够划分成为不同单元体；其次就是将每一个单元体内的刚度矩阵进行计算，按照所计算出来的数值与结果所具有的规律，构建总体平衡方程；然后还需要将外界支撑条件因素进行分析研究，结合到总体平衡方程之中，再对于总体平衡方面整体进行研究，计算出整体结构内每一个节点所一定的距离；最后就是按照每一个节点所移动的距离，将每一个单元体内的应力及应力变化进行分析研究。

（2）ABAQUS有限元软件

有限元法在实际应用过程中，需要借助计算机才能够将有限元法所具有的优势全部发挥出来。所以，在对于有限元法有关软件或者是程序设计研发过程中，需要根据有限元理论知识，结合有限元单元格式及算法，对于软件或者是程序进行设计，同时还需要与计算机发展趋势相结合，这样才能够充分发挥出有限元法所具有的优势。就现阶段有限元所设计出来的软件或者是程序而言，其中应用最为广泛的就是ABAQUS有限元软件。该有限元软件内包含有限元算法内的较多单元格式，同时还能够按照不同材料，制作针对性的材料模型，网格划分等功能都能够自动化完成，在对于压力容器分析研究中，能够对于压力容器整个结构进行全面性了解。ABAQUS有限元软件在实际应用过程中具有良好的功能，同时还能够在力学结构系统内进行分析研究，在对于难度较高的非线性问题解决过程中，主要是通过构建模型机型模拟的方式。ABAQUS有限元软件在对于物体进行力学分析过程中，不仅仅能够对某一个单独存在的零件进行分析研究，同时还能够对于系统性元件进行分析研究，利用自身在分析上面所具有的能力，其模拟能力在实际应用过程中具有良好的稳定性。

（3）应力评定

设计人员在对于压力容器设计过程中，为了能够最大程度提高压力容器所具有的安全性能及精确性，这样就需要压力容器在生产完毕之后，具有较高的安全系数，这样才能够保证压力容器在实际应用过程中所具有的效果。但是这种设计情况其他因素对于压力容器强度所造成的影响在分析上面就存在较高的难度，例如薄膜应力，同时为了保证压力容器所具有的屈服数值达到一定标准，在设计过程中产生错误观点，进而造成压力容器无法在实际应用过程中发挥出自身所具有的功能。对于压力容器内应力进行有效控制，能够保证压力容器整体都能够承受压力，并不是压力容器某一个局部承受压力，让压力容器在实际应用过程中能够充分发挥出自身所具有的作用。

2. 压力容器的安全评定

压力容器在进行安全评定过程中，所应用到的基础理论就是断裂力学。断裂力学能够对于物体在含有裂纹的情况下所具有的强度及裂纹变化规律进行分析研究，进而形成有关安全评定。

（1）断裂力学

在1920年科研人员正式提出断裂力学观点，断裂力学在刚开始产生的时候，主要应用到玻璃平板实验内，伴随着科研人员对于断裂科学不断分析研究，断裂力学在1948年正式产生。断裂力学可以划分为多种类别，现阶段应用最为广泛的应该是线弹性断裂力学，同时线弹性断裂力学也是对于压力容器进行安全评定理论基础。要是从裂纹形状特点进行划分，可以将断裂分为三种形状，分别是为穿透裂纹、表面裂纹与深埋裂纹；要是按照作用力类别进行划分，可以将断裂分化为三种类别，分别是张开型、撕开型与滑开型。笔者在对于不同种裂纹分析研究之后发现，在研究过程中需要以裂纹尖端作为研究切入点，从应力场与位移场进行全面性分析研究。在分析过程中，需要将裂纹定点作为坐标起始点，按照线弹性理论进行分析研究，探索断裂在应力与位移上面所发生的改变，在工程内，出现断裂最为常见的类别就是表面断裂，在对于表面断裂问题解决过程中，正常情况下都通过表面半椭圆裂纹解决措施。在对于压力容器进行安全鉴定主要从四个方面进行判断，分别是气孔、咬边、未焊透与夹渣，在对于这种问题解决过程中，一般都应用埋藏椭圆裂纹的解决措施。在对于压力容器进行安全评定中，在整个评定过程中需要按照断裂力学进行评定，这样才能够保证压力容器整体质量符合有关标准。

（2）结果计算

在对于压力容器强度因子计算过程中，正常情况下都是通过应用有限元软件的方式计算。但是由于压力容器所出现的裂纹相对而言较小，所以在对于裂纹问题解决过程中，就需要将裂纹问题进行等效转化，改变为拉应力均匀的裂纹平板有关问题。压力容器在安全评定过程中，有限元法在应用过程中会构建模型，完成对于应力数值的计算。假设压力容器内部厚度要是88mm，这样所构建出来的模型长宽就应该为88mm与44mm，通过应用有限元模型对于强度因子数值进行计算，在这个过程中还需要与原有公式进行分析对比，保证有限元法所构建出来的模型能够更加科学合理。模型在构建完毕之后，就需要对于网格继续划分，网格划分对于计算结果精确性具有直接性影响，所以在划分过程中必须严格遵守有关标准。有关结果在计算完毕之后，需要对结果进行重新计算与分析，进而保证所计算出来的强度因子数值科学合理。

在对压力容器强度分析与安全评定过程中，整个过程都需要将两个力学作为理论基础，也就是材料力学与断裂力学，在系统性分析与计算之后得到针对性结果。现阶段对于压力容器强度分析与安全评定虽然已经较为完善，但是还存在一定不足，需要不断进行完善。

5.2.2　压力容器的结构分析与安全评定

压力容器的工作介质具有复杂多样性，操作压力、温度随不同的工艺单元更是不同，随着现在生产技术的飞速升级，高温、高压、低温、深冷等各种工况频出，压力容器的产品结构呈现复杂多样的特性，例如塔器、换热器、反应器等，正是这些复杂多变的结构提供了不同的工艺作用和效果，也使得压力容器的结构设计变得尤为重要，这就需要设计人员掌握结构设计要点，采用合理的设计结构，不断提高设计质量，进而使压力容器在制造、安装和使用中得到安全保障。

1.压力容器结构设计应遵循的原则

（1）结构不连续处平滑过渡

受压壳体存在几何形状突变或其他结构上的不连续时，都会产生较高的不连续应力，因此设计时应尽量避免。对于难以避免的结构不连续，应采用平滑过渡的形式，防止突变。

（2）引起应力集中或削弱强度的结构相互错开

在锅炉压力容器设计中，不可避免地存在一些局部应力较高或对部件强度有所削弱的结构，如开孔、转角、焊缝等部位。设计时应将这些结构相互错开，以防止局部应力叠加。

（3）避免采用刚性过大的焊接结构

刚性大的焊接结构不仅会使焊接构件因施焊时的膨胀和收缩受到约束而产生较大的焊接应力，而且使壳体在操作条件波动时的变形受到约束而产生附加弯曲应力。因此设计时应采取措施予以避免。

（4）受热系统及部件的胀缩不要受限制

受热部件的热膨胀，如果受到外部或自身的限制，在部件内部就会产生热应力。设计时应使受热部件不受外部约束，减小自身约束。

（5）对锅炉压力容器结构的其他要求

锅炉压力容器各部分在运行时能按设计预定方向自由膨胀；备受压部件应有足够的强度，并有可靠的安全保护设施，防止超压；受压元、部件结构的形式、开孔和焊缝的布置应尽量避免或减小复合应力和应力集中；锅炉炉膛的结构应有可靠的防爆措施，并有良好的密封性；锅炉压力容器结构应便于安装、检修和清洗内外部；承重结构在承受设计载荷时应具有足够的强度、刚度、稳定性及防腐蚀性。

2.锅炉压力容器安全评估的重要性

新技术的发展对压力容器不断提出了新的更高的要求。随着电网容量增大和用电结构的变化，电网峰谷差日益增加，一大批高参数、大容量的火力发电机组不得不参加变负荷甚至启停调峰运行。高参数、大容量的锅炉汽包直径和壁厚都比较大，在机组启停和变负荷过程中，尤其是机组事故情况下，较快的升、降压速度和温度变化都会使汽包材料所承受的机械应力和热应力发生很大的变化，而频繁交变的机械应力和热应力将使金属材料产生的疲劳损伤增大，缩短了锅炉汽包的使用寿命。因此，锅炉汽包的应力变化及低周疲劳寿命分析已受到越来越多的重视。锅炉汽包上还存在各种形式的高应变区，如焊接接头部位、开孔或接管的附近区域、焊缝存在缺陷的部位等，这些区域的应力集中系数较高，其峰值应力超过材料屈服强度。锅炉汽包集中下降管角焊缝部位的低周疲劳失效，是最常见的恶性事故之一。对这些危险区域安全评估和疲劳寿命预测对电厂锅炉安全和经济效益意义重大。

3.结构缺陷分析

目前，我国石化企业里面的压力容器普遍存在超期服役的现象，均匀腐蚀与局部腐蚀的比例偏高，凹坑与局部偏薄较多，主要失效形式由塑性极限荷载控制的。凹坑和局部偏薄不易发生改变，是死缺陷，但是容易被检测到，危害较小。在使用中产生的凹坑不易控制，而且由于容器内介质一般具有腐蚀性以及介质的冲刷，凹坑和局部偏薄不易检测与控制，是活缺陷，需要定期检测。

检查到压力容器存在缺陷后，应对压力容器进行常规力学性能参数和韧性参数进行实验测量，建立材料性能参数数据库；对在役压力容器进行有限元分析，测定其应力分布状态；运用无损探伤技术确定缺陷的位置、大小以及类型；依据金属结构裂纹验收评定方法指南（BS7910-2019），运用VB编制缺陷评定专家系统，并将之前得到的数据和参数嵌在专家系统里。随着数据库的不断完善，其适用范围也不断扩大。对于具有缺陷的压力容器进行立即停机返修或报废的措施，但是返修会降低材料的性能，需再次进行评价。

4.结构失效分析

失效是指设备零件损坏或其他结构破坏而不能发挥其设计功能。如断裂、表面破坏、塑性变形、均匀或局部腐蚀等。失效形式根据材料发生变化的物理化学过程可分为变形失效、断裂失效、腐蚀失效、磨损失效以及泄漏失效等。压力容器的失效分析内容一般包括失效诊断、失效预测以及失效预防。失效预防预测是事故发生前进行的，失效诊断是事故发生后进行的。失效诊断是压力容器安全评价的核心内容。在失效诊断前需保护失效现场并调查失效现场，然后对收集到的资料进行分析诊断。

5.2.3　压力容器的制造质量与安全评定

压力容器中的介质属性常为腐蚀性、有毒、易燃或易爆。若压力容器发生事故，可能危及人民生命和财产安全，且对环境造成污染。因此，必须控制压力容器的制造质量，使其符合设计要求，确保使用安全。

1.压力容器的制造质量控制

（1）原材料质量控制

对制造压力容器所需原材料的质量控制，是压力容器质量控制的基本与首要条件。只有确保了原材料的质量符合管理的规范和要求，才能够在之后的质量控制过程中顺利进行生产工作。其中应该对原材料的采买、验收、复检、选取、代用、入库、储存、调用以及管和发放等都制定严格明确的规范流程，以保障原材料的质量。此外，由于压力容器多于恶劣环境进行使用，因此需要对其化学及物理特性的要求更严格，从生产到运出都必须拥有可跟踪及可靠性。

（2）焊接环节质量控制

①焊接前需要做好施工的准备工作，施工人员要清楚焊接的工艺和流程，以及准备好焊接过程中会使用到的零部件，在领取零部件的时候，需要与零部件的管理人员做好交接，并做好零部件的检查工作，还要做好焊接设备的使用前的检查，对仪器设备进行调试，保证设备的坡口表面处理、组对错边、间隙测量、焊件预热等方面做好充足的准备。

②进行焊接环节的质量管控。这一环节的工作主要是保证焊接的工艺符合设计的要求，并且按照设计图执行。此外，还需要关注焊接中是否出现了焊接变形，多层焊层间的清根、清渣工作是否做到位了，焊接电压、电流和施焊速度等技术参数是否符合要求的标准等问题。

③焊接后的压力容器的检验工作。完工后的压力容器还需要进行检验的环节，检测的内容涉及焊接接头外观质量和尺寸，表面光滑程度，焊接的全过程记录情况、容器的后热数据记录；焊接缝的质量，以及压力容器的压力试验、密闭性试验焊后检验等。对于焊接的质量检测需要进行细致的管理，企业需要设立专门的部门做该部分的工作。在检测部门进行检测前先进行焊接人员的自行检测，最后再经由第三方的监理工程师进行质量的检测，构建一个完整的检测机制，通过三方的检查提高检测的精准度。并且每个检测的环节都需要相关的人员进行记录和签字，保证后期可以质量溯源。对于质量监督部门要定期进行记录的检查和随机的抽检工作，实现动态化的质量监管，保证整个的焊接达到市场的投放标准。

（3）热处理工艺质量控制

技术人员必须注意完善热处理工艺操作，合理控制热处理的工艺参数，确保热处理效果能达到预期目标，同时要注意对相关的热处理仪器设备进行定期检查和维护，全面控制热处理全过程的质量；其次，要采用高质量的压力容器的元件，保证元件能承受一定的温度变化，有效实现元件的热处理加工，保证压力容器的热处理操作顺利开展。

（4）压力容器工艺及其检测质量控制

为了保证压力容器的制造质量，其在制造过程中，需要严密按照规定流程执行，加强各个环节的质量监督，确保质量符合规定标准，做好各个环节工作的质量对接。为了保证压力容器的质量，则要尽早开展质量检查工作，具体包含了内部与外部检查，对于容易表面的裂纹、变形、泄漏、局部过热等比较明显的质量缺陷可通过观看和触摸来检查，对于无法用眼睛或放大镜来分辨的质量问题，则需要利用无损检测来完成对应工作内容。射线、渗透、超声与磁粉是无损检测经常使用方法。利用此方式，能够最早检查出压力容器质量情况，随后尽快采取针对性措施，最大程度减少设备的返修率。

（5）防范制造过程中的风险

在压力容器设计制造过程中，可能会出现一些风险问题，如果不能对各项风险问题进行综合处理，就会对压力容器的性能和液化天然气储存力度产生影响。基于此，需要对压力容器制造过程中各项风险问题进行有效处理，增强压力容器制造风险防护力度，将压力容器在液化天然气储存中的作用提升到一定高度。如果压力容器制造内容与前期设计方案没有达到契合统一状态，也可能导致压力容器规划设计受到限制，因此应按照天然气冷箱这种压力容器的性能和规模形态等方面做出有效调整工作。有关部门可以严格遵循标准合理方案，进行天然气冷箱设计，为后期压力容器制造良性开展提供准确参考依据。一般来说，压力容器制造中各项不确定因素具有复杂多变的特点，因此应从各类不确定因素入手，对压力容器制造中的材料和加工工艺等不确定因素进行有效调控，避免各项不确定因素对压力容器设计制造效果和产品质量性能产生影响。压力容器制造人员需要增强对细节性环节的重视程度，对压力容器制造过程中原材料的回弹量和产品投入使用之后的状况进行有效调整，尽量保证压力容器回弹量达到合理状态，避免压力容器储存液化天然气过程中出现变形问题。同时，提高压力容器设计制造水平，彰显压力容器在储存液化天然气和液化天然气运输中的作用。对制造风险防护，可以采取先进的技术手段进行控制，结合自动化控制技术对整个制造过程进行精细化控制，使各项生产参数都在标准化范围内。当生产制造出现异常情况后，系统会智能化地进行调整，避免生产质量受到负面影响，同时还会将异常信息数据进行储存，为后续生产制造提供参考依据。

2.压力容器的安全评定方法

（1）安全检查表法

安全检查表法是一种最为基本的定性评价方法，主要是在对液化石油气储罐危险因素充分识别的基础上，依据国家法规、标准等要求，将复杂的检查对象分类成若干个评价单元，再分别梳理出危险因素所对应的检查内容编制成表，对检查项目逐项检查，避免遗漏。安全检查表法因简单、有效而被广泛使用。但因安全检查表法以经验为主，进行安全评价时，成功与否很大程度取决于检查表的编制。对于情况复杂、危险性高的液化石油气储罐，可先用定安全检查表法对相对简单的总图布置、设施设备等评价单元进行评价，再配合使用其他评价方法进行进一步评价。

（2）基于层次分析法的模糊综合评价法

层次分析法是系统理论的实际应用。利用层次分析法将评价对象作系统分析，将复杂的总目标层次化处理，分解为不同层次的具体评价因素的组合，形成由高到低的梯阶层次结构模型。对每一层次中的各个因素进行定量化（1~9标度法）判断比较，通过计算可以求得其相对于上一层次的组合权值，依次沿梯阶层结构由上而下逐层计算，求得底层评价因素对最高层总目标的相对重要性权值。

模糊综合评价是模糊数学的一种具体应用方法。层次结构模型中各层次的评价因素，很难给予具体量化的评价，只能用比较模糊的概念来评价，比如说：优、良、中和差等。而运用数学的方式对上述评价因素进行模糊评价，可以较为准确地得到评价结果，并最终根据对应权值求得评价结论。

基于层次分析法的模糊综合评价法是两种方法的结合。层次分析法将复杂对象转换为梯阶层次结构模型，使其简单化且易于定量判断，可以有效地处理液化石油气储罐安全评价中难以定量评价的复杂问题。模糊综合评价法简单易掌握，对于多因素、多层次的液化石油气储罐安全评价效果比较好。

（3）故障树分析法

故障树分析法是采用演绎逻辑方法进行危险分析，将事故的因果逻辑关系表示成有方向的"树"，树顶的顶事件为事故或故障，第二层为导致"顶事件"发生的中间事件，第三层为导致第二层事件发生的中间事件，以此类推，最底层为基本事件，如此形成一种树形图的逻辑模型。故障树主要符号、术语和定义如表5-1所示。

表5-1　故障树主要符号、术语和定义

符号	术语	定义
☐	顶事件	系统可能发生的故障或事故，位于故障时的顶层端的结果事件。
☐	中间事件	介于顶事件和基本事件之间的结果事件。
○	基本事件	能够导致其他事件的原因事件，在故障树分析中无须探明其发生原因的底事件。
⌂	与门	只有所有的输入事件发生时，输出事件才发生。
⌂	或门	只要有一个输入事件发生，输出事件就发生。

故障树的输入事件在与门或门等逻辑门的下方，输出事件位于逻辑门的上方。最底层的基本事件按照一定的逻辑关系向上演绎，经各种中间事件最终发展成顶事件。故障树结构示意简图如图5-1所示。

故障树分析法形象、清晰、逻辑性强，可以对液化石油气储罐发生泄漏、超压爆炸、火灾爆炸等较为复杂的事故进行定性评价，找出导致事故发生的各类原因，并通过故障树形象展示出对应的各种事件及其逻辑关系，计算得出基本事件的最小割集和结构重要度，从而提出避免事故发生的针对性对策。

（4）道化学公司火灾、爆炸危险指数法。道化学公司火灾、爆炸危险指数评价法是石化行业公认的最主要的危险指数评价法，目前已经发展到了第七版。该方法在对以往大量事故进行统计分析的基础上，综合考虑物质的潜在能量和工艺过程危险性，在安全补偿的基础上，计算确定火灾爆炸指数。道化学公司火灾、爆炸危险指数评价法计算程序图如图5-2所示。

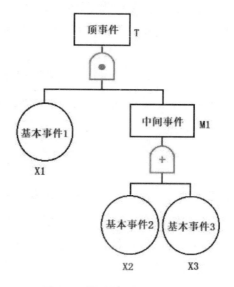

图5-1 故障树结构示意简图

在辨识确定重大危险源的基础上，应用道化学公司火灾、爆炸危险指数评价法可以定量地对液化石油气储罐生产工艺过程、生产装置及内部液化石油气介质的潜在危险逐步推算，得到相关指数及对应等级等关键评价数据，并进一步计算求得事故影响范围及财产损失情况。在采取安全措施补偿后，可以求得财产损失的补偿系数。

5.3 压力容器改造中设备利旧的设计

随着石化行业的飞速发展，为了增加市场竞争能力、节约成本和提高资源的再利用率，有许多建设单位在装置的改建、扩建、搬迁时通过利用现有设备或对闲置设备进行改造来节约建设投资。利旧设备因其工艺操作条件的变化，设计中存在着局限性和复杂性。为了保证利旧设备能够安全、环保、平稳运行，在改造过程中需做一系列繁杂的工作。在此，根据设计实践中常见的问题和实践经验做分析。

5.3.1 设备利旧

利旧设备设计包括基础利旧设计和设备利旧设计两方面内容。其中基础利旧以土建专业为主，设备利旧以设备专业为主。

1. 基础利旧

基础利旧主要由土建专业核算旧基础承载能力，设备专业核对设备的支座以及立式设备的裙座螺栓座尺寸是否与利旧的基础吻合。为使基础尽可能利旧，设备专业可以按照基础尺寸设计非标准支座或者重新设计裙座。但前提条件是重新设计的非标支座和裙座要满足新的工艺操作和自然条件的需要。否则即使土建承载合格，基础也无法实现利旧，这种情况下需及时联系上游专业或业主重新商量方案。

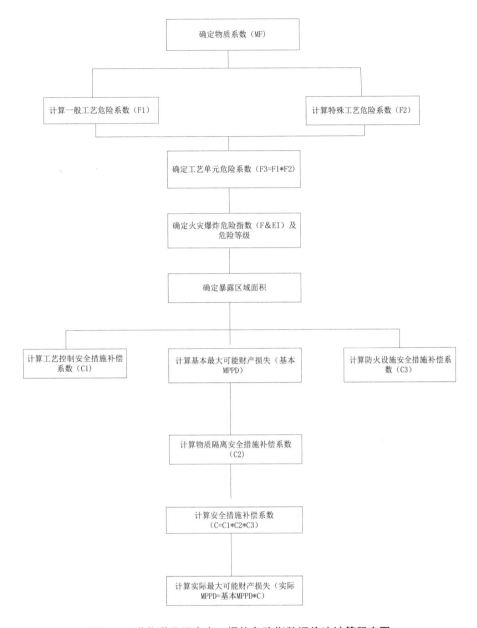

图5-2 道化学公司火灾、爆炸危险指数评价法计算程序图

2. 设备利旧

设备利旧分为整体利旧、搬迁利旧、改变用途改造利旧。在利旧改造中必须遵循以下设计原则，利旧设备在设备改造利旧前须按国家市场监督管理总局颁布的《固定式压力容器安全技术监察规程》的第6条及相关的规范要求进行焊接施工检验、验收。确保利旧设备材料的结构、强度和刚度满足工艺操作条件和安全使用的要求。设备利旧不但要进行安全评定，还要进行经济分析对比，利旧的目的是节省资金，如果旧设备的检测、试验、评定等费用很高，使用寿命较短，再加上使用中的管理费用和检修维护费用等与新设备相差不大，这种情况下不建议利旧。

（1）整体利旧

整体利旧多存在装置改建、扩建项目中，其中设备用途不变，具体指工艺参数不变、介质不变，自然环境也不变。设计内容相对比较简单。需要做以下工作，需先了解各个压力容器的设计使用年限以及设备实际状况，利旧设备则需建设单位委托当地质量技术监督部门或具备相应资质的第三方进行检验、评估其安全等级。如果符合《固定式压力容器安全技术监察规程》的要求可进行改造利旧。

（2）搬迁利旧

搬迁利旧，这种设备利旧多数情况是整体利旧的一种特殊情况。是其用途不变即工艺参数不变、介质不变，但是位置发生变化，自然条件可能也发生变化。这就需要土建专业按设备支座情况重新设计基础。这样就要求设备专业设计不但要作上述的整体利旧的设计工作外，还要对塔等高耸设备进行稳定性校核。且不容忽视的是在设备搬迁前应制定周密的运输方案，做好利旧设备运输存放过程中可能发生损伤以及腐蚀、影响刚度的变形等的各种防护措施，同时到现场安装时做好除锈和防腐、保温、保冷等工作。对于大型设备，例如球罐、高压容器、塔器、反应器、大型储罐搬迁，施工单位则需要考虑运输机械、运输路线、道路状况等更多的因素，制定合理、经济的搬迁方案，以确保设备完好。对于Ⅲ类压力容器，需要讨论确定在设备切割施焊是否热处理、无损检测等技术问题的方案，并接受《固定式压力容器安全技术监察规程》的监督和检验。

（3）改变用途、改造利旧

改变用途、改造利旧是利旧设备设计中比较复杂的一项。首先可能涉及搬迁问题，关键是可能造成工艺操作参数或介质的改变。因此，不但需要考虑以上两种设计情况，还需要进行强度、稳定性校核，以及设备内外部检测、监察。下面重点叙述一下这种设备利旧改造的工作经验。

工艺专业根据新的工艺操作条件、拟利旧设备的竣工图或实地测绘结果确认拟利旧设备的直径、长度（或高度）、容积等外形尺寸是否满足操作要求，然后委托予设备专业。设备专业接到委托后，收集拟利旧设备的有关资料。如竣工图纸、计算书、设计条件，出厂日期、实际使用年限，以及后来存在的改造、检修以及其他对设备有改动的完整的设计资料等。通常先按竣工图上的外形尺寸在新的工艺操作条件和自然条件下按现行标准进行利旧设备的强度和稳定性校核，材料按竣工图上的原材料标准执行，核算结果可如表5-2所述。

然后以联系单的形式通知建设单位，尽快委托当地质量技术监督部门或具备相应资质的第三方进行检测、评估安全等级。如果检查合格符合《固定式压力容器安全技术监察规程》的要求，可以在拟利旧设备上改造。设计部门将会尽快出具具体的改造方案。改造方案通常按两种方式出具。符合《固定式压力容器安全技术监察规程》规程5.2.1规定，改变受压元件的结构或者改变压力容器运行参数、盛装介质、用途等改造或主要受压元件的更换、矫形、挖补，以及对接接头的补焊等重大修理的情况以施工图的方式出具改造方案，除上述情况外的其他情况以联络单形式出具。

表5-2　利旧设备核算内容

序号	项目	设备名称	位号	主体材质	操作条件			设计条件			设计使用年限	备注
					工作压力/MPa	工作温度/℃	介质名称	设计压力/MPa	设计温度/℃	腐蚀裕量/mm		
1	拟利旧设备描述	XX	XX	20RGB6654-1996	XX	XX	XX	XX	XX	XX	XX	XX
2	新利用描述	XX	XX	Q245RGB/T713	XX	XX	XX	XX	XX	XX	XX	XX
3	主要受压元件校核	底封头：拟利旧设备的名义厚度为 δ=XXmm，新的工艺条件下满足使用所需的最小厚度 δ=XXmm； 筒体（一）：拟利旧设备的名义厚度为 δ=XXmm，新的工艺条件下满足使用所需的最小厚度 δ=XXmm； 筒体（二）：拟利旧设备的名义厚度为 δ=XXmm，新的工艺条件下满足使用所需的最小厚度 δ=XXmm； 顶封头：拟利旧设备的名义厚度为 δ=XXmm，满足使用所需的最小厚度 δ=XXmm； 裙座：拟利旧设备的名义厚度为 δ=XXmm，满足使用所需的最小厚度 δ=XXmm。										
4	结论	根据提供的拟利旧设备的原设备施工图或竣工图来看，该设备理论上可利旧，但设备的实际状况须经当地质量技术监督部门或具备相应资质的第三方进行检验、评估安全等级。只有符合TSG21-2016《固定式压力容器安全技术监察规程》的要求，方可利旧改造。										

改造施工图要求：设计条件按新的工艺操作条件、设计条件以及自然条件进行填写，并且还需要注明拟利旧设备的原图号、材质、使用年限，但需要特别注意设计使用年限要根据技术监管部门实测的最小厚度与新的工艺操作条件下所需的最小设计厚度的差值，以及新的工艺介质对材质的腐蚀速率等因素综合考虑确定，但是不小于一个操作周期。无损检测的比例保持与原竣工图相同，如果新的工艺操作条件需要安全阀、爆破片等安全泄放装置要按GB/T150进行安全排放计算。水压试验压力的计算，须按新的工艺操作条件进行计算。设计文件的审批制度要和新设计的设备有同样的程序，设计专用章的加盖也须按TSG21-2016《固定式压力容器安全技术监察规程》的要求执行。另外要在图纸上注明本施工图为利旧设备改造施工图和一切需特殊加以说明的内容。

改造设计中特别注意事项：利旧设计中，尽量不要在设备本体上动火，能利用的接管、法兰、人手孔、内件等元件要尽量利旧，不用的开口接管尽可能地采用法兰盖及紧固件封堵。对新增A、B类焊缝应进行RT或UT检测，新增C、D类焊缝应进行表面无损检测。检验长度、合格级别根据具体设备条件而定。为保证设备安全运行，也可要求对原设备A、B类焊缝进行局部或全部RT复验。对于改变使用条件，超过原设计参数，但强度校核合格或需要更换受压元件或重大修理的设备需要进行耐压试验。并根据其新的工艺操作条件计算出压力试验值。热处理：原设备有热处理要求的，同一用途利旧设备施焊后需重新进行热处理。利旧设备的改造与重大修理及使用过程，需接受《固定式压力容器安全技术监察规程》的检验和监督，保证利旧改造的压力容器能安全、平稳运行。

5.3.2　设备改造利旧设计流程

现在很多炼厂在厂区改扩建、升级或搬迁改造过程中，以经济运行、节约能源和保护环境为前提，选择以利旧内部闲置装置设备（压力容器）或搬迁闲置设施为主，尽量做到闲置设备资源再利用,这样既降低能耗,又可节约项目投资,既符合当前节约成本和资源再利用的社会精神,同时也提高了市场竞争力。

但由于压力容器(以下简称设备)改造利旧设计中存在的局限性及复杂性,也有可能同时增加了装置运行风险和安全隐患。本节从设备改造利旧设计角度出发,综合概述利旧设计的流程及要点。

1. 利旧设备设计原则

利旧设备设计不同于新设备设计,作为压力容器设计人员,接到任务书后,首先要遵循的设计原则如下:

(1)TSG 21-2016《固定式压力容器安全技术监察规程》第5章~第8章;

(2)TSG R7001《压力容器定期检验规则》;

(3)TSG R3001《压力容器安装改造维修许可规则》;

(4)《特种设备安全监察条例》;

(5)其他压力容器相关设计规范。

2. 利旧设备资料的完整性

包括旧设备在原投用在役期间的全部资料及旧设备情况:

(1)原设计资料、竣工图;

(2)历次改造、检修及腐蚀情况等资料;

(3)在役期间操作参数记录(比如是否超温超压);

(4)旧设备检验检测报告书。

3. 设备利旧设计方案

根据上节中列出的内容,当有资质的检验检测机构根据检测结果判定设备必须报废时,是不能够给予利旧设计的。反之,当业主给出当前所需的所有设计条件后,则可以进行下一个步骤,确认设备利旧设计方案,并从以下几方面着手:

(1)地域差别

对于不同地域之间的设备利旧,应考虑由于地域不同、自然条件偏差引起的设备使用条件的变化,如高塔类静设备会因为风载、震载、场地土类型、地面粗糙度等的改变引起裙座厚度、地脚螺栓规格及筒体、裙座等设备元件厚度的变化,对于大型卧式容器也可能由于地震烈度的变化而改变地脚螺栓的规格。因此,在这种情况下即便工艺操作条件不变也应对设备进行当前自然条件下的强度校核。

(2)操作工况的差别

操作工况包括操作温度及操作压力,其中操作温度的变更还受到设备材料的限制,应按照标准查看是否超出材料许用值。比如碱液储罐的现行操作温度升高,则需增加热处理工艺甚至需变更材料等。而操作压力的变更与设备强度校核有关见第4点规定。

(3)介质特性的差别

在改造中,经常会碰到盛装介质类别的变更,对于此种变化应予以高度重视,比如不锈钢容器变更用途后，现用介质含水分较多；液化石油气介质中的H_2S含量增加；酸性气介质中CO_2含量增加；或由高硫低酸原油变更为高酸低硫原油等，所以对于介质中的敏感成分的变更，设计单位应给予足够重视否则将会导致设备在短期内失效而导致重大损失。

（4）强度校核

当以上条件都已确认后，设计人员就应开始根据工艺提供的数据进行设备强度校核了，校核所采用的设计规范应采用现行的标准规范，但材料性能应按当时的设计图执行标准。

此外，强度校核还应考虑设备现在的腐蚀情况及预测的腐蚀工况，其中腐蚀裕量的确认是非常重要的因素，根据规定：腐蚀裕量C_2 = 腐蚀速率 × 预期的容器设计使用年限，其设计使用年限见第5点规定。

必要时应对设备所必需的最小厚度做出规定，或将剩余壁厚按照实测最小值减去至下次检验日期的腐蚀裕量，作为强度校核的壁厚；壳体的直径应按照实测最大值选取；焊接接头系数应根据焊接接头的实际结构型式和检验结果，参照原设计进行选取。

（5）利旧设备的设计寿命

对于利旧设备而言，如何确定设计寿命是一个非常棘手的问题，但总体原则是应根据已使用的设备年限、腐蚀情况、视操作工况及设备定级等因素进行评定。由于目前国内并无具体的标准对其进行规范，建议一般情况下定为使用寿命5～8年或一个检修周期。

（6）利旧设备结构的变更及材质

当壁厚能够满足内压的强度要求时，对于工艺要求的内件变更，增加或拆除均应在设计图纸中应给出示意，并在技术要求中加以说明。对于变更用途后的负压校核或风压、震载校核未通过时，可采用在筒体上设置内、外加强圈的办法来降低应力。但对于强度校核不合格或腐蚀裕量不能满足一个检修周期的要求时，不能进行利旧设计。

对于工艺不再使用的管口，应尽量采用不动火的方式处理，比如加法兰盖盲死等；对于主受压元件则尽量采用挖补的方式处理，而材料也应与原设备一致，并尽量保持等壁厚、等曲率。

对于原使用环境为高温高压或存在应力腐蚀的设备，理论上分析有疲劳损伤、裂纹敏感（如氢腐蚀、硫化氢应力腐蚀）、高温蠕变、有脱碳倾向的，应对设备进行微观裂纹检测、金相分析、材质分析及显微组织观察等特殊检验。

4.利旧设计技术要求

利旧设备虽然可参照现行标准规范执行，但又不同于新制作的设备，在改造资质、改造过程、实际测厚、焊接、无损检测、耐压试验、热处理、酸洗钝化、安装维修、使用等方面还会做相关的技术规定，下面列举一些常见的技术要求：

（1）本次改造中利旧设备的检验、定级、改造、修理及其再次使用须遵循TSG 21–2016《固定式压力容器安全技术监察规程》、TSG R7001–2013《压力容器定期检验规则》的有关规定；

（2）本次改造中利旧设备的再次使用及其修理前须对设备进行全面检验、检测，经具有相应资质的检测部门出具检测报告书后方可进行修理改造。当检测报告判定设备安全状况为5级时，设备不得进行利旧改造及维修；

（3）根据TSG R3001《压力容器安装改造维修许可规则》，检测及改造实施单位须具有相应资质等级；

（4）本次改造中所有利旧设备再次使用时，应进行外观检查，无明显变形、腐蚀等影响设备强度的缺陷，并应进行测厚检查，必须保证其结构和强度满足安全使用要求。本设备要求的最小名义厚度为xx mm；

（5）鉴于本次改造中利旧设备使用周期长，受温度、介质、环境及操作的影响，在使用过程中设备壳体及衬里均会出现磨损、腐蚀、裂纹、变形等缺陷，因此，必须根据TSG R7001《压力容器定期检验规则》对压力容器安全状况等级进行评定；

（6）焊接接头及母材补焊的焊接质量应符合相关规定和图样的技术要求；

（7）根据旧设备具体情况增加检测手段，提高检测率及合格等级，并注明焊接接头及母材补焊前后的无损检测要求应符合相关规定和图样的规定；

（8）耐压试验：应严格按《压力容器安全技术监察规程》《压力容器定期检验规则》进行。原则上利旧设备内外部检验合格后均应进行耐压试验，并给出要求的压力试验值；

（9）原设备要求热处理的，原则上改造后要求重新进行热处理，但新工艺条件低于原设备的，也可根据设备材质、盛装介质等参数确定是否进行热处理；酸洗钝化应根据设备材质、利旧后盛装介质确定；

（10）对于不锈钢设备还应提出酸性钝化要求及耐压试验时水中氯离子含量要求；

（11）改造后设备应按图样技术要求进行耐压试验后，合格后方可使用；

（12）本设备的再次使用应按照TSG R7001《压力容器定期检验规则》的相关要求进行管理，并按规定的检验周期进行检验。

利旧设备设计与新设备设计有完全不同的设计流程，由于设备结构型式、操作条件等方面的不同，改造、维修、检验的部位、方法也不可能完全相同，对原设计方案及设备情况调查得越透彻，改造维修的设计方案的质量就会越高。因此作为设计人员，应对利旧设备设计全面考虑，严格遵守相关规章制度，不迁就不马虎，才能真正保障装置和人员安全，不留隐患。

5.4 天然气制氢设备利旧

根据前文介绍，以天然气制氢设备利旧为例，简要介绍设备利旧过程。

5.4.1 装置概况

神华煤直接液化示范工程后期增建18万吨级合成油品装置，已建的两套煤制氢装置不能满足煤液化和合成油品装置同时运行时的氢气需求。综合考虑建设周期、项目投资和经济性等因素，拟将巴陵石化洞庭氮肥厂闲置的旧装置搬迁改扩建，利用合成氨制氢装置的脱硫转化、高低变和脱碳单元的部分设备、管道等，另外新增天然气压缩、PSA提氢和氢气增压单元，获得合格的产品氢气以满足全厂对氢气的需求。

旧装置为巴陵石化洞庭氮肥厂20世纪70年代初从美国凯洛格公司引进的以石脑油为原料，日产850吨合成氨的油制氢装置。为扩大生产能力、降低能耗，先后在1988年、1996年对合成氨装置进行了两次改造，最终实现日产1100吨合成氨的生产能力，2004年装置停车闲置。

5.4.2 利旧装置的设计改造

利旧设备较之新建设备设计有一定的局限性和复杂性，既要充分考虑原装置的具体情况，又要保证通过设计改造满足新工艺的要求，以及设备自身强度、刚度的安全可靠。通过查找原装置的设计图纸、技改技措、检修记录等存档资料，了解利旧装置的设计、制造、安装和使用情况，是工艺改造的基础。

1. 工艺方案比选

原装置原料为石脑油，本项目原料为天然气，需对原料部分进行适当改造。原装置生产合成氨装置的氮氢原料气，现装置用于生产氢气，不需要二段炉。秉着工艺方案安全可靠、能耗低、建设周期短、投资少、设备尽量利旧等原则，对多种改造方案进行梳理，其中最优的两种方案比较对比如表5-3所示。

表5-3 工艺方案对比表

序号	项目	单位	方案一	方案二
1	最大产氢能力	m³/h 天然气/m³	95300 422	925000 416
2	原料消耗/1000m³ H_2	氧气/m³ 空气/m³		460
3	氢气分离规模	m³/h	112200	130200
4	氢气分离方案		PSA	深冷
5	尾气流量	m³/h	16900	37700
6	尾气热值	KJ/m³	27997	1942
7	空压机		否	加大
8	二段炉		否	是
9	流程和设备改动		最小	较小

方案一改为一段转化工艺，取消二段炉，保留热回收、变换、脱碳工序，需增加变压吸附提氢装置，此方案工艺、设备、管道和布置量改动最小，利于加快搬迁的设备速度，节省投资。方案二保留了两段转化、在二段炉加入过量空气，但需要新建空分装置，周期较长。因此选择第一种方案，该工艺方案由以下六个单元组成：

（1）原料预处理单元（升压、加氢、脱硫）；

（2）反应单元（转化、中变、低变）；

（3）脱碳单元；

（4）中变气换热冷却单元；

（5）PSA 提纯单元；

（6）酸性水处理及锅炉水除氧、蒸汽发生单元。

其中变压吸附提取氢气单元为新建，其他几部分利用搬迁设备适当改造。

2. 利旧设备检验及设计

利旧设备设计前仔细翻查了原设备设计图纸，部分设备存在以下问题：

（1）原档案缺失，缺少操作检修记录；

（2）在役期间存在改造、材料更换、超温、超压等操作，与原设备图不相符；

（3）设备本体材料性能存在劣化；

（4）力学性能及相关数据不符合现行材料规范等情况。

利旧设备可通过外观检查，查看有无明显变形、腐蚀等影响设备强度的缺陷。对重要的高塔设备在新装置区进行风载和地震载荷验算，引入检验单位对利旧设备进行测绘和检验，具体内容包括：

（1）设备的详细结构图（原设计资料不齐全）；

（2）容器壳体和所有受载荷件的壁厚，包括法兰、接管、支座、加强圈等；设备内、外部的腐蚀程度、错边量、椭圆度、运输或拆卸变形等；

（3）设备焊缝射线、超声等无损检测；

（4）对材料不明或已淘汰的材料，进行化学成分分析和机械性能试验；

（5）对于高温高压设备、可能存在疲劳损伤、蠕变损伤等设备，还应对设备进行微观裂纹检测、金相分析及微观组织检验等；

（6）制氢装置中对裂纹较敏感的设备（如氢腐蚀、硫化氢应力腐蚀等）应对裂纹进行详细的检测，指出裂纹数量、产生部位、具体形状、长度和深度等。

本项目既有对旧设备、材料的改造利用，又有新增设备的设计选型，其中关键设备的设计、选型和改造是否正确、合理，直接影响到整个装置的生产运行。新增压力容器设备包括：天然气过滤器、燃料气混合器、高变锅炉给水预热器、仪表空气储罐、变压吸附单元设备等；可利旧压力容器设备包括：反应器、加热炉等约39台压力容器设备。在工艺设备表的基础上梳理出更加详细的利旧设备表，包括设计压力、设计温度、壁厚、主材和重量等，结合设备检验报告数据，提出《利旧设备测绘和检验清单》。

对照设备竣工图，基于利旧设备主受压元件材料的机械性能没有发生劣化，各项指标不低于原材料标准下限值这一假定，按现行标准、自然条件、工艺操作参数进行强度计算和壁厚校核，材料性能取当年设计图执行标准。检测后的厚度不能满足要求的受压原件，应按计算结果重新设计、确定结构并更换。当新工艺条件确定的压力容器类别高于原设备类别时应报压力容器管理部门。在改造设计中应依据设计工况、介质、容器类别等提出相应的检测、试验、热处理或酸洗钝化等技术要求。

吸收塔和再生塔因高度约70米，且现场风载和地震载荷较大，本项目重点对吸收塔和再生塔设备壁厚进行核算，通过计算软件进行筒体和封头壁厚核算、风载和地震载荷的计算、地脚螺栓和开孔补强计算，经计算吸收塔和再生塔的封头和筒体壁厚合格，地脚螺栓直径满足要求。对于变换单元高变炉，因原设备壳体材料为含钼（钼含量0.45%~0.6%）的低合金钢（SA204），不含Cr元素，设备使用时间长，在进行外观检查时，发现设备表面有多处较严重的氢鼓包和脱碳现象，不能满足利旧使用条件，需进行更换。吸收塔和再生塔原裙座材料为SA283-C，此材料使用温度为0℃，根据JB4710-2005《钢制塔式容器》，内蒙古鄂尔多斯现场室外月平均最低气温为-20℃，需对原裙座进行更换。

另外，本项目拆除了DN100及以上管道9740m，对拆卸下来的管材和管件进行检验和鉴定，一般验证性检验所需的费用仅仅为购置新管所需费用的1/15左右。对可以满足现行国家标准要求的管材和管件再利用，大大节省了项目投资。

3. 控制系统改造

此装置系20世纪70年代初从美国引进，现场仪表及中央控制系统几乎未进行大的更新改动，本次利旧需考虑仪表改造和增补。根据国内外目前仪表控制技术发展现状以及改造的投资性价比角度，对部分监控系统仪表进行必要的增设补充。本装置具有高温、高压、工艺生产连续性要求高、生产控制要求高、装置安全等级要求高（SIL3）等特点，设计采用一套分散型控制系统（DCS）、一套停车联锁仪表系统（SIS），完成对整个装置生产进行集中监视、控制及事故联锁保护。

对原装置中部分技术落后、现场运行控制情况反应不佳的仪表进行改造、替换，如利旧的吸收塔和再生塔，需对其上所有的远传液位计、现场液位计、液位变送器、差压变送器和液位开关等仪表设备材料进行更换。

5.4.3 利旧设备拆除及安装准备

1. 设备拆除及运输

利旧设备从原氮肥厂合成氨装置区拆除，在拆除前由安装单位制订整个项目的设备吊装计划和施工方案，并根据已批准的吊装计划制订详细利旧设备拆除方案，方案中对本项目有用的利旧设备做上记号进行拆除。

对于超限设备应制订拆除装车方案，本项目中的大型设备有：一段炉、吸收塔和再生塔。拆除方案如下：对一段炉外壁板，切成4×4m数块进行片状装车运输，重量不超过200吨，去除原有衬里（炉衬等炉板运到现场，组焊完毕后重新安装炉板，再重新浇注二段炉衬里）；吸收塔（直径约3.6m）长约70m，筒体分四段筒节装车运输；再生塔（直径约4m）长约70m，筒体分成四段筒节装车运输；其他未超出运输界限的设备，进行整体运输。

2. 设备拆除及运输

本项目为迁建项目，主要设备（动、静）和部分工艺管线要从岳阳拆除后重新安装，因此拆除时的成品保护很重要，必须采用科学合理的施工方法和施工工艺来指导施工。从外观来看，这些设备上有大量的浮锈，在检测前应清理浮锈，将利旧设备运到项目堆场统一喷砂处理并刷涂防锈漆。对于利旧设备的安装紧固件，经过30多年的运行，特别是换热器设备经过拆装清理，设备的紧固件部分损坏，必须对每台设备的紧固件（螺柱、螺母和垫片）进行清理或修复，并建立台账。翻查原设备设计资料，核实紧固件尺寸，对缺少蓝图的设备螺栓、螺母和垫片，其尺寸应进行现场实物测量，列出利旧设备的所有紧固件的明细表。

施工单位的工作量除了设备吊装有预算定额可参考外，对于利旧设备内部的内件安装、清理衬里、修理法兰密封面、制作压板和栅板、修复丝网除沫器等工作，没有专门的定额，工程量都需临时进行统计，这些工程量是以后进行工程结算的依据。对每台设备的内件进行清理和列表，由施工单位进行制作安装。

利旧设备经过长途运输，特别是经过现场的喷砂除锈及无损检测，设备内件（如吸收塔和再生塔内的塔盘的卡子、螺栓，脱氧槽和加氢反应器的压板和瓷球等）都有一些损坏和丢失，必须进容器或塔内清点数量和检查破损情况，列出以上容器及塔设备的内件清单，对于是原材料丢失，委托采购部门购买；对于脱氧槽及加氢反应器等设备压板、丝网和栅板等内件，由设计单位出图，然后委托采购部门购买或安装单位根据图纸现场制作。

本装置的加氢转化器、小低变设备运到现场时，内件（栅板和压板）都已丢失，清点后对缺失的设备内件进行了重新设计，再由施工单位根据图纸进行制作安装。二段炉运至现场时发现钢衬里已经开裂和变形（部分已经脱落），对其按原图进行修复，将脱落部分用5mm厚310S钢板进行修补。

3. 利旧换热器水压试验

利旧换热器经过喷砂除锈和无损检测后，还需进行内部清理和试压工作，应对每个换热器状态列出清单，对U形管式换热器，进行抽芯检查。根据SH/T 3532-2015《石油化工换热设备施工及验收规范》和SH/T 3508-2011《石油化工安装工程施工质量验收统一标准》中规定：对于出厂期超过半年的换热设备，

安装前应进行压力试验。本装置共有15台利旧换热器，其中7台换热器为固定管板式，8台换热器为U形管式，现场对所有15台换热器分别进行管壳程水压试验，试验程序和压力按照GB151-2014《热交换器》等有关规范进行。新增换热器设备因出场时间没超过半年，故不需现场作水压试验。

4. 质量控制

利旧项目存在新旧设备和材料的匹配问题，因此，在结构设计、工艺设计、设备采购和安装等各个环节应进行详细审查。根据《固定式压力容器安全技术监察规程》第6.1条，压力容器使用单位，项目装置区新安装的特种利旧和新增设备都应逐台到当地技术监

督局办理登记手续。在吸收塔和再生塔现场组对及焊接、水压试验期间，质量技术监督局派技术人员现场监督检查，确保设备的质量。对超过或规定使用年限的压力容器，使用单位应委托有资质的特种设备检验检测机构进行检验，以确保设备材料、结构、强度和刚度满足工艺条件和安全使用，检测合格并经使用单位负责人批准后方可使用。

参考文献

[1] SH/T 3532-2015《石油化工换热设备施工及验收规范》

[2] SH/T 3508-2011《石油化工安装工程施工质量验收统一标准》

[3] GB 151-2014《热交换器》

[4] TSG 21-2016《固定式压力容器安全技术监察规程》

[5] TSG R7001《压力容器定期检验规则》

[6] TSG R3001《压力容器安装改造维修许可规则》

[7]《特种设备安全监察条例》

第六章　压力容器的安全装置

压力容器的安全装置是专指为了承压容器能够安全运行而装在设备上的一种附属装置，常称为安全附件，如安全泄压装置（安全阀、爆破片等）和压力表、液位计、温度计、切断阀、减压阀等。在压力容器使用过程中，安全附件必须配置齐全，保证完好、灵敏和可靠。每个容器操作人员必须熟悉并正确使用这些安全装置。

6.1　安全装置分类与选用原则

6.1.1　分类

锅炉、压力容器的安全装置，按其使用性能或功能可以分为以下三类：

1. 控制装置指能依照设定的工艺参数在设备运行过程中自行调节，保证工艺参数在一定范围内，有时还能显示介质的实际情况。如调节阀、紧急切断阀、温度监测仪等。

2. 计量显示装置指能显示设备运行中内部介质的实际工艺参数的器具，如压力表、液面计、温度计等。

3. 超压泄放装置当设备或系统内压力超过额定压力时，能自动泄放部分或全部气体的装置。安装在压力容器上的超压泄放装置主要有安全阀、爆破片和安全阀与爆破片的组合装置。

6.1.2　设置原则

压力容器应根据其结构、大小和用途分别装设相应的安全装置。

1. 根据规定，凡属《压力容器安全监察规程》和GB150《钢制压力容器》管辖的压力容器，除下列情况外，原则上均应装设超压泄放装置：

（1）通过预测和分析，容器可能达到的最高工作压力小于或等于容器的设计压力；

（2）压力源来自压力容器外部，且得到可靠控制时，容器的设计压力大于或等于压力源的设计压力；

（3）多个容器连成一体，容器间由管道连接且中间无阀门隔断，可作为一个整体的压力管道系统，只可以在整个系统中（连接管道或其中一个容器上）装设超压泄放装置。

2. 在以下情况下必须设置超压泄放装置：

（1）盛装液化气体的容器；

（2）在容器内进行化学反应能使压力升高的反应容器；

（3）压气机附属气体贮罐；

（4）高分子聚合设备；

（5）由载热物料加热，使器内液体蒸发气化的换热设备；

（6）用减压阀降压后进气，且其许用压力小于压力源设备的；

（7）与压力源直通，而压源处未设置安全阀的容器。

3. 若安全阀不能可靠工作时，应装爆破片装置，或采用爆破片装置与安全阀装置组合的结构。采用组合结构时，其结构形式应符合GB150附录B等有关规定；

4. 压力容器的最高工作压力低于源压力时，在通向压力容器进口的管线上必须装设减压阀；若介质条件影响减压阀工作可靠性时，可用调节阀代替减压阀。在减压阀或调节阀的低压侧，必须装设安全阀和压力表；

5. 盛装液化气体的容器、槽车必须安装液面计或自动液面指示器以及限流阀或紧急切断装置；

6. 低温、高温容器及必须控制壁温的容器，一定要装设测温仪表或超限报警装置；

7. 为了防止介质倒流则需装单向阀。

6.1.3　选用原则

对于压力容器，安全附件的压力等级和使用温度范围必须满足承压设备工作状况的要求。制造安全附件的材质必须满足防止设备内介质腐蚀的要求。为了保证超压泄放装置的作用，安全阀、爆破片的排放能力必须大于等于压力容器的安全泄放量。对于易燃和毒性程度为极度、高度和中度危害介质的压力容器，不得将安全泄放装置排放出的介质直接排入大气，应在安全阀或爆破片的排出口装设导管，将排放介质排至安全地点。另外，安全装置的设计、制造应符合《压力容器安全技术监察规程》和相应国家标准、行业标准的规定。

6.2　超压泄放装置

6.2.1　容器超压过程及原因

压力容器超压的原因是多方面的，根据超压过程中是否发生化学反应，容器超压可分为物理超压过程和化学反应超压过程。

1. 物理超压过程

（1）外部压力源造成容器压力升高

有些容器，当外部压力源高于容器本身设计压力时，由于阀门关闭或损坏，或操作失误打开旁通阀，则使高压介质可直接进入容器内，造成容器超压甚至而因此发生爆炸事故。

2009年7月19日上午8点左右太极集团重庆国光绿色食品有限公司进行洗瓶灭菌作业工作，关柜门增压后，工人离开操作灭菌柜车间；在听到灭菌柜有异常响动后，其中一名作业人员返回时，灭菌柜发生爆炸，造成该工人当场休克，救治无效死亡。

事故造成灭菌柜臂、14只门闩与柜门分离，嵌在柜体前上端灭菌柜内衬伸出端子间，柜门仰卧在距灭菌柜支座距离3.4m玻璃瓶暂存区门口；柜体向后纵向位移1.9m；柜内汽水分离内衬偏左向前位移1.4m，压力表连接管被供气支管产生的横向剪切应力将其在根部与柜体连接部切断，压力表指示超过表全量程0.6MPa，指针停靠在接近限止钉处。

灭菌柜产品型号：YXQ.WF2.6-1设计压力：0.15Mpa，最大允许工作压力：0.14Mpa，试验压力：0.19MPa设计温度：130℃容器质量：1358kg。该台卧式矩形压力蒸汽灭菌柜由重庆通用机械研究院设计，由重庆嘉实消毒设备厂1998年5月制造，2009年6月自行安装并投入使用；该设备移装未办理安装开工告知和监督检验，未进行设备注册登记；操作人员也未经过特种设备操作培训持证。

直接原因：事故发生时，锅炉及供气管道工作压力为0.65~0.7MPa，灭菌柜工作压力为0.14MPa，由于当班操作人员擅自离岗，当灭菌柜压力不断升高直至严重超压时，未能及时关闭进气阀进行有效处置，导致柜内压力急剧增高，灭菌柜门闩部超出自锁能力，在轴向应力作用下，使其柜门与支臂脱离，发生爆炸。

间接原因：

①该台压力容器安装前未办理开工告知手续、擅自非法安装，灭菌柜蒸汽入口未按图纸要求加装减压阀，安全阀排气断面（201mm）远小于供气断面（490mm），且安装后未经监督检验合格自行便投入使用，灭菌柜存在严重安全隐患的情况下非法运行所致。

②企业安全意识淡薄，安全管理不到位，未建立、健全本单位安全生产责任制；未按照国家有关规定对管理及作业人员进行专门的特种设备安全培训和教育，操作人员安全意识淡薄，在灭菌柜升压的重要时刻，随意脱岗，严重违反灭菌柜操作规程。

图6-1 灭菌柜爆炸现场

图6-2 灭菌柜柜门

（2）容器内产生的气体无法排出造成压力不断升高，则器内压力将不断增大，严重时也会使壳体超压而断裂。

2004年4月15日21时，重庆天原化工总厂氯氢分厂1号氯冷凝器列管腐蚀穿孔，16日17

时57分，在抢险过程中，液氯贮罐突然发生爆炸，造成9人死亡，3人受伤。直接经济损失277万元。

事故过程：当班人员发现盐水箱内氯化钙（$CaCl_2$）盐水量减少，有氯气从氨蒸发器盐水箱泄出，判断氯冷凝器穿孔，系统停车。23时30分，厂方开启液氯包装尾气泵抽取排污罐内的氯气到次氯酸钠和漂白液装置，结果排污罐发生了爆炸。为加快氯气处理，抢险指挥部决定通过开启三氯化铁、漂白液、次氯酸钠三个耗氯生产装置，进行事故氯气处置，但在抽吸氯气储槽内液氯时，震动和搅动储槽内的NCl_3，结果导致三个氯气储槽接连爆炸。

事故直接原因是：

①设备腐蚀穿孔导致盐水泄漏，是造成三氯化氮形成和富集的原因。氯气中的水分对碳钢的应力腐蚀，未能在明显腐蚀和腐蚀穿孔前及时发现。造成大量的氨进入盐水，1号氯冷凝器列管腐蚀穿孔，导致含高浓度铵的氯化钙盐水进入液氯系统，生成并大量富集极具危险性的三氯化氮爆炸物。

②在抽吸过程中，事故氯处理装置水封处的三氯化氮因与空气接触和振动而先发生爆炸，爆炸形成的巨大能量通过管道传递到液氯贮罐内，搅动和振动了液氯贮罐中的三氯化氮，导致4号、5号、6号液氯贮罐内的三氯化氮爆炸。

间接原因是：

①压力容器日常管理差、检测检验不规范，设备更新投入不足。该设备技术档案资料不齐全，近两年无维修、保养、检查记录，压力容器设备管理混乱，尤其是两台氯液气分离器未见任何技术和法定检验报告。

②冷凝器在1996年3月投入使用后，一直到2001年1月才进行首检，且两次检验都未提出耐压试验要求，也没做耐压试验，致使设备腐蚀现象未能在明显腐蚀和腐蚀穿孔前及时发现，留下了重大事故隐患。

图6-3　爆炸现场

图6-4　事故后的氯气储槽

（3）充装液化气体过量的容器

盛装液化气体的容器，有时会因装液过量致使器内在较低的温度时即被液体所充满。随着环境温度升高，不仅使饱和蒸汽压增大，且因液体体积增大，挤占气相空间，形成满液,并引起超压。

例如2022年5月9日,位于韩国庆尚北道庆州市的现代重工海洋管件工厂发生爆炸事故,当天上午6时9分许,该厂一个4.9吨的液氮储罐突然爆炸,导致该厂旁边的汽车零部件制造公司的部分车间倒塌,3名员工受伤。庆州消防署接警后立即前往该厂进行处置救援,消防救援人员切断了因爆炸事故冲击而受损的现代重工海洋管件工厂LPG管道。庆州消防署表示,在此次事故中,1人腿部受重伤,2人受轻伤。当地警方和消防部门计划在事故处理结束后立即调查事故原因。

直接原因为液氮是由空气压缩冷却制成,其气化时就恢复为氮气。每一立升液氮气化,温度上升15度,体积膨胀约为180倍。因此液氮容器不能密闭,否则有爆炸危险!

图6-5 液氮储罐爆炸现场

2. 化学超压过程

(1)容器内发生爆炸造成超压

可燃介质(气态、液态或固态)在适宜条件下,可以在容器内发生燃烧、爆炸等激烈的氧化反应。由于生成的气体被加热而体积膨胀,器内压力急剧上升,往往很快造成容器的破坏。

苯乙烯储罐自聚超压爆炸事故案例

事故经过:2014年8月5日20时01分,某公司ABS装置原料罐区苯乙烯储罐V-103B发生物理爆炸事故,造成罐顶被掀翻到地面。事故发生后公司值班调度及值班人员迅速赶到现场查看,发现苯乙烯储罐V-103B罐顶被掀翻在地,罐体还有蒸汽状气体冒出,罐内温度急剧升高,已达到90℃,调度马上把事故情况向总调度室、公司相关领导报告。总调度室人员立即向集团消防队报警,3台消防车迅速赶到现场与公司当班人员开始用水及泡沫施救。接到通知后,集团公司、生产、安环部等多名领导陆续到达现场,指挥现场事故处理工作,事故于23时得以控制,罐内温度降到58℃,基本处于安全状态,内部的苯乙烯已经聚合成黏稠固体状,事故围堰部分含少量苯乙烯废水次日送入公司污水处理系统进行处理。本次事故由于处理得当,没有发生着火、环保等次生事故。事故损失本次事故直接经济损失48.3万元。其中物料损失43.3万元【事故发生时V-103B罐内苯乙烯43.65吨,苯乙烯价格9938元/吨(不含税)】;设备损失5万元(罐本体维修3万元,液位计2万元)。

从2013年4月到2014年8月，苯乙烯在储罐内存放约16个月的时间，事故发生后，取样分析阻聚剂TBC已经耗尽，物料开始发生自聚合放热反应，加之夏季气温升高后促使反应加速，热量积累后更加速了反应，罐顶的呼吸阀阻塞，产生的苯乙烯蒸气不能及时排出，使罐压升高，直至造成储罐V-103B罐顶爆裂事故发生。

直接原因：

①某公司5万吨ABS车间属于长期停车闲置装置，没有按照公司《长期停（备）用化工物料管线和容器管理的暂行规定》对存有苯乙烯的储罐做好日常管理工作，没有建立温度等重要指标记录及报警设定，没有进行TBC的分析和补加，属于生产管理不到位。

②呼吸阀阻塞。事故发生后对V-103A/B罐顶的呼吸阀进行检查，发现都存在一定程度的堵塞情况，B罐比A罐要严重一些。呼吸阀的堵塞造成罐内产生的压力不能及时释放出去，这也是V-103B罐出现超压爆裂而A罐暂时没有出现这一情况的主要原因。

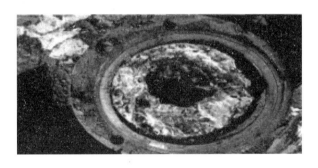

图6-6 呼吸阀堵塞

间接原因：

①安全隐患排查、危险辨识工作不力，没有及时发现苯乙烯长期储存可能存在的风险，监管力度不到位。

②罐内苯乙烯温度逐日升高达26天却没有人发现，对苯乙烯储存的安全要求思想麻痹大意，熟视无睹。

③对职工针对性培训及管理力度不够。

④安全管理"一岗双责"不到位，生产、设备管理人员工作不到位，执行力不足。

⑤相关制度不完善、执行不严。

（2）容器内混合气体爆炸

如果盛装可燃性气体的容器混入助燃性气体，当混合气体中可燃气体的浓度在一定的爆炸范围内时，在静电等原因作用下会引起容器内可燃气体的燃烧，并在器内迅速传播，产生大量的燃烧热，使生成的气体和器内剩余气体受热膨胀，压力急剧上升，爆炸造成容器破坏。

2006年11月3日1时20分，辽宁省营口某精细化工有限公司发生一起压力容器爆炸严重事故，未造成人员伤亡。该公司生产设备调试过程中，由于误操作造成系统突然停车，导致电解槽离子膜损坏，电解槽中的氢气混入氯气中，两种气体在通往氯出关的平衡管中产生化学爆炸将储罐上方阀门之内短接的高颈法兰焊接坡口撕裂，造成出1t左右的液氯泄漏。

2015年4月5日10时左右，刘某到江苏省某大学化工学院A315实验室做实验。10时30分左右，向某来到A315实验室，在刘某南边的实验台做甲烷混合气体（甲烷2%）催化剂活性实验。11时40分左右，宋某也来到了A315实验室，在靠南边窗口位置的桌子上网找资料。这时，向某的实验做完，坐到宋某斜对面整理资料。12时30分左右，汪某和江某来到A315实验室。他们两人到向某做实验的实验台开始做甲烷混合气体（4月3日自制甲烷混合气体）燃烧实验。12时40分左右，一声尖锐的响声之后，甲烷混合气体实验气瓶突然发生爆炸，造成向某、宋某、刘某三名轻伤，汪某、江某二名重伤，其中汪某经医院抢救无效死亡。

图6-7　某大学化工学院实验室爆炸

6.2.2　超压泄放装置的形式

超压泄放装置按其结构形式可分为阀型、断裂型、熔化型和组合型四种。

1. 阀型安全泄压装置

阀型安全泄压装置即常用的安全阀，它是通过阀瓣的开启而泄放出流体介质以降低容器内压力的一种特殊阀门。安全阀的特点是达到最高允许压力时，能自动地开启，泄放出规定数量（超压部分）的工作介质；在压力降至一定值时及时有效地关闭，并在关闭状态下，保证和恢复正常运行。但由于安全阀的阀瓣为机械动作元件，与阀座一起因受频繁启闭、腐蚀、介质中固体颗粒磨损的影响易发生泄漏。由于弹簧惯性使得阀瓣的开启有滞后现象，不能满足快速泄压的要求。并且不适合黏性介质或有结晶物析出的物料，阀瓣与阀座容易被粘住。

阀型安全泄压装置适用于介质比较洁净的气体，如介质为空气、水蒸气等的容器，不宜用于介质有剧毒或器内有可能产生剧烈化学反应而使压力急剧升高的容器。

优点：它可以避免一旦超压就把气体全部排出而造成浪费；本身可重复使用多次；安装调整比较容易。

缺点：密封性能差；阀的开启有滞后现象，泄压反应较慢；安全阀用于不洁净气体时，阀口有被堵塞的可能。

2. 断裂型安全泄压装置

常见的断裂型安全泄压装置有爆破片和爆破帽。前者用于中低压容器，后者多用于超高压容器。这类安全泄放装置是通过爆破元件（爆破片）在较高压力下发生断裂而排放气体，以降低容器内的压力。其优点是密封性能较好，泄压反应较快，气体中的污物对装置元件的动作影响较小。缺点是在完成降压作用后，元件不能继续使用，容器也将停止运行；另外，爆破元件长期在高压力作用下，易产生疲劳损坏，因而寿命短；此外，爆破元件的动作压力也不易控制。

断裂型安全泄压装置宜用于化学反应升压速率高或介质具有剧毒性的容器，不宜用于液化气体贮罐。对于压力波动较大，超压的机会较多的容器也不宜采用。

3. 熔化型安全泄压装置

常用的有易熔塞。它是利用装置内的低熔点合金在较高的温度下熔化，打开通道，使气体从原来填充有易熔合金的孔中排放而泄放压力的。其优点是结构简单，更换容易，由熔化温度而确定的动作压力较易控制。缺点是在完成降压作用后不能继续使用，容器得停止运行。

而且因易熔合金强度的限制，泄放面积不能太大，这类装置有时还可能由于合金因受压或其他原因而脱落或熔化，致使发生意外事故。熔化型安全泄压装置只能用于工作压力完全取决于温度的小型容器，如气瓶。

4. 组合型安全泄压装置

由两种安全泄压装置组合而成的系统。通常是阀型和断裂型，或阀型和熔化型组合，最常见的是弹簧式安全阀与爆破片的串联组合。这种类型的安全泄压装置同时具有阀型和断裂型的优点，它既可以防止阀型安全装置的泄漏，又可以在排放过高的压力以后使容器继续运行。组合式装置的具体结构型式很多，有并联组合和串联组合等，其作用都不相同。

由于结构复杂，组合型安全阀装置一般用于工作介质有剧毒或稀有气体的容器。又因为安全阀的滞后作用，它不能用于容器内升压速度极高的反应容器。

6.2.3　容器安全泄放量的计算

容器的安全泄放量是根据容器内盛装的介质性质不同而不同。分为以下几种情况：

1. 盛装压缩气体或水蒸气的容器

对压缩机贮气罐和蒸汽罐等容器，其安全泄放量分别取该压缩机和蒸汽发生器的最大产气（汽）量。而气体贮罐的安全泄放量则按式6-1计算：

$$W_S = 2.83 \times 10^{-3} pvd^2 \qquad\qquad 式6\text{-}1$$

式中：W_S—容器的安全泄放量，kg/h；

ρ—泄放压力下气体的密度，kg/m^3；

v—容器进料管内的流速，m/s；

d—容器进料管内直径，mm。

2.产生蒸汽时的换热设备等

换热设备等产生蒸汽时的安全泄放量按下式计算：

$$W_S = H / q \qquad\qquad 式6-2$$

式中：H—输入热量，kJ/h；

q—在泄放压力下，液体的汽化潜热，kJ/kg；

3.盛装液化气体的容器

介质为易燃液化气体或位于可能发生火灾的环境下工作的非易燃液化气体，当无绝热保温层时，安全泄放量则按式6-3计算，有完善的保温层时，安全泄放量则按式6-4计算。

$$W_S = \frac{2.55 \times 10^5 F A_r^{0.82}}{q} \qquad\qquad 式6-3$$

$$W_S = \frac{2.61(650-t)\lambda A_r^{0.82}}{\delta q} \qquad\qquad 式6-4$$

式中：F—系数。

当容器置于地面以下用砂土覆盖时，$F=0.3$；容器置于地面以上时，$F=1.0$；容器置于大于$10L/m^2 \cdot min$喷淋装置下时，$F=0.6$。

A_r—容器受热面积，m^2。

半球形封头的卧式容器$A_r = 3.14 D_0 L$。

椭圆形封头的卧式容器$A_r = 3.14 D_0 (L + 0.3 D_0)$。

立式容器，$A_r = 3.14 D_0 h_1$球形容器$A_r = 1.57 D_0^2$或从地面起到7.5m高度以下所包括的外表面积，取两者中较大值。

D—容器外直径，m；

L—容器总长，m；

h_1—容器最高液位，m；

t—泄放压力下介质的饱和温度，℃；

λ—常温下绝热材料的导热系数，$KJ/m \cdot h \cdot ℃$；

δ—容器保温层厚度，m。

介质为非易燃液化气体的容器，置于无火灾危险的环境下工作时，安全泄放量可根据有无保温层，分别参照式6-3或式6-4计算，取不低于计算值的30%。

4.因化学反应使气体体积增大的容器

因化学反应使气体体积增大的容器，其安全泄放量应根据容器内化学反应可能生产的最大气量及反应时间来确定。

6.2.4　安全阀

1. 基本结构

安全阀主要由密封结构（阀座和阀瓣）和加载机构（弹簧或重锤、导阀）组成，这是一种由进口侧流体介质作用推动阀瓣开启、泄压后自动关闭的特种阀门，属于重闭式泄压装置。

阀座和座体可以是一个整体，也有组装在一起的，与容器连通；阀瓣通常连带有阀杆，紧扣在阀座上；阀瓣上加载机构的大小是可以根据压力容器的规定工作压力来调节的。

2. 工作原理与过程

安全阀的工作过程大致可分为四个阶段，即正常工作阶段、临界开启阶段、连续排放阶段和回座阶段，如图6-8所示。在正常工作阶段，容器内介质作用于阀瓣上的压力小于加载机构施加在它上面的力，两者之差构成阀瓣与阀座之间的密封力，使阀瓣紧压着阀座，容器内的气体无法通过安全阀排出；在临界开启阶段，压力容器内的压力超出了正常工作范围，并达到安全阀的开启压力，预调好的加载机构施加在阀瓣上的力小于内压作用于阀前瓣上的压力，于是介质开始穿透阀瓣与阀座密封面，密封面形成微小的间隙，进而局部产生泄漏。并由断续泄漏而逐步形成连续泄漏；连续排放阶段，随着介质压力的进一步升高，阀瓣即脱离阀座向上升起，继而排放；回座阶段，如果容器的安全泄放量小于安全阀的排量，容器内压力逐渐下降，很快降回到正常工作压力，此时介质作用于阀瓣上的力又小于加载机构施加在它上面的力，阀瓣又压紧阀座，气体停止排出，容器保持正常的工作压力继续工作。

安全阀通过作用在阀瓣上的两个力的不平衡作用，使其启闭，以达到自动控制压力容器超压的目的。要达到防止压力容器超压的目的，安全阀的排气量不得小于压力容器的安全泄放量。

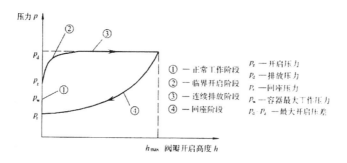

图6-8　安全阀工作过程曲线

3. 基本要求

为了保证压力容器正常安全运行，安全阀应满足以下基本要求。

（1）动作灵敏可靠，当压力达到开启压力时，阀瓣即能自动迅速地开启，顺利地排出气体。当压力降低后能及时关闭阀瓣。

（2）在排放压力下，阀瓣应达到全开位置，并能排放出规定气量。

（3）具有良好的密封性能，不但能在正常工作压力下保持不漏，而且在开启排气压力降低关闭后能保持密封。

（4）结构紧凑，调节方便且应确保动作准确可靠。

4.安全阀的分类

安全阀的分类有多种形式，见表6-1所示。

表6-1　安全阀的分类

分类方式	类型		结构与性能特点	适用范围
按加载机构	弹簧式		利用弹簧加载于阀瓣上	应用最普遍
按作用原理	重锤式或杠杆重锤式		利用重锤直接加载或利用重锤通过杠杆加载于阀瓣上	目前趋于淘汰，高温场合及锅炉上少量用
	直接载荷式		直接依靠介质压力产生的作用力来克服作用在阀瓣上的机械载荷，使阀门开启	各种气体、液体、蒸汽
	非直接载荷式	先导式	由主阀和先导阀组成，主阀阀瓣的关闭载荷由介质压力提供，主阀的开启压力由导阀控制，优点是密封性好，动作压力基本不受背压影响	密封要求高，排量、口径较大，背压大于动作压力30%以上
		带补充载荷式	在进口压力达到开启压力前，阀瓣上始终有一增强密封性的附加力，该附加力在阀门达到开启压力后能可靠地卸除	
按开启高度	微启式		阀瓣开启度较小（最大升高为喉颈的1/20~1/40）。阀瓣位置随入口压力的升高而成比例升高	液体介质，排量小
	全启式		阀瓣开启度较大（最大升高为喉颈的1/4），入口静压达到设定压力时，阀瓣开启迅速，其升高与入口压力升高不成比例	气体介质，排量大
按介质排放方式	封闭式		阀帽（弹簧罩）封闭，介质全部从泄放口排出	不允许直接向大气排放的介质
	不封闭式		阀帽（弹簧罩）不封闭，介质小部分从阀帽的孔道排出，大部分从泄放口排出	水、蒸汽、空气、氮气
有附加功能的原件或结构	背压平衡式		开启压力由弹簧控制，用活塞或波纹管抵消背压变化对动作性能影响	背压不固定，背压变化量较大
	带散热器		阀体上带有散热元件，用以降低阀体和阀杆的温度	高温场合
	带扳手		可供人工开启阀门	蒸汽、易粘结介质
	内装式		阀体及阀座伸入容器内，可降低外伸高度，以免运输途中被撞坏	液化气体运输车

（1）按加载机构分类

①重锤式或杠杆重锤式安全阀

重锤式安全阀是利用重锤和杠杆来平衡施加在阀瓣上的力。其结构如图6-9所示。根据杠杆原理，加载机构（重锤和杠杆等）作用在阀瓣上的力与重锤重力之比等于重锤至支点的距离与阀杆中心至支点的距离之比。因此它可以利用质量较小的重锤通过杠杆的增大作用获得较大的作用力，并通过移动重锤的位置（或改变重锤的质量）来调整安全阀的开启压力。

　　杠杆重锤式安全阀的优点：结构简单；调整容易且比较准确；因加载机构无弹性元件，故动作与性能几乎不受温度的影响，在温度较高的情况下及阀瓣升高过程中，施加于阀瓣上的载荷不发生变化，因而适合在温度较高的场合下使用，特别是用于锅炉和高温容器上。杠杆重锤式安全阀的缺点：结构比较笨重，重锤与阀体的尺寸不相称，加载机构比较容易振动，从而会影响密封性能；阀瓣回座时容易偏斜；回座压力比较低，有的甚至要降到正常工作压力的70％才能保持密封。由于重锤加载的数值有限，工业上趋于淘汰，只是在锅炉及压力较低而温度较高的固定式容器上有少量应用。

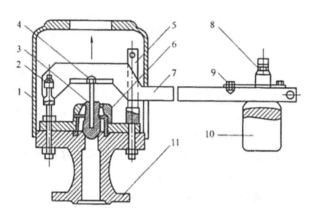

图6-9　杠杆重锤式安全阀

1 - 阀罩；2 - 支点；3 - 阀杆；4 - 力点；5 - 导架；6 - 阀芯；7 - 杠杆；8 - 固定螺钉；

9 - 调整螺钉；10 - 重锤；11 - 阀体

　　②弹簧式安全阀

　　弹簧式安全阀是利用弹簧被压缩的弹力来平衡作用在阀瓣上的力，其结构如图6-10所示。螺旋圈形弹簧的压缩量可以通过调整它上面的调整螺母来调节，利用这种结构就可以根据需要校正安全阀的开启（整定）压力。

　　弹簧式安全阀的优点：结构轻便紧凑；灵敏度比较高；安装方位不受严格限制，是压力容器中广泛使用的安全阀。由于对振动不敏感，宜用于移动式压力容器上。这种安全阀的缺点是施加在阀瓣上的载荷会随着阀的开启而发生变化，使安全阀不能迅速开启至畅顺排放，排放泄压滞后性明显；阀上的弹簧会由于长期受高温的影响而导致弹力减小，故高温容器使用时，需考虑弹簧的隔热或散热问题。

　　③脉冲式安全阀

　　脉冲式安全阀是一种非直接作用式安全阀，它由主阀和脉冲阀构成，如图6-11所示。

　　脉冲阀为主阀提供驱动源，通过脉冲阀的作用带动主阀动作。脉冲阀具有一套弹簧式的加载机构，它通过管子与装接主阀的管路相通。当容器内的压力超过规定工作压力时，阀瓣开启，脉冲阀就会像一般的弹簧式安全阀一样，阀瓣开启，气体由脉冲阀排出后通过一根旁通管道进入主阀下面的空室，并推动活塞。由于主阀的活塞与阀瓣是用阀杆连接的，且活塞的横截面积比阀瓣面积大，所以在相同的气体压力下，气体作用在活塞上的作用力大于作用在阀瓣上的力，于是活塞通过阀杆将主阀瓣顶开，大量的气体从主阀排出。当容器的内压降至工作压力时，脉冲阀上加载机构施加于阀瓣上的力大于气体作用在它上面的力，阀瓣即下降，脉冲阀关闭，使主阀活塞下面空室内的气体压力降低，作用在活塞上的力再也无法维持活塞通过阀杆去将阀瓣继续顶开，因此主阀跟着关闭，容器继续运行。

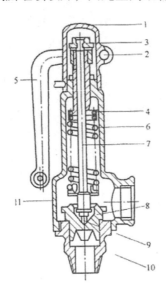

图6-10 弹簧式安全阀

1-阀帽；2-销子；3-调整螺钉；4-弹簧压盖；5-手柄；6-弹簧；

7-阀杆；8-阀盖；9-阀芯；10-阀座；11-阀体

脉冲式安全阀的阀瓣与阀座之间可以获得较大的密封压力，其密封性能较好。同时也正因为主阀压紧阀瓣的力较大，且在同等条件下加载机构所承担的压紧力比直接作用式安全阀要小得多。因此，脉冲式安全阀主要用于泄放压力高、泄放量大的场合。但脉冲式安全阀的结构复杂，动作的可靠性不仅取决于主阀，也取决于脉冲阀和辅助控制系统，受影响的因素较多，容易出现失灵或泄压不准确等现象。

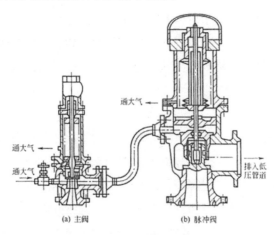

图6-11 脉冲式安全阀

（2）按阀瓣开启高度分类

安全阀的开启程度一般是按照阀瓣最大开启高度与阀座直径之比来划分，按这种方法分类可分为微启式和全启式两种。

①全启式安全阀

全启式安全阀指的是阀瓣的开启高度已经使阀口上的柱形面积不小于阀孔的横截面积，这时阀瓣开启高度 $h \geqslant d_0 / 4$（d_0 为流道最小直径）。

为增加阀瓣的开启高度，可以装设上、下调节圈，如图6-12（a）所示。装在阀瓣外面的上调节圈和阀座上的下调节圈在密封面周围形成一个很窄的缝隙，当开启高度不大时，气流两次冲击阀瓣，使它继续升高，开启高度增大后，上调节圈又迫使气流方向弯转向下，反作用力使阀瓣进一步开启。这种形式的安全阀灵敏度较高，但调节圈位置很难调节适当。

为了便于调整，近年来全启式安全阀发展了一种简单的反冲盘的结构。这种结构把上调节圈做成反冲盘的形式与阀瓣活动连接，只用一个下调节圈来调整反冲力的大小，如图6-12（b）所示。这种反冲盘结构的全启式安全阀虽然调整方便，但灵敏度要稍低一些。

②微启式安全阀

微启式安全阀开启高度较小，通常都小于孔径的1/20。公称通径在50mm以上的微启式安全阀，为了增大阀瓣的开启高度，一般均在阀座上装设一个调节圈，通过它的上下调节，可调整气体对阀瓣的作用力（图6-13）。微启式安全阀的制造、维修、试验和调节比较方便，宜用于排量不大，要求不高的场合。

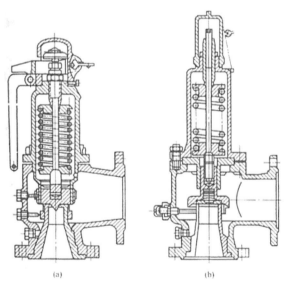

(a)　　　　　(b)

图6-12　带调节圈的全启式安全阀　　　图6-13　微启式安全阀

（3）按介质排放方式分类

安全阀按照气体排放的方式不同可以分为全封闭式和开放式。

①全封闭式安全阀

安全阀所排出的气体全部通过排气管排放，排气管排出的气被收集来重新利用或做其他处理。排气侧要求密封严密，介质不能向外泄漏。主要用于介质为有毒、易燃气体的容器。

②开放式安全阀

开放式安全阀的阀盖是敞开的，使弹簧腔与大气相通，排放的气体直线接入周围的空间，有利于降低弹簧的温度。主要适用于介质为蒸汽、压缩空气，以及对大气不造成污染的高温气体容器。

（4）按作用原理分类

按作用原理可分为直接作用式安全阀和非直接作用式安全阀。

①直接作用式安全阀

是直接依靠工作介质压力产生的作用力来克服作用在阀瓣上的机械载荷，使阀门开启。适合于各种介质为气体、液体和蒸汽。

②非直接作用式安全阀

安全阀的开启是借助于专门的驱动源来实现的。可分为先导式安全阀和带补充载荷式安全阀。先导式安全阀由主阀和先导阀组成，主阀阀瓣的关闭载荷由介质压力提供，主阀的开启压力由导阀控制。带补充载荷式安全阀在进口压力达到开启压力前，阀瓣上始终有一增强密封性的附加力，该附加力在阀门达到开启压力后能可靠地卸除。非直接作用式安全阀适合于密封要求高，排量、口径较大，背压较大的场合。

（5）泄放量计算

①理论泄放量计算

在压力容器规范中，计算安全阀的泄放量时一般是把泄压口结构简化为渐缩喷管模型，得到适合于单相流的理论流量。

a. 介质为气体

气体属于可压缩流体，根据理想气体在渐缩喷管内稳定流动的热力学分析可知，渐缩喷管出口处的流速取决于喷管出口侧压力 P_0 与入口侧压力 P_i 之比。当出口侧压力达到当地音速时，因阻力过大而不再增加，出口侧压力则下降到临界压力，临界压力与入口压力之比值以临界压力比 β 来表征，它与气体绝热系数 k 有关，其计算公式为

$$\beta = \frac{P_0}{P_i} = \left(\frac{2}{k+1}\right)^{k/(k-1)}$$ 式6-5

式中：k —气体绝热指数；

P_0 —喷管出口侧压力；

P_i —喷管入口侧压力。

各种气体的值在0.5左右。把 P_0/P_i 小于临界压力比的情况称为临界条件，在临界条件

下，出口侧压力即使低于临界压力，流量也不会增加。把大于临界压力比的情况称为亚临界条件，在亚临界条件下，流量随P_0/P_i变化。这两种情况下的理论泄放量W_T为：

临界条件：$\dfrac{P_0}{P_i} \leqslant \left(\dfrac{2}{k+1}\right)^{k/(k+1)}$

$$W_T = 39.52 P_i A C \sqrt{\frac{M}{ZT}}$$　　　　式6-6

亚临界条件下：

$$W_T = 55.85 P_i A C' \sqrt{\frac{M}{ZT}}$$　　　　式6-7

式中：A —喷管面积，mm^2；

C，C' —气体特性系数，对于具有不同K值的各种气体，其特性系数C值列于表6-2；

$$C = 520\sqrt{k\left(\frac{2}{k+1}\right)^{\frac{k+1}{k-1}}}$$　　　　式6-8

$$C = \sqrt{\frac{k}{k-1}\left(\frac{p_0}{p_d}\right)^{2/k} - \left(\frac{p_0}{p_d}\right)^{\frac{k+1}{k}}}$$　　　　式6-9

M —气体的摩尔质量，kg/kmol；

T —进口侧的气体温度，K；

Z —气体的压缩系数，可参见GB150中表B1。对于空气0.1=Z

表6-2　气体特征系数

k	1.06	1.10	1.14	1.18	1.22	1.26	1.30	1.34	1.38
x	24.5	24.8	25.1	25.5	25.8	26.1	26.3	26.6	26.9
k	1.40	1.42	1.46	1.50	1.54	1.58	1.62	1.66	1.70
x	27.0	27.2	27.4	27.7	27.9	28.2	28.4	28.6	28.9

b. 介质为饱和蒸汽（临界条件下）

饱和蒸汽也为可压缩流体，但其与理想流体不同，在泄放过程中绝热指数k不再是常数，当介质为干饱和蒸汽（指饱和蒸汽中蒸汽含量不小于98%，过热度不大于11℃的蒸汽）时，可得到计算公式为：

$$p_i \leqslant 10MPa：W_T = 5.25 p_i A$$　　　　式6-10

$$100MPa \leqslant p_i \leqslant 22MPa：W_T = 5.25 p_i A\left(\frac{190.6 p_i - 6895}{229.2 p_i - 7315}\right)$$　　　　式6-11

③介质为液体

液体为不可压缩流体，根据伯努利方程，喷嘴出口处的理论泄放量为：

$$W_T = 5.1A\zeta\sqrt{\rho \cdot \Delta p} \qquad\qquad 式6\text{-}12$$

式中：ρ —入口侧温度下的液体密度，kg/m^3；

Δp —喷嘴前后的压力降，MPa；

ζ —液体动力黏度系数校正系数。当液体动力黏度小于或等于20℃水的黏度时，液体阻力较小，取$\zeta =1$；当液体动力黏度大于20℃水的黏度时，液体阻力损失增大，此时$\zeta <1$可根据雷诺数查出ζ值。

②实际泄放量计算

在实际泄放过程中，考虑到气体流过安全阀的最小通道时，气流的实际流速、实际通道面积等与理论流速、理论最小流通面积的差异，实际泄放量会小于理论泄放量，因此计算实际泄放量时采用对理论泄放量加以修正的方法。GB150中定义此修正系数为额定泄放系数，取0.9倍泄放系数，泄放系数主要取决于安全阀的结构，通常由安全阀制造厂提供。当已知容器安全泄放量后，可根据泄放能力计算安全阀所需的排放面积。表6-3给出了不同介质条件下安全阀的泄放量计算公式。

表6-3　安全阀额定泄放量与排放面积计算公式

介质及工况条件		额定泄放量	排放面积 A
气体	临界条件 $\dfrac{p_0}{p_d} \le \left(\dfrac{2}{k+1}\right)^{k/(k-1)}$	$W = 7.6\times10^{-2}CKp_dA\sqrt{\dfrac{M}{ZT}}$	$A = \dfrac{W_s}{7.6\times10^{-2}CKp_d\sqrt{\dfrac{M}{ZT}}}$
	亚临界条件 $\dfrac{p_0}{p_d} > \left(\dfrac{2}{k+1}\right)^{k/(k-1)}$	$W = 55.85KC'pdA\sqrt{\dfrac{M}{ZT}}$	$A = \dfrac{W_s}{55.84C'Kp_d\sqrt{\dfrac{M}{ZT}}}$
水蒸气	$Pi\le10MPa$	$W = 5.25KpdA$	$A = \dfrac{W_s}{5.25Kp_d}$
	$10MPa<Pi\le22MPa$	$W = 5.25Kp_dA\left(\dfrac{190.6p_d-6895}{229.2p_d-7315}\right)$	$A = \dfrac{W_s}{5.25Kp_d}\left(\dfrac{229.2p_d-7315}{190.6p_d-6895}\right)$
液体		$W = 5.1KA\zeta\sqrt{\rho \cdot \Delta p}$	$A = \dfrac{W_s}{5.1K\zeta\sqrt{\rho\Delta p}}$

注：W_s —安全阀排放量，kg/h；

pd —安全阀的泄放压力，包括设计压力和超压限度，MPa；

A —安全阀最小排放面积，mm^2；

对于全启式安全阀，即$h \ge \dfrac{1}{4}d_t$时，$A = A = 0.785_t^2$

对于微启式安全阀，即$h \ge \left(\dfrac{1}{40} \sim \dfrac{1}{20}\right)d_t$时，平面型密封面$A = 3.14d_vh$；

锥面型密封面$A = 3.14d_vh\sin\phi$（ϕ锥形密封面的半锥角，。）

5. 安全阀的选用与安装

（1）安全阀的选用

安全阀的选用应根据容器的工作压力、工作温度、介质特性（毒性、腐蚀性、黏性、清洁程度等）及容器有无振动等综合考虑。

①确定阀型

安全阀阀型的确定主要决定于设备的工作条件及工作介质的特性。

按安全阀的加载机构形式选用：一般容器特别是移动式容器上宜用弹簧式安全阀，因为弹簧式安全阀结构紧凑、轻便，比较灵敏可靠；对于低压、高温且无震动的容器可选用杠杆重锤式安全阀。

按安全阀气体排放形式选用：介质为易燃、有毒气体或者是制冷剂和其他能污染大气的气体，应选用封闭式安全阀；对压缩空气、水蒸气或如氧气、氮气等不会污染环境的气体，采用开放式安全阀。

按安全阀的封闭机构选用：由于全启式安全阀的直径比微启式的要小得多，采用全启式安全阀可以减小容器的开孔尺寸，因此高压容器以及安全泄放量较大而壳体的强度裕度又不太大的中、低压容器，一般应选用全启式安全阀。对于安全泄放量较小或操作压力要求平稳的压力容器宜采用微启式安全阀。在两者均可选取时应首选全启式安全阀。

②确定公称压力

安全阀是按公称压力（PN）标准系列进行设计制造的，其压力系列为：1.6，2.5，4，6.4，10，16，32MPa。公称压力表示安全阀在常温状态下的最高许用压力，因此在选用安全阀时还应考虑阀件材料在使用温度下的许用压力，即：

$$p_N \geqslant p \frac{[\sigma]}{[\sigma]^t} \qquad 式6{-}13$$

式中：P_N—安全阀的公称压力，MPa；

p—容器的设计压力，MPa；

$[\sigma]$—阀体材料在常温下的许用压力，MPa；

$[\sigma]^t$—阀体材料在工作温度下的许用应力，MPa。

安全阀的公称压力只表明安全阀阀体所能承受的强度，并不代表安全阀的排气压力，排气压力必须在公称压力范围内，不同的压力容器对安全阀的排气压力有不同的要求。公称压力确定后，应选用适当级别的弹簧。安全阀一般都在公称压力范围内按工作压力分级，以便配备不同刚度的弹簧。如公称压力为加力P_N=1.6MPa的安全阀，按压力大小配备有五种级别的弹簧，应根据压力容器的设计压力选定其中相应的一种。

③确定安全阀的公称直径

安全阀的通径是按设定的标准系列（公称直径）进行制造的。为了保证安全阀在容器超压排放气体后，容器内的压力不再继续升高，要求安全阀的排量必须大于容器的安全泄放量。

当容器的安全泄放量已知时，可根据泄放能力计算安全阀所需的排放面积，进而计算出阀的流道直径，再根据标准系列选择直径稍大或接近的标准直径，见表6-4。如果安全阀的铭牌上标注有额定排量，则可以选择排量略大于或等于压力容器安全排放量的安全阀。如果容器的工作介质或设计压力、温度等与铭牌上所标明的条件不一样，则应按铭牌上所标明的排放状态下的排量换算成实际使用条件下的排量，此排量不应小于容器的安全泄放量。

表6-4　公称直径DN与流道直径d0（mm）

公称直径 DN			15	20	25	32	40	50	80	100	150	200
流道直径 d0	全启式	PN1.6,2.5,4.0,6.4				20	25	32	50	65	100	125
		PN1.0				20	25	32	40	50	80	
		PN16,32				15	20					
	微启式	PN1.6,2.5,4.0,6.4				25	32	40	65	80		
		PN16.32				12,14						

（2）全阀的安装

安全阀的安装直接关系到压力容器的安全运行。安全阀的安装位置、方式等不适当，不但会影响一些安全阀正常的使用，还可能导致事故的发生。

《固定式压力容器安全技术监察规程》第一百四十一条安全阀安装的要求如下：

①安全阀应当铅直安装，当装设在压力容器液面以上气相空间部分，或装设在与压力容器气相空间相连的管道上；

②压力容器与安全阀之间的连接管和管件的通孔，其截面积不得小于安全阀的进口截面积，其接管应当短而直；

③压力容器一个连接口上装设两个或两个以上的安全阀时，则该连接口入口的截面积，应当至少等于这些安全阀的进口截面积总和；

④安全阀与压力容器之间一般不宜装设截止阀门，为实现安全阀的在线校验，可在安全阀与压力容器之间装设爆破片装置。对于盛装毒性程度为极度、高度、中度危害介质，易燃介质，腐蚀、黏性介质或贵重介质的压力容器，为便于安全阀的清洗和更换，经过使用单位主管压力容器与安全技术负责人批准，并且制定可靠的防范措施，方可在安全阀（爆破片装置）与压力容器之间装设截止阀门。压力容器正常运行期间截止阀门必须保证全开（加铅封或锁定），截止阀门的结构和通径应当不妨碍安全阀的安全泄放；

⑤安全阀装设位置，应当便于检查和维修。

对于泄放管，当泄放有毒或易燃介质，以及不允许由泄放装置直接排放时，应按下列规定装设泄放管。

①泄放管应尽可能做成垂直管，其口径应不小于安全阀出口直径。若有如果两个以上的安全阀共用一根泄放总管时，总管的截面积应不小于各安全阀泄放管面积之总和。

②安装在非易爆和无毒介质的设备上时，从安全阀排出的气体可直接排入大气。泄放

气体是有毒介质时，应在向大气排放之前予以消毒处理，使气体符合排放标准；

③易燃气体伴随烟雾同时排放时，应装设分离器，捕集烟雾之后的易燃性气体，由不会着火处排放到大气之中；

④在泄放管的适当部位开设排泄孔，用以防止雨、雪及冷凝液等集聚在泄放管内；

⑤应选用较小阻力的泄放管，并应有适当的支撑，以免使安全阀产生过大的附加应力（包括热应力）或引起振动。

（3）安全阀的维护保养

要经常保持安全阀清洁；经常检查安全阀的铅封是否完好；发现安全阀有泄漏迹象时，应及时修理或更换；对空气、水蒸气一级带有黏性物质而排气又不会造成危害的其他气体的安全阀，应定期作手提排气试验；定期检验，包括清洗、研磨、试验及校验调整。

6. 安全阀常见故障的原因及排除

（1）安全阀泄漏

氧化皮、水垢、杂物等落在密封面上，可用手动排气吹除或拆开清理；密封面机械损伤或腐蚀，可用研磨或车削后研磨的方法修复或更换；弹簧因受载过大而失效或弹簧因腐蚀弹力降低，应更换弹簧；阀杆弯曲变形或阀芯与阀座支承面偏斜，应查明原因，重新装配或更换阀杆等部件；杠杆式安全阀的杠杆与支点发生偏斜，使阀芯与阀座受力不均，应校正杠杆中心线。

（2）安全阀不在调定的开启压力下动作

安全阀调压不当，调定压力时忽略了容器试剂工作介质特性和工作温度的影响，需重新调定；密封面因介质污染或结晶产生粘连或生锈，需吹洗安全阀，严重时则需研磨阀芯、阀座；阀杆与衬套件的间隙过小，受热时膨胀卡住，需适当加大阀杆与衬套的间隙；调整或维护不当，弹簧式安全阀的弹簧收缩过紧或紧度不够，杠杆式安全阀的生铁盘过重或过轻，需重新调定安全阀；阀门通道被盲板等障碍物堵住，应清除障碍物；弹簧产生永久变形，应当更换弹簧；安全阀选用不当，如在背压波动大的场合，选用了非平衡式的安全阀等，需更换相应类型安全阀。

（3）安全阀达不到全开状态

安全阀选用的压力等级过大，弹簧刚度太大，需重新选用安全阀；调节圈调整不当，需重新调整；阀瓣在导向套中摩擦阻力大，需清洗、修磨或更换部件；安全阀排放管设置不当，气体流动阻力大，需重新调整排放管路。

（4）阀瓣振荡

调节圈与阀瓣间隙太大，需重新调整；安全阀的排放量比容器所要求的排放量大得太多，应重新选型，使之相匹配；安全阀进口管截面面积太小或阻力大，使安全阀的排气量供应不足，需更换或调整安全阀进口管路；排入管路阻力太大，应对管路进行调整以减小阻力。

（5）阀瓣不能及时回座

①阀瓣在导向套中摩擦阻力大，间隙太小或不同轴，需进行清洗、修磨或更换部件；

②阀瓣的开启和会做机构未调整好，应重新调整。对弹簧式安全阀，通过调节弹簧压缩力可调整其开启压力，通过调节下调节全位置可调整其回座压力。

8.安全阀的检验期限

安全阀一般每年至少校验一次；新安全阀在安装前应校验合格后，才准安装使用。

6.2.5 爆破片

爆破片在近年来的化工生产中应用非常广泛，它是一种新型化工生产受压设备的安全附件，相比于传统安全阀，它的结构更加简单，密闭性表现更强，且具有较大的排放能力和较广的适应面，在针对超压反应方面具有高灵敏特性，它为目前化工生产设备超压泄放开辟了重要技术创新发展路径。

爆破片又称爆破膜，是一种由进出口介质压差作用驱使膜片破裂而自动泄压的装置，是一次性使用的断裂型安全泄压装置。其组成主要有爆破片及相应的夹持器。

爆破片装置是由爆破片（或爆破片组件）和夹持器等装配组成，见图6-14所示，是一种由压力差（进出口介质产生）作用驱使膜片断裂而自动来泄压的装置，属于非自动关闭的泄压装置。与安全阀相比它有两个特点：一是由于无机械动作元件，可以做到完全密封；二是泄压时惯性小，反应迅速，爆破压力精度高。因此，在安全阀不能起到有效保护作用时，必须使用爆破片装置。

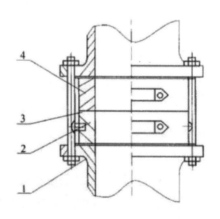

图6-14 爆破片结构图

1-法兰；2-下夹持器；3-爆破片；4-上夹持器

爆破片装置结构简单，使用压力范围广，并可采用多种材料制作，因而耐腐蚀性强。但爆破片断裂后压后不能继续使用，容器也只能停止运行，因而爆破片只是在不宜装设安全阀的压力容器中使用。由于爆破片装置是一种非自动关闭的动作灵敏的泄压装置，其爆破压力必须由对应的温度来确定。同时根据不同的类型及材料还与操作温度、系统压力、工作过程等诸多因素有关，因而爆破片的选型、安装及使用比安全阀应更严格和慎重。

1. 工作原理

爆破片发生爆破泄压后不能恢复闭合，无法重复使用。爆破片处在一定的爆破温度环境中，当爆破膜片两侧的压力差值达到设定值时，就会即刻发生破裂或脱落并泄放出流体介质，发挥安全泄压保护的功能。爆破片需要安装在和其配套的夹持器中以组成一套完整的爆破片装置，并将整套爆破片装置安装到设备上设计好的密封泄压位置，实现对设备的密封和泄压保护。当设备内发生超压且其压力上升至爆破片设计的爆破压力时，爆破片发生破裂或脱落形成一条压力泄放通道，将超压介质安全泄放。发生动作后的爆破片无法再闭合，需要更换新的爆破片来恢复设备的密闭状态。

爆破片的结构比较简单，具有动作灵敏可靠、密封性好、泄放能力强、适用温度范围广和维护方便等特点，可以在腐蚀或黏稠的工艺环境下可靠地工作。根据爆破片的性能特点，它主要适用于：工作介质黏稠或易于聚合的场所；系统内的压力瞬间会急剧升高的场所；工作介质为贵重或毒性气体的场所；工作介质的腐蚀性很强的场所；需要与安全阀组合使用时；当操作温度过低影响安全阀正常工作时。爆破片不适合用于设备经常超压或温度波动过大的场合。当容器内的介质为液体时也不宜选用反拱形爆破片，因为超压液体的能量不足以使反拱形爆破片失稳翻转爆破。

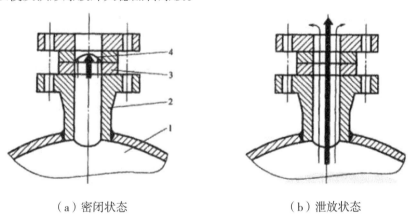

（a）密闭状态　　　　　　　　（b）泄放状态

图6-15　爆破片工作原理

2. 分类

按破坏时的受力形式可分为拉伸型、压缩型、剪切型、弯曲型。按爆破形式可分为爆破型、触破型、脱落型。按爆破元件材料可分为金属爆破片和非金属爆破片。按产品外观可分为正拱形、反拱形、平板形。

这里主要介绍按照结构型式的分类，包含正拱形爆破片、反拱形爆破片和平板形爆破片三大类。

（1）正拱形爆破片

正拱形爆破片的系统压力作用于爆破片的凹面，凸面均朝向泄压一侧，动作时爆破片发生拉伸破裂。它又可以细分为正拱普通型、正拱带槽型和正拱开缝型3种形式，可用于气体或液体介质的泄放。

①正拱普通型爆破片

正拱普通型爆破片为单层膜片，是由坯片直接成形，爆破压力是由爆破片的材料强度控制。当设备系统超压时，爆破片被双向拉伸，发生塑性变形使壁厚减薄，以致最终破裂而泄放压力。普通正拱形爆破片装置是用塑性良好的不锈钢、镍、铜、铝等材料制成爆破片装在一副夹持器内而构成的。

正拱普通型爆破片的结构是最简单的，它的周边只夹持了一枚厚度不足1mm的金属圆平片，而在另一侧施加了静液压气压，它能够让爆破片膨胀凸出形成拱形，其预拱成形压力一般比常规工作压力更大。如此设计是保证爆破片在正常工作压力下不会发生明显的塑性变形。但伴随着工作压力的逐渐增加，拱形膜片会发生剧烈的拉伸变形，其拱形高度自然升高，厚度则相应减薄，这种变化会达到一个极限，即拱形膜片应力强度达到材料强度极限时，膜片在拱形顶部极点位置会发生破裂，此时整个膜片会沿着夹持边缘被无规则撕开。

另一方面，温度变化也会对正拱普通型爆破片爆破压力产生影响，这里要考虑到制造成本问题，因为在一般情况下，需要首先考虑选用正拱普通型爆破片，但是由于上文提到的高压力、高温度问题可能会导致其爆破压力增大而损毁爆破片，所以在应用过程中要合理规划爆破片的工作温度与工作压力，例如可选用排放直径为φ3～φ1200mm的爆破片，同时需要注意一点，爆破片在爆破过程中会产生大量碎片，所以它不易在排放介质易燃易爆的情况下工作，比如说在排放侧如果存在串联安全阀或止逆阀则不宜选用正拱普通型爆破片，其主要原因还在于这种爆破片的疲劳性能较差，在压力波动剧烈的场合也不适用。

按夹持面的密封面型式的不同，正拱普通型爆破片可分为下列2种型式：（a）正拱普通平面型爆破片；（b）正拱普通锥面型爆破片。

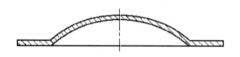 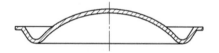

（a）正拱普通平面型爆破片示意图　　　　（b）正拱普通锥面型爆破片示意图

图6-16　正拱普通型爆破片示意图

按爆破片组件所带功能附件的不同，正拱普通型爆破片可分为下列8种型式：正拱普通平面带托架型爆破片；正拱普通锥面带托架型爆破片；正拱普通平面带加强环型爆破片；正拱普通锥面带加强环型爆破片；正拱普通平面带双加强环型爆破片；正拱普通锥面带双加强环型爆破片；正拱普通平面带加强环和托架型爆破片；正拱普通锥面带双加强环和托架型爆破片。

正拱形爆破片压力敏感元件呈正拱形。安装后拱的凹面处于压力系统的高压侧，动作时该元件发生拉伸破裂。爆破片拱的成形压力为爆破压力的75%～92%，所以普通爆破片允许工作压力不应超过其规定爆破压力的70%。当工作压力为脉动压力时，工作压力不应超过规定爆破压力的60%。因而在正常工作压力下，爆破片膜片的形状一般不会改变。一般较适用于系统压力过程较稳定的场合。

正拱形爆破片其尺寸与应用范围见表6-5。表中的符号意义见表6-6和表6-7。

表6-5　正拱形爆破片的尺寸与应用范围

名称代号	DN mm	压力范围 MPa	简　图	特点		
				最大工作压力	介质状态	有无碎片
正拱普通平面形 LP/A	20~600					
正拱普通锥面形 LP/B	25~600			70% Pb		
正拱普通平面托架形 LPT/A	50~600					
正拱普通锥面托架形 LPT/B	25~600					
正拱开缝平面形 LF/A					气、液	有
正拱开缝平面托架形 LFT/A				80% Pb		
正拱开缝锥面形 LF/B	25~600	0.01~3.5				
正拱开缝锥面托架形 LFT/B				70% Pb		
正拱刻槽形 LC/A		0.25~16				

表6-6　爆破片符号

爆破片类型	代号	爆破片特征	代　号	装置中的附件	代　号
正拱形（拉伸）	L	普通型	P	托架	T
		开缝型	F	加强环	H
		刻槽型	C		
反拱形（压缩）	Y	刀架	D		
		鳄齿	E		
		刻槽型	C		

表6-7　爆破片夹持面与密封面符号

夹持面形状	平面	A
	锥面	B
外接密封面形状	平面	PI
	凹凸面	AT
	榫槽面	SC

②正拱开缝型

正拱开缝型是在正拱普通型的基础上为解决箔材的厚度不适应各种需要的压力动作而研制的。它是由有缝（孔）的拱形片与密封膜组成的正拱形爆破片。由于开有缝（孔）造成薄弱环节，其爆破压力由薄弱环节控制。当膜片承压后，爆破片被双向拉伸，在压力达到规定时，薄弱环节破裂。为了保持在正常工作压力下的密封和变形，在膜片凹侧贴有一层含氟塑料。

膜片可以按箔材的成品厚度规格制造，调整孔桥间的宽度可以变动小孔直径，但一般是调整小孔中心圆的直径来调节膜片的爆破压力，以满足容器设计压力的需要。

按夹持面的密封面型式的不同，正拱开缝型爆破片可分为如下2种型式：正拱开缝平面型爆破片；正拱开缝锥面型爆破片。

按爆破片组件所带功能附件的不同，正拱开缝型爆破片可分为如下6种型式：正拱开缝平面带托架型爆破片；正拱开缝平面带托架型爆破片；正拱开缝锥面带托架型爆破片；正拱开缝平面带加强环型爆破片；正拱开缝锥面带加强环型爆破片；正拱开缝平面带加强环和托架型爆破片；正拱开缝锥面带加强环和托架型爆破片。

图6-17　正拱开缝型爆破片

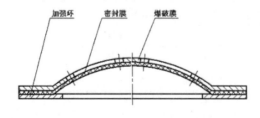

a. 正拱开缝平面型爆破片示意图

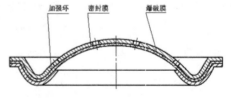

b. 正拱开缝锥面型爆破片示意图

图6-18　正拱开缝爆破片示意图

③正拱开槽型

正拱带槽型结构为单层膜片，拱面刻有削弱强度的十字槽或环形槽，超压时从刻槽处拉伸破坏；适用于气体、液体两种介质及爆破压力较高的工况；爆破时不产生碎片，可以和安全阀串联使用；爆破时没有火花产生。

按爆破片拱面加工减弱槽型式的不同，正拱带槽型爆破片可分为下列2种型式：正拱带"十"字槽型爆破片；正拱带"C"字槽型爆破片。

正拱开槽型是在拱面上加工有槽的正拱形爆破片。开槽的作用与开缝相似。

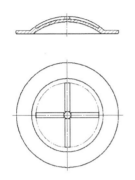 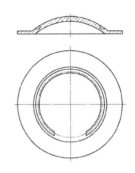

a. 正拱带"十"字槽型爆破片示意图　　b. 正拱带"C"字槽型爆破片示意图

图6-19　正拱带槽爆破片示意图

（2）反拱形爆破片

反拱形爆破片的系统压力作用于爆破片的凸面，凹面均朝向泄压一侧，动作时爆破片发生压缩失稳翻转，致使其破裂或脱落（图6-19）。反拱形爆破片不宜用在设计爆破压力较高的场合，压力太高会因爆破片厚度过大，导致失稳反转后难以立即致破。它又可以细分为反拱带刀架（或鳄齿）型爆破片、反拱脱落型爆破片、反拱带槽型爆破片和反拱带槽型爆破片4种形式，主要用于气相介质的泄放。

 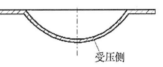

受压侧

图6-20　反拱十字槽型爆破片

反拱形爆破片的压力敏感元件呈反拱形。安装后拱的凸面处于压力系统的高压侧，该系列爆破片的爆破压力是靠爆破片的弹性失稳控制的。当被保护系统超压时，爆破片双向被压缩，发生弹性失稳，使预拱的爆破元件反向屈曲，快速翻转，或被刀片切破，或沿爆破片上的槽裂开，打开排放截面，泄放压力，起到保护系统的作用。

反拱形爆破片弥补了拉伸型爆破片靠拉伸强度控制爆破压力的缺陷。它利用爆破片材料的抗压强度来确定其爆破压力，系统压力作用在爆破片的凸面，这种爆破片几乎不会疲劳，不产生碎片，且系统的最高工作压力可在其爆破压力的90%或更高的条件下正常操作，比普遍爆破片有更好的适应性和准确性。

反拱形膜片的制造材料与正拱形相同。根据泄放的方式不同，压缩型爆破片又可分类为：反拱形爆破片分为反拱带刀架型爆破片、反拱脱落型爆破片、反拱鳄齿型爆破片和反拱带槽型爆破片。见表6-8。

表6-8 反拱形爆破片

名称代号	DN mm	压力范围 MPa	简图	特点		
				最大工作压力	介质状态	有无碎片
反拱刀架形 YD/A	25~600	0.08~64				
反拱鳄齿形 YE/A	25~300	0.03~1.0		90% Pb	气	无
反拱刻槽形 YC/A	25~600	0.1~10.0				

①反拱带刀架（或鳄齿）型爆破片

反拱带刀架（或鳄齿）型爆破片是压力敏感元件失稳翻转时因触及刀刃（或鳄齿）而破裂的反拱形爆破片，应用较早和普遍。在爆破片泄放侧法兰下面固定着一组经热处理变硬的、刃磨得非常锋利的不锈钢刀片（或鳄齿）。爆破片快速翻转时被刀片（或鳄齿）刺破，从而实现系统的压力泄放。

反拱带刀架（或鳄齿）型爆破片泄放能力较差，不适应于低压、液体泄压及易燃气体泄放情况。因为在液压下爆破片的翻转速度慢，没有足够的能量切破爆破片。对于易燃气体，刀刃切割膜片可能产生高度静电积聚甚至直接产生火花，有引燃气体的危险。

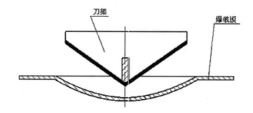

图6-21 反拱带刀型爆破片示意图

②反拱脱落型爆破片

压力敏感元件失稳翻转时沿支承边缘破裂或脱落，并随高压介质冲出的反拱形爆破片。这种爆破片不宜在移动式压力容器、高温高压容器、可能出现负压工况的容器上选用。因为振动、高温高压或负压的存在均可能导致爆破片意外脱落。

按爆破片结构形式的不同，反拱脱落型爆破片可分为下列2种型式：反拱夹持脱落型爆破片、反拱卡簧脱落型爆破片。

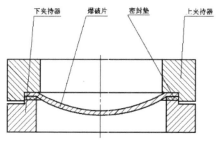
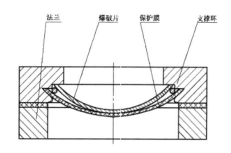

（a）反拱夹持脱落型爆破片示意图　　　（b）反拱卡簧脱落型爆破片示意图

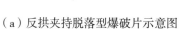

图6-20　反拱脱落型爆破片示意图

③反拱带槽型爆破片

反拱刻槽型爆破片在爆破片拱顶的凹面刻下十字交叉的减弱槽，爆破片翻转时沿减弱槽拉断，形成一个畅通的孔，而且没有碎片，但加工较困难。翻转脱落型焊破片是通过翻转时爆破片整个与夹持器分离来实现泄放的。

按爆破片拱面加工减弱槽型式和所带功能附件的不同，反拱带槽型爆破片可分为下列三种型式：

反拱带"十"字槽型爆破片；反拱带"C"字槽型爆破片；反拱带"C"字槽和"Y"形折齿型爆破片。

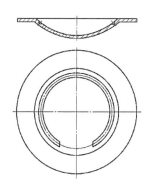
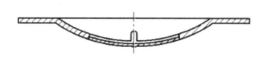

（a）反拱带"C"字槽型爆破片示意图　　　（b）反拱带"十"字槽型爆破片示意图

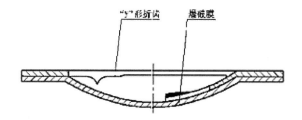

（c）反拱带"C"字槽和"Y"形折齿型爆破片示意图

图6-21　反拱带槽型爆破片示意图

④反拱鳄齿形爆破片

反拱鳄齿形爆破片是由膜片和鳄齿环构成的组件，工作时爆破片拱面受压，在设定的压力下失稳翻转后被鳄齿切开，泄放压力，从而保护系统。有以下优点：适用于压力低、有脉动压力的全真空、气态介质等工况。最大工作压力可达爆破压力的90%，抗疲劳性能好；爆破片爆破后没有碎片，可与安全阀串联使用；受鳄齿环强度限制，爆破压力不能太大。

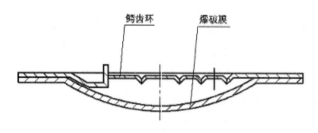

图6-22　反拱鳄齿型爆破片示意图

2.爆破片的选用

（1）类型的选择

爆破片的爆破压力受爆破温度影响较大，同时还受到工作介质状态、系统压力和工艺过程等因素的影响。因此在爆破片选用时，需要综合考虑多个影响因素，针对所保护的设备正确合理地选用。

首先需要确定爆破片的爆破温度和爆破压力，在确定了爆破温度和爆破压力参数后，接下来便可以根据介质状态、系统压力、工艺过程、爆破片的设置方式和泄放口径等因素，来选用合适的爆破片装置。

选择爆破片安全装置时，应考虑爆破片安全装置的入口侧和出口侧两面承受的压力及压力差等因素。当被保护承压设备存在真空和超压两种工况时，应选用具有超压和负压双重保护作用的爆破片安全装置，或者选用具有超压泄放和负压吸入保护作用的两个单独的爆破片安全装置。爆破片安全装置的入口侧可能会有物料黏结或固体沉淀的情况下，选择的爆破片类型应与这种工况条件相适应。选用带背压托架的爆破片时，爆破片泄放面积的计算应考虑背压托架影响。当爆破片的爆破压力会随着温度的变化而变化时，确定该爆破片的爆破压力时应考虑温度变化的影响。爆破片安全装置用于液体时，应选择适合于全液相的爆破片安全装置，以确保爆破片爆破时系统的动能将膜片充分开启。

应合理选择爆破片的类型与结构型式，以便获得较长使用周期的爆破片安全装置。

用于爆炸危险介质的爆破片安全装置还应满足如下要求：爆破片爆破时不应产生火花；与安全阀串联时，爆破片爆破时不应产生碎片。

（2）爆破片材料选择

根据被保护承压设备的工作条件及结构特点，爆破片可选用铝、镍、奥氏体不锈钢、因康镍、蒙乃尔、石墨等材料。有特殊要求时，也可选用钛、哈氏合金等材料。常用材料的最高允许使用温度见GB 567.1-2012附录A的规定。

用于腐蚀环境，且有可能导致爆破片安全装置提前失效的，可采用在爆破片表面进行电镀、喷涂或衬膜等防腐蚀处理措施，防止爆破片安全装置腐蚀失效。

综合考虑爆破片在使用环境中入口侧和出口侧的化学和物理条件，合理地选择爆破片材料。

（3）爆破压力的选择

爆破片安全装置中爆破片的设计爆破压力应由被保护承压设备的设计单位根据承压设备的工作条件和相关安全技术规范的规定确定。

爆破片安全装置的设计单位应根据被保护承压设备的工作条件、结构特点、使用单位的要求、相应类似工程使用结果、相关安全技术规范的规定及制造范围的影响等因素综合考虑，合理地确定爆破片的最小爆破压力和最大爆破压力。

爆破片安全装置中爆破片爆破压力的确定还应符合GB 567.1的规定。

表6-9　爆破片选型指南

类别	型式	操作压力比	抗疲劳性	爆破时有无碎片	是否引起撞击火花	工作相	与安全阀串联
正拱形	正拱普通型	0.7	一般	有（少量）	可能	气、液两相	不推荐
	正拱开缝型	0.8	好	有（少量）	可能性小	气、液两相	不推荐
	正拱带槽型	0.8	好	无	否	气、液两相	可以
反拱形	反拱带刀型	0.9	优	无	可能	气相	可以
	反拱带槽型	0.9	优	无	否	气相	可以
	反拱鳄齿型	0.9	优	无	可能性小	气相	可以
	反拱脱落型	0.9	优	无	可能	气相	不推荐
平板形	平板带槽型	0.5	较差	无	否	气、液两相	可以
	平板开缝型	0.5	较差	有（少量）	可能性小	气、液两相	不推荐
	平板普通型	0.5	较差	有（少量）	可能性小	气、液两相	不推荐
石墨	石墨爆破片	0.8	较差	有大量碎片	否	气、液两相	不推荐

注1：采用特殊结构设计时，反拱带槽型爆破片也可以用于液相。
注2：表中所给出的操作压力比适合于爆破温度在15℃~30℃
注3：操作压力比同时还与爆破片材料、压力脉动或循环有关，为了能使爆破片有尽可能长的使用寿命，应由制造单位和使用单位双方协商一个与操作工况相适应的操作压力比。

选择爆破片时，应根据介质的性质、工艺条件以及载荷特征等来选用爆破片的装置。

①在介质性质方面，首先要考虑所用介质在工作温度下对膜片有无腐蚀作用。如果介质是可燃气体，则不宜选用铸铁或碳钢等材料制造的膜片，以免膜片破裂时产生火花，在器外引起可燃气体的燃烧爆炸。

②当容器内的介质为液体时，不宜选用反拱形。因为超压液体的能量不足以使反拱形爆破片失稳翻转。

③在压力较高时，宜选用正拱形；压力较低时，宜选用开缝型和反拱形。

④当容器内为易燃易爆介质或爆破片与安全阀组合使用时，须选择无碎片的爆破片。如正、反拱刻槽型，也可选用开缝型或反拱带刀（鳄齿）型。

⑤对有疲劳的容器，应选用反拱形爆破片，因为其他类型的爆破片在工作压力下膜片都处于高应力状态，较易疲劳失效。

⑥对于在高温条件下产生蠕变的容器，应保证在操作温度下膜片材料的强度。常用膜片材料的许用温度极限如表6-9中所列。

⑦如系统有真空工况或承受背压时，爆破片需配置背压托架。

表6-10 爆破片的最高使用温度

膜片材料	铝	银	铜	奥氏体不锈钢	镍	蒙乃尔合金	因科镍
最高工作温度 /℃	100	120	200	400	400	430	480

（4）排泄面积的确定

根据GB150-1998钢制压力容器中的规定，爆破片排放面积的计算如下：

①气体

$$A \geqslant \frac{W_S}{7.6 \times 10 - 2CK'p_b\sqrt{\dfrac{M}{ZT}}} \qquad \text{式6-14}$$

②饱和蒸汽

当 $Pb \leqslant 10MPa$ 时，$A = \dfrac{W_S}{5.25K'P_b}$ 式6-15

$10MPa \leqslant Pb \leqslant 22MPa$ 时，$A = \dfrac{W_S}{5.25K'p_b}\left(\dfrac{229.2p_b - 7315}{190.6p_b - 6895}\right)$ 式6-16

式中：A ——爆破片最小排放面积，mm^2；

W_S ——容器安全泄放量，kg/h；

C ——气体特性系数，对于具有不同K值的各种气体；

P_b ——爆破片设计爆破压力，MPa；

M ——气体的摩尔质量，kg/kmol；

T ——进口侧的气体温度，K；

Z ——气体的压缩系数，可参见GB150中表B1。对于空气Z=1.0。

表6-11 最低标定爆破压力Pmin

爆破片的型式	载荷性质	最低标定爆破压力 Pmin, MPa
正拱普通型	静载荷	≥ 1.43pw
正拱开缝型、正拱刻槽型	静载荷	≥ 1.25pw
正拱形	脉动载荷	≥ 1.7pw
反拱形	静载荷、脉动载荷	≥ 1.1pw
平板形	静载荷	≥ 1.7pw

注：表中 pw 为容器的工作压力，MPa。

3. 爆破片的装设

爆破片的装设主要分为单独使用爆破片作为安全泄压装置或爆破片与安全阀组合作为安全泄压装置，这主要是根据压力容器的用途、介质的性质及设备的运转条件来确定。

（1）爆破片单独作为泄压装置

符合下列条件之一的被保护承压设备，应单独使用爆破片安全装置作为超压泄放装置：容器内压力迅速增加，安全阀来不及反应的；设计上不允许容器内介质有任何微量泄漏的；容器内介质产生的沉淀物或黏着胶状物有可能导致安全阀失效的；由于低温的影响，安全阀不能正常工作的；由于泄压面积过大或泄放压力过高（低）等原因安全阀不适用的。

移动式压力容器的相关标准有特殊规定的，如长管拖车和管束式集装箱等被保护承压设备可使用爆破片安全装置作为单一超压泄放装置。

使用于经常超压或温度波动较大场合的被保护承压设备，不应单独使用爆破片安全装置作为超压泄放装置。

GB150中给出了在压力快速增长，或者对密封有更高要求，或者容器内物料会导致安全阀失灵以及安全阀不能适用的情况下，必须采用爆破片装置。比如：容器内物料可能受某种杂质的催化作用而产生聚合、分解，生成大量热和蒸汽，使容器内压急剧增长；盛装液氮、液氧、液氩、液氢、液化天然气等深冷型容器，因环境与容器内物料温差较大，一旦绝热层失效，内压将急剧增长；化工反应容器中，几种物料在容器中产生大量放热的化学反应，将导致内压急剧增长等等。而对于有更高密封要求的情况，一般指物料毒性程度为高度或极度的容器，该类容器仅安装安全阀不能满足高密封要求。另外，当容器内物料黏度较大或可能产生粉尘时，有可能导致安全阀失灵。

爆破片单独作为泄压装置时，其安装见图6-15所示。爆破片的安装位置要靠近压力容器，泄放道要直并且泄放的管道要有足够的支撑以免由于负荷过重而使爆破片受到损伤。当爆破压力高时，还要考虑爆破时的反冲力与振动问题。通常在爆破片的进口处设截止阀，截止阀的泄放能力要大于爆破片的泄放能力，它的作用是更换爆破片时切断气流，在正常工作时，它总是处于全开状态，并固定住。爆破片的尺寸应尽量大，必要时可装两个或多个爆破片。

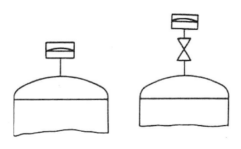

图6-23 爆破片单独作为泄压装置

在使用两个或两个以上爆破片时，根据需要可以串联安装，也可以并联安装（见图

6-16）。因为爆破片是利用两侧的压力差达到某个预定值时才爆破的，因此在串联时必须在两个爆破片之间安装压力表和放气阀，分别用以观察前级爆破片有无泄漏及排放两爆破片之间可能积聚起来的压力。

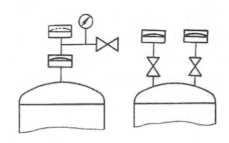

图 6-24　两个或多个爆破片的结构

（2）爆破片与安全阀组合使用

根据爆破片安全装置与安全阀的连接方式及相对位置的不同，可分为下列3种组合形式：爆破片安全装置串联在安全阀入口侧、爆破片安全装置串联在安全阀的出口侧和爆破片安全装置与安全阀并联使用。

①爆破片安全装置串联在安全阀入口侧

属于下列情况之一的被保护承压设备，爆破片安全装置应串联在安全阀入口侧：

a. 为避免因爆破片的破裂而损失大量的工艺物料或盛装介质的；

b. 安全阀不能直接使用场合（如介质腐蚀、不允许泄漏等）的；

c. 移动式压力容器中装运毒性程度为极度、高度危害或强腐蚀性介质的。

当爆破片安全装置安装在安全阀的入口侧时，应满足下列要求：

a. 爆破片安全装置与安全阀组合装置的泄放量应不小于被保护承压设备的安全泄放量；

b. 爆破片安全装置公称直径应不小于安全阀入口侧管径，并应设置在距离安全阀入口侧5倍管径内，且安全阀入口管线压力损失（包括爆破片安全装置导致的）应不超过其设定压力的3%；

c. 爆破片在爆破时不应产生碎片、脱落或火花，以免妨碍安全阀的正常排放功能；

d. 爆破片安全装置与安全阀之间的腔体应设置压力指示装置、排气口及合适的报警指示器；

e. 爆破片爆破后的泄放面积应大于安全阀的进口截面积；

入口侧串联爆破片安全装置的安全阀，其额定泄放量应以单个安全阀额定泄放量乘以系数0.9作为组合装置泄放量。

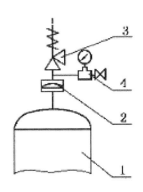

1-承压设备；2-爆破片安全装置；3-安全阀；4-指示装置

图6-25 爆破片串联在安全阀入口侧

②爆破片安全装置串联在安全阀出口侧

若安全阀出口侧有可能被腐蚀或存在外来压力源的干扰时，应在安全阀出口侧设置爆破片安全装置，以保护安全阀的正常工作。移动式压力容器设置的爆破片安全装置不应设置在安全阀的出口侧。

当爆破片安全装置设置在安全阀的出口侧时，应满足下列要求：

a. 爆破片安全装置与安全阀组合装置的泄放量应不小于被保护承压设备的安全泄放量；

b. 爆破片安全装置与安全阀之间的腔体应设置压力指示装置、排气口及合适的报警指示器；

c. 在爆破温度下，爆破片设计爆破压力与泄放管内存在的压力之和应不超过下列任一条件：

安全阀的整定压力；在爆破片安全装置与安全阀之间的任何管路或管件的设计压力；被保护承压设备的设计压力。

d. 爆破片爆破后的泄放面积应足够大，以使流量与安全阀的额定排量相等；在爆破片以外的任何管道不应因爆破片爆破而被堵塞。

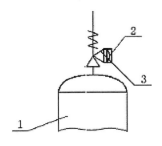

图6-26 爆破片串联在安全阀出口侧

当容器安装于某种可能损害安全阀动作性能的环境中，比如该环境可能产生粉团、纤维团、飞溅碎物、腐蚀性气体等，而这些有害物质又可能从安全阀出口进入阀体，导致弹簧卡塞、元件腐蚀，此种情况应采用爆破片与安全阀串联组合安全泄放装置。

常见的串联组合型安全泄放装置为弹簧式安全阀和爆破片的组合使用，爆破片可设在安全阀入口侧，也可设在出口侧，其安装情况如图6-27所示。

图6-27（a）是将爆破片装在安全阀的进口处的串联组合安全泄放装置，它是利用爆破片将安全阀与介质隔开，防止安全阀受腐蚀或被气体中的污物堵塞或粘结，以保护安全阀的正常使用。当容器内部压力超过爆破片爆破的爆破压力时，爆破片爆破，安全阀自行开启和关闭，容器可继续运行。这样连接方式使两者的优点都能得到很好的发挥，爆破片后面的安全阀可不采用昂贵的耐蚀材料，介质损失也少。这种布局还便于在现场校验安全阀，校验时不必拆下安全阀，可直接向安全阀与爆破片之间充压，系统内压力仍可以保持，但需要在爆破片下设置真空托架（对拉伸型与翻转脱落型爆破片而言）。

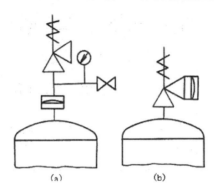

图6-27　爆破片与安全阀串联使用

爆破片与安全阀串联使用时需要注意的是：选用的爆破片在破裂后，其碎片不能妨碍安全阀的工作，其出口通道面积不得小于安全阀的进口截面积。爆破片与安全阀之间要装压力表或报警器、旋塞、放空管或报警装置，用以指示和排放积聚的压力介质，及时发现爆破片的泄漏或破裂。

图6-27（b）是将爆破片设置在安全阀的出口处，对于介质是比较洁净的昂贵气体或剧毒气体和有公共泄放管道的情况普遍采用这种装置。这种安装方式，可使爆破片避免受介质压力及温度的长期作用而产生疲劳，而爆破片则用以防止安全阀的泄漏。还可以将安全阀与可能存在于公共泄放管道中的腐蚀介质隔开，防止对安全阀弹簧和阀杆的腐蚀。并可使安全阀的开启不受公共泄放管内背压的影响。为防止阀门背压累积，使安全阀在容器超压时能及时开启排气，在安全阀和爆破片之间应设置放压口，将由安全阀泄漏出的气体及时、安全地排出或回收，或采用先导式、波纹管式安全阀结构。

这种安装方式，要求安全阀必须采用即使是存在背压的情况下，仍然能在正常开启压力下动作的结构。在工作温度下爆破片在不超过容器设计压力爆破，爆破片爆破时应有足够大的开口，其碎片不能妨碍安全阀的工作。爆破片在对应设计温度下的额定爆破压力和安全阀与爆破片之间连接管道压力之和不得超过容器的最大允许压力或安全阀的开启压力。

（3）爆破片安全装置与安全阀并联使用

属于下列情况之一的被保护承压设备，可设置1个或多个爆破片安全装置与安全阀并联使用：防止在异常工况下压力迅速升高的；作为辅助安全泄放装置，考虑在有可能遇到火灾或接近不能预料的外来热源需要增加泄放面积的。

安全阀及爆破片安全装置各自的泄放量均应不小于被保护承压设备的安全泄放量。爆破片的设计爆破压力应大于安全阀的整定压力。

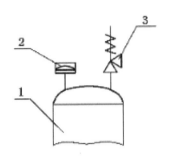

图6-28　爆破片与安全阀并联

爆破片与安全阀并联使用时，见图6-28所示。对因物理过程瞬时的超压仅由安全阀泄放，而剧烈的化学反应过程持续较长、严重的超压由爆破片和安全阀共同泄放。这种情况下，安全阀作为主要的泄压装置（一级泄压装置），爆破片装置则作为在意外情况下辅助泄压装置（二级泄压装置）。例如，储存液氧、液氮的低温容器，由于充装过量或环境温度过高引起超压时，从安全阀泄放介质；当发生火灾或遇到外来热源加热发生超压时，则要求泄压速度快，泄放面积大，此时以爆破片装置为主与安全阀共同泄压。又如，储存低温物料的低温容器，在压力泄放时有可能导致泄放口温度低于大气中水汽的冰点温度，这时安全阀的泄放口可能产生冰堵，对于液态二氧化碳类物料的泄放，甚至可能产生水冰和干冰混合堵塞，此时选用防爆片与安全阀并联的泄放装置可大大增加容器的安全性。

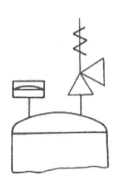

图6-29　爆破片与安全阀并联使用

这种并联方式，爆破片是一个附加的安全设施。爆破片的爆破压力稍高于安全阀的开启压力。其中安全阀的动作压力应不大于容器的设计压力，爆破片的动作压力不大于1.04倍的设计压力。爆破片与安全阀泄放能力之和应大于容器所需的安全泄放量。

（4）爆破片与安全阀串联、并联使用

这种布局如图6-29所示。这是（2）、（3）两种情况的组合。并联的爆破压力应稍高，当系统超压时串联的爆破片爆破时，起泄放作用，如果压力继续升高则并联的爆破片爆破，使系统泄压。

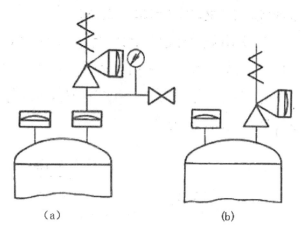

（a）　　　　　　　　　　　　　（b）

图6-30　爆破片与安全阀的串联、并联使用

4. 爆破片的安装

（1）在系统中的安装位置

爆破片安全装置应设置在承压设备的本体或附属管道上，且应便于安装、检查及更换。爆破片安全装置应设置在靠近承压设备压力源的位置。若用于气体介质，应设置在气体空间（包括液体上方的气相空间）或与该空间相连通的管线上；若用于液体介质，应设置在正常液面以下。当压力由外界传入承压设备，且能得到可靠控制时，爆破片安全装置应直接安装在承压设备或进口管道上。

有下列情况之一者，可作为是一个受压密闭空间，且在危险的空间（承压设备）设置爆破片安全装置：与压力源相连接的承压设备本身不产生压力，该装置的设计压力达到了压力源的压力时；多个相通的承压设备的设计压力相同或略有差异，承压设备之间采取口径足够大的管道连接，且中间无阀门隔断时。

换热器等承压设备，若高温介质有可能泄漏到低温介质而产生蒸气时，应在低温空间一侧设置爆破片安全装置。

（2）爆破片安全装置的管路设置

承压设备和爆破片安全装置之间的所有管路、管件的截面积应不小于爆破片安全装置的泄放面积，爆破片安全装置的排放管的截面积应大于爆破片安全装置泄放面积。

爆破片安全装置进口管应尽可能短、直，以免产生过大的压力损失。安装在室外的泄放管应有防雨、防风措施。当有两个或两个以上爆破片安全装置采用排放汇集管时，汇集管的截面积应不小于各爆破片安全装置出口管道截面积的总和。

爆破片安全装置在爆破时应保证安全，根据介质的性质可采取在室内就地排放（注意排放位置和方向，保证安全）或引导到安全场所排放，同时爆破片的碎片应不阻碍介质的排放。爆破片安全装置的排放管，应通过大半径弯头从装置中接出，在排放管的适当部位开设排泄孔，用于防止凝液等积存在管内。

爆破片在安装时应检查爆破片有无损伤。压边的损伤会影响密封，拱顶损伤会影响爆破压力，特别是压缩型爆破片，只要拱顶上出现凹坑，就应该更换。安装时应注意爆破片的方向：拉伸型的凸面朝向泄放侧；压缩型的凹面朝向泄放侧。铭牌有字的一面总朝向泄放侧。

如果有真空托架，托架总是挨着拉伸型爆破片凹面安装的。爆破片排放管线的内径应不小于爆破元件的泄放口径。若爆破片破裂有碎片产生时，则应装设拦网或采用其他不使碎片堵塞管道的措施。爆破片应与容器液面以上的气相空间相连。对普通正拱形爆破片也允许安装在正常液位以下。

6.2.6　爆破帽

爆破帽为一端封闭，中间具有薄弱断面的厚壁短节，其结构图如图6-31所示，爆破时在开槽的A-A面或形状改变的A-A面断裂。爆破帽的爆破压力误差小，泄放面积较小，多用于超高压容器。一般由性能温度，强度随温度变化较小的高强度钢材料制造。

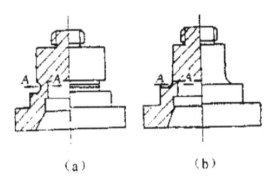

（a）　　　　　（b）

图6-31　爆破帽

6.2.7　易熔塞

易熔塞是一种"快熔性"安全泄放装置，由熔点较低的金属如锡、铅等为主要成分，并加入铟、镉和银等元素形成的合金，具有熔化温度精确、性能稳定、结构简单等特点。

图6-32　易熔塞

易熔塞属于"熔化型"（温度型）安全泄放装置，容器壁温度超限时动作，主要用于工作压力完全取决于温度的小型容器，如盛装液化气体的钢瓶。

1.结构与特点

易熔塞装置由塞体和易熔合金构成，其结构形式如下图。

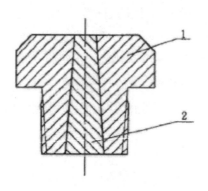

1-塞体；2-易熔合金

图6-33 易熔塞结构示意图

在正常情况下，塞孔中填满易熔合金，整个装置处于密封状态。当气瓶的使用环境温度升高到预定温度时易熔合金熔化，气瓶内部气体从孔中排放出去从而达到泄压的目的。同时，其缺点是当使，用易熔塞装置时，易熔塞易收到瓶内气体的压力作用而被挤出或脱落，也常因局部受热如焊接、切割的火花造成合金熔化从而发生误动作，因此易熔合金的流动温度与易熔塞装置动作温度的匹配，以及易熔塞装置的抗挤出能力十分重要。

目前，我国使用的易熔塞装置动作温度分成3种，（公称动作温度为70℃，用于除乙炔气瓶外的公称工作压力小于或等于3.45MPa的气瓶）；100℃±5℃（公称动作温度为100℃，用于溶解乙炔气瓶）；102.5℃±5℃（用于公称动作温度为102.5℃，公称工作压力大于3.45MPa不大于30MPa的气瓶）。其中，易熔合金的流动温度和偏差应满足上述的易熔塞装置动作温度规定。

易熔塞的结构如图6-33所示。是一个中央具有通孔或螺孔的带锥形螺纹的螺栓堵头、孔中浇铸有易熔合金。易熔合金通常指其熔点低于250℃的合金。在正常温度下，孔中的易熔合金保证了易熔塞的密封。在容器内压力骤然升高时，由于温度的变化，易熔合金被熔化，容器内的介质从小孔中排出而泄压。

易熔塞的泄放孔通常有图6-34所示的结构。其中（a）图孔是部分螺纹孔和通孔的组合型，是目前较为广泛使用的结构型式；（b）图是螺孔型，该结构便于加工，易熔合金附着力强，密封性能好，耐震耐压，但泄放阻力大；（c）图是通孔型，结构简单，便于加工，泄放阻力最小，但易熔合金附着力差，与孔壁之间易出现间隙而发生泄漏，受震易脱落；（d）图是阶梯通孔型，承压后易熔合金易被压紧，附着力好，不存在与孔壁间的间隙，但不便加工。

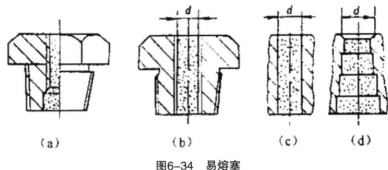

图6-34　易熔塞

（a）部分螺纹孔和通孔的组合型；（b）螺孔型；（c）通孔型；（d）梯通孔型

易熔塞是一种温度型安全泄放装置，它要求容器中介质温度升降时，其压力也随之升降，但还要求压力上升的速率只能大大低于温度上升的速率，亦即没有压力瞬时剧增的现象。

2. 易熔塞的选用

（1）选用优质材料，提高制造质量。在铸造活塞的材料中加入耐热成分可提高活塞的热强度。严格遵守制造工艺规程，防止铸造缺陷，减少活塞内部杂质，确保活塞机械加工的形状和尺寸，对提高活塞的机械强度，防止机械疲劳损伤是极为有利的。

（2）采用薄型活塞环，减少活塞环的上、下间隙。通过减少活塞环的质量，降低环对环槽的冲击，延缓活塞环槽的磨损速度和防止环的折断。减小活塞环的上下间隙能防止活塞环在环槽中的高频振动，可起到上述同样的作用。这些对防止高温燃气的下泄，确保活塞有较好的传热途径，降低活塞顶的温度是十分有利的，能有效地防止活塞的烧熔和开裂。

（3）加强活塞顶的冷却效果。对于汽缸直径较大的柴油发动机尽量采用油冷活塞结构，或采用喷油冷却活塞顶部。

（4）采用油冷活塞结构能提高活塞顶的冷却效果，有效地降低活塞顶的循环温度和瞬时温度，确保活塞顶的温度在允许的工作温度范围内，可有效防止活塞熔顶的烧熔和开裂。

①易熔合金的机械强度一般均较低，因此易熔塞的泄放口直径都较小，只能用于中、低压的小型压力容器。

②如果容器仅有压力升高，而无温度升高；或者压力上升的速率大大超过温度上升的速率；或者虽有升温却达不到合金的熔点时，都不能选用易熔塞作为安全泄压装置。

③对于盛装剧毒介质的容器，由于易熔塞泄漏或泄放会带来危害，不宜采用。

3. 易熔塞的安装

当爆破片和易熔塞串联组合在一起时，易熔塞必须串联在爆破片的排放一侧，这样既保证了组合泄放装置的密封性能，又能够有效防止易熔塞因气瓶内部的压力作用而被挤出（爆破片的屏蔽作用），目前在市场上使用的爆破片-易熔塞串联组合泄放装置的结构有两种。

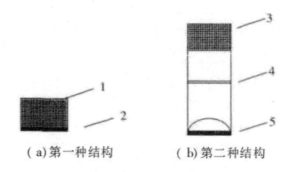

（a）第一种结构　　　　（b）第二种结构

1、3易熔塞；2、5爆破片；4限流片

图6-35　爆破片-易熔结构示意图

6.3　压力表

6.3.1　压力表的结构与工作原理

压力表是用以测量压力容器内介质压力的一种计量仪表。由于它可以显示容器内介质的压力，使操作人员可以根据压力表所指示的压力进行操作，将压力控制在允许范围内，所以压力表是压力容器重要的安全附件。凡是锅炉以及需要单独装设安全泄压装置的压力容器，都必须装有压力表。

压力表的种类较多，可以分为液柱式、弹性元件式、活塞式和电量式四大类。

1. 液柱式压力表分为U形管、单管、斜管等形式。其测量原理是利用液体静压力的作用，根据液柱的高度差与被测介质的压力相平衡来确定所测的压力值。这类压力表的特点是结构简单、使用方便、测量准确。但因为受液柱高度的限制，只适用于测量较低的压力。

2. 弹性元件式压力表有单圈弹簧管式、螺旋形（多圈）弹簧管式、薄膜式（又有波纹平膜式）、波纹筒式和远距离传送式（接触点式、带变阻器式的传送器）等多种形式。它是利用各种不同形状的弹性元件，在压力下产生变形的原理制成的压力测量仪表，根据元件变形的程度来测定被测的压力值。这类压力表的优点是结构坚固，结实耐用，不易泄漏，测量范围宽，具有较高的准确度，对使用条件的要求也不高。但使用期间必须经常检验，而且不宜用于测定频率较高的脉动压力。

3. 活塞式压力表是作校验用的标准仪表。它利用加在活塞上的力与被测压力平衡的原理，根据活塞面积和加在其上的力来确定所测的压力。它的准确度很高，测定范围较广，但不能连续测量。

4. 电量式压力表是利用金属或半导体的物理特性，直接将压力或是形变转换为电压、电流信号或频率信号输出，有电阻式、电容式、压电式、电磁式等多种形式。这类压力表可以测量快速变化的压力和超高压压力，精确度可达0.02级，测量范围从数十帕至700兆帕不等。应用也较广泛。

在压力容器中使用的压力表一般为弹簧元件式，且大多数是单弹簧管式压力表。只有在一些工作介质具有较大腐蚀作用的容器中，才使用波纹平膜式压力表。

6.3.2 压力容器常用的压力表

1. 单弹簧管式压力表

单弹簧管式压力表是利用中空的弹簧弯管在内压作用下产生变形的原理制成的。按位移量的转换机构的不同，这种压力表又可以分成扇形齿轮式和杠杆式两种。图6-36和图6-37分别是两种压力表的结构。

压力表的主要元件是一根横断面呈椭圆形或扁平形的中空弯管，通过压力表的接头与承压设备相连接。当有压力的流体进入这根弯管时，由于内压的作用，弯管向外伸展，发生位移变形。这些位移通过拉杆带动扇形齿轮或弯曲杠杆的传动，带动压力表的指针转动。进入弯管内的气体越高，弯管的位移就越大，指针转动的角度也越大。这时指针在压力表表盘上指示的刻度值，就是压力容器内压力的数值。

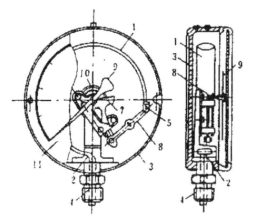
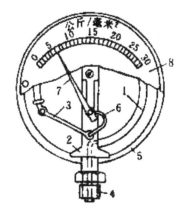

1 - 弹簧弯管；2 - 支座；3 - 表壳；4 - 接头；

5 - 带铰轴的塞子；6 - 拉杆；7 - 扇形齿轮；

8 - 小齿轮；9 - 指针；10 - 游丝；11 - 刻度盘

图 6-36 扇形齿轮式单弹簧压力表

1 - 弹簧弯管；2 - 支座

3 - 表壳；4 - 接头；5 - 拉杆；

6 - 弯曲杠杆；7 - 指针；8 - 刻度盘

图 6-37 杠杆式单弹簧压力表

2. 波纹膜式压力表

波纹膜式压力表的弹性元件是波纹薄膜，薄膜被一副特制的盒形法兰夹持住，上下法兰分别与压力表表壳及管接头相连。容器内的介质压力通过管接头进入薄膜下部的气腔内，使薄膜受压向上凸起，并通过销柱、拉杆、齿轮转动机构等带动指针，从而容器内介质的压力即由指针在刻度盘上指示出来。这种压力表的结构如图6-38。

波纹平膜式压力表不能用于较高压力的测量（一般不大于3.0MPa），且测量的灵敏度和准确度都较差。但它对震动和冲击不太敏感，特别是它可以在薄膜底部用抗介质腐蚀的金属材料制成保护膜，将腐蚀性介质与压力表的其他元件隔绝，因而常用于有腐蚀性介质的化工容器中。

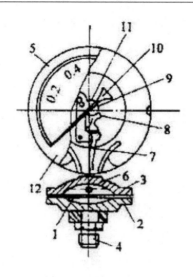

图 6-38　波纹膜式压力表

1-平面薄膜；2-下法兰；3-上法兰；4-接头；5-表壳；6-销柱；

7-拉杆；8-扇形齿轮；9-小齿轮；10-指针；11-游丝；12-刻度盘

6.3.3　压力表的选用与安装

1. 压力表的选用

选用压力表时应注意以下问题：

（1）压力表的量程。选用的压力表的必须与压力容器的工作压力相适应。压力表的量程最好选用设备工作压力的2倍，最小不应小于1.5倍。最大不应高于3倍。从压力表的寿命与维护方面来要求，在稳定压力下，使用的压力范围不应超过刻度极限的70%；在波动压力下不应超过60%。如果选用量程过大的压力表，就会影响压力读数的准确性。而压力表的量程过小，压力表刻度的极限值接近或等于压力容器的工作压力，又会使弹簧弯管经常处于很大的变形状态下，因而容易产生永久变形，引起压力表的误差增大。

（2）压力表的精度。选用的压力表的精度应与压力容器的压力等级和实际工作需要相适应。压力表的精度是以它的允许误差占表盘刻度极限值的百分数按级别来表示的（例如精度为1.5级的压力表，其允许误差为表盘刻度极限值的1.5%），精度等级一般都标在表盘上。

工作压力<2.5MPa的低压容器所用压力表，其精度一般不应低于2.5级；工作压力大于或等于2.5MPa的中、高压容器用压力表，精度不应低于1.5级。

（3）压力表的表盘直径。为了方便、准确地看清压力值，选用压力表的表盘直径不能过小，一般不应小于100mm。压力表的表盘直径常用的规格为100mm和150mm。如果压力表装得较高或离岗位较远，表盘直径还应增大。

2. 压力表的安装

压力表的安装应符合以下规定：

（1）压力表的接管应直接与承压设备本体相连接，装设的位置应便于操作人员观察和清洗，并且要防止使压力表受到辐射、冻结或震动。

（2）为了便于更换和校验压力表，压力表与承压设备接管中应装有三通旋塞或针形阀，三通旋塞或针形阀应装在垂直的管段上，并应有开启标记和锁紧装置。

（3）用于工作介质为高温蒸汽的压力表，在压力表与容器之间的接管上要装有存水弯管，使蒸汽在这一段弯管内冷凝，以避免高温蒸汽直接进入压力表的弹簧管内，致使表内元件过热而产生变形，影响压力表的精度。为了便于冲洗和校验压力表，在压力表与存水弯管之间应装设三通阀门或其他相应装置。

（4）用于具有腐蚀性或高黏度工作介质的压力表，则应在压力表与容器之间应装设有隔离介质的缓冲装置。如果限于操作条件不能采取这种保护装置时，则应选用抗腐蚀的压力表，如波纹平膜式压力表等。

（5）可以根据压力容器的最高许用压力在压力表的刻度盘上画上警戒红线，并注明下次校验的日期，加铅封。但不应把警戒红线涂画在压力表的玻璃上，以免玻璃转动产生错觉，造成事故。

6.3.4　压力表的维护与校验

要使压力表保持灵敏准确，除了合理选用和正确安装以外，在压力容器运行过程中还应加强对压力表的维护和检查。压力表的维护和校验应符合国家计量部门的有关规定，并应做到以下几点：

（1）压力表应保持洁净，表盘上的玻璃要明亮清晰，使表盘内指针指示的压力值能清楚易见。

（2）压力表的连接管要定期吹洗，以免堵塞。特别是用于含有较多油污或其他黏性物料气体的压力表连接管，尤应定期吹洗。

（3）经常检查压力表指针的转动与波动是否正常，检查连接管上的旋塞是否处于全开启状态。

（4）压力表必须按计量部门规定的限期进行定期，校验由国家法定的计量单位进行。

凡属于下列情况之一时压力表应停止使用：

（1）有限止钉的压力表，在无压力时，指针不能回到限止钉处；无限止钉的压力表，在无压力时，指针距零位的数值超过压力表的允许误差；

（2）表盘封面玻璃破裂或表盘刻度模糊不清；

（3）封印损坏或超过校验有效期限；

（4）表内弹簧管泄漏或压力表指针松动；

（5）其他影响压力表准确显示的缺陷。

6.4 其他安全装置

6.4.1 液面计

液面计又称液位计，是用来观察和测量容器内液位位置变化情况。特别是对于盛装液化气体的容器，液位计是一个必不可少的安全装置。操作人员根据其指示的液面高低来调节或控制装量，从而保证容器内介质的液面始终在正常范围内。盛装液化气体的储运容器，包括大型球形储罐、卧式贮车和罐车等，须装设液面剂以防止容器内因充满液体发生液体膨胀而导致容器超压事故。用作液体蒸发用的换热容器、工业生产装置中的一些低压废热锅炉和废热锅炉的汽包，也都应装设液面计，以防止液面过低容器内或无液位而发生超温烧坏设备。

1.分类

液面计按工作原理分为直接用透光元件指示液面变化的液面计（如玻璃管液面计或玻璃板液面计）以及借助机械、电子和流体动力学等辅助装备等间接反映液面变化的液面计（如浮子液面计、磁性浮标液面计和自动液面计等）。此外，还有一些带附加功能的液面计，如防霜液面计等。固定式压力容器常用的是玻璃管式和平板玻璃两种，移动式压力容器常用的是滑管式液面计、旋转管式液面计和磁力浮球式液面计。

（1）滑管式液位计

滑管式液位计主要由套管、带刻度的滑管、阀门和护罩等组成，其结构形式如图6-39所示。这种液位计的工作原理是通过滑动管在罐体内作上滑移，管子下端与气相接触时由管孔向外喷出挥发气体，而与液相接触时由管孔向外喷出雾化气体来测量液面高低的。液面高度通过固定在管子旁边的指示标尺来确定。

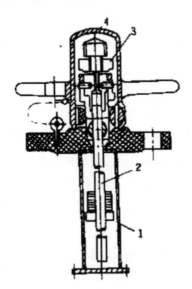

图6-39 滑管式液位计结构

1 - 套管；2 - 带刻度的滑管；3 - 阀门；4 - 护罩

滑管式液位计一般安装在罐体上方，滑管与液面计主体之间采用填料密封。这种液面计结构简单、紧凑，显示准确、直观，结构牢固、耐震动，不怕冲击，但由于需要安装在罐体顶部，观测不够方便，测量精度会受滑管移动速度和喷出时间的影响。

（2）旋转管式液位计

旋转管式液位计主要由旋转管、刻度盘、指针、阀芯等组成，见图6-40所示。旋转管式液位计的测量原理与滑管式液位计完全相同。它是由弯曲旋转管内小孔向外喷出气相或液相介质来测量液面位置的。所不同的是以管子的旋转动作代替滑管的上下滑动，这样可以通过表盘指针来指示液面高度。

旋转管式液位计一般安装在罐体后封头中部，比较方便操作观测。但仍存在由于动作快慢和喷出时间存在的误差。但它结构牢固，显示准确、直观，且操作方便，因而在槽车上得到广泛的应用。

（3）磁力浮球式液位计

磁力式液位计是利用磁力线穿过非磁性不锈钢材料制成的盲板，在罐体外部用指针表盘方式来表示液面高度，见图6-27。

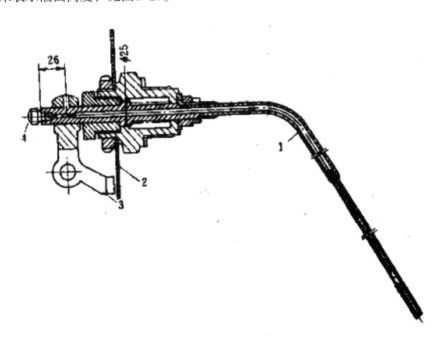

图6-40　旋转管式液位计结构

1-旋转管；2-刻度盘；3-指针；4-阀芯

浮球式液位计的工作原理是利用液体对浮球的浮力作用，以浮球为传感元件，当罐内液位变化时，浮球也随之作升降运动，从而使与齿轮同轴的一块型磁钢产生转动，通过磁力的作用带动位于表头内的另一块磁钢作相应的转动。与磁钢同轴的磁针便在刻度板上指示出一定的液位值来。磁力式液位计不怕振动，指示表头与被测液体互相隔离，因而密封与安全性好，适合各类液化气槽车使用。但它结构复杂，对材料的磁性有一定的要求。

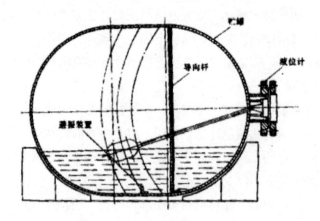

图6-27　磁力浮球式液位计结构

（4）玻璃管式液位计

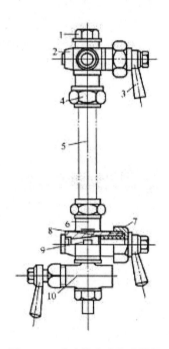

图6-41　玻璃管式液位计结构

1–玻璃管盖；2–上阀体；3–手柄；4–玻璃管螺母；5–玻璃管；6–下阀体；

7–封口螺母；8–填料；9–塞子；10–放水阀

（5）平板玻璃液位计

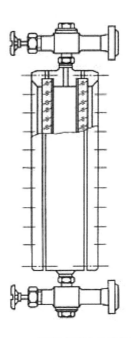

图6-42　平板玻璃液位计结构

2. 选用原则

液面计应根据压力容器的介质、最高工作压力和温度正确选用。

（1）盛装易燃、毒性程度为极度、高度危害介质的液化气体压力容器，应采用玻璃板液面计或自动液面指示器，并应有防止泄漏的保护装置。

（2）低压容器选用管式液面计，中高压容器选用承压较大的板式液面计。

（3）寒冷地区室外使用的容器，或由于介质温度与环境温度的差值较大，导致介质的黏度过大而不能正确反映真实液面的容器，应选用夹套型或保温型结构的液面计。盛装0℃以下介质的压力容器，应选用防霜液面计。

（4）要求液面指示平稳的，不应采用浮标式液面计，可采用结构简单的视镜。

（5）压力容器较高时，宜选用浮标式液面计；

（6）移动式压力容器不得使用平板式液面计，一般选用旋转管式或滑管式液面计。

3. 液面计的安装

液面计的安装使用应符合下列规定：

（1）在安装使用前，低、中压容器用液面计，应进行1.5倍液面计公称压力的液压试验；高压容器的液面计，应进行1.25倍液面计公称压力的液压试验。

（2）液面计应安装在便于观察的位置。如液面计的安装位置不便于观察，则应增加其他辅助设施。大型压力容器还应有集中控制的设施和警报装置。液面计的最高和最低安全液位，应做出明显的标记。

（3）液位计安装完毕并经调校后，应在刻度表盘上用红色漆画出最高、最低液面的警戒线。要求液面指示平稳的液面计上部接管可设置挡液板。

4.液面计的使用和维护

液面计的使用温度不要超过玻璃管、板的允许使用温度。在冬季，则要防止液面计冻堵和发生假液位。对易燃、有毒介质的容器，照明灯应符合防爆要求。

压力容器操作人员，应加强对液面计的维护管理，经常保持完好和清晰。使用单位应对液面计实行定期检修制度，可根据运行实际情况，规定检修周期，但不应超过压力容器内外部检验周期。液面计有下列情况之一的，应停止使用并更换：

（1）超过检修周期；

（2）玻璃板（管）有裂纹、破碎；

（3）阀件固死；

（4）经常出现假液位；

（5）指示模糊不清。

6.4.2　减压阀

减压阀是采用控制阀体内的启闭件的开度来调节介质的流量，使流体通过时产生节流压力减小的阀门。常适用于要求更小的流体压力输出或压力稳定输出的场合。主要有两个作用，一是将较高的气（汽）体压力自动降低到所需的较低压力；二是当高压侧的介质压力波动时，能自动调节作用，使低压侧的气（汽）压稳定。

1.减压阀分类

减压阀按结构形式可分为薄膜式、弹簧薄膜式、活塞式、杠杆式和波纹管式；按阀座数目可分为单座式和双座式；按阀瓣的位置不同可分为正作用式和反作用式。弹簧薄膜式减压阀的灵敏度较高，而且调节比较方便，只需旋转手轮来调节弹簧的松紧度即可。但是，薄膜承受的温度和压力不能太高，同时行程大时，橡胶薄膜容易损坏。因此，弹簧薄膜式减压阀普遍使用在温度和压力不太高的蒸汽和空气介质管道上。活塞式减压阀的活塞在汽缸中的摩擦较大，灵敏度比弹簧薄膜式减压阀差，制造工艺要求严格，所以它适用于温度、压力较高的蒸汽和空气介质管道和设备上。波纹管式减压阀，适用于介质参数不高的蒸汽和空气管路上。

（1）弹簧薄膜式

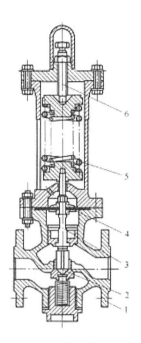

图6-43　弹簧薄膜式减压阀

1-阀芯；2-阀体；3-阀杆；4-薄膜；5-弹簧；6-调节螺栓

（2）活塞式减压阀

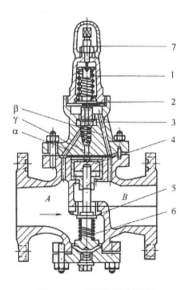

图6-44　活塞式减压阀

1-调节弹簧；2-金属薄膜；3-辅阀瓣；4-活塞；5-主阀瓣；6-主阀弹簧；7-调节螺栓；

（3）波纹管式减压阀

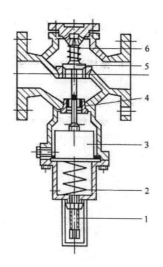

图6-45 波纹管式减压阀

1-调整螺栓；2-调节弹簧；3-波纹管；4-压力通道；5-阀瓣；6-顶紧弹簧；

2. 安装使用与定期检修

减压阀的使用必须在产品限定的工作压力、工作温度范围内工作，减压阀的进出口必须有一定的压力差。在减压阀的低压侧必须装设安全阀和压力表。减压阀不能当截止阀使用，当减压阀用汽设备停止用汽后，应将阀前的截止阀关闭。

定期检修内容：检查主阀、导阀的磨损情况；检查各部分弹簧是否疲劳；检查膜片是否疲劳等。

6.4.3 温度计

压力容器测温通常有两种形式：测量容器内工作介质的温度，使工作介质温度控制在规定的范围内，以满足生产工艺的需要；对需要控制壁温的压力容器，进行壁温测量，防止壁温超过金属材料的允许温度。在这两种情况下，通常需要装设测温装置。常用的压力容器温度计有温度表、温度计、测温热电偶及其显示装置等。这些测温装置有的独立使用，有的同时组合使用。

1. 分类与工作原理

根据测量温度方式的不同，温度计可分为接触式温度计和非接触式两种。接触式有液体膨胀式、固体膨胀式、压力式以及热电阻和热电偶温度计等。非接触式温度计有光学高温计、光电高温计和辐射式高温计等。非接触式温度计的感温元件不与被测物质接触，利用被测物质的表面亮度和辐射能的强弱来间接测量温度。各种温度计的使用范围与应用场合见表6-12。压力容器常用的温度计是固体膨胀式、压力式以及热电阻和热电偶温度计。

（1）膨胀式温度计

膨胀式温度计是以物质受热后膨胀的原理为基础，利用测温敏感元件在受热后尺寸或体积发生变化来直接显示温度的变化。液体膨胀式温度计这是应用最早而且当前使用最广泛的一种温度计，其测温上限取决于所用液体汽化点的温度，下限受液体凝点温度的限制。为了防止毛细管中液柱出现断续现象，并提高测温液体的沸点温度，常在毛细管中液体上部充以一定压力的气体。固体膨胀式温度计是利用两种不同膨胀系数的材料，受热时产生机械变形而使表盘内的齿轮转动，通过指针来指示温度的。

（2）压力式温度计

压力式温度计是利用温包里的气体或液体因受热而使体积膨胀而引起封闭系统中压力变化，通过压力大小间接测量温度。其结构见图6-46。

（3）热电阻温度计

根据热电效应原理，即导体和半导体的电阻与温度之间存在着一定的函数关系，利用这一函数关系，通过测量电阻的大小，即可得出所测温度的数值。目前由纯金属制造的热电阻的主要材料是铂、铜和镍，它们已得到广泛的应用。

（4）热电偶温度计

热电偶是当前热电测温中普遍使用的一种感温元件，它的工作原理是利用热电偶由两种不同材料的导体，在两个连接处的温度不同产生热电势的现象制成。

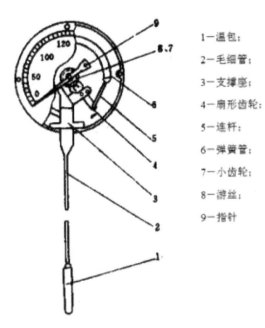

1—温包；

2—毛细管；

3—支撑座；

4—扇形齿轮；

5—连杆；

6—弹簧管；

7—小齿轮；

8—游丝；

9—指针

图6-46　压力式温度计

（5）辐射式高温计

辐射式高温计是利用物质的热辐射特性来测量温度。这种温度计因为是利用光的辐射特性，所以可以实现快速测量。

表6-12 压力表的使用范围与应用

温度计类型		测量温度范围 /℃	应用
膨胀式		−200~600	常用于轴承、定子等处的温度做现场指示
压力式		−80~400	常用于测量易燃、有振动处的温度、传示距离不很远。
电阻	铂	−200~650	常用于液体、气体、蒸汽的中、低温测量，能远距离传送。
	铜	−50~150	
热电偶		0~1600	常用于液体、气体、蒸汽的中、高温测量，能 远距离传送。
辐射式		600~2000	常用于测量火焰、钢水等不能直接测量的高温场合。

2. 安装使用与维护保养

（1）介质温度的测量

用于测量压力容器介质的测量仪主要有插入式温度表和插入式热电偶测量仪，也有的直接使用水银（酒精）温度计。这些温度仪测温的特点是温感探头直接或带套管（腐蚀性介质或高温介质时用）插入容器内与介质接触测温，温度表（计）直接在容器上显示，测温热电偶则可通过导线将显示装置引至操作室或容易监控的位置。为防止插入口泄漏，一般在压力容器设计上留有标准规格温度计（表）接口，接口连接形式有法兰式和螺纹连接两种，并带有密封元件。

（2）壁温的测量

对于在高温条件下操作的压力容器，当容器内部在介质与容器壁之间设置有保温砖等的绝热隔热层时，为了防止由于隔热绝热材料安装质量、热胀冷缩或者是隔热、绝热减薄或损坏等造成容器壁温过高，导致容器破坏，需要对这类压力容器进行壁温的测量。此类测温装置的测温探头紧贴容器器壁。常用的有测温热电偶、接触式温度表，水银温度计等。

（3）使用维护

压力容器的测温仪表必须根据其使用说明书的要求和实际使用情况及结合计量部门规定的限期设定检验周期进行定期检验。壁温测量装置的测温探头必须根据压力容器的内部结构和容器内介质反应和温度分布的情况，装贴在具有代表性的位置，并做好保温措施以消除外界引起的测量误差。测温仪的表头或显示装置必须安装在便于观察和方便维修、更换、检测的地方。

6.5 安全附件的运行检查

6.5.1 压力表

在对压力表检查时，如遇下列情况之一时，应立即更换：

1. 检查同一系统上的压力表计数是否一致，压力表指示是否失灵；

2. 表盘刻度模糊不清或表盘封面玻璃破裂；

3. 有限止钉的压力表泄压后指针不能回到限止钉处。无限止钉的压力表泄压后，指针距零位的数值超过压力表的允许误差；

4. 铅封损坏或超过校验有效期限。

6.5.2　安全阀

1. 检查安全阀的锈蚀情况，铅封是否损坏，是否在合格的校验期内；

2. 安全阀与排放口之间装设截止阀的，运行期间是否处于全开位置并加铅封；

3. 发现安全阀失灵或有故障时，应立即处理或停止运行；

6.5.3　爆破片

1. 检查爆破片的安装方向是否正确，并核实铭牌上的爆破压力和温度是否符合运行要求；

2. 爆破片单独泄压装置的，检查爆破片和容器截止阀是否处于全开状态，是否已加铅封。另外，还应检查爆破片有无泄漏及其他异常现象；

3. 爆破片和安全阀串联使用时应检查以下方面是否存在问题：

（1）当爆破片装在安全阀出口侧时，应注意检查爆破片和安全阀之间所装的压力表和截止阀（二者之间应不积存压力，能疏水或排气）；

（2）当爆破片装在安全阀进口侧时，应注意检查爆破片和安全阀之间所装的压力表有无压力指示；截止阀打开后有无气体漏出，以判断爆破片的好坏情况；

（3）爆破片和安全阀并联使用时，应参照爆破片单独作泄压装置的要求进行检查。

6.5.4　液位计

1. 检查液位计有无明显的最高和最低安全液位标记，能否正确指出介质实际液面，防止出现假液位；

2. 寒冷地区室外使用和介质低于0℃的压力容器以及槽车、罐车，应检查液位计的选型是否符合有关规范和标准要求，并检查使用状况是否正常；

3. 检查是否超过检验期限，玻璃板（管）是否裂纹、破碎；阀件是否固死或会出现假液位；否则应停止运行。

6.6　安全附件的停机检查

6.6.1　安全阀

1. 对拆换下来的安全阀，应解体检查、修理和调整，进行耐压试验和密封试验，然后校验开启压力。经检查后的安全阀应符合有关规程、标准的要求；

2. 对于新安全阀应检查是否经调试。若未经调试，则不准安装使用；

3. 检查安全阀校验后，是否打上铅封，是否有合格证。

6.6.2 压力表

1. 检查压力表的精度等级、表盘直径、刻度范围、安装位置等是否符合有关规程、标准的要求；

2. 检查压力表是否是由有资格的计量单位进行校验的，校验合格后是否重新铅封和是否有合格证。

6.6.3 爆破片

检查爆破片是否按有关规定定期更换。

6.6.4 紧急切断装置

对拆下来的紧急切断装置，应解体检验、修理和调整，进行耐压、密封、紧急切断、振动等性能试验，检验合格后，应重新铅封并出具合格证。

6.6.5 快开门式连锁装置

检查凡属快开门式的压力容器均必须安装安全联锁装置。否则应停止设备运行；对已安装安全连锁装置的，但不符合规定要求或已损坏，应予及时修复。

6.6.6 温度计

检查温度计是否损坏、失灵、是否定期检验。

参考文献

[1] 张雪, 爆破片的结构类型与选用特性. 工艺与设备. 2020, 46(2): 111–112.

[2] GB/T 14566–2011爆破片型式与参数.

[3] TSG 21–2016《固定式压力容器安全技术监察规程》.

[4] GB 150–2011《钢制压力容器》.

[5] GB 567.1爆破片安全装置 第1部分: 基本要求.

第七章　压力容器检测试验技术

压力容器检测基本目的就是防止压力容器失效事故，特别是危害最严重的破裂事故的发生，通过验证性检验和抽查等手段来保证压力容器产品的安全性能。在压力容器出厂或投入使用前就发现问题，从而杜绝因质量不符合规范标准要求而在使用时失效的可能性。

压力容器的检测十分必要。做好压力容器检测，有利于确保其具有良好的工作性能，可以分析判断出压力容器在运行期间可能存在的各种安全隐患并将其消除，从而降低安全事故的发生概率；做好压力容器检测，能够使相关企业的生产运行期间的经济效益可以得到进一步提升，进而保证企业能够实现可持续化发展；注重压力容器检测，能够在保证压力容器在运行过程中安全的基础上，适当延长压力容器使用寿命长度。

7.1　宏观检查

宏观检查主要是检查压力容器的外观、结构及几何尺寸等是否满足容器安全使用要求。这是一种最基本的检验方法，可以直接发现容器内外表面比较明显的缺陷，并为后续的检验提供依据。

7.1.1　外观检查

外观检查是用目视或用5～10倍放大镜以及锤击的方法，对容器本体、对接焊缝、接管焊缝等部位进行检查，以发现容器在运行过程中产生的缺陷为重点，对于内部无法进入的容器应采用内窥镜或者其他方法进行检查。其内容主要是压力容器的外观质量，即实体外表状况满足明确和隐含需要的能力的特性总和，是实体质量的一个组成部分，包括成形和组装外观质量的检验、焊缝形成的外观质量、容器表面的外观质量、不锈钢酸清洗钝化的外观质量、油漆包装的外观质量和容器铭牌的外观质量等。

1. 成形和组装外观质量的检验要求

（1）制造中应避免钢板表面的机械损伤。对于尖锐伤痕以及不锈钢容器防腐蚀表面的局部伤痕、刻槽等缺陷应予修磨，修磨范围的斜度至少为1∶3。修磨的深度应不大于该部位钢材厚度δ_s的5%，且不大于2mm，否则应予焊补。对于复合板的成形件，其修磨深度不得大于复层厚度的30%，且不大于1mm，否则应予焊补。

（2）封头。封头上有拼焊接头的焊缝在卧式容器上应水平配置，对三拼板的封头应小块在上、大块在下。封头各种不相交的拼焊焊缝中心线间距离至少应为封头钢材厚度δ_s的3倍，且不小于100mm。封头由成形的瓣片和顶圆板拼接制成时，焊缝方向只允许是径向和环向的。

（3）圆筒与壳体。A、B类焊接接头对口错边量应符合表7-1的规定。锻焊容器B类焊接接头对口错边量应不大于对口处钢材厚度δ_s的1/8，且不大于5mm。复合钢板对口错边量不大于钢板复合层厚度的50%，且不大于5mm。

表7-1　A、B类焊接接头对口错边量规定　　　　　　　　单位：mm

对口处钢材厚度 δs	按焊接接头类划分对口错边量 b		备注
	A	B	
≤ 12	≤ 0~1/4δ_s	≤ 1/4δ_s	
> 12~20	≤ 3	≤ 1/4δ_s	
> 20~40	≤ 3	≤ 5	
> 40~50	≤ 3	≤ 1/8δ_s	
> 50	≤ 1/16δ_s，且 ≤ 10	≤ 1/18δ_s，且 ≤ 20	

注：球形封头与圆筒连接的环向接头以及嵌入式接头与圆筒或封头对接连接的A类接头，按B类焊接接头的对口错边量要求。

（4）法兰与平盖。法兰密封面应符合图样要求，无径向贯穿伤痕；平盖和筒体端部的加工按柱孔或通孔的中心圆直径以及相邻两孔弦长允差为±0.6mm，螺孔中心线与端面的垂直度允差不得大于0.25%和任意两孔弦长允差按表7-2规定执行。

表7-2　两孔弦长允差规定　　　　　　　　单位：mm

设计内径 Di	< 600	600~1200	> 1200	备注
允差	± 1.0	± 1.5	± 2.0	

2. 焊缝表面质量检验要求

（1）A、B类接头焊缝的余高e1、e2，按表7-3的规定执行。

表7-3　焊缝余高规定　　　　　　　　单位：mm

标准抗拉强度下限值 σ > 540MPa 的钢材 以及 Cr-Mo 低合金钢钢材				其他钢材			
单面坡口		双面坡口		单面坡口		双面坡口	
e1	e2	e1	e2	e1	e2	e1	e2
0%~10%δ_s 且 ≤ 3	≤ 1.5	0%~10%δ_1 且 ≤ 3	0%~10%δ_2 且 ≤ 3	0%~15%δ_s 且 ≤ 4	≤ 1.5	0%~15%δ_1 且 ≤ 4	0%~15%δ_2 且 ≤ 4

（2）焊缝宽窄差。同一条焊缝宽窄相差应不大于4mm，同类型焊缝宽窄相差不得大于8mm。

（3）焊缝直线度。纵向焊缝的直线度偏差应不大于3mm/m，环向焊缝的直线度偏差应不大于4mm/m，且不应有明显的突变。

（4）C、D类焊缝的焊脚，在图样无规定时取焊件中较薄者的厚度。补强圈的焊脚，当补强圈的厚度不小于8mm时，其焊脚等于补强圈厚度的70%，且不小于8mm。

（5）焊缝表面不得有裂纹、气孔、弧坑和飞溅物。

（6）标准抗拉强度σ_b＞540MPa的钢材及Cr-Mo低合金钢材和奥氏体不锈钢材制造的容器以及焊缝系数φ取1的容器，其焊缝表面不得有突边。其他容器焊缝表面的咬边深度不得大于0.5mm，咬边连续长度不得大于100mm。焊缝两侧咬边的总长不得超过该焊缝长度的10%。

（7）C、D类接头焊缝与母材呈圆滑过渡。

（8）应在规定的部位打上焊工钢印。对于有防腐要求的不锈钢以及复合钢板制压力容器不得在防腐面采用硬印作为焊工的识别标记。

（9）焊缝返修后不得有明显变形，如有明显变形需消除。

3. 容器表面质量检验要求

（1）钢板表面质量。钢板表面不得有裂纹、裂口、气泡、结疤、折叠和夹杂等缺陷。如有上述缺陷，允许清理，清理深度从实际尺寸算起，不得超过厚度的公差之半，并应保证钢板的最小厚度。清理处应平滑，无棱角。钢板不得有分层。除上述规定之外，其他缺陷允许存在，其深度从钢板实际尺寸算起，不得超过钢板厚度公差之半，并应保证钢板的最小厚度。

（2）火焰切割表面质量。用火焰切割加工的表面质量必须符合JB3092标准的规定。

（3）容器表面不允许有明显的凹坑、锤击伤痕和焊疤。

4. 酸洗钝化外观质量的检验要求。

（1）酸洗过程中不得有明显的腐蚀痕迹。

（2）氧化皮要彻底清除，焊缝热影响区及热加工件表面不得有氧化色。

（3）焊接飞溅及落渣要彻底清除。

（4）表面不得留有颜色不均匀的斑纹。

（5）表面不得有碳钢微粒。

（6）表面形成的钝化膜应是无光的、无色的薄膜。

5. 容器油漆、包装外观质量的检验要求

（1）锈蚀的清除

容器表面的浮锈、积锈和氧化皮要求清除干净，层锈必须清除，并将锈末、锈灰扫净。去除层锈后的麻坑应予磨平，磨平后的壁厚不得低于图样厚度减去材料负偏差。

（2）油漆外观质量

容器油漆前应将金属表面干燥，对油污、铁锈、焊接飞溅物和其他影响油漆质量的杂物应予清除；容器表面的漆膜应均匀，不应有气泡、龟裂和剥落等缺陷。容器出厂时应检查油漆质量，必要时需作修补；包装防护件（如防护罩、盖板等）应涂一道颜色相同的油漆。

（3）机械加工件的表面（如螺纹、密封件等）应涂无酸性工业凡士林，一般加工件表面应涂防锈油脂。

（4）包装质量

装运前应将容器内的残留物清除干净；所有管口、开口需用钢板、木板、塑料或橡胶制的盖板封闭；多层压力容器筒壁上的泄放孔应以橡胶或塑料的塞堵堵死；单独交付的组装内件和较大型的不规则零部件（如膨胀节、人孔、大型接管等），一般采用框架或宽格箱包装，装箱需注意防护；较精密易散失的小零件（如浮阀、泡罩、螺栓、螺母等）采用暗箱包装；同台产品的零件应避免与其他台产品的零件混装；较精密零件间装箱时应相对固定，以防止装卸和搬运时产生滑动撞击。

6. 产品铭牌和注册铭牌外观质量的检验要求

（1）产品铭牌和注册铭牌的文字应正确、清晰。

（2）产品铭牌和注册铭牌装订位置应符合图样要求，并装订端正不倾斜偏移。

（3）产品铭牌和注册铭牌架应点焊牢固和美观。

7.1.2　结构检查

结构检查主要包括筒体或封头的连接结构是否符合设计要求；焊缝选择与布置是否合理；开孔及补强结构；容器的零部件，如支座或者支撑、法兰及接管结构等，重点是构造或布置得不合理的设备结构及焊接结构。

7.1.3　几何尺寸检查

尺寸检查贯穿于压力容器制造的全过程，几何尺寸的检查包括容器本体和受压元件的结构尺寸、形状尺寸和缺陷尺寸等。主要检测以下几个方面：

1. 在容器的制造和组装过程中，通常可采用焊规、焊缝检验尺、样板尺等检测工具对纵、环焊缝对口错边量、棱角度进行检查。

2. 对直立压力容器和球形压力容器支柱直线度控制非常重要。一般在筒体组对后焊接前进行第一次检测，在组焊后进行校核检测。

3. 用卷尺测量筒体的周长来测定筒体最大直径与最小直径。在GB150中规定，筒体最大内径与最小内径差不大于内径的1%，且不大于25mm（对锻焊容器1‰）；GB151中规定，同一断面上的最大直径与最小直径差不大于0.5%DN。

4. 封头形状的检测。若封头的形状不符合设计要求，将产生附加的弯曲应力。一般用卷尺或盘尺测量封头的直径差，用内样板检查椭圆形、碟形、球形封头内表面的形状偏差。封头表面凹凸量、直边高度和直边部位的纵向皱折也需进行测量。

5. 焊缝外观尺寸的测量。对焊缝余高、角焊缝的焊缝厚度和焊脚尺寸可用平直尺进行检查。

7.2　理化实验

7.2.1　硬度测定

硬度指的是材料抵抗局部变形的能力，诸如塑性变形、压痕或划痕等能力，是衡量材料软硬的判断依据。硬度检测可以快速、经济并简单地评价材料的力学性能，判断材料强度等级或鉴别材质及其材料的弹性、塑性、强度、韧性及磨损抗力等多种物理量的综合性能，反映金属材料在不同的化学成分、组织结构和热处理工艺条件下性能的差异，测定出材料的适用性。同时，硬度检测也可实现材料为使用目的所进行的特殊硬化或软化处理的效果，避免造成部分设备资源的浪费，同时确保设备的安全进行。

硬度值与其强度存在一定的比例关系，对钢铁材料来说，其抗拉强度近似等于三分之一的布氏硬度值。材料化学成分中，大多数合金元素都会使材料的硬度升高，其中碳对材料硬度的影响最直接，材料中的碳含量越大，其硬度越高，因此硬度试验有时用来判断材料强度等级或鉴别材质。

材料中不同金相组织具有不同硬度。一般来说，马氏体硬度高于珠光体，珠光体的硬度高于铁素体，铁素体的硬度高于奥氏体。因此，通过硬度值可大致了解材料的金相组织，以及材料在加工过程中的组织变化和热处理效果。加工残余应力与焊接残余应力的存在对材料的硬度也会产生影响，加工残余应力和焊接残余应力值越大，硬度越高。

硬度可以采用不同的方法在不同的仪器上测定，其测得的硬度指标也各不相同，最常用的硬度指标有布氏硬度（HB）、洛氏硬度（HR）和维氏硬度（HV）。

1. 硬度检测的范围

压力容器制造所需原材料众多，材料不同，对于硬度要求也不同；选用标准不同，具体的硬度指标值也不同，因此有必要对其进行硬度检验。例如在一些高温容器中，为了检验材质是否劣化，可以先进行硬度检测，硬度检验还可用于检查热处理的效果下是否达到了预定的要求，及其材料的性能差异，材质变化情况，及其应力腐蚀的情况下反应材料的力学性能和组织性能等。硬度检测可用于对碳素钢、低合金钢制压力容器的材质进行检测，根据材质硬度与强度，求出其强度值。

压力容器一般要求焊缝与本体硬度应该一致。实际上焊接时处于正火状态，焊缝硬度略高于本体。环境温度比较低时焊接需要采取保温措施，如果又是低温高压容器，这时的焊缝需做硬度试验，通过检测母材、焊缝和热影响区的硬度，以判断材料的焊接性和工艺的适用性。

压力容器进行局部或整体热处理后，可对焊缝金属、热影响区及母材进行硬度测定，检查热处理效果，判断焊缝接头的消除应力情况。当怀疑压力容器使用过程中有脱碳现象时，可对可疑部位进行硬度测定。为防止高温条件下，材料的硬度因渗碳、渗氮等现象有所改变，可及时进行硬度检测。当压力容器在应力腐蚀环境下时，可通过硬度检验判断出应力腐蚀的倾向。

2.硬度检测的内容

（1）硬度测试的特征

硬度测定是压力容器中比较常用的测定量，具有以下几方面特征：首先，结构比较简单、容易测定、方便人员维护；其次，进行测定的时候，不会受到各个部件形变和体积的影响，测定结果较精确；再次，测定的时候，不会对测定材料任何损坏，保证了材料的完整性；最后，对其进行硬度测定可以提升测定的效率，同时还可以应用于一些脆性或者容易变形材料的测定。由于硬度测定具有以上几种效果，所以，对压力容器进行硬度测定具有非常重要的意义。

（2）硬度测定的作用

首先，硬度测定工作人员可以及时了解压力容器的硬度；其次，利用硬度测定结果，工作人员可以对容器焊接头热区域进行确定，保证焊接可以达到理想的焊接效果；再次，在硬度测定结果确定的前提下，可以清楚了解压力容器耐腐蚀范围；最后，硬度测定可以帮助人们全面地了解并认识压力容器的总体性能。

（3）硬度检测的方法

一般使用压入法进行硬度检测，即把规定的压头压入金属材料表面层，然后根据压痕的面积或深度确定其硬度值。由于压头和压力不同，其硬度指标也不一而足，可细分为布氏硬度、洛氏硬度和维氏硬度。

布氏硬度采用直径为D的淬火钢球或硬质合金球，以相应的试验力F压入试样表面，保持规定的时间后卸除试验力，在试样表面留下球形压痕。布氏硬度值与其压痕直径成反比，与材料软硬成正比。使用布氏硬度测量，其测量精度较高，所测出的硬度值也较准确，适用于测量原材料、半成品、铸铁、非铁合金、各种退火及调质钢材的硬度，但由于其对金属表面的损伤较大，不适合测试太小、太薄的工件及成品件的硬度。

洛氏硬度是以顶角为120°的金刚石圆锥体或直径为Φ1.588mm的淬火钢球作压头，以规定的试验力使其压入试样表面，通过测量压痕的深度得出材料的硬度值。洛氏硬度试验采用三种试验力，三种压头，可生成9种组合，9个标尺，其应用涵盖了几乎所有常用的金属材料，应用极为广泛，可直接从硬度机的表盘读出硬度值，操作简便，但其压痕较小，测得的数值不够准确。

维氏硬度根据压痕单位表面积上的试验力大小来计算硬度值，可用于测定很薄的金属材料和表面层硬度，具备前2种方法的优点，但操作不够简便，需要先测量对角线长度，然后经计算或查表确定，效率较低。

3.压力容器的测量部位

对压力容器的不同部位，可依照主次划分来界定其测量部位，由于焊接接头的熔合区、过热区是组织性能极其不均匀的部位，同时也是应力应变极其不均匀的部位，这两个区域是焊接接头中最危险的部位，对易产生鼓包、变形等可疑部位进行硬度测量，可以大致判断出材质是否劣化，因此可将压力容器的过热区、熔合区及易产生鼓包、变形等可疑部位应作为主要测量部位。

焊缝、母材可作为次要测量部位，为主要测量部位硬度测量结果提供比较基准。如果主要测量部位在母材、过热区上，则次要测量部位应选择母材正常部位；如果主要测量部位在焊缝上，则次要测量部位应选择焊缝正常部位，当可疑部位硬度值与正常部位硬度值若相差在10%以上，则说明材质已经劣化。进行压力容器硬度测量时，对焊缝、母材等宽度大的测量部位，也可以按GB/T 17394–2014的规定执行；对热影响区、熔合区、过热区等宽度小的检测部位，只能每个测量部位测量一次。

4. 压力容器硬度检测合格指标

一般情况下，检测硬度时，需要把焊缝表面的淬硬层磨掉，焊接接头的HB硬度控制在母材硬度+100以下的水平，对于20R材料的焊接接头硬度在热处理后一般在HB200以下。由于过热区宽度较窄，硬度测量时，可采用便携式里氏硬度计对压力容器进行硬度测量的合格指标，过热区表层里氏硬度值一般不超过母材表层里氏硬度值的105%。

当碳钢、低合金钢焊制容器在NaOH、湿H_2S应力腐蚀环境、高温高压氢腐蚀环境、液氨等四种介质环境中使用时，应满足HG 20581–2020中有关硬度值的限制规定，可通过GB/T 17394–2014换算成里氏硬度。若是在宏观检验发现对材料性能有影响的可疑缺陷，可同时对可疑部位硬度值与正常部位进行硬度检验，若这两个部位的同一区域相差明显，则可判断材质已劣化。

宏观检验未发现材料性能有可疑缺陷，且该容器需首次进行硬度测量时，须保证焊缝的硬度平均值在抗拉强度换算值的85%，过热区的硬度平均值在抗拉强度换算值的90%，母材的硬度平均值不能母材抗拉强度换算值的85%，否则应进行金相检验。一旦发现材质的硬度过高，可通过热处理等方法降低硬度，以金属焊接为例，常用的黑色金属焊接后焊接接头的硬度高于母材，硬度从高到低的顺序为：焊缝、热影响区和母材。在硬度高的区域，金属的强度和应力也非常高，这对于使用在有应力腐蚀倾向的工况中是非常危险的，因此只有降低硬度，才能防患于未然。

5. 硬度测定在压力容器中的具体应用

（1）压力容器使用时硬度的测定

使用压力容器进行实际操作时，压力容器经常会在外界各种因素的作用下无法发挥正常作用。经过分析发现，影响压力容器实际应用的主要因素是外界温度和操作方法。为了保证压力容器可以顺利地应用到实际操作中，必须对其的硬度进行测定，及时了解其的硬度范围，保证在实际使用中，压力容器可以满足操作要求。

很多压力容器都工作于高温高压环境中，同时由于周围环境具有一定的腐蚀性，导致很多压力容器经常出现硫化和渗碳等各种问题，对容器硬度产生了很大作用。在各种原因的共同影响下，工作人员必须及时对压力容器的硬度进行测定，同时由于腐蚀还会对压力容器工作内壁产生影响，所以为了保证内壁可以长时间使用，必须对其硬度进行测定。

由于超高水晶釜是压力容器中重要的组成部分，所以为了保证压力容器可以正常使用，必须定期对其进行测定并检修。现阶段，我国使用的压力容器中，超高水晶釜的主要组成材料都是PCrNi$_3$MoVa，由于此种材料经常在高温状态下使用，对材料硬度要求比较严格。在长期使用中，如果不能定期进行硬度检测，就会直接影响材料的使用效率，严重时将产生容器变形等问题。所以必须不断对超高压水晶釜的硬度进行检测，如果在检测中发现硬度不足，必须及时对其进行相关测试，保证水晶釜内部结构和功能符合操作需求。

（2）热处理过的压力容器在检验中的实际应用

我国现阶段主要使用两种热处理方式。一种是完成冷却成型之后，为了保证材料的性能进行的热处理；另一种是压力容器完成焊接之后，使用热处理方式对出现的残余部分进行消除，保证压力容器不发生应力腐蚀现象。残余应力已经成为影响压力容器的主要因素，严重时会让压力容器发生恶化，影响压力容器的正常使用。

很多压力容器在制作的时候，需要对局部温度进行控制，保证制作完成质量符合使用标准。完成制作工序时，工作人员必须及时对母体和焊接金属进行测定，同时还要保证热处理效果符合操作需求。最后需要对焊接接头部位产生的残余应力消除和有权利容器的腐蚀破裂程度等进行判断。

压力容器硬度检测主要进行焊缝、热影响区域和焊接接头母材料检测三部分。经过这些测定过程，工作人员可以清楚地选择操作工艺并对焊接方法进行判断。通常情况下，评价标准是15MnVR的HV必须小于400，16MnR的HV必须小于等于390。

（3）在材料不清压力容器检验中的应用

由于我国众多小型企业的管理能力不足，对压力容器进行检验的时候，经常出现检测材料丢失等问题，影响了受压元件材质的判断。很多企业会使用无主体材质压力容器根据材料下限值的比较进行材质判断，但是由于此种方法比较浪费材料，所以可以对材质不清压力容器进行检测，使用硬度测定和一定的化学检测方法进行反复比较并核对。例如：低合金钢压力容器，如果材质不清楚时，可以使用布氏硬度检测和化学方法对材料化学性能和强度进行比较，然后使用强度和硬度关系，判断出材料的近视强度值。

7.2.2 化学元素分析

金属材料中比较重要的元素为碳、硅、锰、硫和磷，对材料的性能影响最显著。对材料的物理性能影响最大的元素是碳，碳含量的高低直接影响钢铁组织变化。例如奥氏体钢和马氏体钢，从而影响钢材的物理性能。硅作为脱氧剂，炼钢过程必不可少。沸腾钢的含硅量很低，而在镇静钢中硅的含量一般为0.12% ~ 0.37%。钢中硅含量的增加，会相应提高屈服强度和抗拉强度，例如调质结构钢中硅含量增加1.0% ~ 1.2%，强度可提升15% ~ 20%。但是，硅含量的提高会降低钢材的伸长率和收缩率，冲击韧性明显降低。

在压力容器制造中，为了防止材料用错或对材料进行验证性分析，往往需要对材料进行复验。对于在用压力容器，若主体材料不明，也需对材料的元素种类和含量进行分析。若需要补焊，则为了选用合适的焊材和焊接工艺，材料的成分检测是需要的；要掌握金属材料的性能，必须准确分析元素含量，并在此基础上研发性能更加优异的材料。

在用压力容器检验中，若怀疑材料在运行环境下其内表层成分发生变化，例如脱碳，或需要对腐蚀产物进行分析，以确定腐蚀的性质、原因、发展速率，都需要进行材料的微区和微量物质的元素分析。

随着分析技术的发展，分析金属材料的化学成分先后出现的方法有重量法、滴定法、分光光度法、原子光谱法（原子发射光谱法和吸收光谱法）和电感耦合等离子质谱法等。

1. 重量分析法

重量分析法是经典的定量分析方法。出现时间较早，使用最成熟。重量法原理是将材料中待测元素通过化学反应转化为可称量的化合物，经过过滤-烘干即可准确计算材料中待测元素的含量。当前，重量法主要适用于高含量的Si、S、P、Ag、Cu、Ni和Pb等元素含量的测定。重量法便于操作，但需要合理地沉淀和称量，才能获得准确的测定结果。

2. 滴定分析法

滴定分析法，通过两种溶液的相互滴加，并通过显色剂判断反应的终止，按照化学反应计量关系计算待测金属成分含量。根据化学反应机理的不同，可分为酸碱滴定法（主要分析钢铁中的C、Si、P、N、B等元素）、氧化还原滴定法（主要测定Fe、Mn、Cr、V、Cu、Pb、Co和S等）、沉淀滴定法（不常用）和络合滴定法（常用来分析Ni、Mg、Zn、Pb、Al等）四类。此分析方法只需要配置相应的玻璃仪器（比如：滴定管和容量瓶等），成本低廉，易于操作，现在一些中小企业仍在使用。缺点是只能进行单元素分析，分析周期长，不适用于微量元素分析，且分析数据会随操作人员的熟练程度进行波动。

3. 分光光度法

分光光度法的理论基础是Beer-Lambert定律，用公式表达为$A=KLc$，在入射光强度一定的情况下，溶液的吸光度正比于溶液的浓度，通过吸光度的变化即可计算待测元素的浓度。分析待测试样前，首先要建立标准溶液的吸收光谱曲线，通过这一曲线进行待测试样元素浓度的定量分析。常用于分光光度法分析的仪器有红外、紫外-可见和原子吸收分光光度计。此方法优点仅需一台分光光度计即可完成，同时兼具灵敏度高，操作简单迅速，应用范围广（周期表中的所有金属元素都可测定，也可测定Si、S、N、B、As、Se、和卤素等非金属元素）。缺点为只可单元素分析，其分析结果的准确性需要依赖灵敏的显色剂，且不同元素之间存在一定的干扰，造成最终的分析结果存在未知偏差。

4. X射线荧光光谱法

X射线荧光光谱法的理论基础，物质的基态原子吸收特定波长的X射线后，外层的电子被激发至高能态，处于高能态的电子极不稳定，又跃回至基态或低能态，同时发射出荧光。荧光强度正比于试样中待测元素浓度，通过测定荧光强度即可确定试样中元素含量。当原子辐射的荧光波长与照射X射线波长不同时，称为非共振荧光，反之，则为共振荧光，分析中应用较多的是共振荧光。此法的优点是检出线低，谱线易于分析，分析迅速，若用激光做激发光源时分析效果更佳。缺点该方法要求样品较高的均一性，同时受基体效应的影响，分析结果存在偏差，通常需要进行一定程度的校正。

5. 原子光谱法

（1）原子吸收光谱法

工作原理为用被测元素纯金属制成空心阴极灯的阴极，该光源辐射出特征波长光，通过分光系统寻找该谱线并置于峰线极大位置。此时吸收池溶液在原子化器的作用下生成该元素的基态原子，基态原子吸收特征波长的光而上升到激发态，根据特征波长光强度的改变进行分析得出金属成分含量。原子吸收光谱仪的核心部分为原子化器，目前的原子化器主要有火焰原子、石墨炉原子和汞/氢化物发生原子器（专测Hg、As、Bi、Pb和Sn等）这三种，比较常用的是火焰原子和石墨炉原子吸收光谱仪。

火焰原子吸收光谱法，其工作原理为利用火焰的高温燃烧使试样原子化进行元素含量分析的一种方法。优点：火焰稳定、读测精度好、基体效应小和噪声小。缺点：点火麻烦、原子化效率低造成精度和灵敏度差，只可分析液体样品。

石墨炉原子吸收法是利用电流加热石墨炉产生阻热高温使式样原子化，并进行辐射光谱吸收分析的方法。相比于火焰原子吸收法，分析试样几乎全部参加原子化，且有效避免了火焰气体对原子浓度的稀释，此外激发态原子在吸收区停留时间长达1–10–1数量级，因此分析灵敏度和检出限得到了显著的改善。优点：样品利用率高、灵敏度高（检测限低）、低的化学干扰、液体样品和固体样品均可分析。缺点：设备操作复杂，不如火焰法快速简捷，对试样的均匀性要求高和有较强的背景吸收，测定精度不如火焰原子吸收法。

（2）原子发射光谱法

原子发射光谱法是依据物质中的基态原子获得外界传递的能量后，外层电子会经历"低能级–高能级–低能级"，多余的能量以相应的谱线释放，即发射光谱。根据发射光谱就可判断相应元素种类和含量。目前利用原子发射光谱法研制的分析仪器有光电直读光谱仪和电感耦合等离子发射光谱仪。此类方法仪器的共同优点为多元素同时分析，分析周期短。

光电直读光谱仪，其工作原理是用电火花激发材料表面，材料表面的原子经激发而发生电子跃迁，从而发射出材料内部元素的特征谱线。优点：测试时间短（几分钟内可以准确分析20多种元素）；适用于较宽的波长范围；适用的浓度范围广（可同时进行高低含量元素的分析）。缺点为：出射狭缝固定，对分析钢种经常变化的用户不太适用；谱线易漂移，需要定期校准；不能分析小尺寸和不规则样品。

电感耦合等离子原子发射光谱仪（ICP）也是一种新型的原子发射光谱法，工作原理为待测物质被环状高温等离子体光源加热至可达6000–8000K，待测物质原子由产生电子跃迁，从而辐射出特征谱线进行元素含量测定。ICP根据进样系统的不同又分为固体进样、液体进样和气体进样三类。ICP要比直读光谱仪器的检出限更低，灵敏度高。缺点对进样系统要求非常严格，无法分析部分难溶和非金属元素。溶液进样系统需要将式样要做成溶液样品，此过程要用酸碱溶样，会对操作人健康造成一定伤害，用时较长。

6.电感耦合等离子体质谱法

电感耦合等离子体质谱法是在电感耦合等离子发射光谱仪的基础上发展起来的一种较灵敏的元素分析方法。相比于电感耦合等离子发射光谱仪，增加了一个四极质谱仪，质谱仪分离不同质荷比的激发离子，最后测量各种离子谱峰强度的一种分析方法。电感耦合等离子质谱仪主要用于测定超痕量和同位素比值，比如对金属材料中的微量元素、镧系元素、难熔金属元素和贵金属元素的含量进行测定。优点为操作简单、测试周期短、灵敏度高（达ng/ml或更低）。缺点实际检测成本高制约其广泛使用，目前主要用于地质学中金属矿石微量、痕量和超痕量的金属元素测定。

7.激光诱导等离子体光谱法

该方法是一种新兴的分析技术，是原子发射光谱法的一种。利用高功率激光作用于物质表面，产生瞬态等离子体，光谱仪对等离子体辐射光谱进行分析，就可以确定材料中待分析元素的含量。可用于固体、液体和气体中元素定性和定量分析。所需设备比较简单，操作方便，可以同时进行多种元素含量测定，分析效率有效提高，此外还可满足远程分析的需要。缺点适用范围较窄，目前主要用来测量不锈钢中的微量元素。

随着工业的发展和建筑要求的提高，随着国家和企业对压力容器要求、标准提高，研发新型和高性能金属材料的需求日益增加，各种元素的快速与简便检测变得愈加重要。

7.2.3 金相检验

金相检验是观察诊断金属材料微观组织最常用的一种检验方法，TSG G7002-2015《锅炉定期检验规则》要求对过热器、再热器集箱和集汽集箱、过热器和再热器管、锅炉范围内管道和主要连接管道以及有关阀门等部位进行金相抽查，而TSG 21-2016《固定式压力容器安全技术监察规程》在材料分析相关章节也要求对设备进行金相分析，金相检验在设备检验的各个环节均起到重要作用。

1.金相检验的基本原理

金相检验是利用光学或者电子显微技术，窥探金属材料的组成相、组织组成物以及微观缺陷的数量、大小、形态及分布，从而诊断所检验金属材料的质量，通常包括金属显微观察技术和摄像技术两种形式。

金相检验可以检测出常规无损检测无法检测的缺陷，例如晶间腐蚀等。其检验过程包括金相点的选取、金相组织的粗磨、金相组织的细磨、金相组织的抛光与浸蚀、金相组织的观察、金相组织老化评定等六个步骤。

对于承压类特种设备而言，每个步骤都要符合相关法规的要求。对于金相点的选取，在实际检验过程中，一般在设备缺陷处、温度最高处、大应力位置、硬度反常区域以及设备变形严重的部位进行检验。

2.金相检验的作用

现场金相检验是指利用便携式金相检验设备，在检验现场对设备或材料进行取样、制样、观察，以了解所检测工件的组织形貌、缺陷形态的一种无损检验方法。在锅炉和压力容器现场检验中，其主要作用有三个方面。

（1）甄别材料是否错用以及判断材料供货状态符合法规标准

国家相关法规标准对于承压类特种设备的制造材料的供货状态都进行了相关规定，例如GB713《锅炉和压力容器用钢板》标准要求12Cr1MoVR的供货为正火加回火；GB150《压力容器》中对于Q345R材料的供货状态，根据厚度不同，供货状态也分为热轧、控轧、正火等不同的状态。只有采用标准规定的供货状态制造的特种设备，才能符合安全需要。

在实际检验过程中，经常发现材料错用的情况，例如在对饱和塔的进行制造监督检验过程中发现，该压力容器设计图纸中，封头的材料为1Cr18Ni9Ti，由于其对晶间腐蚀较为敏感，特要求材料供货状态要求为固溶，其金相组织应为单一的奥氏体，但是通过现场金相检验，母材组织为奥氏体+铁素体+碳化物的复相组织，说明供货状态有问题，经过沟通，对制造单位下达检验意见通知书，更换了合格供货状态的材料，避免问题设备流入市场。

（2）了解设备材质的组织变化情况

材质的组织变化包括材质裂化脱碳、过烧、球化，及石墨化等形式，对于承压类特种设备，这些材质裂化形式都会对材料的强度、塑性、韧性等影响设备安全的属性造成重大影响。例如《承压设备损伤模式识别》中，石墨化严重的材料的强度降低值最高可达40%。因此，在实际检验中，利用金相检验对材料的微观组织进行检验，可以最大程度地预防事故的发生。

（3）了解焊缝组织情况，评价焊缝成形质量和焊接工艺执行情况

焊接工作是承压类特种设备的主要工作，在某些设备中，焊接占总工作量的比重最高可达30%。焊接接头质量的好坏，直接关系到设备的使用寿命和安全。焊接接头质量一般通过四大常规无损检测方法来控制，但是这些无损检测方法无法检验焊缝的微观组织，例如是否存在魏氏体，晶粒是否异常等。通过金相检验，可以更深入地了解焊缝成型质量以及焊工对焊接工艺的执行情况。

7.2.4 应力应变试验

压力容器的应力分析通常采用两种方法，一种是通过理论分析方法，运用材料力学和弹性理论求得应力的理论值，另一种是采用实验方法，测出构件受载后表面的或内部各点的真实应力状态。

常温下对压力容器加载（通常采用耐压试验）测试容器的应力称为静态应力–应变测试，可用电阻应变测量法（简称"电测法"）、光弹性方法、应变脆性涂层法等方法进行。测试压力容器残余应力可采用X射线衍射法或小孔松弛法。例如测试焊接残余应力通常采用小孔松弛法（盲孔法），它是根据弹性理论的应力场中局部应变松弛而测得残余应

力值，测试时需要在构件表面钻一个直径与深度相等的盲孔，一般为2~3mm。

7.3　力学性能试验

力学性能试验主要在压力容器的材料复验、焊接工艺评定、焊工考试和产品焊接试板等检验上采用，目的是考察压力容器用金属材料的强度、塑性、韧性、可成形性和焊接性。材料复验的力学性能试验应符合GB150-2011附录E的要求；焊接工艺评定的力学性能试验应符合JB4708-2000《钢制压力容器焊接工艺评定》中的具体规定；产品焊接试板的力学性能试验应符合JB4744-2000《钢制压力容器产品焊接试板的力学性能试验》的要求。

常用的力学性能试验方法包括：拉伸试验、弯曲试验和冲击试验。由于原材料和焊接接头试验对象的性质不同，进行试验和对结果评价是有区别的。

7.3.1　拉伸试验

拉伸试验是力学性能试验中最基本的试验方法。是在一定的温度和静载荷条件下，测定金属材料在单向拉力作用下抗拉强度（σ_b）、屈服点（σ_s）、伸长率（δ）扣断面收缩率（Ψ）等力学性能指标的试验。在压力容器制造过程中，主要用于金属材料、焊接材料、焊接工艺评定及产品焊接试板等的力学性能的检测。

按照金属材料拉伸试验方法，对于原材料取圆截面拉伸试验。通过试验可测得σ_b、σ_s、δ和Ψ，并作为评价材料是否合格的指标。对于焊接试板，一般取矩形截面的扁拉伸试样。由于受矩形截面的影响，σ_s、δ和Ψ不能准确测定，因此，只以σ_b作为评价指标。并须注明断裂的位置，以区别母材与焊接接头。

7.3.2　弯曲试验

弯曲试验用于压力容器制造过程的原材料、焊接工艺检验。对于原材料的弯曲试验，主要是评定金属塑性变形的能力。对于焊接接头，弯曲试验的目的有两个，除了评定金属塑性变形的能力，还要揭示焊接接头内部缺陷，也即评定焊接接头的工艺性能与焊工的操作技能。

金属材料的弯曲试验是以圆形、方形矩形或多边形横截面试样在弯曲装置上经受弯曲塑性变形，不改变加力方向，直至达到规定的弯曲角度。弯曲试验采用金属材料弯曲试验方法（GB/T232-2010）标准中规定的带有支持辊弯曲装置、V型模具式弯曲装置、虎钳式弯曲装置或翻板式弯曲装置之一的试验机上完成试验。弯曲试验结果按照相应的产品标准评定。若未规定具体要求，弯曲试验后弯曲外表面应无肉眼可见的裂纹。

焊缝接头的弯曲试验分为横向正弯及背弯试验、横向侧弯试验、纵向正弯及背弯试验等。横向与纵向是指焊缝轴线与试样纵轴垂直或平行时的弯曲；正弯与背弯是指试样受拉面为焊缝正面或背面的弯曲；侧弯是试样受拉面为焊缝侧剖面的弯曲。弯曲试验结果评定是试样弯到规定的角度后，沿试样拉伸部位出现的裂纹及焊接缺陷尺寸按相应标准和技术条件进行评定。

7.3.3　冲击试验

压力容器的冲击试验，是用规定高度的摆锤对处于剪支梁状态的缺口试样进行一次性打击，测量试样断裂时的冲击吸收功。由于缺口形式对冲击功影响很大，目前压力容器中规定金属材料在进行冲击试验时，应采用对缺口比较敏感的夏比V形缺口试样。

冲击试验的目的有两个：

1.测定原材料和焊接接头各区的冲击韧性

所谓韧性是指在规定温度下材料抵抗冲击载荷时吸收能量的能力，即材料从塑性变形到断裂全过程中吸收能量的能力。与前述的拉伸实验和弯曲实验测定静载下的强度和塑性不同，冲击试验是测定动载条件下材料的韧性。原材料的冲击试验除规定取样方向和位置外，不考虑区域差别。而对焊接接头，冲击试验要分别测定焊接接头各区的韧性，因此应将缺口分别开在焊缝熔合区、热影响区。应当指出，由于焊接接头的不均匀性，接头各区的韧性是显著不同的。

2.根据冲击韧性评价焊材选择和焊接工艺的合理性

影响冲击韧性的因素有：材料的成分与组织、试验温度、试样型式、方位和缺口的型式、方位、应变速度、应力集中程度等。而影响焊接接头缺口冲击韧性的因素则有焊材、焊接工艺参数、坡口型式、焊接层道数、焊接速度等。通过测定焊接接头的冲击韧性，可以评价焊材性能和质量，也可以评价焊接工艺，例如焊接热输入，焊道排列是否合理。

冲击吸收功是材料各项力学性能指标中对材料的化学成分、冶金质量、组织状态及内部缺陷等比较敏感的一个指标，也是衡量材料脆性转变和断裂特性的重要指标。

7.4　耐压试验

压力容器是对安全性要求较高的特种设备，虽然在选材、设计、制造、检验及验收各工序中均经严格检验并达到合格要求，但在使用过程中安全事故仍有发生，其主要原因是在制造过程中虽经检验合格，仅可确定不存在超标缺陷或因结构等原因形成的高应力区；但在容器使用时，内在缺陷或制造中产生的应力可能因意外因素引发事故。因此，完工容器在投入运行前对其施以短时超压试验，不仅可能减缓某些局部区域的峰值应力，在一定程度上起到消除或降低残余应力，使应力分布均匀的作用，还能使裂纹产生闭合效应，钝化裂纹尖端，以保证通过压力试验的容器在正常运行中绝对安全。所以，耐压试验是考验容器的宏观强度、焊缝致密性和密封件密封性必不可少的手段。

7.4.1　耐压试验的目的

压力容器的耐压试验是一种采用静态超载方法验证容器整体强度，对容器质量进行综合考核的试验。容器设计或制造过程中，在结构设计、强度计算、材料使用、焊接、组装、热处理等各个工序都可能出现失误，虽然在设计或制造过程有各种审查、检查和试验，但由于检验的局限性，难免有漏检情况。如果容器存在隐患，可以通过耐压试验可使其暴露出来。因此，耐压试验可以防止带有严重质量问题或缺陷的容器投入使用。

内压容器耐压试验的主要目的在于全面综合检验产品的强度、刚度、稳定性，通过短时超压，改变容器的应力分布。由于结构或工艺方面的原因，容器局部区域可能存在较大的残余拉伸应力。试验时，它们与试验载荷应力相叠加，有可能使材料局部屈服而产生应力再分布从而消除或减小原有的残余拉伸应力，使应力分布均匀。而由于外压和真空容器的失效方式主要是失稳，所以对外压容器而言，耐压试验主要目的是检查产品的致密性。对现场制造的大型压力容器，还有检验基础沉降的作用。

外压容器的失效方式主要是失稳，对于完全依据标准建造的外压容器，在设计外压作用下不会产生稳定失效，而且外压稳定性的试验难以进行，因此没有必要进行外压试验验证其稳定性。只需对内压进行耐压试验，检查密封结构的密封性能和发现容易扩展为穿透性缺陷的隐患。

耐压试验还可以改善缺陷处的应力状况，使裂纹产生闭合效应。较高的试验压力，可以使裂纹尖端产生较大的塑性变形，裂纹尖端的曲率半径将增大，从而使裂纹尖端处材料的应力集中系数减小，降低了尖端附近的局部应力。在卸压后，裂纹尖端的塑性变形区会受到周围弹性材料的收缩的影响，使此区域出现残余压缩应力，从而可以部分抵消容器所承受的拉伸应力。因此容器存在的裂纹经受过载应力后，在恒定低载荷下，裂纹扩展速度可能明显延缓。

7.4.2　耐压试验的介质

耐压试验可分为液压试验、气压试验以及气液组合试验。由于气体的可压缩性，后两种试验具有较高的危险性，仅在由于特殊原因（如内部不允许液体残留、自身承重不允许）不允许进行液压试验时才采用。

其试验介质应当符合如下要求：

1. 凡在试验时，不会导致发生危险的液体，在低于沸点的温度下，都可以用作液压试验介质。一般采用水，当采用可燃性液体进行液压试验时，试验温度必须低于可燃性液体的闪点。

2. 以水为介质进行液压试验，所用的水必须是洁净的。奥氏体不锈钢压力容器用水进行液压试验时，控制水的氯离子含量不超过25mg/L。

3. 试验用气体应为干燥、洁净的空气、氮气或其他惰性气体。

由于耐压试验压力比容器的工作压力高，因此容器在试验压力下发生破裂的可能性也大。为了防止容器在耐压试验时破裂而造成严重事故，所采取的措施中最重要的是采用卸压时释放能量较小的介质作为试验介质。在相同的试验压力下，气体的爆炸能量比水大数百倍，因此，容器耐压试验优先选择液压试验。

有些情况下可能无法采用液体作为试验介质，而需要采用气体作为试验介质，例如：

（1）由于机构或支承原因，向压力容器充灌液体不能保证容器能安全地承受荷重；

（2）运行条件不允许残留试验液体的压力容器，例如低温条件运行且结构不能保证排尽试验液体的系统就不能用水试验，因为残留水会结冰导致系统堵塞。同样的情况在高温导热油系统中也不允许，因为系统残留水会导致运行中压力不正常升高；

（3）超洁净系统采用液体作为试验介质可能会造成污染。

7.4.3 耐压试验的压力

1. 内压容器

液压试验：

$$P_T = 1.25P \frac{[\sigma]}{[\sigma]^t} \qquad \text{式7-1}$$

气压试验或气液组合试验：

$$P_T = 1.1P \frac{[\sigma]}{[\sigma]^t} \qquad \text{式7-2}$$

其中：

P_T—耐压试验压力；

P—为设计压力或最高允许压力（当规定时）；

$[\sigma]$—试验温度下材料的许用应力，MPa；

$[\sigma]^t$—设计温度下材料的许用应力，MPa；

2. 外压容器

液压试验：

$$P_T = 1.25P \qquad \text{式7-3}$$

气压试验或气液组合试验：

$$P_T = 1.1P \qquad \text{式7-4}$$

3. 夹套容器

对于带夹套的容器，应在图样上分别注明内筒和夹套的试验压力。

（1）内筒

当内筒设计压力为正值时，按内压容器确定试验压力。当内筒设计压力为负值时，按外压容器规定进行液压试验。

（2）夹套

夹套内的试验压力按内压容器计算公式确定。在确定了试验压力后，必须校核内筒在该试验外压力作用下的稳定性。如不能满足稳定要求，则应规定在作夹套的液压试验时，必须同时在内筒内保持一定压力，以使整个试验过程（包括升压、保压和卸压）中的任一时间内，夹套和内筒的压力差不超过设计压差。图样上应注明这一要求，以及试验压力和允许压差。

4. 立式容器

立式容器在进行液压试验时，其底部除承受液压试验时的压力载荷外，还要承受整个容器充满液体时的质量载荷。如果立式容器卧置进行液压试压，为了使与立置试验时底部承受的载荷相同，其试验压力值应为立置时的试验压力加上液柱静压力。

7.4.4　耐压试验的温度

从防止低温脆性破坏的角度出发，相关标准对具有体心立方结构的（如体心立方 α-Fe 铁素体钢制）压力容器（包括马氏体钢、珠光体钢以及其他非奥氏体钢）耐压试验的温度进行了规定。其中Q345R、Q370R、07MnMoVR 制容器进行耐压试验时，介质温度不得低于5℃；其他碳钢和低合金钢制容器，介质温度不得低于15℃；低温容器耐压试验介质温度不低于壳体材料和焊接接头的冲击试验温度（取其高者）加20℃。

而对于地处北方的制造单位，若严格执行上述规定，会使耐压试验难以进行，可通过测定容器金属无塑性转变温度（即NDTT）相应降低试验介质温度。当能够保证试验温度比NDTT高30℃，即可避免低温脆断。无塑性转变温度的测定可通过试验依照GB/T6803-2008《铁素体钢的无塑性转变温度落锤试验方法》进行。压力容器常用钢材的无塑性转变温度（NDTT）最高值如表7-4所示。

表7-4　压力容器常用钢材的无塑性转变温度（NDTT）最高值

材料牌号	材料标准	NDTT	材料牌号	材料标准	NDTT
Q245R	GB713-2008	-10℃	15CrMoR	GB713-2008	-5℃
Q345R	GB713-2008	-30℃	14Cr1MoR	GB713-2008	-5℃
Q370R	GB713-2008	-30℃	16MnDR	GB3531-2008	-35℃
07MnMoVR	GB19189-2011	-30℃			

对于奥氏体不锈钢制压力容器，由于为γ-Fe面心立方结构，韧性储备较为充足，对耐压试验介质温度没有规定。只是在环境温度低于0℃时应将试验用水温度保持在5℃左右，以防冻结。

7.4.5　耐压试验时的应力校核

耐压试验前，应当对压力容器进行应力校核，按照《压力容器安全技术监察规程》和GB150-2011《钢制压力容器》的规定，压力容器耐压验时环向应力应满足以下要求：

液压试验：

$$\sigma_T \leqslant 0.9\varphi\sigma s \qquad \text{式7-5}$$

气压试验：

$$\sigma_T \quad 0.8\varphi\sigma s \qquad \text{式7-6}$$

圆筒的环向薄膜应力按下式计算：

$$\sigma_T = \frac{P_T(D_i + \delta_e)}{2\delta e\varphi} \qquad \text{式7-7}$$

其中：

D_i— 圆筒的内直径，mm；

P_T— 试验压力，MPa；

δ_e— 圆筒的有效厚度，mm；

φ— 圆筒的焊缝系数。

σ_s— 压力容器材料在试验温度下的许用应力，MPa；

环向薄膜应力值应当符合如下要求，根据式7-7，即：

1. 液压试验时，不得超过试验温度下材料屈服点的90%与焊接接头系数的乘积。

2. 气压试验时，不得超过试验温度下材料屈服点的80%与焊接接头系数的乘积。

校核应力时，所取的壁厚为实测壁厚最小值扣除腐蚀量，对液压试验所取的压力还应当计入液柱静压力。对壳程压力低于管程压力的列管式热交换器，可以不扣除腐蚀量。

7.4.6 耐压试验操作过程

耐压试验前，压力容器各连接部位的紧固螺栓必须装配齐全、紧固妥当。试验时，至少采用两个量程相同的、经检定合格的压力表，压力表的量程为试验压力1.5～2.0倍，表盘直径不小于100mm。对于低压容器使用的压力表精度不低于2.5级，中压及高压容器使用的压力表精度不低于1.6级。

1. 液压试验

液压试验的操作应当符合如下要求：

（1）压力容器中充满液体，滞留在压力容器中的气体必须排净，压力容器外表面应当保持干燥；

（2）当压力容器壁温与液体温度接近时才能缓慢升压至规定的试验压力，保压30min，然后降至规定试验压力的80%（移动式压力容器降至规定试验压力的67%），保压足够时间进行检查；

（3）检查期间压力应保持不变，不得采用连续加压来维持试验压力不变，液压试验过程中不得带压紧固螺栓或者向受压元件施加外力；

（4）液压试验完毕后，使用单位按其规定进行试验液体的处置以及对内表面的专门技术处理。

2. 气压试验

气压试验的操作过程如下：

（1）试验时压力应缓慢上升至规定试验压力的10%，保压5～10min，对所有焊接接头和连接部位进行初次检查。如无泄漏等情况可继续缓慢升压至规定试验压力的50%；

（2）如无异常现象，其后按每次每级为规定试验压力10%的级差逐级升至规定试验压力。保压0.5h后将压力降至规定试验压力的87%，保压足够时间进行检查，检查期间压力应当保持不变，不得采用连续加压来维持试验压力不变；

（3）气压试验过程中严禁带压紧固螺栓或者向受压元件施加外力；

对盛装易燃介质的压力容器，如果以氮气或者其他惰性气体进行气压试验，试验后，应当保留0.05～0.1MPa的余压，保持密封。

3. 特殊压力容器耐压试验

（1）立式容器的耐压试验，可立式、卧式进行耐压试验，需要注意的是两种试压值并不相同，卧式试验时应计立式安装后的静压力值。

（2）固定管板换热器，应先进行壳程耐压试验，同时检查换热管与管板焊接接头；然后进行管程耐压试验。

（3）形管换热器、填料函式换热器，应先用试验压环进行壳程试验，同时检查接头；然后进行管程试压。

（4）浮头式换热器，先用试验压环和浮头专用试压工具进行管头试压，接着进行管程试压；最后进行壳程试压。

（5）重叠式换热器，先进行单台换热器试压，当各台换热器程间联通时，应在重叠组装后进行管程和壳程试压。

（6）夹套式容器，带夹套容器应先进行内筒耐压试验，合格后焊夹套；然后进行夹套内的耐压试验。

7.4.7　耐压试验的安全要求

1. 耐压试验场地应有可靠安全防护措施，并经单位技术负责人和安全管理部门检查认可，气压试验或气液组合试验时，试验单位的安全管理部门应派人进行现场监督；

2. 试验前应检查试压泵，确保各转动部件灵活有用，泵及设备的安全附件完好；

3. 确认压力表在有限期限内并且指示正确，其精度不低于1.5级，量程为最大压力的1.5～2倍，表盘直径应大于100mm；

4. 液压试验时容器顶部设一排气孔，底部设一排污口。滞留在容器内的气体在升压前应排除干净；

5. 液压试验过程中应无渗漏、无可见变形、无异常响声。气压试验过程中应无漏气、无可见变形、无异常响声；

6. 试验过程中应利用望远镜进行观察压力表读数，操作人员不得靠近受压部位，如盲板、焊缝、密封面等；

7. 耐压试验过程中，如发现焊接接头或接管泄漏，应泄压后进行返修，返修后重新进行耐压试验，不得带压返修；

8. 试压合格后，泄压排放时应缓慢排放，打开顶部放空，防止罐体变形。

耐压试验是压力容器制造中较关键的一项内容，隐患可在此过程中充分暴露以便返修甚至报废，对于提高压力容器在操作条件下的安全性起着至关重要的作用，耐压试验应严格按照试验要求逐步进行。

7.4.8 耐压试验结果的评定

1. 液压试验结果评定

压力容器液压试验后，符合以下条件为合格：

（1）无渗漏；

（2）无可见的变形；

（3）试验过程中无异常的响声；

（4）标准抗拉强度下限 $\sigma b \geqslant 540MPa$ 钢制压力容器，试验后经过表面无损检测未发现裂纹。

2. 气压试验结果评定

气压试验过程中，符合以下条件为合格：

（1）压力容器无异常响声；

（2）经肥皂液或其他检漏液检查无漏气；

（3）无可见的变形。

7.5 气密性试验

通常当压力容器盛装的介质毒性为极度、高度危害或者设计上不允许有微量泄漏的压力容器，必须进行气密性试验。气密性试验是用气体介质在设计压力下进行检漏试验，目的是检查压力容器焊缝质量和各连接部位的密封性。由于气密性试验存在潜在缺陷扩展的危险性，因此气密性试验须经液压试验合格后方可进行。

《固定式压力容器安全技术监察规程》（TSG 21-2016，简称"大容规"）第3.24条规定：当压力容器盛装介质的毒性为极度、高度危害或者不允许有微量泄漏时，设计应当提出压力容器泄漏试验的方法和要求。GB 150.1-2011第4.7.2条的规定与"固容规"相同。因此，是否需要做泄漏试验，需要根据工作介质和使用要求确定。工作介质为极度、高度危害的压力容器，必须进行泄漏试验，这主要是基于保护人员生命安全和防止环境污染考虑。

7.5.1　气密性试验基本要求

试验所用的气体应为干燥洁净的空气、氮气或者其他惰性气体。试验压力应等于核定的最高工作压力。试验温度碳素钢和低合金钢制压力容器，其试验用介质温度不低于5℃。其他材料制压力容器气压试验温度应当符合设计图样规定。

气密性试验的操作应当符合以下规定：

1. 压力容器进行气密性试验时，应当将安全附件装配齐全；

2. 压力缓慢上升，当达到试验压力的10%时暂停升压，对密封部位及焊缝等进行检查，如果无泄漏或者异常现象可以继续升压；

3. 升压应当分梯次逐级提高，每级一般可以为试验压力的10%～20%，每级之间适当保压，以观察有无异常现象；

4. 达到试验压力后，经过检查无泄漏和异常现象，保压时间不少于3min，压力不下降即为合格，保压时禁止采用连续加压以维持试验压力不变的做法；

5. 有压力时，不得紧固螺栓或者进行维修工作。

对于盛装易燃介质的压力容器，在气密性试验前，必须进行彻底的蒸汽清洗、置换，并且经过取样分析合格，否则严禁用空气作为试验介质。对盛装易燃介质的压力容器，如果以氮气或者其他惰性气体进行气密性试验，应当保留0.05～0.1MPa的余压，保持密封。

7.5.2　气密性试验压力

1. 气密性试验压力

"大容规"中4.8.3规定：（1）气密性试验压力为压力容器的设计压力；（2）进行气密性试验时，一般应当将安全附件装配齐全；（3）保压最够时间经过检查无泄漏为合格。

GB 150.1–2011中4.7.5规定："气密性试验压力等于设计压力。"因此，压力容器气密性试验的试验压力P_T等于压力容器设计压力P，即$P_T = P$。

2. 超压泄放装置动作压力

根据GB 150.1–2011中B4.7的规定，带安全阀压力容器设计压力和安全阀动作压力的关系如下：压力容器设计压力$P \geqslant$安全阀动作压力$P_z = $（1.05～1.1）倍工作压力$P_w$；根据GB 150.1–2011第B5.5条规定，带爆破片压力容器设计压力和爆破片动作压力的关系如下：压力容器设计压力$P > $爆破片动作压力$P_z > $压力容器工作压力$P_w$。

因此，带超压泄放装置压力容器的设计压力$P > $超压泄放装置动作压力$P_z > $压力容器工作压力$P_w$，即$P > P_z > P_w$。

3. 最高允许工作压力

最高允许工作压力PMAXP是在指定的相应温度下，压力容器顶部所承受的最高表压力。该压力应是根据容器各受压元件的有效厚度，考虑了该元件所承受的所有载荷计算得到的，且取最小值，即：

$$P_{MAXT} = MIN \{ P_{w1}, Pw2, Pw3, Pw4\cdots \} \qquad 式7-8$$

式中：

P_{MAXT}—最高允许工作压力；

P_{w1}—圆筒最高允许工作压力；

P_{w2}—封头最高允许工作压力；

P_{w3}—法兰最高允许工作压力；

P_{w4}—开孔补强最高允许工作压力。

同时应当注意，当设计图样或是铭牌上标注最高允许工作压力为PMAXT时，其气密性试验压力的确定应采用最高允许工作压力PMAXT代替设计压力P。

7.5.3 用空气做气密性试验

空气是气密性试验最常用的介质。当用空气做气密性试验时，常用的检漏方法有两种。

1. 气泡试验

气泡试验是一种最简单的试验方法。在待检部位涂刷肥皂水等吹泡剂，用泄漏部位形成的气泡来指示泄漏和泄漏部位。

2. 水下试验

对于小型压力容器、换热器管子与管板连接部位、气瓶等可将其放入水中，当压力升至试验压力时，观察待检部位有无气泡来检测设备有无泄漏。

7.5.4 氨渗透试验

氨具有较强的渗透性，并且易溶于水，因此对有较高致密性要求的容器，如液氨蒸发器、带衬里的容器等。常常在压力容器中充入100%、10%～30%或1%氨气为试验介质进行气密性试验，又称氨渗透试验。氨渗透试验属于比色法检漏，氨为示踪剂。

充入100%氨气法，此法常用于检漏容器的充氨空间不大，所充氨气的压力较低，并能将其空间抽成真空状态，真空度约为93.7KPa的情况下进行检查的场合，例如对压力容器衬里的泄漏试验。对高压容器衬里，当衬里厚度足够时，可进行较高压力的100%氨渗透试验。

充入10%～30%氨气法，此法常用于检漏容器的充氨空间较大，且不易达到93.7KPa的真空状态或不经济的情况下，例如热换热器的管子与管板连接、焊缝的检漏试验。

充入1%氨气法，此法常用于检漏容器的充氨空间大的情况，例如大型容器的密封面和焊缝的泄漏试验。

1. 充入100%氨气法试验步骤

（1）准备工作

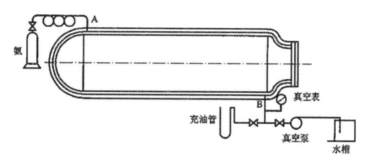

图7-1　100%氨气法检验试验安装图

根据图7-1所示，需准备以下设备、工具和试剂：液氨钢瓶和带阀门管路、真空压力表、水箱、真空泵和带阀门的吸入管路及排除管路、活动扳手等装卸工具、酚酞试纸或酚酞试剂（酚酞试剂的配方为1%酚酞、49%酒精和50%水）。

（2）试验步骤

①将一个充氨空间的两个检漏孔（A、B）分别设置在相距最远的两端处；

②按图7-1安装和连接密封试验管路；

③开动真空泵，使充氨空间抽真空至真空度93.7KPa（50mmHg，绝压）；

④用检测显示剂、试剂或试纸，涂敷在所有检测焊缝的外侧；

⑤充入氨气，使压力达到2～3KPa（200～300mm水柱，表压）为止（为提高检测效果，充氨压力可以提高至3KPa，即300mm水柱以上，但此时对容器松衬里，必须验算其是否失稳）。

（3）试验注意细节

①充氨气时，真空泵应继续运转，直至真空泵出口有氨气排出时，停止运转；

②充氨气压力一般不要超过2～3KPa（200～300mm水柱），充氨气时当真空表指针达到"0"时，应将图7-1中充油U形管前阀门打开；

③充油U形管中，不要充水。充油后，应以油的比重修正U形管的标尺刻度，使读数为KPa；

④氨瓶必须立置，充氨气必须小心，不要使液氨渗入到充氨空间中；

⑤在充入氨气压力条件下，保压时间为12h；

⑥泄漏试验结束后，关闭氨瓶，开动真空泵（关闭通向充油U形管的管路阀门，打开通向真空泵吸入口的管路阀门）抽出氨气，真空泵排出管必须插入水箱中；

⑦拆去氨瓶，吸入空气，直到真空泵排出不含氨的空气时才停止真空泵的运转，然后拆除检漏用的设备和仪表，并进行清理。

2. 充入10%～30%氨气法试验步骤

（1）准备工作

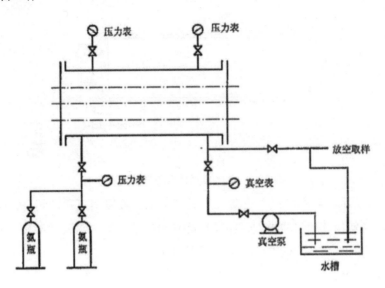

图7-2　10%～30%氨气法检验试验安装图

按图7-2所示，准备好下列设备、配件、仪表和装卸工具，液氨压力钢瓶和带阀门的管路、惰性气体（如氮气）压力钢瓶和带阀门的管路、三通管路（其中一端为带阀门的进气管路）、氨用压力（真空）表、带溢流入地沟管路的水箱、带阀门的排出管路、补充自来水的临时管路（或软管）、活动扳手等装卸工具、酚酞试纸或酚酞试剂（酚酞试剂的配方为1%酚酞、49%酒精和50%水）。

（2）试验步骤

①按图7-2安装和连接；

②用3～5倍充气空间溶剂的惰性气体（如氮气）置换充气空间里的空气，直至出口氧含量小于或等于0.5%，以避免形成氨气和空气的爆炸混合物（其爆炸极限为15%～18%体积）。然后，关闭排出管路阀门；

③启动真空泵抽真空至真空度20KPa（608mmHg，绝压）；

④根据表7-5所列试验压力、氨气浓度和保压时间的关系，充入氨气和氮气混合气体。如不具备抽空条件，应抽样分析氨浓度，达到指标后开始保压；

表7-5　试验压力、氨气浓度和保压时间的关系

试验压力 / MPa	0.15	0.3	0.6	1.0
氨气浓度 / %	30	20	15	10
保压时间 / h	15	12	6	4

注：提高试验压力或氨气浓度，保压时间可以缩短；降低试验压力或氨气浓度，保压时间需延长；按混合气含15%（体积）氨气的比例，将充入氨气的量换算成充氨混合气体总压力的数值。

⑤将泄漏显示剂（或试纸）紧密涂敷在管板上，并始终保持湿润状态；

⑥关闭三通进气管路阀门。在试验压力下，保压时间按表7-5所示，保压开始后0.5h、1h各检查一次，以后每2h检查一次，观察试纸上有无红色斑点出现；

⑦泄漏试验完毕，慢慢开启排出管路阀门进行排泄，避免因排出压力过大吹跑水箱中的水。工作前，水箱中应按要求注水；

⑧当压力降至"0"时，打开惰性气体管路阀门和三通进气管路阀门。用3～5倍充气空间容积的惰性气体（如氮气）进行置换。清除氨气后，关闭阀门；

⑨拆除试验用的设备和仪表，并进行清理。

3. 充入10%～30%氨气法试验步骤

在容器内通入含氨体积浓度约为1%的压缩空气，试验压力为设计压力的1.05倍，试验时压力应缓慢上升，达到试验压力后保压10min，将显示纸（或试纸）预先涂敷在待检表面（如密封面外侧、焊缝），然后降至设计压力，观察试纸是否变色。

7.5.5 氦检漏试验

在试验介质中充入氦气，在不致密的地方，就可以利用氦气检漏仪（氦质谱分析仪）检测出氦气。因氦气质量小，能穿过微小的空隙，因此氦检漏试验是一种灵敏度极高的致密性试验方法。该方法对工件清洁度和试验环境要求较高，一般仅用在有特殊要求容器的检漏。

该方法用于致密性要求很高的压力容器试验。氦泄漏试验方法按充氦部位的不同分为嗅吸探头检测、示踪探头检测和护罩检测三种方法。

1. 氦检漏试验的注意事项

（1）氦气比空气轻且可令人窒息，操作人员应注意自我防护；

（2）试验场地应干燥，光线明亮，无明显的气流和电磁场等外界干扰；

（3）试验场地的环境湿度应低于75%；

（4）待检设备需抽真空时，试验场地环境温度应不低于15.6℃；

（5）压力计的刻度范围一般为最高试验压力的2倍，在任何情况下其量程不得小于最高试验压力的1.5倍，也不应大于4倍；

（6）应确认待检设备的所有组件可承受试验过程的增压、保压、真空和加热干燥；

（7）待检设备应干燥、清洁，焊缝表面无可能遮蔽泄漏的污物。

2. 嗅吸探头检测

本方法用于检测容器内部充氦增压，用高灵敏度的氦质谱检漏仪在容器外部检测漏出氦气，嗅吸探头检测主要用于泄漏探测或泄漏定位，属于一种半定量技术，不能作定量用。具体操作如下：

（1）待检设备的准备

待检的压力容器应稳固。容器在试验前，内外部应清理干净并将设备内部干燥，无污物、积水、焊渣等杂物。所有的敞口应密闭并按图7-3要求连接好试验管线。

（2）仪器校准及系统校准

经过仪器校准和系统校准后，使装置进入准备就绪状态。

（3）检查

内部氦气浓度在检验压力下最小为10%体积浓度；充入已充分混合的氦气气体；设备试验压力为不大于设备设计压力的25%或0.103MPa；检查之前，检验压力最少保持30min；用嗅吸探头嘴扫过检查表面，扫查期间探头嘴与检查表面之间的距离保持在3.2mm以内；最大扫查速率应按系统校准时规定；检查扫查从被查系统的最低点上开始，而后渐进向上扫查。

（4）评定

除另有规定外，若检测的泄漏率不超过$1 \times 10^{-5}\text{Pa} \cdot \text{m}^3/\text{s}$允许的漏率，则该被检验区域可验收。

泄漏率Q（$\text{Pa} \cdot \text{m}^3/\text{s}$）的计算：

$$Q = Q_s \times \%\text{He} / 100 \qquad\qquad 式7-9$$

式中Q_s — 标准漏孔泄漏率（$1 \times 10^{-5}\text{Pa} \cdot \text{m}^3/\text{s}$）；

%He — 检验用氦气的体积百分比。

当探测到不能验收的泄漏时，应对泄漏的位置做出标记，然后将部件泄压，并对泄漏处按有关规定的要求返修。完成返修后，应对返修区域或有效范围按HG/T 20584-2020附录的要求重新检验。

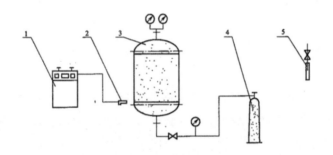

图7-3 嗅吸探头检测试验安装示意图

1-氦质谱仪；2-嗅吸探头；3-待检容器；4-氦气源；5-校准漏孔。

3.示踪探头检测

该方法用于容器内部抽空或抽真空，外部施氦，高灵敏度的氦质谱检漏仪检出流入容器内部的氦气流。示踪探头检测主要用于泄漏探测或泄漏定位，属于一种半定量技术，不可作定量用。具体操作如下：

（1）待检设备的准备

待检的压力容器应稳固。容器在试验前，内外部应清理干净并将设备内部彻底干燥，确保无污物、积水和焊渣等杂物。所有的敞口应密闭并按图7-4要求连接好试验管线。

（2）仪器校准及系统校准

经过仪器校准和系统校准后，使装置进入准备就绪状态。

（3）检查

用示踪探头扫过需要检测的表面，扫查过程中的速率和距离不应超过校准时的要求；扫查方向，检查扫查从被查系统的低点上开始，而后渐进向上扫查。

（4）评定

除另有规定外，若检测的泄漏率不超过$1 \times 10^{-6} Pa \cdot m^3/s$允许的漏率，则该被检验区域可验收。当探测到不能验收的泄漏时，应对泄漏的位置作出标记，然后将部件泄压，并对泄漏处按有关规定的要求返修。完成返修以后，应对区域或有效范围按HG/T 20584-2011附录的要求重新检验。

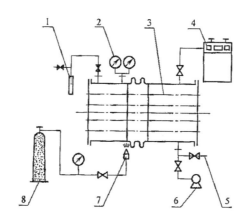

图7-4 示踪探头检测试验安装示意图

1-校准漏孔；2-真空压力表；3-待检容器；4-氦质谱仪；5-排放管；6-真空泵；

7-失踪探头；8-纯氦源。

4.护罩检测

该法用于容器内部抽空或抽真空，待检部位用护罩封闭，护罩内施氦，高灵敏度的氦质谱检漏仪检出流入容器内部的氦气流。护罩检测主要用于泄漏探测，并能测出总的氦气流量，属于一种定量技术。具体操作如下：

（1）待检设备的准备

待检的压力容器应稳固。容器在试验前，内外部应清理干净并将设备内部彻底干燥，确保无污物、积水和焊渣等杂物，所有的敞口应密闭，待检区域的护罩及护罩进气管用压敏胶带固定在容器上，并按图7-5要求连接好试验管线；护罩使用塑料薄膜时，罩的体积应尽量小且膜的厚度不应薄于0.15mm。在最低点用胶带粘住挠性氦进气管。

（2）仪器校准及系统校准

经过仪器校准和系统校准后，使装置进入准备就绪状态。

（3）检查

打开进氦管，使护罩内充入氦气，测量排气管侧氦气含量%He。

（4）评定

除另有规定外，若检测的泄漏率不超过$1 \times 10^{-7}Pa \cdot m^3/s$允许的漏率，则该被检验区域可验收。当探测到不能验收的泄漏时，所有可疑的区域应使用示踪探头技术重新检验，应对泄漏的位置作出标记，然后将部件泄压，并对泄漏处按有关规定的要求返修。完成返修以后，应对区域或有效范围按HG/T 20584-2011附录的要求重新检验。

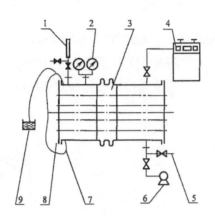

图7-5　护罩检测试验安装示意图

1-校准漏孔；2-真空压力表；3-待检容器；4-氦质谱仪；5-排放管；

6-真空泵；7-护罩；8-进氦管；9-排气管及水槽。

7.5.6　卤素检漏试验

卤素检漏试验利用卤素化合物具有足够蒸发压力的特点，采用卤族元素（包括氟、氯、溴和碘）对压力容器、两腔及多腔压力容器在压力较低侧定性检测容器的泄漏。

卤素检漏试验应在耐压试验之前进行，在卤素检漏试验前，建议先利用空气等进行一次渐变的预检验，以检出和消除一些大的泄漏。用于卤素检漏试验的卤素气体如表7-6所示。

表7-6　卤素检漏试验用气体

序号	商业名称	化学名称	化学符号
1	冷冻剂-11	三氯一氟甲烷	CCl_3F
2	冷冻剂-12	二氯二氟甲烷	CCl_2F_2
3	冷冻剂-21	二氯一氟甲烷	$CHCl_2F$
4	冷冻剂-22	一氯二氟甲烷	$CHClF_2$
5	冷冻剂-114	二氯四氟甲烷	$C_2H_2Cl_2F_4$
6	冷冻剂-134a	二氯二氟乙烷	$C_2H_2Cl_2F_4$
7	亚甲基氟化物	二氯甲烷	$CHCl_2$
8	六氟化硫	六氟化硫	SF_6

用于卤素检漏试验的仪器有碱金属离子二极管（加热阳极）卤素检漏探测器、电子俘

获卤素检漏器和显示仪表。

1. 碱金属离子二极管（加热阳极）卤素检漏探测器

碱金属离子二极管探测器探头是采用加热的铂元件（阳极）和一个离子收集器板（阴极），卤素的蒸汽被阳极电离，且被收集到阴极上，在一个电表上显示出与离子产生速率成正比的电流。对于碱金属离子二极管卤素检漏探测器在表7-6中选择一种气体，以产生需要的检测灵敏度。

2. 电子俘获卤素检漏探测器

电子俘获卤素探测探头装置通常用气体离子化流过一个具有放射性氚源的元件，当气体流含有卤素时，就发生电子俘获现象，导致在电表上作为指示量的、卤素离子在其聚集的数量减少。无电子俘获能力的氦或氩用作背景气体。对于电子俘获卤素检漏探测器采用的六氟化硫（SF_6）是推荐的示踪气体。

3. 显示仪表

7.6　爆破试验

爆破试验可以测定容器的整体屈服压力、爆破压力、容积变形率，并能够观察和分析爆破断口形貌特征，是作为评价压力容器安全性的重要依据。

压力容器爆破试验可以由模拟试件进行爆破或实际产品爆破。模拟试件必须与实际产品的材料、制造方法和工艺参数、结构具有相似条件。实际产品的爆破试验，是从产品中进行抽查的，以考核产品的综合性能。爆破试验一般用于气瓶的批量检验。

7.6.1　试验的方法与要求

钢瓶的爆破试验采用水压，其方法按照GB/T 15385-2011《气瓶水压爆破试验方法》的要求进行，并应遵循下列规定：

1. 试验的环境温度和试验用水的温度不应低于5℃；

2. 试验系统不得有渗漏，不得存留气体；

3. 试验时必须用两个量程相同、且量程为试验压力2.0～3.0倍，精度不低于1.5级的压力表，其检验周期不得超过一个月；

4. 试压泵每小时的送水量不应超过钢瓶的5倍；

5. 试验时应有可靠的安全措施；

6. 进行爆破试验前，应先测定钢瓶的实际容积；

7. 进行爆破试验时，先确定在水压试验压力PT下钢瓶的容积变形率和残余变形率，然后再缓慢升压，并测量、记录压力和时间或进水量的对应关系，绘制相应的曲线，确定钢瓶开始屈服的压力、升压直至爆破并确定爆破压力和总进水量为止，并计算容积变形率。

7.6.2 测量的方法与要求

1. 容积测量

采用称量法测定钢瓶的重量和容积。重量和容积测定应保留三位有效数字，其余数字对于重量应进1，对于容积应舍去。称量应使用最大称量为实际称量1.5～3.0倍的衡器，其精度应能满足最小称量误差的要求，其周检期不应超过三个月。

2. 容积残余变形率测量

容积残余变形率的测量可依据GB/T 9251-2011《气瓶水压试验方法》，采用外测法试验或内测法试验。外测法的试验装置有活动量管型、固定量管型和称量型三种类型。试验时操作步骤主要有：记录待测气瓶的有关数据，如测量并记录试验温度；根据试验要求安装受试瓶、排气与静置、量程零位调整、检漏、升压、保压、卸压和拆卸受试瓶等。

受试瓶的容积残余变形率按式（7-5）计算：

$$\eta = \frac{\Delta v'}{\Delta v} \times 100\%$$ 式7-10

式中：

η — 受试瓶的容积的残余变形率，%；

$\Delta V'$ — 受试瓶容积残余变形值，ml；

ΔV — 受试瓶容积全变形值，ml。

对于采用内侧法测量时，按式7-11计算：

$$\Delta V = A - B - (V + A - B) \times P_T \times \beta_t$$ 式7-11

A — 受试瓶在实际试验压力下的总压入水量，ml；

B — 承压管道在受试瓶实际试验压力下的压入水量，ml；

V — 受试瓶试前的实际容积，ml；

P_T — 受试瓶的实际试验压力，MPa；

β_t — 在试验温度和受试瓶的实际试验压力下水的平均压缩系数，MPa^{-1}；

7.6.3 试验的结果评定

1. 在试验压力下，钢瓶的容积残余变形率不大于10%；
2. 爆破压力实测值Pb，不小于按式7-1，7-2计算的结果。

参考文献

[1] GB 150《钢制压力容器》

[2] GB 151《管壳式换热器》

[3] HG 20581-2020《钢制化工容器材料选用规定》

[4] GB/T 17394–2014《金属材料 里氏硬度试验 第1部分：试验方法》

[5] HG/T 20584–2020《钢制化工容器制造技术规范（附条文明说明）》

[6] GB/T 15385–2011《气瓶水压爆破试验方法》

[7] GB/T 9251–2011《气瓶水压试验方法》

[8] TSG G7002–2015《锅炉定期检验规则》

[9] TSG 21–2016《固定式压力容器安全技术监察规程》

[10] JB 4708–2000《钢制压力容器焊接工艺评定》

[11] JB 4744–2000《钢制压力容器产品焊接试板的力学性能试验》

第八章　无损检测

压力容器已经成为我国各个工业行业主要使用的一种承压类特种设备。在工业生产中，使用压力容器需要承担一定的风险。因为一旦出现泄漏爆炸等重大事故，将会直接影响人民群众的生命安全，而且还会造成很严重的环境污染，甚至会出现毒气体散布现象，后果很严重。因此为了保障人们的生命财产安全，需要对压力容器的无损检测技术进行进一步的探究。通过将无损检测技术应用到压力容器质量监测当中，对于提升压力容器运行安全有着积极的意义。

压力容器的制造材料质量好坏以及使用方式直接影响到产品的质量、生产效率及生产成本。因此，制造企业只有掌握了材料的特性并有效地控制和适时检测，才能更好地控制产品质量、提升生产效率、有效降低成本。了解造型材料缺陷对压力容器质量的影响，是把控产品质量的前提。根据压力容器使用材料的质量状态合理地调整造型材料是提升产品质量、保证压力容器产品质量稳定最有效的方法之一。

8.1　缺陷的种类及产生原因

8.1.1　钢焊缝中常见的缺陷及产生原因

GB/T 3375-1994《焊接术语》中将焊接缺陷定义为：焊接过程中在焊接接头中产生的金属不连续、不致密或连接不良的现象。对于焊接缺陷（weld defects），许多学者认为更准确的提法应该是焊接缺欠（imperfection），但在传统习惯上称为缺陷。焊接缺陷的分类可以按冶金、工艺及结构等因素，也可以按"技术性"和"施工性"的缺陷来分。GB 6417-2005《金属熔化焊焊缝缺陷分类及说明》中将缺陷分为下述六大类，每一大类又分为若干小类，详细如表8-1所示。

表8-1　焊接缺陷的分类

序号	大类名称	包含小类内容	备注
第Ⅰ类	裂纹	微观裂纹、纵向裂纹、横向裂纹、放射状裂纹、弧坑裂纹、间断裂纹群和枝状裂纹。	
第Ⅱ类	空穴	气孔：球形、均布、局部密集、链状、条形、虫形和表面气孔；缩孔：结晶缩孔、微缩孔、枝晶间缩孔和弧坑缩孔。	
第Ⅲ类	固体夹杂	夹渣、焊剂或熔剂夹渣、氧化物和金属夹杂等。	
第Ⅳ类	未熔合和未焊透	未熔合、未焊透。	

序号	大类名称	包含小类内容	备注
第 V 类	形状缺陷	连续咬边、间断咬边、缩沟、焊缝超高、凹度过大、下塌、焊缝形成不良、焊瘤、错边、角度偏差、下垂、烧穿、未焊满、焊角不对称、焊缝宽度不齐、表面不规则、根部收缩、根部气孔、焊接接头不良、	
第 VI 类	其他缺陷	电弧擦伤、飞溅、表面撕裂、磨痕、凿痕、打磨过量、定位焊缺陷、层间错位。	

压力容器制造过程中常见的焊接缺陷主要有表面缺陷、气孔、夹渣、裂纹、未融合、未焊透等。

1.表面缺陷

表面缺陷有咬边、焊瘤、弧坑、烧穿、焊接变形等，有时还有表面气孔和表面裂纹。

（1）咬边

咬边是沿焊趾的母材部位（或根部）产生的沟槽或凹陷，是由于电弧将焊缝边缘的母材熔化后没有得到熔敷金属的充分补充所留下的缺口，如图8-1所示。咬边可能是连续的或间断的。

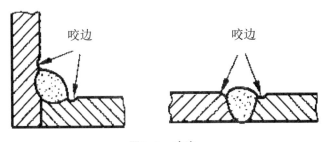

图8-1　咬边

造成咬边缺陷的主要原因是焊接参数选择不当或焊工操作失误。例如焊接过程中焊接电流过大，运条不当、电弧过长等。某些焊接位置（例如：立焊、横焊和仰焊）容易产生咬边。

咬边减小了母材的有效面积，降低结构的承载能力，同时还会造成应力集中，发展为裂纹源。例如：浙江丽水地区某厂1982年制造并使用的KZG1-8型卧式快装锅炉，其操作时最大蒸汽压力为0.68MPa，每天开、停三次，并有较大的压力波动，于1990年7月发现泄漏。经检查发现：前管板与左角板撑内壁角焊缝咬边处开裂，裂纹沿焊趾扩展且穿透管板，其内、外壁裂纹长度分别为200mm和90mm。这是由于制造时产生了咬边缺陷，在疲劳工况下，缺陷处成为疲劳裂纹源，导致疲劳裂纹扩展。

（2）焊瘤

焊接过程中，熔化金属流淌到焊缝之处未熔化的母材上所形成的金属瘤，如图8-2所示。焊条熔化过快、焊条质量欠佳（如偏芯），焊接电源特性不稳定及操作姿势不当等都容易带来焊瘤。在横、立、仰位置更易形成焊瘤。焊瘤常伴有未熔合、夹渣等缺陷，易导致裂纹。同时，焊瘤改变了焊缝的实际尺寸，会带来应力集中。

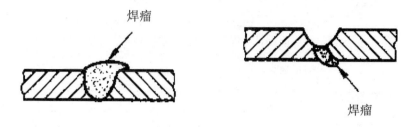

图8-2　焊瘤

（3）凹坑与弧坑

凹坑是指焊后在焊缝表面或背面形成的低于母材表面的局部低洼部分，如图8-3所示。弧坑是指弧焊时，由于断弧或收弧不当，在焊道末端形成的低洼部分。弧坑产生的原因是熄弧速度过快，焊接薄板时使用的焊接电流过大。对埋弧自动焊来说，主要是由于没有遵守先停机然后切断电流的操作规程而引起的。

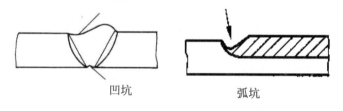

图8-3　凹坑和弧坑

（4）烧穿

烧穿是指焊接过程中，熔深超过工件厚度，熔化金属自坡口背面流出，形成穿孔性缺陷，如图8-4所示。造成烧穿产生的原因是焊接电流过大，焊速过慢或电弧在某处停留过久，装配间隙过大或钝边太小等原因。

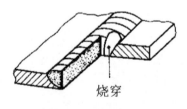

图8-4　烧穿

（5）飞溅

飞溅主要是由于熔滴内的气体迅速膨胀和爆破后，向周围飞出的大小不等的金属颗粒。具体原因是：焊条变质，如药皮粉蚀开裂，焊芯上有锈蚀；焊条药皮潮湿或有油污；须直流使用的焊条采用了交流电源；电源极性接反或磁偏吹，电焊机特性不良等。

（6）其他表面缺陷

①焊缝尺寸不符合要求。焊缝成形不良，焊缝超高，焊道宽窄不齐，表面粗糙，焊脚不对称等；

②错边。由于两个焊件没有对正而造成板的中心线平行偏差，错边会影响接头的性能；

③下榻。单面熔化焊时，由于焊接工艺不当，造成焊缝金属过量透过背面，而使焊缝正面塌陷，背面凸起的现象；

④表面气孔及缩孔；

⑤各种焊接变形。由于焊接会产生很大的温度梯度，焊缝凝固时因收缩不均匀而产生应变，如焊缝的横向收缩、纵向收缩、角变形和翘曲等。

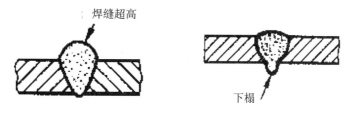

图8-5 其他缺陷

2.气孔

气孔是焊接时，熔池中的气泡在凝固时未能逸出而残留下来形成的空穴。由于在焊接过程，在高温条件下吸收了较多的气体，以及内部冶金反应产生了大量气体，这些气体在焊缝快速冷却时，来不及逸出而残留在焊缝金属内，形成气孔。

（1）气孔的分类

根据气孔产生的部位不同可分为内部气孔和外部气孔；根据气孔形状的不同可分为球形气孔、椭圆形气孔和条形气孔；根据气孔分布情况可分为单个气孔和群状气孔。群状气孔又有均匀分布气孔、密集气孔、链状分布气孔和虫形气孔之分；按气孔内气体成分分类，有氢气孔、氮气孔，二氧化碳气孔、一氧化碳气孔，氧气孔等。熔焊气孔多为氧气孔和一氧化碳气孔。气孔的形状与分布见图8-6所示。

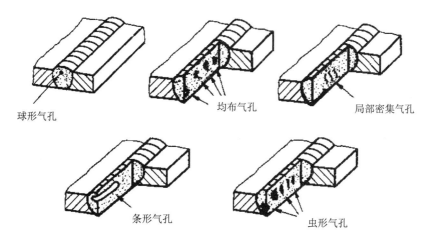

图8-6 气孔的形状与分布

（2）气孔的形成机理

①氢气孔产生的原因

高温时，熔池的金属中氢的溶解度很高。在冷却过程中，随着温度下降，氢在溶池中的溶解度随之下降，特别是当熔池发生结晶从液态转变为固态时，氢的溶解度发生急剧降低。如果熔池中的含氢量较高，由于焊接条件下冷却较快，气体来不及逸出时就产生了气孔。

氢气孔是在结晶过程中形成的，结晶时，熔池金属的黏度不断增大，加之氢气泡的胚胎场所处于相邻树枝晶的凹陷最低处，所以浮出时更易受到阻碍，气泡不易脱离现成表面。但是氢却具有较大的扩散度，极力挣脱现成表面，上浮逸出。两者综合作用的结果，最后便在焊缝中形成了具有喇叭口形的表面气孔，而那些来不及上浮的液体金属成分也发生周期性的变化，由于这种热的周期性作用而引起层状偏析。

②CO气孔产生的原因

焊接过程中随着热源离开以后，在熔池开始结晶时由于出现了浓度偏析，可使熔池中各种氧化物和碳浓度在某些局部偏离，发生冶金反应。由于CO是属于不溶金属的气体，随着结晶的继续，熔池金属的黏度不断增大，所以，此时产生的CO就不易逸出，很容易被"围困"在晶粒之间，特别是在树枝状晶体凹陷最低处产生的CO就更难逸出。另外，上述生成CO的冶金反应是吸热的，会促使结晶速度加快，因而由CO形成的气泡来不及逸出时便产生了气孔。由于这种CO形成的气泡是在结晶过程中产生的，并且它的逸出速度小于结晶速度，因此就形成了沿着结晶方向条虫状的内气孔。

（3）气孔的危害

气孔减少了焊缝的有效截面积，使焊缝疏松，从而降低了接头的强度和塑性。表面气孔还降低疲劳强度，也可能成为某些腐蚀的发源地，密集气孔严重时还会引起泄漏导致破坏。

3. 夹渣

夹渣是指焊后残留在焊缝中的焊渣。夹渣分为金属夹渣和非金属夹渣。金属夹渣是指钨、铜等金属颗粒残留在焊缝之中，习惯上称为夹钨，夹铜。非金属夹渣是指未熔的焊条药皮或焊剂、硫化物、氧化物，氮化物残留于焊缝之中。夹渣的分布与形状有孤立的、线状的等，如图8-7所示。

图8-7　夹渣

夹渣的产生原因是焊接规范不当，如焊接电流过小、焊速过快，使焊缝金属冷却太快，夹渣物来不及浮出；运条不正确，使熔化金属和熔渣混淆不清；工件焊前清理不好，多层焊的前一层熔渣未清理干净等原因而产生。钨极性气体保护焊时，电源极性不当，电流密度大，钨极熔化脱落于熔池中。点状夹渣的危害与气孔相似。带有夹角的夹渣会产生尖端应力集中，尖端还会发展为裂纹源，危害较大。

4. 焊接裂纹

在焊接应力及其他致脆因素共同作用下，焊接接头中局部地区的金属原子结合力遭到破坏而形成的新界面所产生的缝隙。它具有尖锐的缺口和大的长宽比的特征。

（1）焊接裂纹的分类

焊接裂纹的种类很多，如图8-8所示，可按下列方式进行分类：

①按产生的部位，可分为焊缝裂纹、热影响区裂纹、熔合区裂纹、焊趾裂纹、焊道下裂纹、弧坑裂纹等；

②按裂纹的大小，可分为宏观裂纹、微观裂纹和超显微裂纹；

③按裂纹的延伸方向，可分为纵向裂纹（与焊缝平行）、横向裂纹（与焊缝垂直）和放射状裂纹；

④按裂纹的形状，可分为线状开裂、放射状、枝状裂纹；

⑤按产生裂纹的机理，可分为热裂纹、冷裂纹、再热裂纹和层状撕裂。

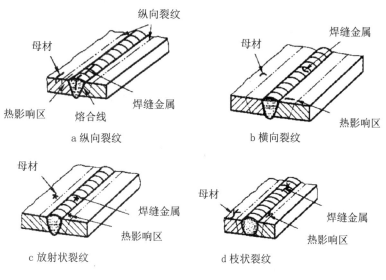

图8-8 裂纹

（2）热裂纹

热裂纹一般是指焊接过程中，焊缝和热影响区金属冷却到固相线附近的高温区产生的焊接裂纹，也称高温裂纹。

热裂纹一般是沿晶间开裂的，故又称晶间裂纹，容易发生在焊缝的起弧部位和母材的热影响区附近。当裂纹贯穿表面与空气相通时，沿热裂纹折断的断口表面呈氧化色彩。有的焊缝表面热裂纹中充满熔渣。在杂质较多的碳钢，低合金钢、奥氏体不锈钢等材料焊缝中有热裂纹。

热裂纹生成原因是在焊缝金属凝固过程中，已经凝固的部位在晶界上形成偏析，结晶偏析使杂质生成的低熔点共晶物富集于晶界，形成所谓"液态薄膜"，在特定的敏感温度区（又称脆性温度区）间，其强度极小，由于焊缝凝固收缩而受到拉应力，最终开裂形成裂纹。

影响热裂纹的因素有合金元素和杂质的含量、冷却速度和结晶应力与拘束应力。碳元素以及硫、磷、等杂质元素的增加，会扩大热敏温度区，使热裂纹的产生机会增多；冷却速度增大，一是使结晶偏析加重，二是使结晶温度区间增大，两者都会增加结晶裂纹的出现机会；在脆性温度区内，金属的强度极低，焊接应力又使这部分金属受拉，当拉应力达到一定程度时，就会出现结晶裂纹。

控制硫、磷等有害元素的含量，用含碳量较低的材料焊接。加入钼、钒、钛和铌等合金元素，减小柱状晶和偏析。采用熔深较浅的焊缝，改善散热条件使低熔点物质上浮在焊缝表面而不存在于焊缝中；合理选用焊接规范，采用预热和后热，减小冷却速度。采用合理的装配次序，减小焊接应力。

（3）冷裂纹

焊接裂纹多数是冷裂纹，即焊接接头在冷却到较低温度（对于钢来说在马氏体转变的起始温度以下）时产生的焊接裂纹。冷裂纹有的是在焊接后冷却过程中立即出现，有些则延至几小时、几天、几周甚至更长时间才发生，这种焊接冷却后延迟产生的裂纹，称为延迟裂纹或滞后裂纹。由于这种裂纹延迟产生，有可能漏检，因此更具有危险性。

冷裂纹一般无分枝，为穿晶型裂纹。焊缝和热影响区都有可能出现冷裂纹。一般在焊接低合金高强度钢、中碳钢、合金钢等易淬火钢时容易产生。焊接低碳钢、奥氏体不锈钢时较少遇到。

氢致裂纹产生的两个重要因素是含氢量和拉应力。一般来说，金属内部原子的排列并非完全有序的，而是有许多微观缺陷。在拉应力的作用下，氢向高应力区扩散聚集。当氢聚集到一定浓度时，就会破坏金属中原子的结合键，金属内就出现一些微观裂纹。应力不断作用，氢不断地聚集，微观裂纹不断地扩展，直至发展为宏观裂纹。

（4）再热裂纹

再热裂纹是指焊接接头冷却后再加热至500℃~700℃时产生的裂纹。再热裂纹产生于含有钒、铬、钼和硼等含金属元素的低合金高强度钢、耐热钢。

再热裂纹产生于焊接热影响区的粗晶粒区，呈晶间开裂特征。多发生于应力集中部位，与焊接残余应力有关，一般认为再热裂纹的产生与高温蠕变有关。

目前一般认为再热裂纹的形成是由于松弛应变超出了热影响区或焊缝金属塑性的结果。当热影响区的温度超过1200℃时，此区中含有的碳化物（钡、钼、铬等碳化物）进入固溶体。当重新加热时，碳化物（如碳化钛，碳化钒、碳化铌，碳化铬等）沉积在晶内的位错区上，使晶内强化程度大大高于晶界强化。塑性的蠕变变形就集中在晶粒边界上。当晶粒边界不足以适应由应力松弛而引起的自应变时，晶界区金属会产生滑移，而导致所谓"楔形孔穴"开裂。

5. 未焊透

未焊透是指焊接时接头根部未完全熔透的现象。对接焊缝也指焊缝深度未达到设计要求的现象，如图8-9所示。未焊透产生的原因是接头的坡口角度小，间隙过大或钝边过大；双面焊时背面清根不彻底；焊接电流小、熔深浅或焊速过快。

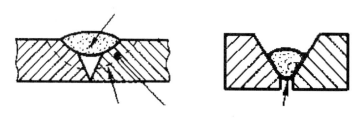

图8-9 未焊透

未焊透减少了焊缝的有效截面积，使接头强度下降。其次，未焊透还引起应力集中，严重降低焊缝的疲劳强度。未焊透可能成为裂纹源，是造成焊缝破坏的重要原因。

6. 未熔合

未熔合是指熔焊时，焊道与母材之间或各焊道之间未完全熔化结合的部分。电阻点焊指母材与母材之间未完全熔化结合的部分，如图8-10所示。按其所在部位，未熔合可分为侧壁未熔合，焊道间未熔合和根部未熔合三种。

侧壁未熔合　　　　　　焊道间未熔合　　　　　　根部未熔合

图8-10 未熔合

产生未熔合缺陷的原因是焊接电流过小，焊接速度过快，焊条角度不对。也可由于焊条、焊丝或焊炬火焰偏于坡口一侧，或由焊条偏心使电弧偏于一侧；母材或前一层焊缝未充分熔化就被填充金属覆盖；母材坡口或前一层焊缝表面有锈或污物，焊接时由于温度不够，未能将其熔化而盖上填充金属等。

未熔合是一种面积型缺陷，坡口未熔合和根部未熔合对承载截面积的减小都非常明显，应力集中也比较严重，其危害性仅次于裂纹。

7. 其他焊接缺陷

（1）焊缝化学成分或组织成分不符合要求

焊材与母材匹配不当，或焊接过程中元素烧损等原因，容易使焊缝金属的化学成分发生变化，或造成焊缝组织不符合要求。这可能带来焊缝的力学性能的下降，还会影响接头的耐蚀性能。

（2）过热、过烧和疏松

金属在高温下表面变黑起氧化皮，内部晶粒粗大而变脆的现象称为过热。金属在高温下不仅晶粒变得粗大，而且晶间被氧化使晶粒间的连接受到破坏的现象称为过烧。若被氧化的金属粗大晶粒之间还有夹杂物存在，则称为疏松。

若焊接规范使用不当，热影响区长时间在高温下停留，会使晶粒变得粗大，即出现过热组织。若温度进一步升高，停留时间加长，可能使晶界发生氧化或局部熔化，出现过烧组织。

过热、过烧和疏松严重降低钢材的强度和塑性，对焊件安全影响极大。其中过热可在焊后通过正火等处理方法细化晶粒加以改善，过烧和疏松则是不允许存在的缺陷。

（3）偏析

显微偏析是由于先结晶的固相比较纯，而后结晶的固相含溶质的浓度较高，并富集了许多杂质，由于焊接过程冷却较快，固相（晶粒）内的成分来不及扩散，在相当大的程度上保持着由于结晶有先后所产生的化学成分不均匀性，从而形成了偏析。

区域偏析是在焊缝结晶时，由于柱状晶体继续长大和推移，此时会把溶质杂质"赶"向熔池的中心。这时熔池中心的杂质浓度逐渐升高，致使在最后凝固的部位焊缝中心产生较严重的偏析。当焊接速度较大时，成长的柱状晶最后都会在焊缝的中心线附近相遇，使溶质和杂质都聚集在那里，凝固后在焊缝中心线附近就会出现区域偏析。

层状偏析一般认为是由于结晶过程中，放出的结晶潜热和熔熵过渡时热能输入周期性变化，致使凝固界面的液体金属成分也发生周期性的变化，由于这种热的周期性作用而引起层状偏析。

8.1.2 铸件中常见的缺陷及产生原因

铸件是将熔化的金属浇入铸型而形成的。在铸件浇铸和凝固过程中会产生各种不同的缺陷。常见的缺陷有气孔、缩孔和疏松、夹砂与夹渣、冷隔、裂纹等。

1. 气孔

气孔是钢溶液中的气体没有浮上来而残留在钢中的，或者是铸型和芯型产生的气体浸入钢溶液中形成的，多数情况下是和型砂一起呈现在铸钢件的上部和表面层，有时也会产生在中心部位。

气孔是一种常见的铸件缺陷。它的存在损害铸件表面质量、削弱了铸件的强度，常使铸件成为废品。在常压下，凡是增加金属中气体的含量和阻碍气泡逸出金属表面的因素，都可能促使铸件产生气孔。生产中最常见引起铸件产生气孔的原因有铸件结构、熔炼、工艺设计、型砂、芯砂和涂料的性质与质量、浇注等。

（1）铸件结构

如果铸件的结构设计不良，型芯内的气体难于排出型外，或者是铸件的内角或内角的圆角半径太小，致使该处砂型析出压力较高的气体向尚未凝固的液体金属侵入，产生气孔。当铸件平面在浇注时是处于水平位置时，那么，液体金属中上浮的气泡达到平面时，往往因平面的阻挡而不能继续上浮。如果这时铸件的表面已经凝固或气泡（体）不能通过型（芯）壁逸出型外，铸件也将产生气孔。

（2）熔炼

如果金属炉料质量不佳、潮湿、尺寸太小或太松散，以及冶金过程控制不当都会使铸件产生气孔的可能性加大。

（3）工艺设计

在工艺上，造成铸件形成气孔的因素较多。主要有砂垛和泥芯的位置、尺寸不合理；砂箱的高度太低；浇口位置、形状、截面尺寸设计不合理；浇注方法不正确；浇注系统无除渣作用、无出气孔或者数量太少引起铸件产生渣气孔。

2. 缩孔和疏松

铸件在凝固过程中由于收缩以及收缩不足所产生的缺陷叫缩孔。而沿铸件中心呈多孔性组织分布叫中心疏松。

缩孔或疏松有的在表面，也有可能在内部存在，无一定形状，表面粗糙，可以看到树枝状结晶。缩孔的产生与铸件的材质有关，收缩率越大的材料越容易出现缩孔。

3. 夹砂与夹渣

夹砂主要是浇铸时，铸件表面的砂粒和高温溶液接触，剥离后混入钢中所形成的缺陷。夹渣是由于浇口设计不当时，在钢溶液中混入熔渣后又将钢水注入铸型中，熔渣没有完全浮上来，形成夹渣。

这两种缺陷都是由于砂子渗入铸件内部而产生的，它多出现在大型铸件和用刮板造型的铸件中，当砂型的夯实程度松紧不均时，砂型受钢水冲击、砂型未清理干净都会产生夹砂。

4. 铸造裂纹

由于铸件的材质和形状不适当，在凝固时因各个部分冷却速度不同产生收缩应力而引起的裂纹。铸件中的裂纹分为热裂纹、缩孔性裂纹和冷裂纹。

热裂纹是在温度降到1300℃左右时产生的，一般在铸件表面或近表面，可通过喷丸或手砂轮打磨，大部分可以清除。

缩孔性裂纹是在厚壁处和过渡区容易产生缩孔的部位，因不能完全承受其他部位的收缩力而产生的收缩裂纹。

冷裂纹是在冷却到低温（260℃左右）而产生的裂纹，是一种最危险的缺陷。这种裂纹一般较深，两端都带尖角，绝大多数产生在应力集中区，有的在外表，也可能在内部。铸铁和高硅铸铁容易产生冷裂纹。

5. 冷隔

冷隔是由于浇铸温度偏低，金属熔液在铸模中不能充分流动，在边界形成带有氧化层的隔层。冷隔容易在大型铸件中相对于铸件体积较薄的部位产生。并与浇铸温度、浇铸速度、浇口位置、水分、液态金属的流动性有关。

8.1.3 锻件中常见的缺陷及产生原因

锻件原材料中常见的缺陷有缩孔和缩管、疏松、夹杂物、裂纹、白点等。

1. 缩孔、缩管和疏松

在锻造过程中，当液体金属注入钢锭膜后，在凝固和体积收缩的过程中如果钢水补充不及时，在钢锭最后冒口部位容易形成空洞，这种空洞一般呈喇叭状，称为缩孔，长度比较大时叫缩管。缩管残余一般是由于钢锭冒口部分产生的集中缩孔未切除干净，开坯和轧制时残留在钢材内部而产生的。缩管残余附近区域一般会出现密集的夹杂物、疏松或偏析。在横向低倍中呈不规则的皱折的缝隙。锻造时或热处理时易引起锻件开裂。

疏松是由于钢锭冒口部位和中心部位晶界间产生的微细空隙所形成的，易在晶粒结合较弱、在锻造过程中又未能充分锻合的部位产生。

2. 非金属夹渣物

非金属夹渣物主要是熔炼或浇铸的钢水冷却过程混进硫化物或氧化物等非金属形成的。另外，在金属熔炼和浇铸时，由于耐火材料落入钢液中，也能形成夹杂物，这种夹杂物统称夹渣。在锻件的横断面上，非金属夹杂可以呈点状、片状、链状或团块状分布。严重的夹杂物容易引起锻件开裂或降低材料的使用性能。

3. 锻造裂纹

锻造裂纹的种类很多，因锻造温度不适当、加热温度不均匀、加热和冷却的速度不适当等原因都可能引起金属的局部破裂而形成裂纹。形成的裂纹在工件中的分布位置也不同，可能存在工件的表面、近表层或芯部。实际生产过程中遇到的锻造裂纹有以下几种情况：

（1）缩孔残余或二次缩孔在锻造时扩大而形成的裂纹。造成这种裂纹的原因是钢锭锻造开胚时切头量过小，未能将缩孔全部切除，或者是缩孔在钢锭中分布较长产生了二次缩孔，锻造时可能产生轴心裂纹。

（2）由皮下气泡引起的裂纹。钢中的皮下气泡暴露在表面时，内壁受到氧化或渗入杂质，在锻压时难以锻合而扩大成裂纹。

（3）由柱状晶粒粗大引起的裂纹。钢锭在浇铸时由于温度控制不当使柱状晶粗大，也是锻裂的原因之一。这种情况多见于高合金钢中，这时往往柱状晶间的杂质较多，致使热塑性较差，在锤击过猛和倒棱不当即出现此种缺陷。

（4）轴心晶间裂纹引起的锻造裂纹。在高合金结构钢、马氏体钢、奥氏体不锈钢和耐热钢中，铸锭的芯部常会产生轴芯晶间裂纹，采用较大的变形量锻压时可能使之锻合，但也可能因此引起锻造裂纹。

（5）非金属夹渣物引起的裂纹。这种裂纹最常见的是硫化物所引起的"热脆"。

（6）锻造加热不当引起的裂纹。锻造加热不当引起的裂纹包括两个方面，一是由于装炉温度过高、升温速度过大，使钢锭或钢坯表面与内部的温差过大产生很大的热应力引起的裂纹；二是由于加热温度过高或装炉位置不当使钢产生过热而在锻造破裂。

（7）锻造变形不当引起的裂纹。当变形速度过大时，钢的塑性不足以承受变形的压力会引起脆性断裂。变形量的不均匀也会引起锻造裂纹，这种情况多发生在高合金钢中。

（8）终锻温度过低引起的裂纹。为了避免产生裂纹的一个基本原则是在锻造变形的过程中钢不应当有相变发生，因为此时变形外力与内部相变的组织应力共同作用，可能使钢发生裂纹，因此应掌握好不发生相变的终锻温度。

（9）锻后冷却不当引起的裂纹。对于马氏体合金结构钢，如34Cr3Mo和高合金钢中的马氏体级钢如1Cr13、2Cr13等，因合金元素高，高温空冷可使奥氏体向马氏体转变，其组织转变的内应力很大，常会产生裂纹。

4. 白点

白点是一种微细的裂纹，它对钢的性能有重大的破坏性影响。白点在镍铬钢、镍铬钼钢等合金钢中常见，是钢坯和大型锻件中比较常见的缺陷之一。用带有白点的钢锻造出来的锻件，在热处理时（淬火）易发生龟裂，有时甚至成块掉下。白点降低钢的塑性和零件的强度，是应力集中点，它像尖锐的切刀一样，在交变载荷的作用下，很容易变成疲劳裂纹而导致疲劳破坏。所以锻造原材料中绝对不允许有白点。

白点的主要特征是在钢坯的纵向断口上呈圆形或椭圆形的银白色斑点，在横向断口上呈细小的裂纹。白点的大小不一，长度由1~20mm或更长。白点裂纹的分布有不同的形式，有辐射状、同心圆状和无规则的散布三种形式。白点裂纹呈锯齿状的细小发裂，多数是穿晶断裂。

产生白点的原因一般认为是在钢中含有氢，在锻造过程中的残余应力、相变时的组织应力以及热应力的共同作用下，使氢的局部压力上升，这种压力不能为塑性介质的塑性变形所抵消，因而在钢中产生了白点。

白点的产生有以下几个特点：

（1）不同的钢种对白点的敏感性不同。实践表明，不是所有的钢都能够产生白点，一般认为，对白点敏感的合金结构钢有：Cr钢、CrMo钢、Mn钢等。

（2）钢中含氢量的多少是产生白点的重要条件之一。氢主要来源于金属炉料、造渣材料、耐火材料中的有机化合物以及水分和铸型涂料等。

（3）钢坯及锻件的尺寸也会对白点的产生有影响。钢坯及锻件尺寸越大，对白点的敏感性也越大，所以白点主要见于大型的钢坯和锻件中。

（4）锻、轧后的冷却方式影响白点生成的可能性。锻后冷却速度较快时产生的可能性也大。在快速冷却的情况下，产生白点的数量多，单个白点的尺寸小，分布形态多呈辐射状，位置接近于钢坯和锻件的芯部；冷却速度较慢时，产生白点的数量少，单个白点的尺寸大，分布形态变化大，呈同心圆或不规则的分布，位置距锻件或钢坯的表面较近。

5. 龟裂

龟裂是在锻件表面呈现较浅龟状裂纹。在锻件成形中受拉应力的表面（例如，未充满的凸出部分或受弯曲的部分）最容易产生这种缺陷。引起龟裂的原因是多方面的，主要有原材料中成分不当，含Cu、Sn等易熔元素过多；加热温度高、加热时间长导致表面组织变化；燃料含硫量过高，有硫渗入钢料表面等。

8.1.4 型材中常见的缺陷及产生原因

型材包括管材、棒材、板材和钢轨等。这些型材中的缺陷及其产生原因是由钢锭或钢坯经过轧制过程形成的。由于形状和材质的不同，所以出现的缺陷的特征也不同。

1. 钢管中的缺陷

不同型号的钢管加工方式不同，形成的缺陷也不同。小口径无缝钢管是采用穿孔法和高速挤压法制成，常见的缺陷有分层、夹渣、重皮和裂纹。大口径厚壁管的制造方法和大型锻件相似，由钢锭经锻造、轧制而成。常见缺陷有折叠、重皮、白点和裂纹。大口径薄壁管和小口径有缝电焊管是采用焊接方法制造，常见的缺陷有气孔、加渣、未焊透和裂纹。

（1）纵裂纹。由于加热不良，热处理和轧制不当而引起。

（2）横裂纹。由于轧制过于激烈、加热过度或冷加工过多而引起。

（3）表面划伤。由于加工时的导管和拉模形状不良以及烧伤所引起。

（4）翘皮和折叠。由于圆钢表面加入杂质或有偏析，或有非金属夹杂物和片状缺陷，钢管穿孔时产生的缺陷。

（5）夹杂和分层。由于圆钢内部有非金属夹杂物和片状缺陷，在穿孔轧制时即产生这种缺陷。

2. 钢棒中缺陷

棒材中常见的缺陷有裂纹、折叠、缩孔、条状夹渣和表面线性缺陷。从其分布位置上大致可分为表面缺陷和内部缺陷两大类。

（1）表面缺陷

表面缺陷又分为材料性缺陷和轧制不当引起的缺陷两大类，材料性缺陷是指由钢坯表面和近表面层的气孔和非金属夹杂物为起点造成的线状缺陷（发纹）和小裂纹以及夹渣物引起的翘皮；轧制不当引起的缺陷是指由轧辊加工时造成的折叠和皱纹，轧制不当还会引起过烧和鳞状折叠，过烧是指加热激烈致使表面脆化，因而压延时产生鳞状小裂纹。鳞状折叠是指轧制的模子过紧加上表面材料粗糙所致。

（2）内部缺陷

内部缺陷包括由于钢锭中缩孔未压合而产生的芯部裂纹，还有严重偏析和偏析小裂纹，白点和非金属夹杂物等。这些缺陷都有一定的延伸性，当轧制比较大时缺陷会变成长形，一般为星状或扁平状。

3. 钢板中缺陷

钢板按其厚度可分为薄板和中厚板，其厚度划分上没有严格的界限，参照我国有关检测标准，薄板一般指厚度在5mm以下的钢板，6~120mm厚的钢板为中厚板。钢板中的缺陷与锻件和其他型材中的缺陷大致相同。主要可分为由轧制引起和由材料引起两大类。

（1）分层。由于钢锭中存在气孔夹渣压合不紧所致。

（2）非金属夹杂物和偏析。由钢锭中带来。

（3）纵向裂纹。钢锭中原有的裂纹在轧制方向上的顺延。

（4）横向裂纹。钢锭中原有杂质熔渣在轧制过程中产生闪光状横裂。

（5）龟裂。钢锭表面有较多的气孔，加热不当或含有热脆性的钢元素所造成。包括边沿裂纹均属此类。

由于平板轧制是平面压下沿长方面轧制，轧制时压下比大，所以形成平行于表面的平面状缺陷较多。钢板中缺陷按其严重程度分为三类：即完全剥离的层状裂缝或分层属于大缺陷；某个小范围内的分层属于中缺陷；点状夹杂物集合未形成裂纹的称小缺陷。

8.1.5 铝材和铜材中常见的缺陷及产生原因

1. 铝材中的缺陷

纯铝是用电解法制造的，铸铝是在工业纯铝的基础上添加必要的合金元素熔化后，浇入砂型或金属型而制成的。用轧制、压制等加工制成板、管、型材和线材。

铝材中的缺陷主要有裂纹、非金属夹渣、折叠、气孔和烧穿。由于铝的热胀冷缩性大，加上有些合金焊接性差，所以容易产生变形和裂纹。铝在液态时大量吸收氢气，较容易产生气孔。由于铝的熔点不高，加上铝熔化后表面颜色无明显变化，因而不能判断熔池的温度变化，所以也容易造成温度过高而烧穿。在铝锻件中最多的缺陷也是裂纹。非金属夹渣多沿金属的流线分布，有时还有夹钨缺陷。

铝焊缝中产生的缺陷与钢焊缝的不同之处在于：铝的熔点要比钢的熔点低得多，容易氧化。氧化后所生成的氧化铝熔点高（2025℃），密度大，致密且不容易被破坏；若氧化铝存在于溶液的表面，则阻碍热量的传入，使焊透性产生困难；若沉入熔池中，不易浮出，造成加渣，因此为了防止对焊缝产生不良的氧化铝必须采用气体保护焊，如氩弧焊。

2. 铜材中缺陷

铜和铜合金的焊接比碳钢要困难得多。铜的导热性能很高，焊接时需采用较强的热源，大工件需要预热，否则因为导热太快而不易焊透；铜的热胀冷缩性很大，容易产生较大的焊接应力和变形，对于强度高、刚度大的工件则容易产生裂纹；铜在液态时能大量溶解氢，但在冷凝过程中溶解度则急剧下降，当过剩的氢来不及逸出焊缝时，便会形成气孔。

为了保证焊接质量，多采用氩弧焊焊接铜和青铜，用轻微的氧化火焰和含硅的黄铜焊丝气焊黄铜，也可以用钎焊焊接铜和铜合金。

8.1.6 使用中常见的缺陷及产生原因

压力容器在使用过程中，由于长期承受各种应力的作用，会产生各种缺陷，如疲劳裂纹、应力腐蚀裂纹、热应力裂纹和摩擦腐蚀缺陷等，也还会因载荷、介质等各种因素的影响，萌生出新的缺陷。常见缺陷如下：

1. 疲劳裂纹

由于结构材料承受交变载荷（工作载荷、热载荷等）的反复作用，局部高应力区的峰值应力超过材料的屈服极限，晶粒之间发生滑移和错位，产生微裂纹并逐步扩展形成疲劳裂纹。

2. 应力腐蚀裂纹

应力腐蚀是金属材料在拉应力和特定腐蚀介质的共同作用下产生的一种腐蚀形态。应力腐蚀会使金属产生裂纹，导致容器突然破裂，所以应力腐蚀又称腐蚀开裂。

能引起应力腐蚀的拉应力，不仅是容器部件在运行过程中所产生的拉应力，如承压应力、热应力及结构不连续而引起的边缘应力等，还包括容器在制造加工过程中所留下的残余应力，如冷加工成型所产生的应力，焊接应力等。而且在多数的应力腐蚀中，起主要作用的正是这些不均匀的拉应力。因此，应力腐蚀易发生在容器焊缝、结构不连续等部位。

3. 疲劳腐蚀

交变拉伸应力与腐蚀性介质共同作用引起的腐蚀称为腐蚀疲劳。金属发生疲劳腐蚀时，介质的腐蚀作用与材料的疲劳相互促进。一方面，腐蚀使金属表面局部破坏并促使疲劳裂纹的产生和发展；另一方面，交变的拉伸应力促进表面腐蚀的产生。这样，在腐蚀与交变应力的共同作用下，裂纹不断扩展加深直至金属最后断裂。容器上容易产生疲劳腐蚀的部位应是焊缝及结构不连续等高应力部位。

4. 摩擦腐蚀

两接触面在微小振动和互相摩擦状态时，其微小部分反复进行结合与分离，同时与周围环境发生化学腐蚀引起摩擦腐蚀。

5. 氢脆和氢腐蚀

氢在钢中的富集而使钢材变脆的现象称为氢脆。氢腐蚀是钢材受到高温高压的氢作用后，引起钢的金相组织发生电化学变化，使钢的强度和塑性下降的现象。氢腐蚀后的材料在晶界处伴有大量的腐蚀裂纹。氢脆及氢腐蚀是一种钢材内部组织性能变化的缺陷，难以检查和发现。所以对设备安全运行具有很大威胁。

6. 晶间腐蚀

晶间腐蚀是在400℃～800℃的温度范围内，碳从奥氏体中以碳化铬（Cr23C6）形式沿晶界析出，使晶界附近的合金元素（铬与镍）含铬量降低到耐腐蚀所需的最低含量以下，腐蚀就在此贫铬区产生。这种沿晶界的腐蚀称为晶间腐蚀。

7. 金属的高温蠕变与蠕变断裂

金属在长时间恒温、恒应力作用下，即使应力小于屈服强度，也会缓慢地产生塑性变形，这种现象称为蠕变，由于这种变形而最后导致材料的断裂称为蠕变断裂。

蠕变断裂主要是沿晶断裂。在裂纹的扩展过程中，晶界滑动引起的应力集中和空位的扩散起着重要的作用。在高应力和低温度作用下，裂纹是由于晶粒滑移造成应力集中造成的；在低应力和高温度作用下，蠕变裂纹常分散于晶界各处，特别是垂直于拉应力方向的晶界。

8.2　无损检测方法

8.2.1　概述

无损检测技术指在不破坏压力容器内部结构的基础上，通过采取较为先进的科学技术或者是仪器设备的方式来检验压力容器内部或者是表面结构是否存在磨损、内部性质是否在长期的使用过程中发生变化以及压力容器的使用状态是否存在异常的现象。

无损检测技术利用材料内部结构异常或缺陷存在所引起的对热、声、光、电、磁等反应的变化，来探测各种工程材料、零部件、结构件内部和表面缺陷，并对缺陷的类型、性质、数量、形状、位置、尺寸、分布及其变化作出判断和评价，因而不会对材料、工件和设备造成任何损伤。

任何结构、部件或设备在加工和使用过程中，由于其内外部各种因素的影响和条件变化，不可避免地会产生缺陷。利用无损检测技术可以对原材料、零部件、产品质量进行检查，评价制造工艺的合理性和产品质量，为制造工艺的改进和使用的可靠性提供依据。也可找出缺陷的位置、大小，为预测缺陷的发展状况、危害程度，防止因产品失效引起灾难性后果提供一种有效方法。

目前，无损检测技术主要以物理或者化学的方法为主，压力容器由于自身的生活环境的限制。因此，压力容器应用的无损检测技术主要以射线或者是超声波等方式为主，不同的无损检测技术在检测过程中偏重的侧重点也随之不同。因此，如何根据压力容器的不同部位选择不用的无损检测技术具有极高的研究价值。

1. 无损检测的方法

无损检测的方法较多，如表8-2所示。常规的无损检测方法有五种：射线检测（简称RT）、超声波检测（简称UT）、磁粉检测（简称MT）、渗透检测（简称PT）和涡流检测。射线检测和超声波检测主要用于承压设备的内部缺陷的检测。

表8-2　无损检测方法统计

序号	检测方法	用途	特点
1	γ-射线	检测焊接不连续性（包括裂纹、气孔、未熔合、未焊透及夹渣）以及腐蚀和装配缺陷，检查厚壁体积性缺陷。	优点：可获得永久记录，并且可以在物体内定位。 缺点：有辐射，不安全。
2	超声波	检测锻件的裂纹、分层、夹杂；焊缝中的裂纹、气孔、夹渣、未熔合、未焊透；型材的裂纹、分层、夹杂、折叠；铸件中的缩孔、汽包、热裂、冷裂、疏松、夹渣等缺陷及厚度测定。	优点：对平面型缺陷十分敏感，易于携带，穿透力强。 缺点：要求被测的表面光滑；难于检测出细小裂纹；不适用于形状复杂或表面粗糙的工件。
3	磁粉	检测铁磁性材料和工件表面或近表面的裂纹、折叠、夹层、夹渣等，并能确定缺陷的位置、大小和形状。	优点：简单，操作方便。 缺点：仅限于铁磁性材料，检测前必须清洁工件，难以确定缺陷深度。
4	渗透	可检测金属和非金属材料的裂纹、折叠、疏松、针孔等缺陷，并能确定缺陷的位置、大小和形状。	优点：对所有材料均适用。 缺点：不适用于疏松的多孔性材料，难以确定缺陷深度。
5	涡流	可检测导电材料表面和近表面的裂纹、夹杂、折叠、凹坑和疏松等缺陷，并可确定缺陷位置和相对尺寸。	优点：经济、简便，可自动对准工件检测。 缺点：仅限于导电材料。
6	声发射	可检测工件的动态裂纹、裂纹萌生及裂纹生长率等。	优点：实时并连续监控探测，可遥控。 缺点：工件必须处于应力状态。
7	X-射线	可检测焊缝未焊透、气孔、夹渣；铸件中的缩孔、气孔、疏松和热裂等。	优点：功率可调，照相质量高，可永久记录。 缺点：投资大，不易携带、有危险。
8	噪声	可检测设备内部结构的磨损、撞击、疲劳等缺陷，寻找故障源。	优点：仪器轻便，检测分析速度快，可靠性高。 缺点：仪器昂贵，对人员要求高。
9	工业CT	可进行缺陷检测，尺寸测量，装配结构分析，密度分布表征。	优点：可给出检测工件断层扫描图像和空间位置、尺寸、形状、成像直观；分辨率高；不受工件几何结构限制。

对于检查材料内部的面型缺陷，以超声波检测虽适宜，对体积型缺陷则以射线检测更为敏感；磁粉检测法和渗透检测法主要检测试件的表面缺陷，磁粉检测法主要用于铁磁性材料制的承压设备的表面和近表面缺陷的检测；渗透检测法主要用于非多孔性金属材料和非金属材料制的承压设备的表面开口缺陷的检测；涡流检测主要用于导电金属材料制承压设备的表面和近表面缺陷的检测；对于在某些特定条件下，允许采用声发射、X射线实时成像等新的无损检测方法。

2.无损检测的特点

无损检测的最大特点是在不损伤材料和工件结构的前提下检测，有一般检测所无可比拟的优越性，但是在对承压设备进行评价时，还应将无损检测与破坏性检测（如爆破试验等）相结合，以便作出准确的判断。

由于各种无损检测检测方法都具有一定的特点，因而对于承压设备进行无损检测时，为提高检测结果的可靠性，应根据设备的材质、制造方法、工作介质、适用条件和失效模式及预计可能产生的缺陷种类、形状、部位和取向，选择最适宜的无损检测方法。并且应尽可能多采用几种检测方法，互相取长补短，取得更多的缺陷信息，从而对实际情况有更清晰地了解，以保证承压设备的安全长周期运行。

无损检测技术可适用于各种设备、压力容器等缺陷的检测诊断。例如金属材料（磁性和非磁性，放射性和非放射性）、非金属材料（水泥、塑料、炸药）、锻件、铸件、焊件、板材、棒材、管材以及多种产品内部和表面缺陷的检测。因此，无损检测诊断技术受到工业界的普遍重视，在工程中得到了广泛的应用。

3. 无损检测应用原则

压力容器本身是一种承压设备，在利用无损检测技术对其进行检测时，需要与实际情况进行结合，尽可能保证检测具有全面性和针对性特征。首先，无损检测及在针对压力容器进行检测时，应当与一些破坏性检测技术进行有效结合，这样能够发挥出良好的检测效果。虽然无损检测技术在实际应用过程中，具有一定的优势特点，其优势就是对于被检测对象能够实现无损伤、无破坏。但是这种技术在应用时，仍然存在一定的局限性问题，那就是在一些方面检测过程中，还不能够完全替代一些破坏性技术在检测过程中的重要性。比如在一些液化气钢瓶的承受压力程度检测过程中，就需要提前对其进行相对应的爆破实验，这样才能够保证各种不同类型检测技术在实际应用过程中的有效性。

其次，在实践中需要对无损检测技术具体使用的时间点进行科学合理的判断，保证时间点选择的正确性和有效性。在针对时间点进行判断选择的时候，需要根据检测目的，同时还需要与被检测对象的材料属性、制造工艺等各个因素进行综合判断。这样不仅能够选择与实际情况相符合的合理检测时间，而且还能够保证检测效果。比如在一些锻件的超声检测过程中，就需要在具体锻造完成之后，对其进行粗加工操作的基础上，对其进行检测。

再次，要科学合理地对无损检测技术是否符合当下的实际情况进行准确有效的判断。在实际应用过程中，由于超声、渗透、射线检测技术等各自都具有明显的特征，相互之间具有一定差异性，所以并不是所有的检测技术都能够被合理应用到压力容器检测当中。在这种情况下，需要根据实际情况，对其进行准确有效的判断和分析，特别是对一些待检测对象的材料属性、用途等，需要将这些因素综合在一起，对无损检测技术进行科学合理的检测。

最后，对于一些压力容器而言，利用一种无损检测技术并不能够很好的对其进行检测或者是评价。因此，需要与实际情况进行结合，利用两种或者是两种以上的检测技术，实现多方面科学合理的检测，在保证检测效果的基础上，能够尽可能避免一些缺陷信息在其中造成的限制影响。

各种无损检测方法都具有一定的特点和局限性，在实际应用时有一些原则性要求。

（1）应在遵循承压设备安全技术法规（如《压力容器安全技术监察规程》《超高压容器安全监察规程》《气瓶安全监察规程》等）和相关产品标准（如GB 150-2011《钢制压力容器》、JB 4710-2005《钢制塔式容器》、GB 151-2014《钢制管壳式换热器》、GB12337-2014《钢制球形容器》等）及有关技术文件和图样规定的基础上，根据承压设备结构、材质、制造方法、介质、使用条件和失效模式，选择最合适的无损检测方法。

（2）重要承压设备制造安装或是在用检验时，作为常规无损检测方法的一种补充，可采用声发射检测方法。但一般不宜单独采用声发射检测方法对承压设备进行评价。

（3）对气瓶环向对接焊接接头在生产线成批自动焊接或批量生产时，可采用X-射线实时成像法进行检测。并与RT检测方法进行实际比较。

（4）凡铁磁性材料制作的承压设备和零部件，应采用磁粉检测方法检测表面或近表面缺陷，确因结构形状等原因不能采用磁粉检测时，方可采用渗透检测。

（5）当采用两种或两种以上的检测方法对承压设备的同一部位进行检测时，应符合各自的合格级别；如采用同种检测方法的不同检测工艺进行检测，当检测结果不一致时，应以危险度大的评定级别为准。

（6）通常认为射线透照的固有不清晰度要比采用X-射线大得多，因此对重要承压设备对接焊接接头应尽量采用X-射线源进行透照检测。确因厚度、几何尺寸或工作场地所限无法采用X-射线源时，也可采用源进行射线透照。

8.2.2　射线检测

射线检测技术在实际应用过程中，主要是利用一种物质辐射性质的技术对其进行具体操作。在这一基础上，可以与实际情况进行结合，提出有针对性的控制措施，这样才能够保证射线检测技术在实际应用过程中的效果。射线检测技术在应用时，主要是在被检测线的基础上，实现对透入射线不同程度的有效吸收，实现压力容器内部的检测。在检测时，主要检测内容即压力容器本身在内部是否存在相对应的缺陷。这种检测方法在实际应用过程中，比较适合应用在一些铝合金、铜合金等材料或者是压力纵缝的检测当中。

1.射线及其特性

射线是一种电磁波，它与无线电波、红外线、可见光、紫外线等本质相同，具有相同的传播速度，但频率与波长则不同，射线的波长短、频率高，因此它有许多与可见光不同的性质。射线不可见、不带电荷，所以不受电场和磁场影响。它能够透过可见光不能透过的物质。能使物质产生光电子、反跳电子以及引起散射现象。可以被物质吸收产生热量，也能使气体电离，并能使某些物质起光化学作用，使照相胶片感光，又能使某些物质发生荧光。

2.射线的产生

（1）X-射线

在工业应用上，X-射线是由一种特制的X-射线管产生的，X-射线管的原理示意图如图8-11所示，它是由阴极、阳极、真空玻璃管和陶瓷外壳组成。

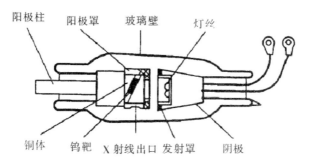

图8-11　固定阳极X–射线管结构示意图

阴极由灯丝和集射罩组成。作用为发射电子和聚焦，使打在靶面的电子束具有一定的形状和大小，形成X线管的焦点。灯丝由钨制成，用来发射电子，调节灯丝温度即可调节管电流，从而调节X–射线的量。但是灯丝点燃时间越长，工作温度越高，蒸发速度越快，灯丝寿命越短。

阳极由靶面、铜体、阳极罩、阳极柱4部分组成。作用是产生X射线、散热、吸收二次电子和散射线。阳极靶由耐高温的钨制成，阳极柱由紫铜制成，将铜体引出管外，通过与油之间的热传导把热量传导出去。

工作时在两极之间加有高电压，从阴极灯丝发射的高速电子撞击到阳极靶上，其动能消耗于阳极材料原子的电离和激发，然后转变为热能，部分电子在原子核场中受到急剧阻止，产生连续X–射线。

电子从阴极发射出来，其数量决定于灯丝电压。X–射线管所产生X–射线量的大小主要决定于从阴极飞往阳极的电子流（即为管电流）。至于X–射线质的高低，或其穿透力的强弱则主要取决于电子从阴极飞往阳极的运动速度，从而决定于X–射线管的管电压。

（2）γ–射线

γ–射线和X–射线从本质上和性质上并没有区别，只是产生方式有所不同。γ射线是由放射性同位素产生的，放射性同位素是一种不稳定的同位素，处于激发态，其原子核的能级高于基态，它必然要向基态能级转变，同时释放出γ–射线，γ–射线的能量等于两个能级间的能量差。射线检测中所用的γ–射线通常是由核反应制成的人工放射源，应用较广的γ–射线源有钴60、铱192、铯75等。

普通X–射线和γ–射线检测，由于其能量低、穿透能力差，检测能力受到限制。例如，超过100mm厚的钢板不能用一般X–射线检测，超过300mm厚的钢板很难用γ–射线进行检测。此时可采用加速器产生的高能X–射线检测，所谓高能X–射线是指能量超过1000KV的射线。例如对厚度达300～500mm的钢板，采用高能X–射线检测可以获得满意的结果。

高能X–射线的产生和上述基本相似，不同的是高能X–射线的电子发射源不是热灯丝，而是电子枪，电子运动的加速也不是管电压，而是加速器。射线检测中应用的加速器都是电子加速器，能量数兆电子伏到数十兆电子伏范围内。

3. 射线检测的基本原理

射线检测的基本原理是利用强度均匀的X和γ-射线照射工件，使照相胶片感光。当射线透过被检测物体时，有缺陷部位（如气孔、非金属夹杂物等）与无缺陷部位对射线吸收能力不同（以金属物体为例，缺陷部位所含空气和非金属夹杂物对射线的吸收能力大大低于金属对射线的吸收能力），通过有缺陷部位的射线强度高于无缺陷部位的射线强度，因而可以通过检测透过工件后的射线强度的差异来判断工件中是否存在缺陷。

目前，国内外应用最广泛、灵敏度比较高的射线检测方法是射线照相法。它是采用感光胶片来检测射线强度，在射线感光胶片上对应的有缺陷部位因接受较多的射线，从而形成黑度较大的缺陷影响。

当缺陷沿射线透照方向长度越大或被透照物质线吸收系数u越大，则透过有缺陷部位和无缺陷部位的射线强度差越大，感光胶片上缺陷与本体部位的黑度差越大，底片的对比度也就越大，缺陷就愈容易被发现。

4. 射线检测技术

射线检测技术分为三级：A级、AB级和B级。其中A级射线检测技术属于低灵敏度技术，AB级射线检测技术属于中灵敏度技术，B级射线检测技术属于高灵敏度技术。

射线检测技术等级选择应符合制造、安装、在用等有关技术法规、标准及设计图样规定。承压设备对接焊接接头的制造、安装、在用时的射线检测，一般应采用AB级射线检测技术进行检测。对重要设备、结构、特殊材料和特殊焊接工艺制作的对接焊接接头，可采用B级技术进行检测，A级射线检测技术通常用于承压设备的支承件和结构件对接接头的检测。

5. 射线透照方式

射线源、被检工件及装有X射线胶片和增感屏的暗盒，在透照时通常有如下的布置方式，如图8-12所示，图中d表示射线源有效焦点尺寸；F表示焦距；b表示工件至胶片距离；f表示射线源至工件距离；T表示公称厚度；D_0表示管子外径。透照时射线束中心一般应垂直指向透照区中心，必要时也可选用有利于发现缺陷的方向透照。

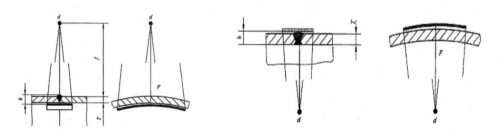

（a）纵、环向焊接接头源在外单壁透照方式　　（b）纵、环向焊接接头源在内单壁透照方式

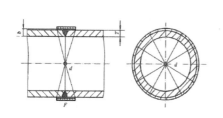
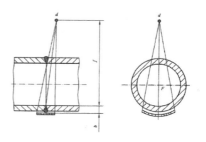

（c）环向焊接接头源在中心周向透照方式　　　（d）环向焊接接头源在外双壁单影透照方式

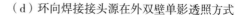
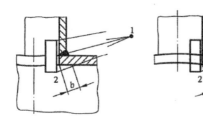
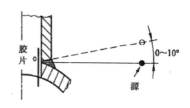

注：射线源应放在管外侧焊缝坡口的轴线上，偏差在0~+10°

（e）安放式管座角焊缝单壁外透照方式

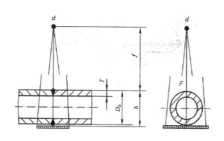
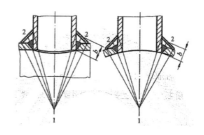

（f）小径管环向焊接接头垂直透照方式　　　（g）插入式管座角焊缝单壁中心内透照方式

图8-12　焊缝典型透照方式示意图

6.底片黑度对射线检测灵敏度的影响

（1）黑度的定义

用于无损检测的X射线通常是由高速运动的电子撞击物质的原子所产生的波长为$1 \times 10^{-6} \sim 1 \times 10^{-10}$cm的电磁波，它具有穿透金属和其他物质的能力，同时能使胶片感光。当X–射线穿透工件时，由于基本金属（如锅炉筒体的母材和焊缝）和内部缺陷（如焊缝内部的气孔、夹渣、未熔合、未焊透、裂纹等）的密度不同它们对X–射线的吸收亦有所不同，使贴在焊缝背面的X光胶片的感光量也有所不同，经暗室显影处理后根据底片上黑化程度的差异，判断是否有缺陷。

底片黑化程度称为黑度。黑度是指X–射线至底片上的光通量与透过的光通量的常用对数的比值，如式8-1所示。

$$D = \lg\left(I_0 / I\right) \qquad 式8\text{-}1$$

底片的对比度（反差）是指底片上相邻两有个区域黑度的差异，即$\Delta D = D_2 - D_x$。对比

251

度越大，则缺陷与焊缝金属之间的轮廓界线越分明，就愈容易识别缺陷，因此，探伤灵敏度越高。

（2）底片黑度差产生的原因

X-射线穿透物质后，由于被物质所吸收（产生光电效应、散射效应或者康普顿效应）而消耗能量，射线强度将显著减弱。实验证明，射线减弱具有自然衰减的规律。

通过厚度为d_t微小薄层物质时，X-射线强度衰减量d_i正比于X-射线强度I和穿透层的厚度如图8-12所示，即$d_i \propto -Id_t$或$d_i = -\mu d_r$。

其中，μ为比例常数，与X-射线的波长及物质有关系，称为该物质的衰减系数，其单位为厘米$^{-1}$，"$-$"表示强度的变化是由强变弱，即衰减的含义。

对上式进行积分，则：$\int d(I/I) = -\int \mu dt$，$\ln I = -\mu T + C$。

对X = 0时，$I = I_0$，故$C = \text{tn}I$。代入上式可得：$\ln I + \ln I_0 = \ln(I/I_0) = -\mu t$。

因此，$I/I_0 = e^{-\mu t}$ 或 $I = I_0 e^{-\mu t}$

其中，e — 自然对数的底；

$\quad\quad t$ — 穿过物质的厚度；

$\quad\quad I_0$ — 入射X-射线的强度；

$\quad\quad I$ — 透过t厚度物质后的X-射线强度。

通过上式可看出，X-射线通过物质时，将按照指数函数的规律迅速衰减。

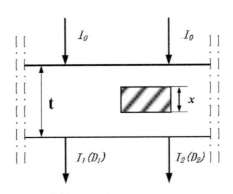

图8-13　X-射线的衰减

如前所述，提高底片黑度对提高探伤灵敏度有利，但随着黑度的提高，对底片观察的高度要求愈高。假设底黑度$D = 4$，根据黑度的定义：

$D = \lg(I_0/I) = 4$，则$I_0/I = 10^4 = 10000$ 或$I_0 = 10000I$。

这就是说，如果能观察到底片灵敏度下的某一细小缺陷，则要求入射光通量至少是透过光通量的1万倍。显然要获得这样强大的光源是有困难的，而且这样强的光线对人眼刺激太大，使评片人员无法工作。另外，要获得这样高黑度的底片，X-射线探伤的曝光参数要大大提高，是很不经济的。

由此可见，底片的黑度规定应有一个适合的范围。对于承压类特种设备的射线检测而言，执行的是NB/T 47013-2015标准，在该标准的5.16.11.1条中规定，对于检测技术等级为AB级的检测，其黑度范围为2.0～4.5，在实际检测中，应推荐一个中间范围的黑度值，以保证所拍底片均在正常黑度范围之内。

实践还证明，能够发现最小缺陷的黑度范围往往是在推荐黑度范围内较窄的一部分，这就是所谓最佳黑度范围。探伤人员的工作应将底片黑度控制在最佳黑度范围之内，以求获得最佳探伤底片质量。

按照NB/T 47013-2015《承压设备无损检测》规定，底片正常黑度在2.0～4.5，低于下限或超过上限为废片，需重新拍片；推荐黑度规定2.5～4.0，这是通常探伤工作所要求达到的范围；最佳黑度则控制在2.8～3.8，这是经过多次试验求得的黑度范围，可获得最佳灵敏效果。不过这并不仅是通过提高底片黑度来取得的，在实际检验中检测人员可以参照这个范围，以达到最佳的检测灵敏度。

7. 射线检测方法的适用范围

射线检测只适用于检测与射线束方向平行的厚度或密度上的明显异常的部分，因此，检测平面型缺陷（如裂纹）的能力取决于被检测件是否处于辐射方向。而在所有方向上都可以测量体积型的缺陷（如气孔、夹杂），只要它的相对于截面厚度的尺寸不是太小、均可以检测出来，确定缺陷平面投影的位置、大小，可获得缺陷平面图像并能据此判定缺陷的性质。

根据射线检测原理可知，它是靠射线透过物体后衰减程度不同来进行检测的，故适用于任何材料，无论是金属还是非金属材料均可检测，如检测各种材料的铸件与焊缝、塑料、蜂窝结构以及碳纤维材料，还可用以了解封闭物体的内部结构。从而射线检测已在石油、化工、机械、电力、飞机、宇航、核能、造船等工业中得到广泛的应用。

检测中选用不同波长的射线，可以检测薄如树叶厚的钢材，也可检测厚达500mm的钢材。如采用线型像质计，射线检测发现缺陷的相对灵敏度一般可达1%-2%，个别采用辅助措施还可再高一些而优于1%。

8. 射线检测方法的特点

（1）射线检测方法有底片，能够详细记录检测的信息，且可以长期保存，从而使射线照相法成为各种无损检测方法中记录最真实、最直观、最全面、可追踪性最好的检测方法。

（2）在定量方面，射线检测方法对体积型缺陷（气孔、夹渣类）的尺寸确定比较准确，检出率高。但对面积型缺陷（如裂纹、未熔合类），若缺陷端部尺寸（高度和张口宽度）很小，则底片上影像尖端延伸可能辨别不清，此时定量数据会偏小，检出率会受到多种因素影响。

（3）普通的射线检测适宜检验厚度较薄的工件，对于较厚的工件，需要高能量的射线检测设备。此外，板厚增大，射线照相绝对灵敏度是下降的，也就是说对厚工件采用射线照相，小尺寸缺陷以及一些面积型缺陷漏检的可能增大。

（4）适宜检测对接焊缝。检测角焊缝的透照布置比较困难，摄得底片的黑度变化大，成像质量不够好，所以检测效果较差。另外板材、锻件中的大部分缺陷与板平行，射线照相无法检出，因此不适宜检测板材、棒材、锻件。

（5）由于是穿透过检验，检测时需要接近工件两面，因此结构和现场条件有时会限制检测的进行。例如有内件的容器，有厚保温层的容器，内部液态或固态介质未排空的容器等均无法检测；采用双壁单影法透照虽然可以不进入容器内部，但只适用于直径较小的容器，对直径较大（≥1000mm）的容器，双壁单影法透照很难实施。此外射线照相对源至胶片的距离（焦距）有一定要求，如焦距太短，则底片清晰度会很差。

（6）根据射线底片的缺陷图像，可以精确地判别缺陷在平面上（垂直于射线透照方向）的位置、尺寸和种类，但对缺陷在工件中厚度方向（射线透照方向）的位置、尺寸（高度）的确定比较困难。

（7）射线不仅对人体有伤害，而且对环境也有一定的污染作用。因此需要对射线进行防护，以保证操作人员的健康及生命安全。目前国内采用的防护措施主要有屏蔽防护、距离防护和时间防护。

8.2.3 超声波检测

1. 超声波性质

超声波是弹介质中的机械振动，与人耳可以听到的声波一样，所不同的是人耳所能感受的振动频率为20～20000Hz；频率超过20000Hz 的才是超声波。在检测中用得最多的超声波频率为2～5MHz。

超声波具有如下一些类似于光的传播特性：

（1）超声波能在固体、液体和空气中直线传播

超声波有良好的指向性（束射性），频率愈高、波长愈短时，其指向性愈好。指向性好，所传播的能量集中，检测的灵敏度和分辨率也较高，因而易于发现微小缺陷并确定其位置，这和聚光的手电筒射出的光束能清楚地分辨黑暗中的物体是同样的道理。

（2）超声波在界面的反射和折射

超声波与光波一样，在界面具有反射和折射性质。由于超声波振动频率高，波长短，在均匀介质中能定向传播且能量衰减很小，因此可传播很远距离。但当它在传播路径上如果遇到不同介质的界面时能反射和折射，比如遇到一个细小的缺陷，如气孔、裂纹等缺陷（缺陷大多为空气囊）时，在空气与金属界面上就会发生反射。并且当两介质的声阻抗（介质密度和声速的乘积为声阻抗）相差愈大时，反射率就愈大。例如钢的声阻抗比空气的声阻抗大得多，所以在传播的超声波遇到裂纹等缺陷时，其反射率接近100%。测出反射回来的超声波，就能判别缺陷的存在，这就是超声波检测的基本依据。

当超声波垂直地传到界面上时，一部分超声波被反射，而剩余的部分就穿透过去，这两部分的比率取决于两种介质的声阻抗。例如在钢与空气的界面，其反射率接近100%；而钢与水接触时，则有88%的声能被反射，有12%的声能穿透进入水中，当超声波斜射到

界面上时，在界面上会产生反射和折射。

（3）超声波在介质中传播时会逐渐衰减

超声波在气体介质中衰减最快，液体次之，固体最慢。因此，它在金属材料中可以传播很远。探测钢材或构件的最大厚度常达数米。超声波在金属中的衰减程度与其波长和金属的晶粒大小有关。波长愈短、晶粒愈大，则衰减愈大。奥氏体晶粒粗大，因此超声波在奥氏体不锈钢中很快衰减，晶粒粗大的铸件中也有类似情况。所以一般的超声波检测仪就不适合于探测奥氏体不锈钢和铸件中的缺陷。

此外，当超声波遇到比其波长小得多的障碍物（即较小的缺陷）时，由于衍射作用，会发生绕射现象。这样波的传播与缺陷的存在与否就没有关系了。因此，在超声波检测中，检测出的缺陷尺寸极限与超声波的波长有关，一般为波长的一半。

2. 超声波的波形特征

在检测中所用的超声波波型主要有纵波、横波、表面波和板波。

（1）纵波

声波在介质中传播时，质点振动方向与波传播的方向一致时的波称为纵波。纵波可在各种介质中传播，当在固体介质传播时，速度为横波的2倍。

目前使用中的探头（超声波辐射器）所产生的波型一般是纵波型式。纵波在被检零件中的传播情况如图8-14所示。利用纵波可以检验几何形状简单的物体的内部缺陷。

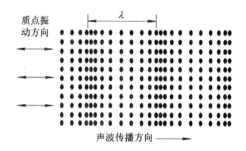

图8-14　纵波及其传播

（2）横波

质点振动方向与波的传播方向相互垂直时的振动波称为横波，横波只能在固体和切变模数高的黏滞流体中传播。横波在被检零件中的传播情况如图8-15所示。

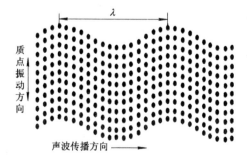

图8-15　横波及其传播

（3）表面波

表面波是沿着零件表面传播的波。其幅值随传播深度增加而迅速减小，传播速度约为横波的0.9倍。产生表面波的方法也是通过波型转换器转化而得到，表面波在被检零件中的传播情况如图8-16所示，由于表面波是沿着零件表面进行传播，因此可用来检测零件表面的裂纹和缺陷。

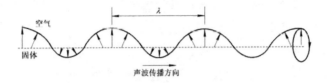

图8-16　表面波及其传播

（4）板波

板波又称兰姆波，在板厚和波长相当的弹性薄板中传播的超声波称为板波或兰姆波。板波传播时声扬遍及整个板的厚度，薄板两表面质点的振动为纵波和横波组合，质点振动的轨迹为一椭圆，在薄板的中间也有超声波传播，其传播情况如图8-17所示。板波按其传播方式又可分为对称性（S型）和非对称型（A型）两种，这是由质点相对于板的中间层作对称型还是非对称型运动决定。

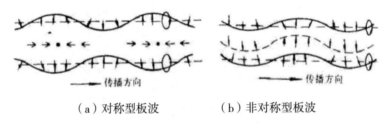

（a）对称型板波　　　　　（b）非对称型板波

图8-17　板波及其传播

3. 超声波的发生、接收及绕射

（1）超声波的发生

超声的发生和接收是根据压电效应的原理，由超声诊断仪的换能器或探头来完成。探头就是超声仪的波源。压电晶片置于探头中由主机发生变频交变电场，并使电场方向与压电晶体电轴方向一致，压电晶体就会在交变电场中沿一定方向发生强烈的拉伸和压缩（电振荡所产生的效果），即机械振动，于是就产生了超声，在这一过程中，电能通过电振荡转变为机械能继而转变为声能。因此把这一过程称为负压电效应。如果交变电场频率大于20000Hz所产生的声波即为超声波。

（2）超声波的接收

超声在介质中传播，遇到声阻抗相差较大的界面时即发生反射。反射波被超声探头接收后就会作用于探头内的压电晶片，使压电晶片发生压缩和拉伸，于是改变了压电晶片两端表面电荷（即异名电荷）即声能转变为电能，超声转变为电信号这就是正压电效应。主机将这种高频变化的微弱电信号进行处理、放大以波型、光点、声音等形式表现出来，产生影像。

（3）绕射

超声遇到小于其波长一半的物体时，会绕过障碍物的边缘继续向前传播，称绕射或衍射。实际上，当障碍物与超声的波长相等时，超声即可发生绕射，只是不很明显。根据超声绕射的规律在临床检查时应根据被探测目标的大小，选择适当频率的探头，使超声波的波长比探查目标小得多。以便超声波在探查目标时不发生绕射，把比较小的病灶检查出来，提高分辨率和显现力。

4.超声波检测的方法

超声波检测可按多种方法分类。

（1）按原理分类

超声波检测按原理可分为：脉冲反射法、穿透法和共振法三种。目前用得最多的是脉冲反射法。

脉冲反射法是将具有一定时间和一定频率的间隔的超声脉冲发射到被测工件，当超声波在工件内部遇到缺陷时，就会产生反射，根据反射信号的时差变化及在显示器上的位置就可以判断缺陷的大小及深度。该方法可以通过改变入射角发现不同方位的缺陷；利用表面波检测复杂形状的表面缺陷；利用板波对薄板缺陷进行检测。

穿透法是根据超声波穿透工件后能量的变化来判断工件内部有无缺陷。适于探测较薄工件的缺陷和衰减系数较大的匀质材料工件，但是不能检测缺陷的深度，检测灵敏度较低。该方法设备简单、操作容易，检测速度快，对形状简单、批量较大的工件容易实现连续自动检测。但对发射探头和接收探头的位置要求较高。

共振法是利用共振现象来检测物体缺陷，常用于壁厚的测量。该方法设备简单、测量准确，可以检测出板材内部夹层等缺陷。

（2）按显示方式分类

按超声波检测图形的显示方式分：有A型显示、B型显示、C型显示等。目前用得最多的是A型显示检测法。

A型显示是一种波形显示，检测仪的屏幕的横坐标代表声波的传播距离，纵坐标代表反射波的幅度。由反射波的位置可以确定缺陷位置，由反射波的幅度可以估算缺陷大小。该方法的特点是可以在CRT（显示器）上以脉冲形式来显示缺陷大小，根据脉冲位置来判断缺陷深度和部位。A型显示可用纵波、横波检测，设备简单、方便。

B型显示是一种图像显示，屏幕的横坐标代表探头的扫查轨迹，纵坐标代表声波的传播距离，因而可直观地显示出被探工件任一纵截面上缺陷的分布及缺陷的深度。B型显示也可以在CRT（显示器）上显示缺陷的断面像，即缺陷在某截面上的范围、深度、大小。为了有利于检测自动化和不使探头磨损，常采用液浸法方式。

C型显示也是一种图像显示，屏幕的横坐标和纵坐标都代表探头在工件表面的位置，探头接收信号幅度以光点辉度表示，因而当探头在工件表面移动时，屏上显示出被探工件内部缺陷的平面图像，但不能显示缺陷的深度。

（3）按检测波型分类

按超声波的波形来分，脉冲反射法大致可分为纵波检测法（直射检测法）、横波检测法（斜射检测法）、表面波检测法和板波检测法4种。用得较多的是纵波和横波检测法。

纵波检测是利用纵波进行检测。检测时探头放置在探测面上，电脉冲激励的超声脉冲通过耦合剂耦合进入工件，如果工件中有缺陷，超声脉冲的一部分被缺陷反射回探头，其余部分到达底面后再返回探头。纵波检测主要能发现和探测面平行或较大的稍有倾斜的缺陷，而对于垂直于探测面或相对探测面斜度较大的缺陷就难于发现，且要求工件有比较规则的几何形状。

利用横波进行检测的横波检测法，对垂直于探测面或相对探测面斜度较大的缺陷比较敏感，特别是检查类似于表面张口的裂纹缺陷。横波检测对工件的几何形状要求低些。

表面波是超声波在介质中传播的一种型式。它只在物体表面很浅的表层上传播。当其沿表面传播的过程中遇到表面裂纹时，表面波的传播将会发生变化。因此，该方法主要探测表面和近表面的裂纹。

板波检测法是利用超声波在板中传播时，频率、板厚、入射超声速度之间可以满足一定的关系来进行检测。板波一般应用于薄板、薄壁钢管检测。

（4）按探头数目分类

超声波探头是一种电—声换能器，主要由压电晶片组成，其主要作用是在高频电脉冲激发下发射超声波信号，再将接收到的超声波信号转换成电信号，再以波幅和数字形式显示出来。

按检测时探头形式、晶片尺寸、功能、使用条件等分为直探头、斜探头、水浸探头、聚焦探头和变焦探头。压力容器检测中最常用的有单晶、双晶探头（纵波）和单晶斜探头。

①单直探头：直探头主要用于发射和接收纵波，又称为纵波探头。

②单斜探头：根据入射角度的不同，单斜探头可分为纵波斜探头、横波斜探头、表面波斜探头、爬波探头和板波探头。

③双晶探头（分割探头）：双晶探头有两块压电晶片，一块用于发射超声波，一块用于接收超声波。根据探头入射角不同，分为双晶纵波探头和双晶横波探头两种。主要用于检测近表面缺陷。

④聚焦探头：根据焦点形状不同可分为点聚焦和线聚焦。点聚焦的声透镜为球面，线聚焦的声透镜为柱面。根据耦合情况不同，可分为水浸聚焦和接触聚焦两种。

⑤可变焦探头：可变焦探头入射角是可变的。可实现纵波、横波、表面波和板波检测。

（5）按接触方法分类

按接触方法分类有直接接触法和水浸法两种。

直接接触法是利用探头与工件表面直接接触而对缺陷进行检测的一种方法。通过在探头与工件表面之间的一层很薄的耦合剂来实现。

水浸法在探头与工件表面直接充以液体，或将探头与工件全部浸入液体进行检测。它是把探头发射的超声波经过液体耦合层后，再入射到工件中，探头与工件不直接接触。

5. 超声波检测方法的适用范围

超声波检测适用于板材、复合材料、碳钢和低合金钢锻件、管材、棒材、奥氏体不锈钢锻件等承压设备原材料和零部件的检测；也适用于承压设备对接接头、T型焊接接头、角焊缝以及堆焊层等的检测，不同检测对象相应的超声厚度检测范围如表8-3所示。

表8-3　超声波检测范围

序号	超声检测对象		适用范围	
			材料	厚度范围 mm
1	原材料	板材	碳素钢、低合金钢、奥氏体钢、镍及镍基合金、双相不锈钢	T=6~250
			铝及铝合金 钛及钛合金	T ≥ 6
		复合板 （爆炸和轧制）	复层：不锈钢、钛及钛合金、铝及铝合金、镍及镍基合金 基层：碳钢、低合金钢、不锈钢	基层：T ≥ 6
		无缝管	碳钢、低合金钢	D0=12~660、T ≥ 2
			不锈钢	D0=12~400、T=2~35
2	零部件	锻件	碳素钢、低合金钢	—
			奥氏体不锈钢	—
		螺栓坯件	钢	M > 36
3	焊接接头	承压设备对接接头	碳钢、低合金钢	6-400
			钛及钛合金	≥ 8
			铝及铝合金	≥ 8
			奥氏体不锈钢	10-50
		管座角焊缝	钢	—
		T 型焊缝	钢	6-50
3	焊接接头	管子和压力管道环向接头	碳钢、低合金钢	T ≥ 4、D0=32~159 T=4-6、D0 ≥ 159
			铝及铝合金	T ≥ 5、D0=80~159 T=5-8、D0 ≥ 159
		堆焊层	奥氏体不锈钢、镍及镍基合金	—
4	在用检测	螺栓、螺柱	钢	—
		对接接头	钢	6-400
		管道环向接头	钢、铝及铝合金	—

6. 超声波检测方法的特点

（1）超声波检测时，缺陷检测的灵敏度受缺陷反射面的影响较大。对于体积型缺陷，如果缺陷不是相当大或比较密集，就不能提供好的反射面和获得足够的反射波，因而体积型缺陷的检出率较低。而对于面积型缺陷，只要超声波垂直射向它，就能获得足够的反射波，因而检出率较高。

（2）超声波检测适用于金属板材、管材、棒材、钢锻件和焊缝等的检测，应用范围广。但晶粒度对检测、工件不规则的外形对检测有影响，因此不适用或很难适用粗晶材料（如奥氏体钢）、形状复杂和表面粗糙的工件。

（3）可以检验厚度较大的工件。采用纵波直射法检测工件（如锻件）内部缺陷，其最大有效探测深度可达1m左右；采用横波斜射法检测工件（如焊缝），其最大有效探测深度可达0.5m。

（4）对缺陷在工件厚度方向上的定位（位置和缺陷高度）较准确。

（5）一般情况下检测结果没有记录，无法得到缺陷直观图像，定性困难，定量精度也不高。

7. 超声波检测技术中的数字信号处理

（1）超声波检测技术概述

焊缝的超声检测通常是采用横波检测的方式实现的，由于焊缝通常是突起的，而且焊道表面通常也是不平整的，所以采用超声波技术检测的难度也更高。超声检测技术拥有较强的适应能力，可以实现非接触性的数据测量、在线测量，新时期电子技术和压电陶瓷材料的应用，使超声波检测技术的应用范围以及应用效率得到了有效的提升。当前超声波检测技术应用中，电磁超声技术的应用是通过电磁声换能器等在材料的表层作用。现阶段激光超声技术还处于研究阶段，在实际环节的使用频率较低。

数字信号处理是一个新的研究领域，该技术借助计算机以及专用的处理设备，在展示相关的数字信息以及符号信息时候大多是通过数字化的形式陈列的，数字化的信号对采集和记录相关数据信息具有较高的效率。从超声波检测的现状可知，以往人们进行超声波检测主要是通过手工的方式实现的，主观臆断具有较大的随意性。在数据信息的获取以及相关数据的分析上容易出现失误，评定工作的主观性更强，一旦出现了问题则容易影响最终的结果，造成分析失误，不利于超声波检测技术应用效率的提升。在超声波检测技术中，数字信号处理技术可以对信号与被测对象进行检测，将留存在超声波中的信息提取出来便于作下一步的分析处理，并建立一个超声波信号的有限参数模型，将信息数据留存在有限的参数上。通过应用数字模型的方式来掌握数字信号变化的特性和规律，及时统计相关的数据信息和内容，并全面控制和预测数字信号处理数据的全过程，确保数字信息处理效率的提升。通过应用数字化处理技术可以及时对设备出现的问题进行检测，及时发现设备存在的故障，继而满足故障诊断的功能。

超声波技术对人体的伤害较小，因为超声波属于机械波，因此超声波在实际的应用中不会如同电磁波一般对人体具有较大的伤害，利用超声波技术在对机械设备进行检测时，人员是不需要相关防护设施的，因此超声波应用的场合受到的限制性因素相对较小。超声波在探测机械设备的问题时所采用的设备较为简单便携，运用起来也非常灵活，因此具有使用范围广的特征，可以满足工业生产的多样化需求。现阶段，超声探伤法的应用具备独特的优势，我国当前大部分的超声探伤仪主要采用模拟电路的方式对超声波进行检测，然而模拟电路的设计相对来说比较复杂，设计完成以后就不容易进行更改，因此超声波探伤仪在多变的客观对象问题中存在较多的问题，难以满足电路设计的精度要求，因此数字处理技术的应用则能够更好地满足电路探伤的多样化需求。

（2）超声波检测中的数字信号处理技术

超声波检测数字信号时的应用频率相对较高，因此在对相关数据信息进行测量时也能够获得更高的精度。但是频率越高的超声波，它的波长也会相应地减弱，当超声波的波长减小到与被测材料骨料尺寸相同的等级时，超声波的散射面积也会不断增大，声波的散射面也会由此而加大。因此，在利用超声波对相关数据信息实施检测时要考虑到超声波检测数据信息的特点，数字信号处理技术在实际应用环节，要认识到超声波的弹性波频率，弹性波与多种波形的材料在应用时要对弹性波的振幅、频率、波形等进行记录，这样一来检测者能够对波长有一个更加清晰的认识，获取的数据信息的准确度也越高。超声波检测技术的应用需要对生成超声波的方法有一定了解，一般情况下，超声波生成的途径较为广泛，具体包括了压电法、电磁法等不同的类型，压电法是常常被采用的检测方法。超声波检测中的数字信号处理需要由传感器、磁带或变换器来将被测量信号记录下来，而被测量的信号会随着时间的变化而变化生成相应的模拟信号。在采用现代数字计算机技术来处理实测信号时，要对实测的模拟信号进行离散化的处理，继而提升数字化处理的效率。信号离散化处理通常会需要第一级采样、第二级量化等方式，提升数字化信号处理的效率。

早期阶段的无损检测技术在实际应用时缺乏良好的数据记录以及信息处理设备，从检测中获取的大量测量数据需要依靠专业人员推理和分析才能完成数据的检测，存在费时费力的问题，导致无损检测技术的难度增加。无损检测技术的要求相对较高，如果缺乏标准化的检测技术，则不利于超声波检测精准度的提升。超声波检测设备的自动化和仪器是计算机技术发展应用的重要方向，相关检测标准要先输入到检测系统设备的软件系统中，继而利用仪器设备自动判断探伤的最终结果。

超声波技术属于短波技术，在短波通信领域中，图像传输技术、音频信号处理、信道扫描、扩频技术、传真技术等都是短波通信的重要组成要素，不同的技术在实际应用环节都需要采用数字信号处理方式。采用数字化的方式来传播信息，降低数据信息在传播过程中存在的不稳定性因素，增加信息的可利用性，降低数据传输产生的信号不稳定等相关的问题，实现数据信息的高效传播，使人们在提取、传输以及使用信息时更加高效便捷。超声波检测领域中数字信号处理的方法是测控系统化数字化处理的体现，通过分析处理实现数字信号的输出，则能够提升数字化信息处理的效率，并实现信号的快速输出，提升数据传输的精准性和有效性。

8.2.4　磁粉检测

1. 检测原理

对于没有缺陷的铁磁性材料和零件，经外加磁场磁化后，由于介质是连续均匀的，故磁力线的分布也是均匀的。当材料中有缺陷存在时，缺陷本身（裂纹、气孔、非金属夹杂物等）是空气和夹杂物，其磁导率远远小于铁磁性材料本身的磁导率。若工件表面存在漏磁场、部分畸变或是磁场线断裂的问题，利用磁粉对其进行检测，可使工件表面有相应痕迹形成，上述问题往往能够因此而得到直观展现，如图8-18所示。对锅炉等压力容器而言，磁粉还可被用来对发际线、裂缝和斑点进行检测，并且能够最大限度保证检测灵敏度以及结果准确性。

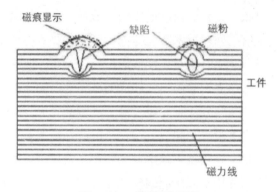

图8-18　磁粉探伤原理

磁粉检测的基本原理就是将钢铁等磁性材料磁化后，利用位于磁力线上缺陷部位能吸收磁粉的原理来检测表面和近表面缺陷。如使漏磁场吸附磁粉，即为磁粉检测法；如对漏磁场通过检测元件和指示仪表显示，即为漏磁检测法。

由基本原理可知，磁力线的方向与缺陷垂直时漏磁场最大，所以在检测工件的纵向裂纹时，应采用周向磁化法；在检测工件的横向缺陷时，应采用纵向磁化法，这是两种最基本的磁化方法，周向磁化法又分为：轴向通电法、触头法、中心导体法和偏心导体法，如图8-19所示，触头法是一种单方面磁化方法，可根据探伤位置及对灵敏度需求，调节电极间距，辅以电流大小的调整，检测角焊缝。与磁轭法相似，针对同一部位，触头法也要开展两次互相交叉的垂直探伤，从而确保压力容器检验结果的精准度。

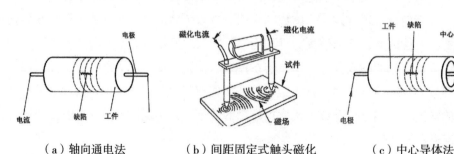

（a）轴向通电法　　　　（b）间距固定式触头磁化　　　　（c）中心导体法

图8-19　周向磁化法

纵向磁化法又分为线圈法和磁轭法，如图8-20所示，磁轭法在压力容器检验过程中应用较广泛。该技术在实际应用时所采用的设备相对简单，且检验流程也十分便利，可操作性强。在检验期间，利用磁轭活动关节对容器裂口情况进行检验，发现其不同方向的裂口情况，且应对裂口进行两次不同方向的检测，以将容器焊接部位划分成不同的检测区域。同时，还应强化对裂口重叠部位的关注，以确保最终检验结果的精准度。

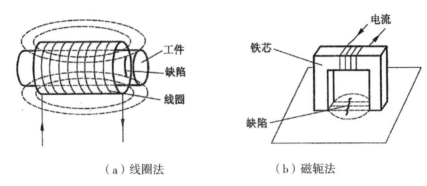

（a）线圈法　　　　　　　　（b）磁轭法

图8-20　纵向磁化法

还有一种复合磁化法包括交叉磁轭法、交叉线圈法、直流线圈法和交流磁轭组合等多种方法，该方法也较为常用，其原理如图8-21所示。交叉磁轭法是应用最多的一种技术，能在容器周围产生旋转磁场。该技术不仅检测效率高，灵敏度也远远高于其他技术，检验流程简单便利，一次磁化即可就对容器不同位置、不同方向的裂口进行准确检验。同时也能对焊缝进行高效检测。但该技术需380伏的电源，因而，其应用受到一定局限。

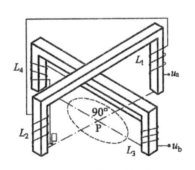

图8-21　交叉磁轭法

值得注意的是，漏磁场吸附磁粉，就会形成与缺陷形状一致的磁粉堆积区，这种堆积区叫作磁痕，磁痕的宽度远大于缺陷的实际宽度（一般约大10～20倍），所以磁粉检测能够显示出人眼不可见的微细缺陷。

另外，较深缺陷的漏磁场无法暴露于工件的表面。所以这种方法仅限于检查铁磁性材料的表面和近表面缺陷。交流磁化还由于趋附效应的影响，使磁力线集中在工件的表面，检查的深度更浅（约为2mm）；直流磁化法可检测表层4～6mm范围内的缺陷。

2. 磁粉检测的影响因素和注意事项

磁粉检测对于所检测工件应能非常轻易地检测出工件表面及表面所有裂纹缺陷，这就说明此台磁粉探伤机检测灵敏度是合格的，从理论上讲检测的缺陷越小则需灵敏度越高，磁粉检测影响因素较多。

（1）外加磁场强度越大，形成的漏磁场强度也越大。磁粉检测灵敏度与工件的磁化程度密切相关，一般来说，外加磁场强度一定要大于Hμm，即选择在产生最大磁导率μm对应的Hμm点右侧的磁场强度值，此时磁导率减小，磁阻增大，漏磁场增大。当铁磁性材料的磁感应强度达到饱和值的80%左右时，漏磁场便会迅速增大。

（2）磁化方法。为了检出各个方向的缺陷，通常对同一部位需要进行相互垂直的两个方向磁化，不同的磁化方法对不同方向缺陷的检出能力有所不同，周向磁化对纵向缺陷的检测灵敏度较高，纵向磁化对横向缺陷的检测灵敏度较高。

（3）磁化电流类型。不同的磁化电流具有不同的渗入性和脉动性，因此磁化电流类型对磁粉检测灵敏度会产生影响。交流电对表面缺陷具有较高的灵敏度，但对近表面缺陷的检测灵敏度大大降低；直流电具有最大的渗入性，有利于发现埋藏较深的缺陷，但对表面缺陷的检测灵敏度不如交流电。

（4）磁粉性能。磁粉检测是靠磁粉聚集在漏磁场处形成的磁痕显示缺陷，因此磁粉检测灵敏度与磁粉本身的性能如磁特性、粒度、形状、流动性、密度和识别度有关。

（5）磁悬液的类型和浓度。常用的磁悬液有水磁悬液和油磁悬液两种类型，两种磁悬液的黏度值不同，其流动性也不同，导致检测灵敏度有所差异。磁悬液浓度对磁粉检测灵敏度影响较大，浓度过低，漏磁场对磁粉的吸附量小，磁痕不清晰，导致缺陷漏检；浓度过高，会在工件表面滞留较多磁粉，形成过度背景，甚至掩盖相关显示。

（6）设备性能。应保证磁粉检测设备在完好状态下使用，如果设备某一方面的功能缺失，不但使检测灵敏度的降低，严重时会导致整个检测失效。

（7）工件材质、形状尺寸和表面状态。工件材质对检测灵敏度的影响主要表现在工件磁特性对灵敏度的影响上，工件的形状尺寸影响磁化方法的选择和检测灵敏度；工件表面粗糙度、氧化皮、油污和铁锈等对磁粉检测灵敏度都有一定的影响。

（8）缺陷的方向、性质、性质和埋藏深度。磁粉检测灵敏度取决于缺陷延伸方向与磁场方向的夹角。当缺陷垂直磁场方向时，漏磁场最大，吸附的磁粉最多，最有利于缺陷的检出，检测灵敏度最高。随着缺陷的方向与磁力线的方向从90°逐渐减小（或增大）漏磁场强度明显下降，因此磁粉检测时，通常需要在两个（两次磁力线的方向互相垂直）或多个方向上进行磁化；同样尺寸的缺陷位于工件表面时，产生的漏磁场大，灵敏度高，位于工件的近表面时，产生的漏磁场将显著减小，检测灵敏度降低；

（9）工艺操作。磁粉检测的工艺操作主要有清理工件表面、磁化工件、施加磁粉或磁悬液和观察分析等，无论哪一步操作不当，均会影响缺陷的检出。

（10）检测环境的条件。采用非荧光磁粉检测时，检测地点应有充足的自然光或白光，光照度不足，人眼辨别颜色和对比度的本领变差，将导致检测灵敏度下降；采用荧光磁粉检测时，要有合适的暗区或暗室，光照度过大，将影响人眼对缺陷在黑光灯照射下发出的黄绿色的观察，可导致检测灵敏度的下降。

在压力容器检验过程中，虽然磁粉检测法具有非常高的灵敏度，但若检测人员的能力及水平不足，不仅无法凸显磁粉检测法的优势，还会因此加剧压力容器的运行安全问题。因此，在应用磁粉检测法时，需注意以下问题：

①需充分了解压力容器的制造及材料等情况。如若在压力容器制造期间，选用了高强度钢以及对裂纹较为灵敏的钢材，那么在特殊条件下，其非常容易出现裂纹，最终使得压力容器性能大大下降。因而，在检验期间，需对制造容器时所选用的材料进行了解，再正确辅以磁粉检测法。

②在实际的压力容器检验过程中，交叉磁轭的磁化行走方向需与磁悬喷液喷洒方向一致。为防止因磁悬液的流动而冲刷掉缺陷产生磁痕，让磁粉有足够时间聚集到缺陷位置，在磁粉检测法的应用过程中，应严格遵守磁悬液喷洒规定，对球罐进行重复检验时还需将磁悬液喷洒到行走的正前方。

③要对检验面进行清理与打磨。在实际的检验过程中，容器内部与介质的接触面通常会出现氧化皮锈等问题。容器外部则会涂抹一层油漆。故而在压力容器检验过程中，应对焊缝两侧的宽度进行仔细打磨，有效清理，彻底清除覆盖物，以防止因清理不彻底导致一些缺陷被掩盖，从而出现漏检。

3. 磁粉检测用材料

（1）磁粉

磁粉（一般为Fe_3O_4或Fe_2O_3）应具有高磁导率、低矫顽力和低剩磁，并应与被检工件表面颜色有较高的对比度。湿法磁粉粒度不大于0.045mm，干法磁粉平均粒度不大于0.18mm。按加入的染料可将磁粉分为荧光磁粉和非荧光磁粉，非荧光磁粉有墨色、红色等。由于荧光磁粉的显示对比度比非荧光磁粉高得多，所以采用荧光磁粉进行检测具有磁痕观察容易、检测速度快、灵敏度高的优点。但荧光磁粉检测需暗环境和黑光灯。

（2）载体

湿法应采用水或低黏度油基载体作为分散媒介。若以水为载体时，应加入适当的防锈剂和表面活性剂，必要时添加消泡剂。油基载体的运动黏度在38℃时小于或等于$3.0mm^2/s$，使用温度下小于或等于$5.0mm^2/s$，闪点不低于94℃，且无荧光和无异味。

（3）磁悬液

磁悬液浓度应根据磁粉种类、粒度、施加方法和被检工件表面状态等因素来确定。一般情况下，磁悬液浓度范围应符合表8-4的规定。

表8-4　磁悬液浓度

序号	磁粉类型	配置浓度 / g/L	沉淀浓度（含固体量）/ ml/10mL
1	非荧光磁粉	10~25	1.2~2.4
2	荧光磁粉	0.5~3.0	0.1~0.4

循环使用的磁悬液，每次开始工作前应进行磁悬液浓度测定。对于循环使用的磁悬

液，应每周测定一次磁悬液污染。测定方法为将磁悬液搅拌均匀，取100mL注入梨形沉淀管中，静置60min，检查梨形沉淀管中的沉淀物，当上层污染物体积超过下层磁粉体积的30%时，或在黑光下检查荧光磁悬液的载体发出明显的荧光时，即可判定磁悬液污染。

4. 磁粉检测的适用范围

（1）适用于检测铁磁性材料工件表面和近表面尺寸很小、间隙极窄和目视难以看出的缺陷；

（2）适用于检测马氏体不锈钢和沉淀硬化不锈钢材料，但不适用于检测奥氏体不锈钢材料和用奥氏体不锈钢焊条焊接的焊接接头，也不适用于检测铜、铝、镁、钛合金等非磁性材料；

（3）适用于检测工件表面和近表面的裂纹、白点、发纹、折叠、疏松、冷隔、气孔和夹杂等缺陷，但不适用于检测工件表面浅而宽的划伤、针孔状缺陷、埋藏较深的内部缺陷和延伸方向与磁力线方向夹角小于20°的缺陷；

（4）适用于检测未加工的铁磁性原材料和加工的半成品、成品件及在役与使用过的工件及特种设备；

（5）适用于检测管材、棒材、板材、型材和锻钢件、铸钢件及焊接件。

5. 磁粉检测的特点

当前，依照压力容器检测的标准规定，磁粉检测是一种效果较好的检测方式，其不仅检测灵敏度高，精准度强，且整体成本也较低。同时，检测工作可直接显示容器裂口位置，快速发现裂口问题并高效解决。磁粉检测存在以下优点和局限性。

（1）磁粉检测方法应用的优点

①可以直观显示压力锅炉中缺陷的位置、形状、大小等各项问题，并且能够对缺陷的性质加以确定。

②磁粉检测方法在应用期间，可以检测出的最小的缺陷长度为0.1mm，以及微米级别的裂纹，检测技术应用具有很高的灵敏度。

③不会受到试件形状和大小等各项因素的约束。

④方法应用简单，并且不会对环境造成污染，可以快速完成相应检测作业，成本低，具有良好经济效益。

⑤可以实现重复检测。

（2）存在的局限性

虽然磁粉检测方法在压力锅炉检测中应用存在许多优点，但是也存在一定局限性，这也使磁粉检测方法在压力锅炉检测中的应用受到一定限制。主要体现在以下几个方面：

①只能检测磁铁性材料。

②只可以针对材料近表面和表面存在的各种缺陷情况进行检测。

③检测会受磁化方向制约，这也就导致如果磁化方向与缺陷方向处于近平行状态，或者工件与缺陷表面形成的夹角没有达到200℃，此时，采用磁粉检测技术难以准确发现

缺陷。

④若在检测工件表面存在覆盖层，这会对磁粉检测结果造成不良影响，同时，检测结果还会受几何形状制约，会出现非相关显示，影响检测结果。

6.磁粉检测的基本流程

（1）技术人员要求

在针对压力容器进行磁粉检测中，需要明确相关技术人员的专业资质，确保其掌握磁粉检测技术的专业知识和技能。在磁粉检测技术应用过程中，要求相关人员严格按照规范的方式进行操作，避免出现磁粉泄漏或对压力容器造成损伤的问题。另外，要根据压力容器检验工作的具体要求，落实权责机制，将责任落到实处，提高检测过程的管理水平。

（2）工件表面处理

在压力容器检测中，首先需要对检测部位表面进行处理。在实际工业生产系统中，压力容器作为一种工业制品，其表面的粗糙度、氧化状况、腐蚀程度以及存在的杂质，都可能会对磁粉检测的精确度造成影响。另外，工件表面存在的磁场将会对磁粉的分布造成影响，进而影响检测结果。所以，在针对压力容器进行检测时，要对容器表面进行全面检查，通过专业化清理，清除表面存在的油脂、锈迹及其他杂质，为磁粉检测工作扫清障碍。

（3）配置磁悬液

在磁粉检测技术应用的过程中，用到的磁粉材料主要有荧光磁粉和非荧光磁粉两类，而用到的磁悬液也有水性和油性两类。在压力容器检验中，要根据压力容器的实际特点以及应用环境，对磁粉、磁悬液材料进行灵活选择。比如，如果压力容器采用的是低合金钢，应当使用非荧光磁粉；如果压力容器工作运行现场禁油脂，则需要使用水性磁悬液。通常情况下，水性磁悬液具有不错的流动性，在检测中可以迁移磁粉，所以该材料可以在表面湿润且无断面的工件检测中使用。另外，在进行压力容器检验中，要处理好磁悬液的浓度，因为磁悬液浓度过高不仅会影响检测结果，还可能导致检测缺陷；如果浓度过低，将影响检测的观测。

（4）探伤

利用磁粉检测法对压力容器进行探伤时，一般分为干、湿两种方法。干法主要是将磁粉直接喷洒在待检工件表面，清除过量磁粉，然后以一定的频率振动待检工件，将其表面的磁粉均匀分散。需要注意的是，采用干法探伤时，要避免磁粉过量，否则容易影响缺陷的显示效果。湿法探伤主要是利用软管将磁悬液浇淋于待检工件表面，直到磁悬液完全覆盖工件表面，然后施加磁化电流。针对压力容器工件近表面的缺陷，一般是使用湿粉连续探伤法，这主要是由于很多非金属夹层中的漏磁通过值比较小。而针对大型的压力容器的铸件、焊接部位，比较适用于使用干粉连续探伤法。在探伤检测之后，观察工件表面磁粉分布状况，对其相关信息进行记录，明确缺陷位置、形状、损伤程度，便于后续修复处理。

（5）退磁和清洗

探伤检测完成之后，为压力容器检测部位施加直流电磁场，通过持续改变电流方向，并逐步调小电流，达到退磁的目的。在检查确定针对压力容器的退磁处理达到要求之后，采用合理的方式将其表面的磁粉、磁悬液全部清除干净，尤其要重点将工件衔接部位、空腔内部、孔洞内的磁粉及杂质清理干净。

8.2.5 渗透检测

1.渗透检测原理

渗透检测是一种用来检测表面开裂缺陷的无损检测方法，其基本原理为毛细管现象。毛细管是指内径很细的管子，通常其内径尺寸等于或小于1mm，因管径细如毛发而故称。含有细微缝隙的物体被液体润湿，液体能延缝隙上升或扩散的现象，称为毛细管现象。作为无损检测方法之一，渗透检测同样不会对被测物品的工作性能造成破坏。利用相对基础的物理学、化学、材料学及工程学知识，对各类机械零部件、工业材料以及工业生产线产品进行快速准确地检测，并对他们的完整性、使用性能以及安全可靠性作出合理的评估。

将带有荧光效果或着色效果的渗透液涂覆在被测件表面之后，通过一段时间的静置渗透，渗透液会在毛细管现象的作用下逐渐流入被测件表面的裂纹缺陷当中；清洗掉被测件表面多余的渗透液并将被测件烘干；在干燥后的被测件表面涂上显像剂；显像剂同样会由于毛细管现象的作用将裂纹中的渗透液吸附上来，也就是说渗透液会回渗到显像剂中；在一定灯光条件下，缺陷处的渗透液痕迹会根据所选渗透液的种类发出荧光或显色，通过观察荧光处或带颜色区域的分布情况来检测裂纹的形貌。荧光渗透探伤的基本原理示意图，如图8-22所示。在毛细管作用下，显像剂将吸引缺陷中保留的渗透液，渗透液回渗到显像剂中；在一定的光源下（紫外线光或白光），缺陷处的渗透液痕迹被显示，（黄绿色荧光或鲜艳红色），从而探测出缺陷的形貌及分布状态。

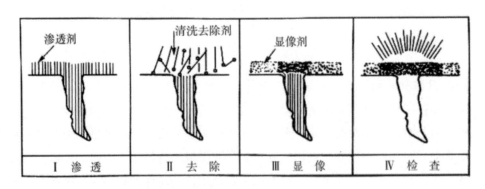

图8-22 渗透检测操作的基本原理示意图

2.渗透检测的影响因素和注意事项

渗透检测体系中，涵括了渗透检测人员、设备、材料以及所采用工艺方法、检验环境等，对检测体系进行质控，其本质上即对上述五个环节予以质控，以良好管理促进检测质量与可靠性提升，其影响因素较多。

（1）渗透剂原料的影响

在所实施的渗透检测中，起到先决性条件的是渗透剂，因其可对被检测工件表面进行良好的浸润，而只有被检工件表面被充分浸润后，渗透剂方可于狭窄的缝隙中进行渗透。同时，对于渗透剂还有另一个要求，即需具备润湿显影剂的作用，以达到可顺利将于缺陷内渗透剂析出渗透检测中，渗透剂对被检工件表面的良好润湿是进行渗透检测的先决条件。只有当渗透剂充分润湿被检工件表面时，才能渗入狭窄的缝隙。此外，还要求渗透剂能润湿显像剂，以便将缺陷内的渗透剂析出，并对缺陷清晰显现。当前阶段，各个渗透检测剂制造企业研发的配方基本都可以达到检验灵敏度的要求，需要进行性能校验合格。在保质期内的喷罐，对渗透检测可靠性的影响较小。

（2）外界条件的影响

渗透检测一般在5～50℃的温度范围内进行，在此范围外，特别是在低温情况下，工件表面存在污垢，渗透检测灵敏度降低，容易造成漏检。喷罐喷射压力也受影响，故低温环境适用性差。对低温情况下如何保证渗透检测灵敏度，技术标准中针对低温和高温的非标准温度，提出了专门的检测方法，对低温条件下渗透检测相关问题也有很多研究实例。

（3）工件的表面状态

检测工件存在缺陷部位的表面状况对于渗透检测的质量存在着很大程度的影响，若被检工件表面呈现出较为严重的污染及粗糙，则将对渗透检测的成功性造成干扰，因污染物对于渗透剂向缺陷处进入存在一定的阻碍作用。此外，在对污染物进行清理的过程中，所产生的残余物也可能与渗透剂起反应，使之灵敏度受损。而且，被检工件表面所表现出的粗糙程度同样会影响检测准确度，此点已获多方验证，相关研究较多、较全面。

（4）工件的几何形状

对Φ89焊接无缝钢管对接焊缝、钢管和钢板角接焊缝、钢板对接焊缝进行等钢管圆周长度（89π）渗透剂检测。在考虑操作时间、操作便捷程度和环保要求的情况下，钢板对接焊缝用时最快、操作最简单、较干净；钢管对接耗时最长、操作复杂、污染最大；管板焊接居中。可见，工件几何形状对渗透检测质量影响较大。

（5）施加方式

渗透剂施加方式主要有喷涂、刷涂（刷子、棉纱、布、纸）、浇涂、浸涂四种方式。对于在役无缝压力管道对接焊缝检测，主要是前三种。对比不同施加方法在操作便捷程度、操作环境、后续处理难易度和检测成本方面的优缺点。

渗透检测流程的中要注意渗透时间、乳化时间、烘干温度及显像剂的施加，其要求如下所述。

①渗透时间

在10～52℃的温度条件下，渗透时间一般不少于10min，对于疑有疲劳裂纹的工件，渗透时间可最多延长至4h。

②乳化时间

乳化时间取决于乳化剂的性能、乳化剂的浓度、乳化剂的受污染程度和工件表面的粗糙度等。原则上乳化时间在保证允许的荧光背景前提下应尽量短，可通过试验来确定最佳的乳化时间。

③烘干温度

烘干温度不可过高，烘干时间不可不过长，否则缺陷中的渗透剂被烘干，不能渗出形成显示。

④显像剂的施加

显像剂把缺陷中渗出的渗透剂吸附至工件表面，产生清晰可见的裂纹显示。显像剂同时也增加缺陷显示和背景之间的对比度同时减小工件表面光的反射。

⑤去除多余的渗透剂

去除时，不能过度去除，也不能去除不足，清洗不足将造成检测灵敏度下降，而去除不足将造成对缺陷的识别困难。清洗时，不能往复擦拭，不得用喷灌直接对准检测部位喷涂进行清洗。

3. 渗透检测用材料

渗透检测材料是渗透剂、乳化剂和显像剂等材料的总称。渗透检测材料的选择决定了渗透检测系统的灵敏度。使用灵敏度等级合适的渗透剂，对检测出需要控制的不连续缺陷至关重要。同时，还要控制好检测工艺，最大限度地显示工件上的不连续。渗透剂的灵敏度等级和方法可在QPL-AMS2644-2020《被鉴定的产品目录检验材料渗透》合格产品目录上查询。

4. 渗透检测的适用范围

渗透检测主要适用于非多孔金属材料或非金属材料制承压设备表面开口缺陷的制造、安装检测和在用检测。这是因为渗透检测是基于毛细作用，使渗透剂渗入工件表面开口缺陷中，从而达到检测目的。若是缺陷在工件表面没有开口或是开口被阻塞，则渗透检测就无能为力了。此外对于多孔型金属材料来说，由于金属材料中存在许多连通或是不连通的孔、洞，破坏了毛细作用的基础，因此也无法采用渗透检测。

另外，对于可以使用磁粉检测的场合应尽量使用磁粉检测。大量的工程实践证明尚未开口的近表面缺陷与表面开口缺陷对工件的危害是相同或相近的。铁磁性材料制成的承压设备可使用磁粉检测方法检测表面和近表面缺陷，而对于非铁磁性材料，如铝、铜、钛、奥氏体不锈钢等，则只能依靠渗透检测方法。所以在使用渗透检测方法进行表面检测时就不可避免地会漏检近表面不开口缺陷，给承压设备的安全使用留下隐患。

5. 渗透检测的特点

（1）渗透检测可以用于除了疏松多孔性材料外任何种类的材料，因此该检测方法对压力容器材料的适应性是最广的。但考虑到方法特性、成本、效率等各种因素，一般对铁磁材料工件首选磁粉检测，渗透检测只是作为替代方法。但对非铁磁材料，渗透检测是表面缺陷检测的首选方法。

（2）与磁粉检测相比，工件几何形状对渗透检测的影响很小。因此，对于形状复杂的部件，或因结构、形状、尺寸不利于实施磁化的工件，可考虑用渗透检测代替磁粉检测。另外，对同时存在几个方向的缺陷，用一次渗透检测操作就可完成检测。而磁粉检测往往需要进行至少两个方向的磁化检测，才能保证缺陷不漏检。

（3）可以检出表面开口的缺陷，但对埋藏缺陷或闭合型的表面缺陷无法检出。由渗透检测原理可知，渗透液渗入缺陷并在清洗后能保留下来，才能产生缺陷显示，缺陷空间越大，保留的渗透液越多，检出率越高。埋藏缺陷渗透液无法渗入，闭合型的表面缺陷没有容纳渗透液的空间，所以无法检出。

（4）试件表面光洁度对渗透检测的影响大，因此检测结果往往容易受操作人员水平的影响。由于渗透检测是手工操作，过程工序多，如果操作不当，就会造成漏检。而且检测工序多，速度慢。

（5）渗透检测不需要大型的设备，可不用水、电。对无水源、电源或高空作业的现场，使用携带式喷罐着色渗透检测剂十分方便。

（6）检测灵敏度比磁粉检测低。比射线照相或超声波检测高。检测用材料较贵、成本较高。

（7）渗透检测所用的检测剂，几乎都是油类可燃性物质，一般是低毒的，如果人体直接接触和吸收渗透液、清洗剂等，有时会感到不舒服，会出现头痛和恶心。尤其是在密封的容器内或室内检测时，容易聚集挥发性的气体和有毒气体，所以必须充分地进行通风。

6. 渗透检测的基本流程

渗透检测的目的主要是为了查出裂纹类缺陷，这类裂纹隐蔽性强，且容易被表面杂质覆盖，一般肉眼难以发现。因此在检测前，应充分了解设备的使用状态，如介质、压力等关键要素。检测工艺的制定时，应重点选择易产生疲劳和应力集中的部位，才能保证重点部位不漏检。NB/T 47013.5-2016要求，应根据工艺规程结合具体检测对象编制操作流程，其流程一般如下：

（1）表面准备和预清洗

任何可能影响渗透检测的污染物必须清除干净，同时又不得损伤受检工件的工作功能。检测部位的表面状况很大程度上影响着渗透检测的检测质量。任何渗透检测成功与否，在很大程度上取决于被检面的污染程度及粗糙程度，所有的污染物会阻碍渗透剂渗入缺陷。

此外，在渗透检测的表面准备和预清洗中，要防止由于清理和清洗方法的不当，造成缺陷的堵塞。采用溶剂去除方法时，应尽量避免浸泡或者刷洗法，杜绝压力水喷的方式。这是因为，任何残余的液体都会阻碍渗透剂的渗入。因此，必须采取相应措施，如烘烤或者吸附方法，使缺陷重新暴露，其间只充满空气。

（2）施加渗透剂

渗透剂施加方法应根据被检工件大小、形状、数量和检查部位来选择。所选方法应保证被检部位完全被渗透剂覆盖，并在整个渗透时间内保持润湿状态。

渗透时间及温度：在整个检测过程中，渗透检测剂的温度和工件表面温度应在 5～50℃，渗透持续时间一般不应少于10min。温度太高会造成渗透剂干涸在工件上难以清洗，而温度太低渗透剂变稠流动性差不易渗入到缺陷中去。

（3）去除多余的渗透剂

本步骤要求既要去除工件表面多余的渗透剂，又不能将渗入缺陷中的渗透剂清洗出来。去除渗透剂时，要防止过清洗，同时为取得较高灵敏度，可使荧光背景或着色底色保持在一定水平上，但也应防止欠洗，这一步骤完成得如何在一定程度上取决于操作者以往取得的经验。

（4）干燥

去除被检工件表面的水分，使渗透剂充分渗入缺陷或者回渗到显像剂上。干燥温度不能太高，时间不能太长。否则会将缺陷内的渗透剂烘干，不能形成缺陷显示。相关标准明确规定了渗透的时间及温度，如用溶剂去除多余渗透剂时应在室温下自然干燥，时间通常为5min～10min。

（5）显像

溶剂悬浮显像剂主要采用喷涂的方法。喷涂前应摇动喷罐中的弹子，使显像剂重新悬浮，固体粉末重新呈细微颗粒均匀分散状。喷涂前先调节好喷嘴至被检面的距离，一般 300～400mm，与被检面夹角为30～40°，以形成薄而均匀的薄膜，太厚容易掩盖缺陷显示，而太薄又不易形成缺陷痕迹。

（6）观察与评定

观察应在显像剂施加后10min～60min内进行。时间太短缺陷痕迹未完全显露而太长又容易使缺陷痕迹模糊或过分放大不利于评判。评判时应根据相关标准要求，并注意虚假显示。擦拭后重喷少许显像剂，如能重新显示则是缺陷显示，不能为虚假显示。

（7）后清洗及复验

为了保证渗透检测后，残余物对被检工件产生损害或危害，应进行后清洗。一般时间越早越容易去除。

8.2.6　涡流检测

1. 涡流检测原理

该检测方式利用电磁感应原理，当交变电流线圈靠近被检测物质材料后，其表面或靠近表面的位置会产生相应的涡流，通过对涡流变化特征的了解，如运行轨迹、相位、涡流大小等，即可准确判断被测物质材料存在的缺陷，之后结合现有指标进一步分析问题的严重程度，进而有针对性地采取科学处理措施。另外，涡流大小的变化显示着被测物质材料磁导率、形状及电导率发生改变，并生成较大的电磁场，使得线圈阻抗发生变化，根据这一情况，能够准确获取被测物质材料的物理信息，如物理状态特征等，从而增强检测结果判断的准确性。涡流检测是一种利用导电试件内涡流变化特征来判断是否存在形状、尺寸、材质、缺陷问题的一种有效方法，这种检测方式通常应用于裂缝、孔洞、折叠和夹杂等多种缺陷的检测中，其工作原理示意图如图8-23所示。

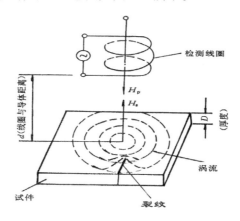

图8-23　涡流检测工作原理示意图

2. 涡流检测的影响因素和注意事项

涡流检测是利用交变磁场在导电材料中所感应涡流的电磁效应评价被检工件的无损检测方法，被检工件中涡流分布与深度的关系遵循物理规律，涡流密度随着深度的增加而加快衰减。被检工件的电导率和/或磁导率及其他一些特性会影响检测结果。

（1）检测线圈内径（外径）应与被检管材外径（内径）相匹配，其填充系数影响检测灵敏度。

（2）对比试样的选材及制作应满足NB/T 47013-2016标准的要求，对比试样影响检测灵敏度。

（3）检测时的检测速度应与调试灵敏度时试样与检测线圈的相对移动速度一致或接近，检测速度影响检测灵敏度。

（4）放置式线圈焊缝涡流检测时，导体覆盖层降低了检测的灵敏度，覆盖层厚度和电导率影响检测的灵敏度。

（5）涡流探伤系统在极低温度下使用时，会影响其正常操作，并不意味着故障或错误，请勿将仪器放置在高温条件下。

（6）严禁将仪器放置在潮湿环境中操作，以免发生短路。

（7）不可剧烈振动或撞击仪器。

（8）保持仪器表面清洁和干燥。

（9）避免外界强磁场对仪器检测的干扰。

3. 涡流检测的适用范围与特点

涡流检测适用于导电金属材料和焊接接头表面和近表面缺陷的检测。其特点如下：

（1）适用于各种导电材质的试件检测。包括各种钢、钛、镍、铝、铜及其合金。

（2）因为涡流电是交流电，所以在导体的表面电流密度较大。随着向内部的深入，电流按指数函数而减少。这种现象叫作集肤效应。因此，涡流检测可以检出表面和近表面缺陷。埋藏较深的缺陷无法检出。

（3）探测结果以电信号输出，容易实现自动化检测。由于采用非接触式检测，所以检测速度很快。

（4）干扰因素多，涡流的改变与试件中多种因素有关，需要检验者具有较丰富的经验，能区别有用信号和干扰信号。

（5）自动化程度不高，除少数形状规则的部件可以使用自动化的涡流检测设备外，其他均需要手动涡流检测。

（6）形状复杂的试件很难应用。因此一般只用其检测管材，板材等轧制型材。

（7）不能显示出缺陷图形，因此无法从显示信号判断出缺陷性质。各种干扰检测的因素较多，容易引起杂乱信号。

4. 涡流检测的基本流程

（1）检测前的准备

根据试件的性质、形状、尺寸及欲检出缺陷种类和大小选择检测方法及设备。对小直径、大批量焊管或棒材的表面探伤，一般选用配有穿过式自比线圈的自动探伤设备。对被检工件进行预处理，除去表面污物及吸附的铁屑等；确定检测方法；根据相应的技术条件或标准来制备对比试样；调整传送装置，使试件通过线圈时无偏心、无摆动。

（2）确定检测频率

频率选择200Hz~6MHz。由被检工件厚度、所希望的透入深度、要达到的灵敏度等来选择。频率越低，透入浓度越大，但降低频率的同时，检测灵敏度也随之降低。

（3）调整仪器

选定仪器的平衡形式：自动、手动，或不需要；选定灵敏度；相位调节；选择滤波器形式及频率；调节报警电瓶；调节好记录器的灵敏度；调节标记装置的延迟时间；决定自动分选档级。

（4）检测

在选定规范下进行检测，应尽量保持固定的传送速度，同时保持线圈与试件的距离不变。经1~2h生产检验，并对标准伤进行一次复探，合格后可继续进行生产检验；对标准伤进行反复探测，看能否满足检测要求。

（5）记录

记录试件情况、探测条件、根据验收结构评定探测标准和检测人员有关事宜。

8.2.7 声发射检测

1.声发射检测原理

当材料或构件在应力作用下发生微观活动（变形或断裂）时，会以弹性波的形式释放出应变能，这种现象即为声发射现象。声发射检测技术就是利用材料声发射的原理对材料中动态活动缺陷进行检测，是一种动态检测技术。

声发射检测是被动接收缺陷声发射应力波，应力波在材料中传播，可以使用压电材料制作的换能器将其接受，并转化成电信号进行处理，其工作原理如图8-24所示。因此其监测范围仅仅和传感器的接收半径以及材料的声衰减和监测通道数相关，理论上声发射检测可以监视任何复杂的结构件，而不受被检件形状、尺寸的影响。但同时声发射对材料十分敏感，不同的材料由于其声发射特性不同会对声发射检测造成一定的影响，例如声发射对某些贫声材料和脆性材料的检测就存在很大的技术难度。但实际生产生活中碰到的绝大多数金属材料基本上都适合于声发射检测。

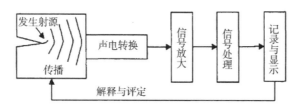

图8-24 声发射检测工作原理示意图

2.声发射检测的影响因素和注意事项

在进行声发射试验或检测前，需首先根据被检测对象和检测目的来选择检测仪器，主要应考虑的因素如下：

（1）被监测的材料

声发射信号的频域、幅度、频度特性随材料类型有很大不同，对不同材料需考虑不同的工作频率。

（2）被监测的对象

被检对象的大小和形状、发射源可能出现的部位和特征的不同，决定选用检测仪器的通道数量。对实验室材料试验、现场构件检测、各类工业过程监视等不同的检测，需选择不同类型的系统，例如，对实验室研究，多选用通用型，对大型构件，采用多通道型，对过程监视，选用专用型。

（3）需要得到的信息类型

根据所需信息类型和分析方法，需要考虑检测系统的性能与功能，如信号参数、波形记录、源定位、信号鉴别，及实时或事后分析与显示等。

3.声发射检测的适用范围

声发射探测能够探测材料中断裂和裂纹的动态缺陷，不需要单独准备容器，有利于压力容器的安全性评价。声发射检测在远距离操控方面具有显著优势，也可监控设备缺陷的动态变化。但是该技术无法检测未扩展的静态缺陷，且检测过程中需要在检测设备上投入较高的成本。

4.声发射检测的特点

（1）声发射检测相对于其他无损检测技术而言，具有动态、实时、整体、连续等特点，能够监控和探测出活动的缺陷，为在用压力容器的使用安全评定提供了依据。

（2）声发射检测无法探测静态缺陷，因此不能作为压力容器制造质量控制方法和验收依据。

（3）声发射产生的物理基础和声发射波在材料中传播的复杂性决定了该技术易于受噪声的干扰。

（4）声发射检测对检测人员分析水平和实践经验要求较高。

5.声发射检测的基本流程

（1）检测前的准备。

①资料审查。铸铁构件制造文件资料：产品合格证、质量证明文件、竣工图等；铸铁构件运行记录资料：运行参数、工作环境、载荷变化情况以及运行中出现的异常情况等；检验资料：历次检验与检测报告；其他资料：维护、保养、修理和改造的文件资料等。

②现场勘查。在勘查现场时，应找出所有可能出现的噪声源，如脚手架的摩擦、内部或外部附件的移动、电磁干扰、机械振动和流体流动等；应设法尽可能排除这些噪声源。

③检测作业指导书或工艺卡的编制。对于每个被检构件，根据使用的仪器和现场实际情况，按照通用检测工艺规程编制铸铁构件声发射检测作业指导书或工艺卡；确定声发射传感器阵列、安装的部位和表面条件，画出被检构件结构示意图，确定加载程序等。

④检测条件确定。根据现场情况确定检测条件，建立声发射检测人员和加载控制人员的联络方式。根据被检件几何尺寸的大小、被检件的声发射衰减曲线以及检测的目的，确定传感器布置的阵列。如无特殊要求，相邻传感器之间的间距应尽量接近。应根据被检件有关安全技术规范、标准和合同的要求以及铸铁构件的实际条件来确定声发射检测最高试验载荷和加载程序。承压设备的加压方法可采用水压、油压或气压，升压速度一般不应大于0.04MPa/min。加压介质为蒸汽时，应事先预热。其他铸铁构件可采用拉伸、压缩、弯曲等加载方式，加载速率应符合其设计要求。

（2）传感器的安装。

传感器的安装应满足如下要求：

①按照确定的传感器阵列在被检件上确定传感器安装的具体位置，整体检测时，传感器的安装部位尽可能远离接管、法兰、支吊架、支座等结构复杂部位；局部检测时，被检测部位应尽量位于传感器阵列中间；

②对传感器的安装部位进行表面处理，使其表面平整并露出金属光泽；如表面有光滑致密的保护层，也可予以保留，但应测量保护层对声发射信号的衰减；

③在传感器的安装部位涂上耦合剂，耦合剂应采用声耦合性能良好的材料，推荐采用真空脂、凡士林、黄油等材料，选用耦合剂的使用温度等级应与被检件表面温度相匹配；

④将传感器压在被检件的表面，使传感器与被检件表面达到良好的声耦合状态；

⑤采用磁夹具或其他方式将传感器牢固固定在被检件上，并保持传感器与被检件和固定装置的绝缘；

⑥对于高温铸铁构件的声发射检测，可以采用高温声发射波导杆来改善传感器的耦合温度，但其不可焊接在构件壳体上，并且传感器的接触方法应在检验前由用户检查同意；同时，应测量波导杆对声发射信号衰减和定位特性的影响。

（3）声发射检测系统的调试。

将已安装的传感器与前置放大器和系统主机用电缆线连接，开机预热至系统稳定工作状态，对声发射检测系统进行初步工作参数设置。用模拟源来测试检测灵敏度和校准定位。模拟源应能重复发出弹性波。可以采用声发射信号发生器作为模拟源，也可以采用直径为0.3mm、硬度为2H的铅笔芯折断信号作为模拟源。铅芯伸出长度约为2.5mm，与被检件表面的夹角为30°左右，离传感器中心（100±5）mm处折断。其响应幅度值应取3次以上响应的平均值。在检测开始之前和结束之后应进行通道灵敏度的测试。要求对每一个通道进行模拟源声发射幅度值响应测试，每个通道响应的幅度值与所有通道的平均幅度值之差应不大于±3dB。如果系统主机有自动传感器测试功能，检测结束后可采用该功能进行通道灵敏度测试。应进行与声发射检测条件相同的衰减特性测量。衰减测量应包括几何结构不连续的部位，使用模拟源进行测量。如果已有检测条件相同的衰减特性数据，可不再进行衰减特性测量，但应把该衰减特性数据在本次检验记录和报告中注明。采用计算定位时，在被检件上传感器阵列的任何部位，声发射模拟源产生的弹性波至少能被该定位阵列中的所有传感器接收到，并得到唯一定位结果，定位部位与理论位置的偏差不超过该传感器阵列中最大传感器间距的5%。采用区域定位时，声发射模拟源产生的弹性波应至少能被该区域内的一个传感器接收到。通过降低门槛电压来测量每个通道的背景噪声，设定每个通道的门槛电压至少大于背景噪声6dB，然后对整个检测系统进行背景噪声测量，新制造的构件和停产进行声发射检测的构件背景噪声测量应不少于5min，进行在线检测的构件背景噪声测量应不少于15min。如果背景噪声接近或大于所被检件材料活性缺陷产生的声发射信号强度，应设法消除背景噪声的干扰，否则不宜进行声发射检测。

（4）检测。

根据被检件有关安全技术规范、标准和合同的要求来确定声发射检测最高载荷和加载程序。加载速度一般不应大于0.04MPa/min。保载时间一般应不小于10min，如果在保载期间出现持续的声发射信号且数量较多时，可适当延长保载时间直到声发射信号收敛为止；如果保载的5min内无声发射信号出现，也可提前终止保载。

新制造构件的加载程序。对于新制造构件的检测，一般在进行载荷试验时同时进行，试验载荷由设计文件给定。声发射检测应在达到构件设计载荷（或公称载荷、额定工作载荷）的50%前开始进行，并至少在载荷分别达到设计载荷和最高试验载荷时进行保载。如果声发射数据指示可能有活性缺陷存在或不确定，应从设计载荷开始进行第二次加载检测，第二次加载检测的最高试验载荷应不超过第一次加载的最高试验载荷，建议为第一次最高试验载荷的97%。

在用构件的加载程序。对于在用构件的检测，一般试验载荷不小于最高工作载荷的1.1倍。对于构件的在线检测和监测，当工艺条件限制声发射检测所要求的试验载荷时，其试验载荷也应不低于最高工作载荷，并在检测前一个月将操作载荷至少降低15%，以满足检测时的加载循环需要。声发射检测在达到构件最高工作载荷的50%前开始进行，并至少在载荷分别达到最高工作载荷和最高试验载荷时进行保载。如果声发射数据指示可能有活性缺陷存在或不确定，应从最高工作载荷开始进行第二次加载检测，第二次加载检测的最高试验载荷应不超过第一次加载的最高试验载荷，建议为第一次最高试验载荷的97%。

加载过程中的噪声。加载过程中，应注意下列因素可能产生影响检测结果的噪声的注入，加载装置与构件间的摩擦；加载速率过高；外部机械振动；内部构件、脚手架等的移动或受载爆裂；电磁干扰；风、雨、冰雹等的干扰；泄漏。检测过程中如果遇到强噪声干扰，应停止加载并暂停检测，排除强噪声干扰后再进行检测。

检测数据采集和过程观察。检测数据应至少采集附录A中规定的参数。采用时差定位时，应有声发射信号到达时间数据，采用区域定位时，应有声发射信号到达各传感器的次序。

检测时应观察声发射撞击数和（或）定位源随载荷或时间的变化趋势，对于声发射定位源集中出现的部位，应查看是否有外部干扰因素，如果存在应停止加载并尽量排除干扰因素。

声发射撞击数随载荷或时间的增加呈快速增加时，应及时停止加载，在未查出声发射撞击数增加的原因时，禁止继续加载。

（5）检测记录和报告。

应按检测工艺规程的要求记录检测数据或信息，并按相关法规、标准和（或）合同要求保存所有记录。检测时若遇不可排除因素的噪声干扰，如人为干扰、风、雨和泄漏等，应如实记录，并在检测结果中注明。

声发射检测报告至少应包括以下内容:设备名称、编号、制造单位、设计载荷、温度、介质、最高工作载荷、材料牌号、公称壁厚和几何尺寸；加载史和缺陷情况；执行与参考标准；检测方式、仪器型号、耦合剂、传感器型号及固定方式；各通道灵敏度测试结果；各通道门槛和系统增益的设置值；背景噪声的测定值；衰减特性；传感器布置示意图及声发射定位源位置示意图；源部位校准记录；检测软件名及数据文件名；加载程序图；声发射定位源定位图及必要的关联图；检测结果分析、源的综合等级划分结果及数据图；结论；检测人员、报告编写人和审核人签字及资格证书编号；检测日期。

当前，新技术、新工艺和新材料取得了前所未有的发展，该种形势也为无损检测技术的创新优化创造了有利条件，出现了诸多新型的无损检测技术。如在热传导理论和红外热成像理论基础上进行的无损检测。与常规检测技术不同的是，检测效率得到明显提升，适用范围广，可满足无损检测要求。在激光全息干涉无损检测技术作用下，以往检测中存在的问题得到有效解决，针对复杂结构或材料检测的频率上升，检测精准度得以保障。目前，计算机、人工智能和大数据技术日益完善，上述技术也应用在射线检测和超声波检测当中，有效规避了人为因素所产生的差错，提高了检测的准确性与可靠性。所以有理由相信，在科学技术不断完善的道路上，大数据、人工智能检测技术将成为无损检测未来不可逆转的发展趋势。

参考文献

[1] NB/T 47013–2016《承压设备无损检测》

[2] GB 150–2011《压力容器》

[3] GB/T 15822.1–2005《无损检测 磁粉检测 第1部分: 总则》

[4] GB/T 15822.2–2005《无损检测 磁粉检测 第2部分: 检测介质》

[5] JB/T 6063–2006《无损检测 磁粉检测用材料》

[6] JB/T 7523–2010《无损检测 渗透检测用材料》

[7] GB/T 18851.1–2012《无损检测 渗透检测 第1部分: 总则》

[8] GB/T 31213.3–2014《无损检测 铸铁构件检测 第3部分: 声发射检测方法》

[9] GB/T 26644–2011《无损检测 声发射检测 总则》

[10] GB 6417–2005《金属熔化焊焊缝缺陷分类及说明》

第九章　压力容器的使用与管理

压力容器的最终目的和其价值的体现在于使用，而压力容器的使用管理是保证压力容器安全的重要环节，压力容器的使用单位必须做到正确合理地操作和使用压力容器，抓好压力容器的基础管理和维护保养工作。

9.1　压力容器的管理

压力容器应按规定登记后方能使用。对新制造的压力容器，应对其技术资料进行全面的审验，对符合规定要求的，准予登记；在用压力容器，必须在保证技术状况良好的情况下，才能准予登记。对存在缺陷不能确保安全使用的，应在清除缺陷后才能登记。对主体材料不明或不符合要求，原操作条件不清或不确实，对于缺少完整的产品合格证和质量证明书的第三类压力容器以及存在有危及安全的严重缺陷的容器一律暂不准登记。

使用压力容器的单位负责人，必须对容器的安全技术管理负责，并指定专职或兼职的安全技术人员负责压力容器的安全技术管理工作。使用单位必须对每台压力容器进行编号、登记、建立设备档案。档案应包括合格证、质量证明书、登记卡片、修理和检验记录等。对中压以上的反应容器、储运容器，还应有总图和主要受压元件图，强度计算书和运行记录。

使用单位应根据生产工艺要求和容器的技术特性，制定压力容器安全操作规程，并严格执行，安全操作规程与工艺操作规程至少应包括：操作工艺指标、最高工作压力、最高或最低工作温度；操作方法，开、停车的操作程序和注意事项；运行中的重点检查项目及检查部位，可能出现的异常现象和防治措施；停用封存的保养方法等。

压力容器的操作人员，必须经过培训，考试合格后方可独立操作。操作人员必须熟知岗位操作法，了解容器技术特性、结构、工艺流程、工艺参数、可能发生的事故和应采取的防范措施、处理方法。操作人员必须严格执行工艺操作规程，严格控制工艺条件，严防容器超温、超压运行。在日常操作维护中，应注意以听、摸、看、闻、测、比的方法进行定时、定点、定线、定项目巡回检查。操作中，容器的升降压和升降温应分段分级缓慢进行。对于升压有壁温要求的容器（如大型氨合成塔），不得在壁温低于规定温度下升压。对盛装液化气体的容器，每次空罐充装时，必须严格控制物料充装速度，严防壁厚过低发生脆断。对有内件（如合成塔）和耐火材料衬里的反应容器，在操作或停车充氮期间，均应定时检查壁温。

压力容器运行中，若发现下列情况之一时，操作人员有权采取紧急措施停止压力容器运行并立即上报：工作压力、工作温度或容器壁温超过允许值，虽采取了各种措施仍不能使之正常时；主要承压元件发生裂缝、鼓包、变形、泄漏且危及安全运行时，容器所在岗位发生火灾或相邻设备发生事故直接威胁容器安全运行时；发生安全生产技术规程中不允许容器继续运行的其他情况时。

容器在运行或进行压力试验时，严禁带压拧紧，拆卸螺栓和进行焊接等修理工作，严禁利用容器和管线作电焊的零线、起重装置的锚点。

9.2　在用压力容器的检验要求

对在用压力容器，使用单位必须定期对容器进行检验。容器的定期检验分外部检验、内部检验和全面检验。检验周期应根据容器的技术状况和使用条件，由使用单位自行决定。但是，一般一年（累计运行8000h为一年）进行一次外部检验，每三年进行一次内部检验，每六年进行一次全面检验。

在决定容器的检验周期时，还应考虑容器的实际运行状况。对下列情况的容器，内、外部检验的周期应适当缩短：

1. 工作介质对容器材料的腐蚀状态不明（如没有相同或相似运行条件可参考的腐蚀数据），材料的可焊性差，在制造或修复时，曾多次出现过裂纹且使用已满一年的容器；

2. 通过定点测厚，发现腐蚀严重又未采取可靠的防腐措施的容器；

3. 通过检验查明存在应力腐蚀而又未采取有效措施的容器；

4. 发生过超温、超压，有可能影响材质或结构强度的容器。

另外，由于结构的原因，确认无法进行内部检验的容器，每三年至少进行一次耐压试验；对使用达15年的容器，每两年至少进行一次内、外部检验。使用达20年的容器，每年至少进行一次内、外部检验，并根据检验的情况，确定全面检验的时间和作出能否使用的结论。但是，若这类容器中，经最近一次全面检验，确认技术状态仍能满足设计强度和现行工艺条件要求的一、二类容器，经企业机动部门负责人批准，三类容器经厂长（经理）或技术负责人批准，报主管部门和同级压力容器安全监察机构备案后，仍可按一、三、六年周期进行检验。

属于下列情况之一的容器，全面检验周期可适当延长：

1. 装有触媒的反应容器，如果触媒的使用寿命超过全面检验周期6年，经验证又证明无腐蚀的容器。

2. 非金属衬里容器，衬里完好且壳体没有发现任何损坏时，可延长全面检验周期，但不得超过8年。

3. 用于非腐蚀性介质或者有可靠的金属衬里的容器，如通过一次以上的内部检验确认无腐蚀时，其全面检验周期可适当延长，但不得超过9年。

4. 因特殊情况不能按期进行全面检验的容器（如年产30万吨合成氨的氨合成塔等，因结构原因，可暂不作全面检验），但应报主管部门同意和同级压力容器安全监察机构备案。

9.3 在用压力容器的检验项目

压力容器检验项目可根据检验要求而定。

9.3.1 外部检验项目

对压力容器的外部检验，企业机动部门每年应组织一次，车间每季度检查一次。检验项目：防腐层、保温层是否完好，无保温层的容器应检验表面的腐蚀情况；焊缝有无裂纹、渗漏，尤其要注意转角、人孔及接管的焊缝；紧固件是否齐全，是否松动；容器的检漏孔、信号孔所在部位是否漏液、漏气，检漏管是否畅通；高温容器的筒体壁温有无超温和局部过热，如对壁温测量点有疑问时，应进行复查；容器基础是否下沉、倾斜、开裂、基础螺栓、螺母的腐蚀和紧固情况；容器有无异常振动和响声，容器与管道或相邻构件之间有无摩擦；容器的安全附件是否齐全、灵敏，其铅封是否完好并在有效期内，与容器有关的管件和安全接地线是否完全完好；对腐蚀、冲刷严重的部件进行定点测厚。

9.3.2 内部检验项目

进行容器内部检验时，其检验项目有：

1. 清洗容器内壁至暴露金属表面，并用肉眼或5～10倍放大镜检查容器内壁，重点检验焊缝、开孔接管处、封头板边过渡区和气液交界面（是否有腐蚀、冲刷、磨损和裂纹）。特别要注意制造时的返修部位、组焊时定位板的焊接部位或修补部位。

2. 对于有金属衬里的容器，检查衬里有无凹坑、鼓包、折皱、腐蚀、焊缝有无裂纹。并对于怀疑有渗漏的衬里可用氨渗透法检验其是否渗漏。对各部衬板还应定点测厚。

3. 对有非金属衬里的容器，检查衬里有无开裂、脱落、垮塌等现象。对于内壁有防腐涂层的容器，应检查涂层完好情况。

4. 对于操作温度≥350℃的容器，应检查高温区域有无过热迹象和发生蠕变。若发现有局部过热现象，还应检查与局部过热区相对称筒体内壁有无裂纹。

5. 通过宏观检查，对怀疑存在裂纹的部位应进行磁粉或着色表面探伤。如发现有表面裂纹时，还应对其相应的外侧进行检查，并采用超声波或射线探伤进一步抽查焊缝总长度的20%（对锻造或拔制的无缝容器，抽查面积不应小于总面积的20%）。若未发现表面裂纹，则对制造时已进行100%的无损探伤检验的容器，可不做进一步抽验；对制造时采用局部无损探伤检验的容器，则应进一步做适当的抽验，抽验比例可小于20%，但不得小于

10%。

6. 对于盛装非易燃、无毒介质的一类容器，若经过10倍放大镜检验或表面探伤检验未发现缺陷的，可不做超声波或射线探伤抽验。

7. 容器内壁由于温度、压力和介质腐蚀的作用，有可能引起金属材料脱炭、应力腐蚀、晶间腐蚀和疲劳裂纹等，应选点做金相检验和表面硬度测定。必要时还需分析化学成分。

8. 在宏观检验中，发现壳体有局部或均匀腐蚀时，应进行多点测厚。对局部蚀坑，除测量其面积大小外，还应测量蚀坑深度。

9. 高压、超高压容器的主螺栓应逐个进行宏观检验（螺纹圆角过渡部位和长度等），必要时做磁粉或超声波探伤检验。

10. 在检验中，所以无损探伤检验方法和评定标准，均应执行国家现行的有关规定。

9.3.3　全面检验项目

对压力容器进行全面检验时，除完成内部检验与外部检验的全部项目外，尚需进行下列检验：

1. 对主要焊缝（壳体）进行无损探伤抽查，抽查长度为容器焊缝总长（或壳体面积）的20%，对高压、超高压反应容器，应进行100%超声波探伤，必要时还应进行表面探伤。

2. 设计压力≤0.3MPa，且$PwV≤0.5MPa/m^3$，其工作介质为非易燃或无毒的容器，如采用10倍以上放大镜检查或表面探伤，没有发现缺陷，可以不做射线或超声波无损探伤抽查。

3. 内外部检查合格后，进行耐压试验。如果容器的实际工作压力低于设计压力时，可根据安全装置开启压力或爆破压力来决定耐压试验压力。

在压力容器的检验工作中还要注意到，对于停止使用2年以上需要恢复使用的容器；对由外单位拆卸调入将安装使用的容器；对改造或修理容器主体结构而影响强度的容器；对更换衬里的容器等，在投入使用前，应进行内、外部检验，必要时还应进行全面检验。

9.4　压力容器的修理和改造的一般要求

压力容器在使用中必须制订检修计划，定期进行检修，根据生产工艺的要求，有时也需做适当的改造。

9.4.1　压力容器的修理和改造的一般要求

修理和改造工作必须由具备下列条件的单位承担：

1. 具有修理与改造容器类别相应的技术力量、工装设备和检测手段。

2. 具有健全的质量管理体系和检修规程。

压力容器的修理和改造，均应根据现行《钢制石油化工压力容器设计规定》和现行《钢制焊接压力容器技术条件》等制订施工方案和施焊工艺，并进行焊接工艺评定。容器的改造施工方案必须经批准后方能进行；对一、二类容器，必须经企业负责容器安全技术管理的人员同意，报机动部门负责人批准；对三类容器必须经厂长（经理）或技术总负责人（总工程师）批准，报主管部门和同级压力容器安全监察机构备案。修理和改造中的无损检验和施焊工作，必须由考试合格并取得资格证的人员担任。修理改造所用的材料和阀门、紧固件，应具有质量证明书并复验合格。利用旧的阀门、紧固件和材料时，必须进行检验，合格后方可使用。检验密封结构时，非金属垫片一般不得重复使用。金属透镜垫若有压痕，可用机械加工方法修复后重用。铜、铝垫片安装前应进行热处理。对修理改造过的容器，应在检验合格后，方可进行防腐、衬里、保温等工作。

9.4.2　在用压力容器超标缺陷的修复和检验

1. 打磨法消除缺陷

对容器的焊缝和母材表面的缺陷，或接近表面的缺陷，可采用打磨的方法消除，但剩余的最小壁厚需大于强度校核所需的最小壁厚和预计使用限期内两倍腐蚀裕量之和。若能满足这一条件，则不必补焊，可继续使用。容器的最小壁厚，按现行《钢制石油化工压力容器设计规定》中的安全系数核定。对于在200mm直径的圆周内，打磨坑或点蚀面积不超过35cm^2，沿任何直径方向打磨坑或点蚀总长度不超过40mm且点蚀深度不超过容器强度核算壁厚的1/5（对厚板、热套和绕带容器系指内筒壁厚），可忽略不计，但必须确认点蚀坑无裂纹。

2. 补焊或堆焊

对于打磨深度超过1mm的规定值，或是条状缺陷，则应进行补焊，且补焊长度不小于100mm。若补焊屈服极限＞400MPa的低合金钢时，其补焊长度可适当增加。对于大面积的凹坑，其深度＜壁厚的1/2时，可采用堆焊；当堆焊边缘间距＜100mm或厚度的3倍时，应视为连续缺陷进行通长堆焊。在进行焊补或堆焊修补时应注意下列事项。

打磨面应清除棱角且圆滑过渡，并用磁粉或着色探伤检查其表面，用超声波探伤检查剩余母材和打磨面近区，直至缺陷被完全消除为止；焊接所用焊条应符合国家现行有关规定的要求，并与母材匹配。焊接或堆焊二、三类容器的焊条药皮，应选用低氢碱性型。焊前应按规定要求烘干后放入保温箱，随用随取；若焊接和堆焊部位在使用中有可能渗氢，则焊前需进行消氢处理；焊前需要预热的容器，其预热温度应根据材质和厚度来决定。预热范围应大于焊补或堆焊周边100mm，且不大于壁厚的3倍。焊补和堆焊应严格控制线能量和层间温度，焊后应立即进行热处理，焊接温度也应符合有关规定；焊补或堆焊部位应略高于母材表面。然后再打磨至与母材齐平（衬里焊补或堆焊除外，但最后收弧处应打磨）。24h后进行磁粉或着色探伤检查表面，进行超声波或射线探伤检查内部缺陷；应根据材质、壁厚、堆焊面积等决定热处理方案；同一部位返修一般不得超过两次，若两次返修仍不合格者，应重新拟订施焊方案，并经评定合格后实施；对绕带容器一般不宜堆焊修理，以防预应力松弛；对衬里高压容器，当碳钢壳局部腐蚀后，一般不进行焊补修理，可用填充物将腐蚀部位填平。对焊补后不宜进行热处理的容器，应按不需要热处理的可靠工艺进行焊补，并应经厂长（经理）或技术总负责人（总工程师）批准，报主管部门和同级质量技术监督部门备案。

3. 更换筒节

对于薄壁单层容器（K＜1.1），若局部腐蚀严重无法采用焊补或堆焊方法进行修补时，可更换筒节。更换筒节的长度不得小于300mm。施焊前，应清理筒节残余的有害焊接的腐蚀产物，同时还需保证施焊时筒节的一端能自由伸缩，以减少附加应力。

4. 挖补

对压力容器一般不提倡采用挖补方法进行修理。若必须采用时，必须经厂长（经理）或技术总负责人批准，并报主管部门和当地质量技术监督部门备案。

5. 金属衬里容器缺陷的修复方法

带金属衬里的容器，当衬里表面有裂纹、针孔、点腐蚀或焊缝内夹渣等缺陷时，可通过打磨法予以清除。如果打磨深度超过衬里板厚度的20%时，则应焊补或更换。更换部分衬里时，焊前应做焊接工艺试板，并评定合格。

当衬里层有大面积鼓包时，在清除产生泄漏的缺陷后，可用水压胀复，但压力不得超过耐压试验的压力。对小面积的鼓包，可用机械法胀复。对奥氏体不锈钢衬里的容器，严禁用火焰加热胀复。几经胀复的衬里，都应用着色和氨渗透检查衬里的修复质量。

6. 修理和改造的质量检验

压力容器所有的焊补堆焊或更换筒节的部位，都应进行无损检验，其质量应符合现行有关规定的要求。也应按有关规定进行耐压试验。对高强钢制容器，在耐压试验后，还应进行无损检验。

压力容器经修理或改造，都应提供竣工图和施工记录、阀门和紧固件的质量证明文件、材料代用和改造方案的审批文件与竣工质量检验报告等文件。

在制订在用压力容器检验和修复方案时，必须拟定相应的安全措施，确保检验和修理工作的顺利进行。

9.5 压力容器的维护与保养

压力容器的维护保养是确保压力容器的运行满足生产工艺要求的一个重要环节，由于压力容器内部介质压力、温度及化学特性等有变化，流体流动时的磨损、冲刷以及外界载荷的作用，特别是一些带有搅拌装置的容器，其内部还会因搅拌部件传动造成振动及运动磨损，这些必然会使压力容器的技术状况不断发生变化，不可避免地产生一些不正常的现象。例如，紧固件的松动，容器内外表面的腐蚀、磨损、仪器仪表及阀门的损坏、失灵等。所以，做好压力容器的维护保养工作，使容器在完好状态下运行，就能提高容器的使用效率，延长使用寿命，做到防患于未然。

9.5.1 使用期间

1. 消除压力容器的跑、冒、滴、漏

压力容器的连接部件及密封部位由于磨损或密封面损坏，或因热胀冷缩、设备振动等原因使紧固件松动或预紧力减小造成连接不良，经常会产生跑、冒、滴、漏现象，并且这一现象经常会被忽视而造成严重后果。由于压力容器是带压设备，这种跑、冒、滴、漏现象若不及时处理会迅速扩展或恶化，不仅浪费原料、能源、污染环境，还常引起或加速局部腐蚀，如对一些耐压较高的密封面。不及时消除则引起密封垫片损坏或法兰密封面被高压气体冲刷切割而起坑，难以修复，甚至引发容器的破坏事故。因此，要加强在用压力容器巡回检查，注意观察，及时消除跑、冒、滴、漏现象。

具体的消除方法有停车卸压消除法和运行带压消除法。前者消除较为彻底，标本兼治，但必须在停车状态下进行，难以做到及时处理，同时，处理过程必定影响或终止生产。但较为严重或危险性较大的跑、冒、滴、漏现象，必须采用此法。而后者及运行过程中带压处理，多用于发现的较为及时和刚开始较为轻微的跑、冒、滴、漏现象。对一些系统关联性较强、通常难以或不宜立即停车处理的压力容器也可先采用此法，控制事态的发展、扩大，待停车后再彻底处理。

压力容器运行状态出现不正常现象，需带压处理的情况有密封面法兰上紧螺栓、丝扣接口上紧螺栓、接管穿孔或直径较小的压力容器局部腐蚀穿孔的加夹具抱箍堵漏。采用运行带压消除法，必须严格执行以下原则：

进行带压处理必须经压力容器管理人员，生产技术主管，岗位操作现场负责人（办理检修许可证），由有经验的维修人员进行处理；带压处理必须有懂现场操作处理或有操作指挥协调能力的人或安全技术部门的有关人员进行现场监护，并做好应急措施；带压处理所用的工具、装备、器具必须适应泄漏介质对维修工作的安全要求，特别是对毒性、易燃介质或高温介质，必须做好防护措施，包括防毒面具，通风透气、隔热绝热装备，防止产生火花的铝质、铜质、木质工具等；带压堵漏专用固定夹具，应根据GB150-1998《钢制压力容器》所规定的壁厚强度计算公式，完成夹具厚度的设计。公式中的压力值，还必须考虑向密封空腔注入密封剂的过程中，密封剂在空腔内流动、填满、压实所产生的挤压力予以修正。夹具及紧固螺栓的材质及组焊夹具的焊接系数和许用应力，均按GB150-2011的规定执行；专用密封剂，应以泄漏点的系统温度和介质特性作为选择的依据。各种型号密封剂均应通过耐压介质侵蚀试验和热失重试验。

2. 保持完好的防腐层

工作介质对材料有腐蚀性容器，应根据工作介质对容器壁材料的腐蚀作用，采取适当的防腐措施。通常用来防止介质对器壁的腐蚀，如涂层、搪瓷、衬里、金属表面钝化处理、钒化处理等。

这些防腐层一旦损坏，工作介质将直接接触器壁，局部加速腐蚀会产生严重的后果。所以必须使防腐涂层或衬里保持完好，这就要求容器在使用过程中注意以下几点：

（1）要经常检查防腐层有无脱落，检查衬里是否开裂或焊缝处是否有渗漏现象。发现防腐层损坏时，即使是局部的，也应该经过修补等手段妥善处理后才能继续使用。

（2）装入固体物料或安装内部附件时应注意避免刮薄或碰坏防腐层。带搅拌器的容器，应防止搅拌器叶片与四壁碰撞。

（3）内装填料的容器或安装内部附件时，填料环应放均匀，防止流体介质流动所造成的偏流磨损。

3. 保护好保温层

对于有保温层的压力容器要检查保温层是否完好，防止容器壁裸露。因为保护层一旦脱落或局部损坏，不但会浪费能源，影响容器效率，而且容器的局部温差变化较大，产生温差应力，引起局部变形，影响正常运行。

4. 减少或消除容器的振动

容器的振动对其正常使用影响也是很大的。振动不但会使容器上的紧固螺栓松动，影响连接效果，或者由于振动的方向性，使容器接管根部产生附加应力，引起应力集中，而且当振动频率与容器的固有频率相同时，会发生共振现象，造成容器的倒塌。因此，当发现容器存在较大振动时，应采取适当的措施，如割断振源，加强支撑装置等，以消除或减轻容器的振动。

5. 维护保养好安全装置

维护保养好安全装置，使它们始终处于灵敏准确，使用可靠状态。这就要求安全装置和计量仪表定期进行检查、试验和校正，发现不准确或不灵敏时，应及时检修和更换。安全装置安全附件上面及附近不得堆放任何有碍其动作，指示或影响灵敏度、精度的物料、介质、杂物，必须保证各安全装置安全附件外表的整洁。清扫抹擦安全装置，应按其维护保养要求进行，不得用力过大或造成大振动，不得随意用水或液体清洗剂冲洗、抹擦安全附件，清理尘污尽量用布干抹或吹扫，压力容器的安全装置不得任意拆卸或封闭不用，没有按规定装设安全装置的容器不准使用。

9.5.2 停用期间

对于长期停用或临时停用的压力容器，也应加强维护保养工作，停用期间保养不善的容器甚至比正常使用的容器损坏得更快。停止运行的压力容器尤其是长期停用的压力容器，一定要将内部介质排放干净，清除内部的污垢、附着物和腐蚀产物，对于腐蚀性介质，排放后还需经过置换、清洗、吹干等安全技术处理，使容器内壁干燥和洁净。要注意防止容器的"死角"内积有腐蚀性介质。为了减轻大气对停用容器外表面的腐蚀，应保持容器表面清洁，并保持容器及周围环境的干净。另外，要保持容器外表面的防腐油漆完好无损，发现油漆脱落或刮落时要及时补涂。有保温层的容器，还要注意保温层下的防腐和支座处的防腐。

参考文献

[1]李延荣, 吴宜泽, 高岗. 压力容器安全管理与定期检验分析[J]. 中国设备工程, 2019(22): 66–67.

[2] 冯晓刚, 王超, 鲁晓岩等. 浅谈超期服役压力容器定期检验方法[J]. 中国特种设备安全 2020, 36(09): 80–83.

[3] 杨朋. 压力容器安全管理与定期检验分析[J]. 化工管理. 2020(12): 105–106.

[4] 王新海, 卢海雁, 王立仁. 压力容器安全技术管理分析. 当代化工研究, 2021(09): 187–188.

[5] 王建淞. 浅析压力容器的维修检验与安全管理[J]. 石化技术, 2018, 25(6): 253.

[6] 薛峰. 关于石油化工装置压力容器安全管理的思考[J]. 中国设备工程. 2020(14): 138–139.

[7] 亓文永. 高压容器安全操作与管理问题的思考[J]. 中国设备工程. 2021(12): 44–45.

第十章　气瓶与移动式压力容器

10.1　气瓶

气瓶是使用最为普遍的一种经常搬动的非固定式容器。在GB/T 13005-2011中气瓶的定义是指：公称容积不大于3000L，用于盛装气体、液化气体临界温度大于-50℃，且小于或等于65℃的气体的可重复充装而无绝热装置的移动式压力容器。

《气瓶安全监察规程》中适用范围是：对用于正常环境温度（-40～60℃）下使用的、公称工作压力为1.0～30Mpa（表压，下同）、公称容积为0.4～3000L、盛装压缩气体、液化气体或混合气体的无缝、焊接和特种气瓶（"特种气瓶"指车用气瓶、低温绝热气瓶、纤维缠绕气瓶和非重复充装气瓶等，其中低温绝热气瓶的公称工作压力的下限为0.2MPa）。

10.1.1　气瓶的分类

1. 按制造方法分类

按气瓶的制造方法可分为无缝气瓶、焊接气瓶和特种气瓶。

（1）无缝气瓶

是以钢坯为原料，经冲压拉伸制造或以无缝钢管为材料，经热旋压收口收底制造的钢瓶。瓶体材料为采用碱性平炉、电炉或吹氧碱性转炉冶炼的镇静钢，如优质碳钢、锰钢、铬钼钢或其他合金钢。用于盛装压缩气体和高压液化气体。

无缝气瓶主要用于充装氧、氢、氮等压缩气体和乙烷、二氧化碳等高压液化气体。我国钢制无缝气瓶标准规定公称容器的范围为0.4L～80L，还有另一类主要用于集装拖车或作为蓄势器使用的长气瓶（长约3.5m～7.0m，进口长管拖车气瓶近12m），其公称容器的范围为1300L～2600L。常用的无缝气瓶为凹形和凸形带底座无缝气瓶。

（2）焊接气瓶

是以钢板为原料，冲压卷焊制造的钢瓶。瓶体及受压元件材料为采用平炉、电炉或氧化转炉冶炼的镇静钢，材料要求有良好的冲压和焊接性能。这类气瓶用于盛装低压液化气体。

焊接气瓶用于充装液氨、液氯、环丙烷、液化石油气等低压液化气体和溶解乙炔气体。按焊接结构布置可分为深冲型气瓶（两件组装气瓶）、纵焊缝气瓶（三件组装气瓶）

两类。

（3）缠绕玻璃纤维气瓶

是以玻璃纤维加黏结剂缠绕或碳纤维制造的气瓶。一般有一个铝制内筒，其作用是保证气瓶的气密性，承压强度则依靠玻璃纤维缠绕的外筒，这类气瓶由于绝热性能好、重量轻、多用于盛装呼吸用压缩空气，供消防、毒区或缺氧区域作业人员随身背挎并配以面罩使用。一般容积较小（1~10L），充气压力多为15~30MPa。

特种气瓶包括车用气瓶、低温绝热气瓶、缠绕气瓶和非重复充装气瓶，其中低温绝热气瓶的公称工作压力的下限为0.2MPa。这些气瓶中最具有代表性的是用于灭火的二氧化碳气瓶、呼吸器和救护器用气瓶、车用气瓶和纤维缠绕气瓶。

2. 按充装介质的性质分类

按充装时介质的状态，气瓶分为压缩气体气瓶、液化气体气瓶和溶解气体气瓶。

（1）压缩气体气瓶

压缩气体因其临界温度小于-10℃，常温下呈气态，所以称为压缩气体，如氢气、氧气、氮气、空气、煤气及氩气、氦气、氖气、氪气等。这类气瓶一般都以较高的压力充装气体，目的是增加气瓶的单位容积充气量，提高气瓶利用率和运输效率。常见的充装压力为15MPa，也有充装20~30MPa。

（2）液化气体气瓶

液化气体气瓶充装时都以低温液态灌装。有些液化气体的临界温度较低，装入瓶内后受环境温度的影响而全部气化。有些液化气体的临界温度较高，装瓶后在瓶内始终保持气液平衡状态，因此，可分为高压液化气体和低压液化气体。

①高压液化气体。临界温度大于或等于-10℃，且小于或等于70℃。常见的有乙烯、乙烷、二氧化碳、氧化亚氮、六氟化硫、氯化氢、三氟甲烷（F-13）、三氟甲烷（F-23）、六氟乙烷（F-116）和氟己烯等。常见的充装压力有15MPa和12.5MPa等。

②低压液化气体。临界温度大于70℃。如溴化氢、硫化氢、氨、丙烷、丙烯、异丁烯、1，3-丁二烯、1-丁烯、环氧乙烷和液化石油气等。《气瓶安全监察规程》规定，液化气体气瓶的最高工作温度为60℃。低压液化气体在60℃时的饱和蒸气压都在10MPa以下，所以这类气体的充装压力都不高于10MPa。

（3）溶解乙炔气瓶

是专门用于盛装乙炔的气瓶。由于乙炔气体极不稳定，故必须把它溶解在溶剂（常见的为丙酮）中。气瓶内装满多孔性材料，以吸收溶剂。乙炔瓶充装乙炔气，一般要求分两次进行，第一次充气后静置8h以上，再第二次充气。

3. 按材质分类

按制造气瓶的材料，可分为钢质气瓶、铝合金气瓶和复合材料气瓶等。

（1）钢质气瓶

钢质气瓶瓶体材料及缠绕气瓶钢质内胆材料，必须是电炉或氧气转炉冶炼的镇静钢。

制造无缝气瓶应选用优质锰钢、铬钼钢或其他合金钢，钢坯料应适合压力加工；制造焊接气瓶的瓶体材料，必须具有良好的压延和焊接性能。钢瓶瓶体材料的化学成分及热处理方式需符合标准的要求。

寒冷地区使用的钢质气瓶的瓶体材料，应具有良好的低温冲击性能，其低温冲击试验方法和合格指标，应符合相应标准的规定。

（2）铝合金气瓶

制造铝合金气瓶瓶体及纤维缠绕气瓶铝合金内胆的材料，应具有良好的抗晶间腐蚀性能。用于制造铝瓶的铝合金材料、合金挤压棒材、金铸锭，必须符合相应标准的规定要求。

（3）复合材料气瓶

复合材料气瓶是由金属内胆和外层复合材料构成。金属内胆起着气密性和缠绕支撑作用，通常是铝合金或钢材；外层复合材料起着增强作用，通常是玻璃纤维或碳纤维复合材料。

复合材料气瓶特点在于它与钢质气瓶相比具有重量轻、强度高，相同容积气瓶的重量只是钢瓶重量的30%～50%，铝瓶重量的50%～70%。此外，纤维复合材料韧性很好，提高了气瓶的安全性。这种气瓶耐腐蚀、使用寿命长，适用于消防、矿山和潜水作为呼吸器用，还用于以天然气为动力的CNG汽车。

4. 按公称工作压力分类

气瓶按照公称工作压力分为高压气瓶、低压气瓶。

（1）高压气瓶是指公称工作压力大于或者等于10MPa的气瓶。

（2）低压气瓶是指公称工作压力小于10MPa的气瓶。

5. 按照公称容积分类

气瓶按照公称容积分为小容积、中容积、大容积气瓶。

（1）小容积气瓶是指公称容积小于或者等于12L的气瓶。

（2）中容积气瓶是指公称容积大于12L并且小于或者等于150L的气瓶。

（3）大容积气瓶是指公称容积大于150L的气瓶。

10.1.2 气瓶的典型结构

1. 无缝气瓶

无缝气瓶按其端部结构有五种形式，如图10-1所示。其中最常用的是凹形底和凸形带底座的无缝气瓶，结构如图10-2所示。气瓶的主要部分是瓶体；瓶口是指气瓶的介质进出口处，通常有内螺纹，用以连接瓶阀；瓶颈是指无缝气瓶瓶口与瓶体过渡的缩颈部分，容积大于12L的钢质无缝气瓶的瓶颈处套有颈圈，颈圈固定在瓶颈外测，用来装配瓶帽的零件；瓶肩系指气瓶筒体与瓶颈之间弧形过渡部分；筒体指瓶体的圆柱部分；瓶底指气瓶瓶体封闭端的非圆筒的承压部分；底座指为使凸形底气瓶能稳定站立、与瓶体固定连接的座圈式零件。

凹形无缝气瓶是用钢锭加热后先冲压出凹形底封头，再经过拉拔制成敞口的瓶坯，再将瓶坯放在专用机床上通过旋压或挤压等方式收口成型，制成带颈的球形瓶肩。在瓶颈上面有一带锥形螺纹的瓶口，用来装配瓶阀。它的凹形底具有约两倍于瓶体的厚度。在靠近底部的瓶体部分，壁厚也逐渐增大。由于底部是凹形的，所以这种气瓶没有底座。常用的氧气瓶就属于这类气瓶。

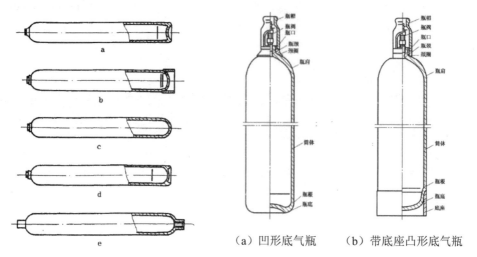

图10-1　无缝钢瓶瓶体型式　　图10-2　凹形和凸形带底座无缝气瓶的典型结构

（a）凹形底气瓶　　（b）带底座凸形底气瓶

凸形带底座气瓶是用无缝钢管制成的无缝气瓶，它两端的凸形封头是将钢管加热放在专用机床上通过旋压或挤压方式收口成型的。顶封头成型时在中央旋压出一个突出的颈柱，用来加工（扩孔、绞制内螺纹）成瓶颈。底部封头经过加热旋，使管口完全收拢熔合。为使凸形底的气瓶能直立于地面，在凸形底的外面用加热套合的方法装上一个上圆下方的底座圈。

2. 焊接气瓶

典型的焊接气瓶的结构有三件组装型式、二件组装型式。

（1）三件组装型式

典型的三件组装型式的气瓶是液氨气瓶，由两个封头和一个筒体组成，如图10-3所示。筒体用钢板冷卷成型，封头可以是椭圆形、碟形或半圆形，一般选用热压成型的椭圆形封头。下封头和上封头分别焊有底座和护罩。上封头顶部开孔焊有装配瓶阀用的阀座。阀座外侧车有螺纹，用以装配瓶帽，气瓶的附件有瓶帽、瓶阀、防震圈和易熔合金塞。

（2）二件组装型式

典型的二件组装型式的气瓶是液化石油气钢瓶，由上下两个封头组成，中间有一条环焊缝，如图10-4所示。

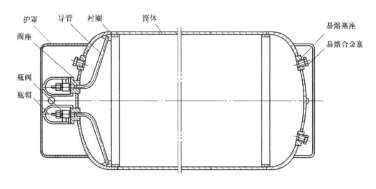

图10-3　三件组装型式气瓶

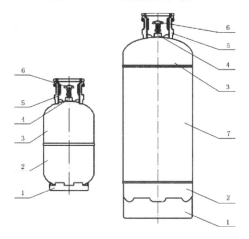

1底座；2下封头；3上封头；4阀座；5护罩；6瓶阀；7筒体；8液相管；9支架

图10-4　三件组装型式气瓶

10.1.3　气瓶的主要技术参数

1. 气瓶的公称工作压力

根据《气瓶安全监察规程》中的规定，气瓶的公称工作压力与气瓶盛装的气体性质有关。其中，按GB/T 16163-2012《瓶装压缩气体分类》规定，压缩气体分为：压缩气体和低温液化气体、液化气体和溶解气体；液化气体分为高压液化气体和低压液化气体。按其临界温度可划分为：临界温度低于等于-50℃的气体为压缩气体；临界温度高于-50℃的气体为液化气体，也是高压液化气体和低压液化气体的统称；临界温度高于-50℃且低于等于65℃的气体为高压液化气体；临界温度高于65℃的气体为低压液化气体。各类气瓶的公称工作压力如下：

（1）对于盛装压缩气体和低温液化气体的气瓶，是指在基准温度时（一般为20℃），所盛装气体的限定充装压力。

（2）对于盛装液化气体的气瓶，是指温度在60℃时，瓶内气体压力的上限值。

（3）对于盛装溶解乙炔气的气瓶，是指在充装量下，温度为60℃时，瓶内乙炔气的压力。

（4）对于盛装液化气体的气瓶，其公称工作压力不得小于8MPa。

（5）盛装有毒和剧毒危害的液化气体的气瓶，其公称工作压力的选用应适当提高。

根据2015年《气体安全技术监察规程》GB/T 9251-2011《气瓶水压试验方法》中规定，气瓶水压试验方法气瓶的压力系列如表10-1所示，气瓶的水压试验压力，一般应为公称工作压力的1.5倍，特殊情况者，按相应国家标准的具体规定。常用气体气瓶的公称工作压力如表10-2所示。

表10-1　气瓶水压试验压力

序号	压力类别	高压					低压				备注
1	公称工作压力/MPa	30	20	15	12.5	8	5	3	2	1	
2	水压试验压力/MPa	45	30	22.5	18.8	12	7.5	4.5	3	1.5	

表10-2　常用气体气瓶的公称工作压力

气体类别	公称工作压力(MPa)	常用气体
压缩气体 Tc ≤ -50℃	35	空气、氢、氮、氩、氦、氖等
	30	空气、氢、氮、氩、氦、氖、甲烷、天然气等
	20	空气、氧、氢、氮、氩、氦、氖、甲烷、天然气等
	15	空气、氧、氢、氮、氩、氦、氖、甲烷、一氧化碳、一氧化氮、氙、氘(重氢)、氟、二氟化氧等
高压液化气体 -50℃ < Tc ≤ 65℃	20	二氧化碳(碳酸气)、乙烷、乙烯
	15	二氧化碳(碳酸气)、一氧化二氮(笑气、氧化亚氮)、乙烷、乙烯、硅烷(四氢化硅)、磷烷(磷化氢)、乙硼烷(二硼烷)等
	12.5	氙、一氧化二氮(笑气、氧化亚氮)、六氟化硫、氯化氢(无水氢氯酸)、乙烷、乙烯、三氟甲烷(R23)、六氟乙烷(R116)、1,1-二氟乙烯(偏二氟乙烯、R1132a)、氟乙烯(乙烯基氟、R1141)、三氟化氮等
	8	删除(六氟化硫、1,1-二氟乙烯(R1132a)、六氟乙烷(R116)、氟乙烯(R1141)、三氟溴甲烷(R13B1)等)
低压液化气体及混合气体 Tc > 65℃	5	溴化氢(无水氯溴酸)、硫化氢、碳酰二氯(光气)、硫酰氟等
	4	二氟甲烷(R32)、五氟乙烷(R125)、R410A等
	3	氨、二氟氯甲烷(R22)、1,1,1-三氟乙烷(R143a)、R407C、R404A等
	2.5	丙烯
	2.2	丙烷
	2.1	液化石油气
	2	氯、二氧化硫、二氧化氮、环丙烷、六氟丙烯(R1216)、偏二氟乙烷(R152a)、三氟氯乙烯(R1113)、氯甲烷、二甲醚、1,1,1,2-四氟乙烷、七氟丙烷等
	1.6	二甲醚
	1	氟化氢、正丁烷、异丁烷、异丁烯、1-丁烯、1,3-丁二烯、二氯氟甲烷(R21)、二氟氯乙烷(R142b)、二氟溴氯甲烷(R12B1)、氯甲烷(甲基氯)、氯乙烷、氯乙烯、溴甲烷、溴乙烯、甲胺、二甲胺、三甲胺、乙胺、乙烯基甲醚、环氧乙烷、(顺)2-丁烯、(反)2-丁烯、八氟环丁烷(RC318)、三氯化硼、甲硫醇、三氟氯乙烯、二氟甲烷、五氟乙烷、2,3,3,3-四氟丙烯等
低温液化气体 Tc ≤ -50℃	—	液化空气、液氩、液氦、液氖、液氮、液氧、液氢、液化天然气

2. 气瓶的容积与直径

一般情况下，对气瓶的公称容积，小容积气瓶是指公称容积小于或者等于12L的气瓶；中容积气瓶是指公称容积大于12L并且小于或者等于150L的气瓶；大容积气瓶是指公称容积大于150L的气瓶。

在GB 5099–1994《钢质无缝气瓶》标准中规定了用于充装压缩气体或高压液化气体的钢质无缝气瓶的容积范围为0.4～80L，并对容积系列进行了划分；在GB/T 5100–2020《钢质焊接气瓶》标准中规定了用于盛装低压液化气体或溶解乙炔的钢质焊接气瓶的容积范围为0.5～1000L，同时划分了容积级别系列如表10–3所示。

表10–3 钢瓶的公称容积和外径

钢制无缝气瓶	小容积	公称容积 /L	0.4	0.7	1.0	1.4	2.0	2.5	3.2	4.0
		外径 D_o/mm	60 70	70	89	89 108	108 120 140		120 140	
		公称容积 /L	5.0	6.3	7.0	8.0	9.0	10	12.0	
		外径 D_o/mm	120；140	140；152				152 159	152；159 178；180	
	中容积	公称容积 /L	20.0	25.0	32.0	36.0	38.0	40.0	45.0	50.0
		外径 D_o/mm	203；219					219；229；232		
		公称容积 /L	63.0	70.0	80.0					
		外径 D_o/mm	245；267；273							

焊接气瓶	公称容积 /L	1~10	> 10~25	> 25~50	> 50~100
	公称直径 D/mm	70；100；150	200；217；230	250；300；314	300；314；350
	公称容积 /L	> 100~150	> 150~200	> 200~600	> 600~1000
	公称直径 D/mm	350；400	400；500	600；700	800；900

在钢质无缝气瓶中，以容积为40L气瓶最为常见。对于钢质焊接气瓶，溶解乙炔气瓶，也以容积为40L气瓶最为常见。但液氨与液氯气瓶以800L和400L最为普遍。因为液氯按1.25kg/L的充装系数计算，它们充装介质的质量刚好为1t和0.5t。液化石油气钢瓶的容积，以35.5L的数量最多，这也是因为以0.42kg/L的充装系数计算，这类气瓶的充装质量刚好为15kg。

10.1.4 气瓶附件

气瓶附件包括气瓶专用爆破片、安全阀、易熔合金塞、瓶阀、瓶帽、液位计、防震圈、紧急切断和充装限位装置等。附件是气瓶安全使用的保障装置，是气瓶的重要组成部分。

1. 安全泄压装置

气瓶的安全泄压装置主要是防止气瓶在遇到火灾等特殊高温时，瓶内介质受热膨胀而导致气瓶超压爆炸。气瓶的安全泄压装置主要包括爆破片、安全阀、易熔合金塞等。

（1）爆破片

气瓶爆破片装置的形式和原理与压力容器的爆破片相似，爆破片的设计爆破温度应为相应气瓶标准中规定的使用环境温度上限值。爆破片的设计爆破压力应根据气瓶的耐压试验压力确定。对可重复充装气瓶用爆破片，一般应不大于气瓶的耐压试验压力；对于非重复充装气瓶用爆破片，应符合GB/T 17268的相应规定。当瓶内介质的压力因环境温度升高等原因而增大到设定的爆破压力值时，爆破片破裂，形成通道，气瓶排气泄压。

爆破压力允差应满足相应气瓶标准的规定，气瓶标准没有规定的，对可重复充装气瓶用爆破片，爆破压力允差为±5%，且设计爆破压力的下限值不得小于气瓶温升压力的1.05倍；对于非重复充装气瓶用爆破片，爆破压力允差为±10%。

爆破片装置具有结构简单、不易泄漏等特点。缺点是压力不易准确控制，特别是压力低、直径小的爆破片，想要精确地制造比较困难。爆破片多用于高压气瓶上。

（2）安全阀

气瓶上用的安全阀与用于固定式压力容器上的安全阀一样，同样是防止超压起安全泄压作用，故其结构和形式均一样。气瓶上用的安全阀也是由阀座、阀瓣和弹簧组成的可反复启闭的压力控制装置，当瓶内气体压力达到预达值时，被弹簧紧压的阀瓣离开阀座，瓶内气体排出。压力下降到预定值后，阀瓣又重新闭合。

由于气瓶在运输、使用过程中易出现频繁颠簸振动、造成安全阀的密封性能受到影响，影响了使用的可靠性，因此一般气瓶较少使用安全阀这种安全泄压装置。

（3）易熔合金塞

易熔合金塞具有结构简单、制造容易、对温度反应比较敏感等优点，是气瓶上用得较早的一种泄压装置。易熔合金塞泄压装置是由钢质基体及其中心孔中浇铸的易熔合金塞构成。在正常状态下，易熔合金塞保证气瓶的密封，当气瓶的使用环境温度升高，达到规定的温度值，易熔合金塞即熔化，瓶内气体排出。

易熔塞装置的动作温度分为三种：$70℃^{+4}_{-2}℃$（公称动作温度为70℃，用于除溶解乙炔气瓶外的公称工作压力小于或等于3.45MPa的气瓶）；100℃±5℃（公称动作温度为100℃，用于溶解乙炔气瓶）；102.5℃±5℃（公称动作温度为102.5℃，用于公称工作压力大于3.45MPa且不大于30MPa的气瓶）。

塞体材料应具有足够的力学性能和耐腐蚀性，并应与瓶内介质相容，塞体材料应选用铜合金、钢或其他合适的金属。用于溶解乙炔气瓶的塞体，严禁选用含铜量大于70%的铜合金，以及银、锌、镉及其合金材料。塞体材料的化学成分和力学性能应符合相应的技术标准，满足制造和使用的要求，并应有有效的质量合格证明书，否则应进行复验。

2.瓶阀

瓶阀是控制气体出入的装置，在《气瓶安全技术监察规程》和GB/T 15382-2009《气瓶阀通用技术》要求中对瓶阀的要求为：

（1）瓶阀材料应符合相应标准的规定，所用材料既不与瓶内盛装气体发生化学反应，也不影响气体质量。

（2）瓶阀上与气瓶连接的螺纹，必须与瓶口内螺纹匹配，并符合相应标准的规定。瓶阀出气口的结构，应有效地防止气体错装、错用。

（3）氧气和强氧化性气体气瓶的瓶阀密封材料，必须采用无油的阻燃材料。

（4）液化石油气瓶阀的手轮材料，应具有阻燃性能。

（5）瓶阀阀体上如装有爆破片，其公称爆破压力应为气瓶的水压试验压力。

（6）同一规格、型号的瓶阀，重量允差不超过5%。

（7）非重复充装瓶阀必须采用不可拆卸方式与非重复充装气瓶装配。

（8）瓶阀出厂时，应逐只出具合格证。

气瓶瓶阀一般是由黄铜或钢制造，阀体选择黄铜材料时，其含铜量在57.0%～65.0%范围内，含铅量在0.8%～1.9%范围内，含铁量在0.1%～0.5%范围内，杂质含量不得超过材料标准牌号的规定，材料的机械性能应符合相应国家标准的要求；选择其他材料时应满足阀体强度和刚度的要求。

密封材料采用橡胶密封材料应根据GB/T3512和GB/T528的要求，进行热空气加速老化和耐热试验，试验中的加速老化和耐热温度为70℃，时间为96 h，其拉伸强度变化率为-20～+20%，扯断伸长变化率为-30～+10%。

瓶阀的基本结构分隔膜式、针形式和其他形式。在瓶阀的侧面有一个用来充装和释放气体的带有外或内螺纹的出气口。为了防止在充装和使用中发生意外，出气口的型式和尺寸都有相应的规定。我国目前的标准是GB15383-2011《气瓶阀出气口连接型式和尺寸》，出气口主要型式是双台阶的球面与斜面密封或双台阶的锥面O型圈密封。并且规定充装可燃气体的钢瓶的瓶阀，其出气口螺纹为左旋；盛装助燃气体的气瓶，其出气口螺纹为右旋。瓶阀的这种结构可有效地防止可燃气体与非可燃气体的错装。出气口尺寸现在还不系，只对部分瓶阀的出气口尺寸进行了规定。

3.瓶帽

保护瓶阀用的帽罩式安全附件的统称为瓶帽，一般装设在气瓶顶部的瓶阀位置。其作用是为了保护气瓶顶部的瓶阀，避免气瓶在搬运过程中因碰撞而损坏瓶阀，保护出气口螺纹不被损坏，防止灰尘、水分或油脂等杂物落入阀内。因为钢瓶的瓶阀大都是用铜合金制成的，比较脆弱，尽管有的是用钢材来制造，但由于它的结构比瓶体细小，旋在瓶体上面使瓶颈与瓶阀接头间形成一个直角，它既是瓶体的脆弱点，又是瓶体的突出点，最易受到机械损伤或外来的冲击。

如在搬运、贮存、使用过程中，由于损伤不慎，气瓶的跌倒、坠落、滚动或受到其他硬物的撞击，易出现瓶阀接头与瓶颈连接处齐根断裂的情况；如瓶颈或瓶阀断裂，会造成瓶内的高压的气体喷出，使机器设备、建筑物受到损坏，甚至造成人员伤亡，瓶内高速喷出的气体将由气瓶内气体的性质决定而带来更加严重的二次事故（如火灾、爆炸、中毒等）；如瓶内充装是可燃气体，由于高速喷射的激烈摩擦而产生的静电或遇其他火源便可引起燃烧爆炸。为了消除上述的危险性，要求制瓶单位在钢瓶出厂时都要配有安全帽。

瓶帽按其结构形式可分为可卸式和固定式两种。

可卸式瓶帽在帽口处车有内螺纹，与颈圈螺纹相配合。在使用和充气时，需要先将瓶帽从气瓶上卸下来，事后再将其安装上。由于瓶帽内螺纹和颈圈外螺纹在使用过程中易造成损伤、严重锈蚀，给拆卸和安装带来麻烦，而且在运输与使用中容易经常脱落，诱发事故。

固定式瓶帽与颈圈的连接主要靠瓶帽处的紧固螺栓。在安装充装卡具或减压器时，可直接从瓶帽的侧孔与瓶阀出气口相接，借助于专用扳手，从瓶帽的顶孔内开关瓶阀。

对于瓶帽，《气瓶安全监察规程》明确规定应满足下列要求：

（1）有良好的抗撞击性。

（2）不得用灰口铸铁制造。

（3）无特殊要求的，应配带固定式瓶帽，同一工厂制造的同一规格的固定式瓶帽，重量允差不超过5%。

为了防止由于瓶阀泄漏，或由于安全泄压装置动作而造成瓶帽爆炸，在瓶帽上必须开有排气孔。考虑到气体由一侧排出会产生反作用使气瓶倾倒或横向移动，因此，瓶帽排气孔应是对称的两个。

4. 防震圈

防震圈一般是指气瓶上两个紧套在瓶体上部和下部的，用橡胶或塑料制成的，具有一定弹性的套圈，它是防止气瓶的瓶体受撞击的一种保护装置，其标准需符合LD 52-1994《气瓶防震圈》的相关规定。气瓶装设防震圈的目的是避免气瓶直接碰撞而发生破裂事故，还可以保护气瓶的漆色标记。因为气瓶在充装、使用特别是搬运过程中，常常会因滚动或震动而相互冲撞或与其他硬物碰撞，使气瓶瓶体产生伤痕或变形，甚至导致爆炸事故。

气瓶的防震圈必须保证具有一定的弹性，防震圈的厚度一般不应小于25～30mm，其套装位置一般与气瓶上、下端部距离各为200～250mm。

10.1.5　气瓶的充装

1. 气瓶的安全充装

气瓶的正确充装是保证气瓶安全使用的关键之一，因充装不当而发生的气瓶爆炸事故屡见不鲜。由于气瓶工作的环境变化较大，气瓶温度会随环境温度的变化而变化，瓶内介质温度也相应随环境温度而发生变化。由于瓶内容积有限且随温度变化很小，介质温度的升高会导致压力的升高，从而有可能使气瓶处于不安全状态下，极易造成事故发生。其中气瓶的气体混装和超量充装问题是最常见而又最危险的事故之一。

气瓶混装是指在同一气瓶中装入两种气体或液体。如果这两种介质在适合条件下发生化学反应，将会造成严重的爆炸事故。其中最危险而又最常见的事故是氧气与可燃气体混装。

例如：2004年7月17～18日河北省保定市接连发生4起气瓶爆炸事故，其中1起重大事故，共造成5人死亡，12人受伤，直接经济损失100万元。事故均为使用新充装的气瓶时，引火即发生爆炸。这4起事故在较短时间内连续发生，且气瓶均属同一氧气站充装，其中3起事故气瓶均属粉碎性爆炸，且爆炸能量极大，呈现化学性爆炸的特点。对爆炸气瓶残片内壁进行分析，气瓶内壁未见积炭，判断气瓶化学性爆炸是由可燃气体与氧气混合爆炸。经调查分析，氧气充装站未按规定对充装前气瓶内残留气体进行检测，致使某充装气瓶中残留有可燃气体，窜入其他同排气瓶，在使用过程中遇激发能引起化学性爆炸。

超量充装也是气瓶破裂爆炸的常见原因，特别是充装低压液化气体的气瓶，因为液化气体的充装温度一般都比较低，如果计量不准确，就可能充装过量。充装过量的气瓶受周围环境温度的影响，或烈日暴晒下，瓶内液体温度升高，体积膨胀，产生很大的压力，造成气瓶破裂爆炸。对于液化石油气钢瓶，爆炸时瓶内石油气喷出，常造成火灾事故。因此，为了使气瓶在使用过程当中不造成超压运行，防止气瓶因充装不当而发生破裂爆炸事故，必须采取严密有效的措施，主要是加强对气瓶的检查，特别是充装前的检查；正确确定气瓶的充装量并严格执行；注意充装过程的安全操作等。

1999年5月13日下午，徐州某厂发生了一起二氧化碳气瓶爆炸事故。该厂收到本市金陵气体供应站送来的15只二氧化碳气瓶，直接卸存于露天仓库内，其中一只气瓶发生爆炸，瞬间产生的冲击波将15只气瓶全部推倒，其中一只气瓶向南飞出52m，一只气瓶向西约15°角飞出43m，撞击在西墙上落地。一只气瓶被气浪冲倒后，向西南方向飞出15m，翻越1.2m矮墙落地。还有一只气瓶向南飞出11.3m造成瓶阀折断，落地泄压。气瓶爆炸的原因，一是气瓶超装；二为暴晒。原始钢印很清楚地标明，该瓶工作压力是12.5MPa。我国《气瓶安全监察规程》已取消了设计压力12.5MPa的二氧化碳气瓶规格，充装单位也不准以压力降为12.5MPa的气瓶改充二氧化碳。此类气瓶不应流通使用，更不能按工作压力为15MPa二氧化碳气瓶规定的系数（0.6kg/L）进行充装，否则将会严重超压。加之当日气温33℃，且气瓶在露天仓库存放，时至中午阳光暴晒，使瓶内压力急剧上升，成为爆炸的触发源。此次爆炸事故显然是超装、超压、暴晒而引起的。

2.气瓶充装量的控制

气瓶的充装量是指气瓶在单位容积内允许充装气体或液化气体的最大质量，所以也称最大充装量或安全充装量。各类气瓶的充装量应该根据气瓶的许用压力和最高使用温度确定。其原则是保证所装气体或液化气体在最高使用温度下，其压力不超过气瓶的许用压力。

气瓶许用压力是为保证气瓶安全，允许瓶内达到的最高压力。我国规定：高压气瓶的许用压力等于气瓶的公称工作压力；充装压缩气体需严格控制气瓶的充装量，充分考虑充装温度对最高充装压力的影响，气瓶充装后，在20℃时的压力不得超过气瓶的公称工作压力。

气瓶的最高使用温度是指气瓶在充装气体以后可能达到的最高温度。我国《气瓶安全监察规程》规定，国内使用的气瓶，最高使用温度为60℃。

（1）压缩气体的充装

压缩气体的充装量是指气瓶在单位容积内允许装入气体的最大重量。由于压缩气体充装时是单一的气态，因此，压缩气体充装量的计量和测控是以气瓶的充装压力（充装终止时的压力）和充装温度（充装终止时的温度）来计算并测控的。

①充装量的确定

压缩气体充装量的确定原则是，气瓶的充装量应严格控制，确保气瓶在基准温度（国内使用的，定为20℃下），瓶内气体的压力不超过气瓶水压试验压力的2/3。

各种压缩气体根据气瓶的公称压力按不同的充装温度确定不同的充装压力。用国产气瓶充装的各种常用压缩气体，在各种典型充装温度下的最高充装压力如表10-4所示。

表10-4 压缩气体的充装量

序号	气体名称	充装温度 /℃	气瓶的最高充装压力 /MPa	
			公称工作压力 15MPa	公称工作压力 20MPa
1	氧气	5	13.9	18.3
		10	14.2	18.8
		15	14.6	19.4
		20	15.0	20.0
		25	15.3	20.5
		30	15.7	21.0
		35	16.0	21.5
2	空气	5	14	18.5
		10	14.3	19.0
		15	14.6	19.5
		20	15.0	20.0
		25	15.3	21.0
		30	15.6	21.5
		35	15.9	22.0
3	空气	5	14.0	18.5
		10	14.3	19.0
		15	14.6	19.5
		20	15.0	20.0
		25	15.3	20.5
		30	15.7	21.0
		35	16.0	21.5

其他压缩气体的充装压力不得超过由式10-1计算的压力值。

$$P \leqslant \frac{P_0 TZ}{T_0 Z_0} \qquad\qquad 式10-1$$

式中：

P—气瓶的最高充装压力（绝对），单位为兆帕（MPa）；

T—充装温度，单位为开尔文（K）；

Z—在压力为P、温度为T时气体的压缩系数；

P_0—气瓶的公称工作压力，单位为兆帕（MPa）；

T_0—气瓶的基准温度（(国内使用的，定为20℃，即293K）单位为开尔文（K）；

Z_0—在压力为P_0、温度为T_0时气体的压缩系数。

低温液化气体汽化后的气瓶充装过程中还应遵守：充装前，应检查低温液体汽化器气体出口温度、压力控制装置是否处于正常状态；低温液体泵开启前，要有冷泵过程（冷泵时间参照泵的使用说明书定）；气瓶充装过程中，低温液体汽化器不得有严重结冰现象，汽化器气体出口至充装管道温度不得低于-30℃，若出现上述现象应及时妥善处理；低温液体加压气化充瓶装置中，低温泵排液量与汽化器的换热面积及充装量应匹配，应使每瓶气的充装时间不得小于30min，汽化器的出口温度低于-30℃及超压时应有系统报警及连锁停泵装置；低温液体充装站的操作人员应配备可靠的防冻伤的劳保用品。

②充装温度

气瓶的充装温度是指充装气体结束时瓶内气体的实际温度。由于它不是充气间的环境温度，因此这个温度是难以直接测量出来的。标准中规定充装温度的确定可由充装单位根据经验和各自的实际情况取充装温度应取充装间的环境温度加上充气温差（指在测温试验时，实际测定得出的气体充装温度与室温之差）作为气瓶充装温度。充气温差应在规定的充装速度下，由试验测定。

（2）液化气体的充装量

液化气体的充装量都是以充装的介质质量来计量，但液化气体中低压液化气体和高压液化气体的充装量的确定方法是不一样的。

①低压液化气体

低压液化气体指临界温度t_c>65℃的液化气体，也称高临界温度液化气体，如常用的氨（t_c=132.4℃）、氯（t_c=144℃）等。

低压液化气体的临界温度高于气瓶的最高工作温度（60℃），所以低压液化气体在充装、储存、运输和使用过程中都不会发生相的变化，即只要充装量不超过规定，瓶内始终是气、液两相并存，液相是饱和液体、气相是饱和蒸汽，瓶内的压力始终是液化气体的饱和蒸气压力，且总是在安全范围内。但是，如果充装量过大，气相容积不够甚至消失，当温度升高致使液体膨胀却又没有足够的膨胀空间时，则瓶内压力会急剧升高甚至会造成瓶破裂。为安全起见，必须使气瓶在最高使用温度下，液相也不能膨胀至充满气瓶的全容积。因此，低压液化气体气瓶充装量的确定原则就是要求气瓶内所装入的介质必须预留足够的空间，即使在最高使用温度下，也不会出现液相膨胀至瓶内满液。为便于控制和计算，以气瓶的充装系数来衡量充装量。

液化气体气瓶的充装系数是指气瓶单位容积内充装液化气体的质量。控制气瓶的充装量是指将气瓶的充装系数控制在不大于所装介质在气瓶在最高使用温度下的液体密度，即不大于液体介质在60℃时的密度。考虑到液化气体称重衡器等方面的误差及确保气瓶安全，还应留有适当的裕量。为此，GB 14193-2009《液化气体气瓶充装规定》中规定，低压液化气体充装系数的确定应符合下列原则。

a. 充装系数应不大于在气瓶的最高使用温度下液体密度的97%。

b. 在温度高于气瓶最高使用温度5℃时，瓶内不满液。

根据以上规定，即使所装入的介质的温度达到60℃，瓶内液体所占的容积也只有97%，仍有3%的气相空间，可保持瓶内的气、液平衡，即仍保证气瓶内的压力不会超过它所装液化气体在60℃下的饱和蒸气压力。

常用低压液化气体的充装系数如表10-5所示。其他低压液化气体气瓶的充装系数，不得大于由式10-2计算确定的值：

$$F_r = 0.97\rho\left(1-\frac{C}{100}\right) \qquad 式10-2$$

式中：F_r—低压液化气体充装系数，kg/L；

ρ—低压液化气体在最高液相介质温度下的液体密度，kg/L；

C—液体密度的最大负偏差，%。

表10-5　低压液化气体气瓶的充装系数

序号	气体名称	分子式	69℃时的饱和蒸气压力（表压）/MPa	充装系数/Kg/L
1	氨	NH_3	2.52	0.53
2	氯	Cl_2	1.68	1.25
3	溴化氢	HBr	4.86	1.19
4	硫化氢	H_2S	4.39	0.66
5	二氧化硫	SO_2	1.01	1.23
6	四氧化二氮	N_2O_4	0.41	1.30
7	碳酰二氯（光气）	$COCl_2$	0.43	1.25
8	氟化氢	HF	0.28	0.83
9	丙烷	C_3H_8	2.02	0.41
10	环丙烷	C_3H_6	1.57	0.53
11	正丁烷	C_4H_{10}	0.53	0.51
12	异丁烷	C_4H_{10}	0.76	0.49
13	丙烯	C_3H_6	2.42	0.42

序号	气体名称	分子式	69℃时的饱和蒸气压力（表压）/MPa	充装系数/Kg/L
14	异丁烯	C_4H_8	0.67	0.53
15	1-丁烯	C_4H_8	0.66	0.53
16	1，3-丁二烯	C_4H_6	0.63	0.55
17	六氟丙烯 R-1216	C_3F_6	1.69	1.06
18	二氯二氟甲烷 R-12	CF_2Cl_2	1.42	1.14

由两种以上的液化气体混合组成的介质，应由实验室确定其在最高使用温度下的液体密度，并按式10-2确定充装系数的最大极限值。

②高压液化气体

临界温度高于-50℃且低于等于65℃的气体为高压液化气体，如乙烯（t_c=12℃）、二氧化碳（t_c=31℃）。高压液化气体在充装时的充装温度低于它的临界温度而高压较高，故以液态形式充装，是气、液并存且以液相为主。这种气瓶充装后，在运输、使用或贮存的过程中，受环境温度的影响，瓶内气体的温度往往会高于它的临界温度而气化，并可能液化气体全部气化，即由原来的气、液两相并存变为单一的气相，压力迅速上升，远远高于它的饱和蒸气压，瓶内介质处于过蒸气状态。此时，高压液化气体的性态就与压缩气体一样，因此，高压液化气体的充装量也应与压缩气体一样，必须保证瓶内气体在气瓶最高使用温度下所达到的压力不超过气瓶的许用压力。所不同的是压缩气体的充装量是以充装终止的温度和压力来计量，而高压液化气体则因充装时还是液态，故以气瓶单位容积容纳液化气体的质量来确定的，即以它的充装系数来确定。

GB 14193-2009《液化气体气瓶充装规定》中规定，高压液化气体充装系数的确定应符合下列原则：

a. 气瓶的充装量不得大于气瓶容积与充装系数乘积的计算值，也不得大于气瓶产品规定的充装量；

b. 充装量应包括余气在内的瓶中全部介质，即气瓶充装量应为气瓶充装后的实重与空瓶重之差值；

c. 在温度高于气瓶最高使用温度5℃时，瓶内气体压力不超过气瓶许用压力的20%。

常用高压液化气体气瓶的充装系数见表10-6。其他高压液化气体（包括两种以上的液化气体混合组成的高压液化气体）的充装系数，可按式10-3确定其最大极限值。

$$F_r = \frac{PM}{ZRT} \qquad 式10-3$$

式中：F_r—高压液化气体充装系数，kg/L；

T—气瓶最高使用温度，333K；

M—气体分子质量；

R—气体常数，R =8.314×10-3MPa·m^3 / (kmol·K)；

Z—气体在压力p，温度T时的压缩系数；

表10-6　高压液化气体气瓶的充装系数

序号	气体名称	分子式	由气瓶公称工作压力确定的充装系数 / Kg/L 不大于		
			20.0MPa	15.0MPa	12.5MPa
1	氙	Xe			1.23
2	二氧化碳	CO_2	0.74	0.60	
3	氧化亚氮	N_2O		0.62	0.52
4	六氟化硫	SF_6			1.33
5	氯化氢	HCl			0.57
6	乙烷	C_2H_6	0.37	0.34	0.31
7	乙烯	C_2H_4	0.34	0.28	0.24
8	三氟氯甲烷	CF_3Cl			0.94
9	三氟甲烷	CHF_3			0.76
10	六氟乙烷	C_2F_6			1.06
11	偏二氟乙烯	$C_2H_2F_2$			0.66
12	氟乙烯	C_2H_3F			0.54
13	三氟溴甲烷	CF_3Br			1.45
14	硅烷	SiH_4		0.3	
15	磷烷	PH_3		0.2	
16	乙硼烷	B_2H_6		0.035	

（3）溶解乙炔气瓶充装量

乙炔是一种化学性质极不稳定的气体，特别是在压力较高的状态下，更容易发生聚合或分解反应。因此，用气瓶充装乙炔既不能像充装永久气体那样进行压缩充装（乙炔如果加压到一个大气压以上时，即使没有氧气或空气等助燃剂，也有可能发生爆炸），也不能像液化气体那样，经加压液化后装瓶（液化后的乙炔，遇到稍有能量，如碰撞或震动等，就会引起爆炸），只能借助于一种安全媒介—溶剂强制其溶解的办法装瓶。

目前，最常用的乙炔气充装用的溶剂是丙酮，它具有乙炔溶解量大，化学性能稳定、价格比较便宜等优点。但用丙酮溶解乙炔气，不能单独将丙酮装入空瓶内，因为这会给气体充装和使用带来很大的麻烦。

为了便于乙炔气的充装和使用，乙炔瓶内装有多孔性填料（通用的是硅酸盐固化物），溶剂则充入填料的孔隙中。其目的是利用多孔性填料的微孔结构来分散溶剂中的乙炔，防止乙炔发生聚合或分解反应，并由此造成气瓶爆炸的事故。

乙炔气是以加压的方式进行充装的。由于丙酮中的乙炔溶解量随着压力的升高而明显增加，因此乙炔加压充装时，装瓶后的乙炔同样可以立即溶解于溶剂中，从而可以增大乙炔的充装量。这一充装过程，实质上就是乙炔气在加压条件下溶解进入丙酮的过程。

乙炔瓶的充装压力，任何情况下不得大于2.50MPa。乙炔瓶内乙炔充装量应小于等于乙炔瓶内乙炔最大充装量，乙炔瓶内乙炔最大充装量按公式10-4计算：

$$m_A = 0.20 \cdot \delta \cdot V \qquad\qquad 式10-4$$

式中：δ —填料孔隙率，%；

$\quad\quad V$ —钢瓶实际容积，L；

$\quad\quad mA$ —乙炔瓶内乙炔充装量，Kg。

根据剩余压力和测定剩余压力时乙炔瓶周围环境温度，求出瓶内剩余乙炔量。乙炔瓶内剩余乙炔量按公式10-5计算：

$$G_s = 0.38 \cdot \delta \cdot V \cdot B \qquad\qquad 式10-5$$

式中：G_s —乙炔瓶内剩余乙炔量，Kg；

$\quad\quad \delta$ —填料孔隙率，%；

$\quad\quad V$ —钢瓶实际容积，L；

$\quad\quad B$ —乙炔在丙酮中的质量溶解度，Kg/Kg。

乙炔在丙酮中的质量溶解度B按表10-7选取。

表10-7　乙炔在丙酮中的质量溶解度B

温度 /℃	压力 / MPa（绝对压力）				
	0.10	0.20	0.30	0.40	0.50
−20	0.1165	0.16929	0.24857	0.34286	0.42857
−15	0.0965	0.14786	0.22143	0.29643	0.37143
−10	0.0805	0.12857	0.19286	0.25714	0.32143
−5	0.0675	0.11428	0.17143	0.22148	0.27858
0	0.05724	0.10807	0.1560	0.1890	0.23785
5	0.04806	0.09405	0.13521	0.1749	0.20528
10	0.04056	0.0819	0.1204	0.1525	0.1796
15	0.03356	0.07106	0.1058	0.1315	0.1589
20	0.02754	0.0616	0.093	0.1185	0.14044
25	0.0221	0.0528	0.08113	0.1042	0.1249
30	0.01767	0.0451	0.07116	0.0885	0.11152
35	0.0139	0.0385	0.0615	0.0815	0.0995
40	0.01026	0.03257	0.0533	0.0735	0.0913

3. 气瓶充装单位的要求

TSG 23-2021《气瓶安全技术规程》中8.2条明确气瓶使用单位一般指气瓶的充装单位，车用气瓶、非重复充装气瓶、呼吸器用气瓶的使用单位是产权单位和充装单位。这条规定是对气瓶安全监察制度的细化和明晰，也是气瓶安全监察工作在各地实际开展状况的总结和提炼，明确了气瓶监察工作的界线，确立了市场监管部门对气瓶的使用单位（即充装单位）实施监管，充装单位负责对自有产权气瓶实施安全管理的基本制度。

由于每个气瓶充装单位所充装的气体不同，潜在的危险也不尽相同，一般可分为四种常见的充装站类型：（1）压缩气体充装，这个充装站主要利用冷冻空气来进行气体分离，主要生产的气体为氧气、氮气等液化气体。需要设置一定的分析装置来对气体作出检测，一般利用低温储罐进行运输；（2）液化气体充装站，企业中用得最多的就是液氨等液化气体。在生产以及运输过程中，充装站会设置一系列的装置来根据气体特性进行处理，选用一定的耐腐蚀材料作为管道进行运输，同时安排人员每天进行日常检查与维护，确保安全性；（3）液化石油气充装站，这是目前最为广泛的一种充装站，日常生活都离不开液化石油气，由于液化石油气具有一定的燃烧性以及毒性，因此在运输、储存、管道输送中都存在一定的危险。这类气体充装站，一定要严禁任何火种，一旦发生气体泄漏，会危害整个充装站甚至可能引起爆炸；（4）乙炔气瓶充装站。乙炔就是常说的电石，需要注意的就是防范火灾。

气瓶充装单位应在省级质量技术监督行政部门锅炉压力容器安全监察机构注册登记的气瓶充装单位。充装单位应符合相应的充装站安全技术条件国家标准的要求，严格执行气瓶充装有关规定，确保不错装、不超装、不混装和充装质量的可追踪检查。充装单位必须对充装人员和充装前检查人员进行有关气体性质、气瓶的基本知识、潜在危险和应急处理措施等内容的培训。

气瓶实行固定充装单位充装制度，气瓶充装单位只充装自有气瓶和托管气瓶，不得为任何其他单位和个人充装气瓶（车用气瓶除外）。气瓶充装前，充装单位应有专人对气瓶逐只进行充装前的检查，确认瓶内气体并做好记录。无制造许可证单位制造的气瓶和未经安全监察机构批准认可的进口气瓶不准充装，严禁充装超期未检气瓶和改装气瓶。气瓶充装单位必须在每只充气气瓶上粘贴符合国家标准GB 16804-2011《气瓶警示标签》的警示标签和充装标签。

4.充装气瓶的检查

（1）充装前的检查

充装气体前对气瓶进行检查，是消灭或减少气瓶爆炸事故的极为重要的环节。检查的主要目的是防止气瓶内存在混合气体或混入有可能与所装气体产生化学反应的物质；检查气瓶的质量与使用压力是否符合要求。实践证明，许多因充装不当而发生的气瓶爆炸事故，都是由于充装前没经检查或检查不严引起的。例如：2018年07月05日，位于清河县阿热勒托别镇克孜勒萨依村废弃工地，发生一起氧气钢瓶爆炸事故，造成1人死亡，2人受伤，直接经济损失88万元。该事故气瓶于2015年9月报废，充装报废气瓶，违反了《气瓶安全技术监察规程》和相关标准；气瓶制造钢印显示，充装介质为CNG，属于易燃易爆介质，氧气属于助燃物，两者不能混装；气瓶爆炸后的残片内壁有大片肉眼可见的油脂，与水不相容；该气瓶在有天然气、油脂的情况下充装了氧气，又在搬运过程中摔落于硬质地面，引发的化学爆炸。可见充装时气瓶检查是避免安全事故的重要一环，表10-8是对充装不同气体气瓶的检查内容。

表10-8　充装不同气体气瓶的检查内容

序号	充装介质	检查内容	备注
1	压缩气体	1.气瓶来历必须可靠，必须符合相应的要求； 2.必须满足下列要求。包括气瓶的材质不能与所装体有相容性的结构必须符合盛装气体压力要求；瓶外表颜色和标记（包括字样、色环）必须与所装气体的规定标记相符；瓶内若有残余气体，残余气体必须与所装相符（通过定性分析鉴别）； 3.气瓶不能存在表面缺陷或其他隐患； 4.气瓶的附件必须齐全可靠，符合安全要求。	
2	液化气体	1.国产气瓶是否由具有"制造许可证"的单位生； 2.气瓶外表面的颜色标记是否与所装体规定相符； 3.气瓶阀的出口螺纹型式是否与所装体规定相符：即可燃用气瓶阀，出口螺纹是左旋：非可燃性气体用右的瓶阀，出口螺纹是右旋； 4.气瓶内有无剩余压力，如有，应进行定性鉴别； 5.气瓶外表面有无裂纹、严重腐蚀明显变形及其他部损伤缺陷； 6.气瓶是否在规定的检验期限内； 7.气瓶的安全附件是否齐全和符合要求。	
3	溶解气体	1.气瓶来历必须可靠，符合相应的要求； 2.颜色标记是否符合规定； 3.钢印标记齐全； 4.附件必须齐全可靠，符合安全要求； 5.首次充装或经拆、更换瓶阀易熔合金塞后，是否进行置； 6.剩余压力和溶剂补加量的检查。	

（2）充装后的检查

对充装后的气瓶，应有专人负责逐只进行检查，检查内容包括：

①瓶内压力是否在规定范围内；

②瓶阀及其与瓶口连接的密封是否良好；

③气瓶充装后是否出现鼓包变形或泄漏等严重缺陷；

④瓶体的温度是否有异常升高的迹象；

⑤瓶内气体纯度必须在规定范围内；

⑥瓶阀出口螺纹的旋向，必须与所装气体规定的相符；

⑦乙炔气瓶充装后，还要按相应的规定分析瓶内乙炔质量并验收。

（3）气瓶生产企业在气瓶检查中发现的问题和分析

①内咬边的缺陷问题

内咬边缺陷是气瓶最常见的缺陷，此缺陷会影响气瓶的焊缝强度降低，进而影响其承压力，因此内咬边缺陷会大大影响气瓶的安全性能。产生内咬边缺陷的主要原因是在焊接过程中，由于铁水的缺乏使得内存的强度低于母材的强度，随着冷却而发生变形，最终在内侧形成咬边收缩缺陷。针对上述产生的内咬边缺陷问题，主要是由于铁水的缺乏引起的，因此应该适当补充铁水。最简单的办法是在衬板的内侧开一个大小适合的槽，这样可以是让铁水顺利地流入到槽内，这样就不会产生内外的强度差，也有利于焊缝的整体凝固，焊缝强度增强，其承压力也会大大提升。

②圆度形变的缺陷问题

气瓶的上封头、下封头在制造过程中，要保证其圆度，圆度误差要求在一定范围内。

如果气瓶的上封头、下封头在热处理过程中的冷却没有处理好就会影响其圆度误差，同时气瓶在充装过程中受力不均匀、超出充装规定次数的充装或者气瓶的材质较薄也会引起圆度形变的缺陷。针对上述产生的圆度形变的缺陷原因，气瓶的生产企业应加强热处理过程，使得热处理工艺满足要求，同时冷却也需要均匀。还有一点是选择强度高而厚的材质来制造气瓶。

③旋压裂纹和皱折的缺陷问题

气瓶的生产厂家在气瓶的缠绕层间张力的测量和控制大多是采用电脑进行的。张力传感器实时测量其张力值，并将该值送到计算机里，计算机根据程序进行判断。但是由于张力传感器的精度和稳定性不够，或者计算机预置的程序发生问题时都将影响气瓶的缠绕层，因而形成旋压裂纹和皱折的缺陷。针对上述产生的旋压裂纹和皱折的缺陷原因，气瓶的生产企业应该提高张力传感器的测量精度和稳定性，使得缠绕层间张力均匀，同时，计算机在程序上处理上应该提高采样精度和程序上的处理能力，当张力发生较大变化时，计算机需要及时作出调整并进行报警。

④气瓶瓶体的缺陷问题

众所周知，气瓶瓶体主要由上封头、下封头、瓶底、瓶阀及瓶罩等几部分组成，气瓶瓶体的缺陷主要是通过外观检查并配合适当的仪器来进行，检查的主要有以下几点：a. 瓶体是否存在裂纹、鼓包、夹层等形变类的缺陷；b. 用测深尺测量瓶体的凹陷深度，凹陷深度应满足国家的规定，一般要求不大于6mm；c. 随着气瓶的使用时间增加，再加之使用环境的影响，会使气瓶的瓶体产生一定的腐蚀，并且腐蚀的严重程度也受材质的影响；④由于加工工艺的问题气瓶瓶体弧疤的现象和火焰灼烧现象。

针对上述产生的气瓶瓶体的缺陷原因，气瓶的生产企业应制定严格企业质量管理制度，不能忽略外观检查的重要性，在检测过使用的计量仪器比如测深尺、测厚仪等也应处于稳定可靠的状态，保证及时到计量机构送检；还有企业应该选择强度高，疲劳性能好的材质制造气瓶。最后，在制造瓶体过程中应加强加工工艺的质量管理。

⑤焊接接头的缺陷问题

通过对焊接接头的外观检查，焊接接头常发生的问题主要是以下几种：①焊缝表面存在裂纹、鼓包、夹层等缺陷；②焊缝表面及其不均匀，存在不规程的突变；③焊缝的附近存在咬边的现象。针对上述产生的焊接接头的缺陷原因，气瓶的生产企业应选择合适的焊接工艺，尤其在焊接接头部位，应加强该方位的质量控制，并在该部位进行100%的无损检测技术，防止发生漏焊、焊接不牢固现象的发生。

⑥气瓶护罩、底座损坏的缺陷问题

引起气瓶护罩、底座损坏的缺陷的原因有以下几点：①气瓶护罩脱落或者气瓶护罩的焊接部位开裂；②气瓶底座脱落或气瓶底座的腐蚀等等；③气瓶底座的焊接不够牢固。

针对上述产生的气瓶护罩、底座损坏的缺陷原因，气瓶的生产企业在气瓶护罩、底座损坏这些易发生问题的部位应加强焊接质量和焊接工艺管理，使得像夹杂、热裂纹等薄弱部位的强度有所加强。同时气瓶的用户应知道更多的使用方面的细节，比如气瓶尽量防止在干燥通风的位置，底座要求与地面接触良好，避免在潮湿的环境放置气瓶，这样会加速气瓶的腐蚀。最后气瓶的充装人员和使用人员在搬运过程中尽量做到轻拿轻放，避免气瓶的底座与地面之间滑擦，还有就是尽量避免气瓶与气瓶之间的碰撞，或气瓶与其他部位的碰撞。

10.1.6　气瓶的使用

气瓶正确使用与维护是保证气瓶安全的重要因素。在气瓶使用中要严格执行安全技术操作规程，学习气瓶使用安全技术知识，否则，由于使用不当会直接或间接造成爆炸、起火燃烧等事故。

2012年3月6日18时15分盘锦市某烧烤店内一118L液化石油气钢瓶发生爆炸事故，4人当场死亡，20余受伤。爆炸冲击波和火灾将烧烤店及相邻店铺的二层损毁。经查事故气瓶为某厂2008年3月制造，型号YSP-118产品。规定充装量49±1kg。某充装站于3月4日充装了47kg的液化石油气，3月6日早7时，供应液化石油气的商贩在自家中用倒气枪将事故气瓶充满并送至烧烤店储瓶间。3月6日早7时将钢瓶充满，此时室外温度低于0℃。移至室内其温差超过20℃，由于环境温度的上升致瓶内液化石油气的体积膨胀，但过量充装的气瓶内已不能提供膨胀所需的空间。致使瓶内出现液压现象并造成瓶内压力急剧上升，最终导致气瓶爆破。

2014年8月18日下午3点30分左右，一位后勤补给工人在换乙炔时，突然身旁另外一瓶乙炔瓶口管道爆裂，同时冒出火焰并正对施工电源，便急忙去找灭火器同时向就近的同时呼唤。班长接到消息后，立即就近调派人员前往救火，很快火势就被控制住了。但此时，乙炔瓶已被烧得滚烫，电源线也短路了还时不时地在打火，灭火器也已用光了。就在此时电源线一个打火又把火给引燃了，同时，还把旁边的一瓶乙炔也引燃了。所幸，此时后援部队赶到并带来了大量的灭火器，他们立即拿起灭火器朝着火苗根部喷去，火情迅速得到控制。在确定没有危险的情况下，他们靠近火点，把邻近的乙炔瓶关闭并搬开。此时，消防部门也已赶到，消防人员想用喷水来给乙炔瓶降温，被制止了，因为被烧的乙炔瓶温度很高，此时浇水怕瓶体爆裂而引起更大的火灾。整个过程从火起至火灭历时约15分钟，消防人员见不再有险情也撤离现场。

为了保证气瓶的使用安全，气瓶的使用单位和操作人员在使用气瓶过程中应做到：

1. 使用气瓶前使用者应对气瓶进行安全状况检查，检查重点：盛装气体是否符合作业要求、瓶体是否完好、减压器、流量表、软管、防回火装置是否有泄漏、磨损及接头松懈等现象；

2. 气瓶应在通风良好的场所使用。如果在通风条件差或狭窄的场地里使用气瓶，应采取相应的安全措施，以防止出现氧气不足，或危险气体浓度加大的现象；安全措施主要包括强制通风、氧气监测和气体检测等；

3. 气瓶的放置地点不得靠近热源，应与办公、居住区域保持10m以上；

4. 气瓶应防止暴晒、雨淋、水浸，环境温度超过40℃时，应采取遮阳等措施降温；

5. 氧气瓶和可燃气体气瓶使用时应分开放置，至少保持5m间距，且距明火10m以外。盛装易发生聚合反应或分解反应气体的气瓶，如乙炔气瓶，应避开放射源；

6. 气瓶应立放使用，严禁卧放，并应采取防止倾倒的措施；

7. 气瓶及附件应保持清洁、干燥，防止沾染腐蚀性介质、灰尘等。氧气瓶阀不得沾有油脂，不得用沾有油脂的工具、手套或油污工作服去接触氧气瓶阀、减压器等，防止着火；接头、管道、阀门等应使用铜基合金或专用管；

8. 禁止将气瓶与电气设备及电路接触，与气瓶接触的管道和设备要有接地装置。在气、电焊混合作业的场地，要防止氧气瓶带电，如地面是铁板，要垫木板或胶垫加以绝缘；

9. 气瓶瓶阀或减压器有冻结、结霜现象时，不得用火烤，可将气瓶移入室内或气温较高的地方，或用40℃以下的温水冲浇，再缓慢地打开瓶阀；

10. 严禁用温度超过40℃的热源对气瓶加热；

11. 开启或关闭瓶阀时，应用手或专用扳手，不准使用其他工具，以防损坏阀件。装有手轮的阀门不能使用扳手；

12. 开启或关闭瓶阀应缓慢，特别是盛装可燃气体的气瓶，以防止产生摩擦热或静电火花；

13. 打开气瓶阀门时，人要站在气瓶出气口侧面；

14. 气瓶使用完毕后应关闭阀门，释放减压器压力，并配戴好瓶帽；

15. 严禁敲击、碰撞气瓶。严禁在气瓶上进行电焊引弧；

16. 毒性或可燃性气体应放入气瓶柜，气瓶柜应有强制换气设备，保持气瓶柜内处于负压状态；

17. 瓶内气体不得用尽，必须留有剩余压力。压缩气体气瓶的剩余压力应不小于0.05MPa，液化气体气瓶应留有不少于0.5%～1.0%规定充装量的剩余气体，防止空气吸入引发事故和影响气体纯度；

18. 关紧阀门，防止漏气，使气压保持正压；

19. 禁止自行处理气瓶内的残液；

20. 在可能造成回流的使用场合，使用设备上必须配置防止回流的装置，如单向阀、止回阀、缓冲器等；

21. 气瓶投入使用后，不得对瓶体进行挖补、焊接修理；

22. 气瓶使用完毕，要妥善保管。气瓶上应有状态标签；

23. 严禁在泄漏的情况下使用气瓶；

24. 使用过程中发现气瓶泄漏，要查找原因，及时采取整改措施；

25. 不得擅自更改气瓶的钢印和颜色标记；防止错装、混装引发重大事故。

10.1.7　气瓶的运输与储存

1. 气瓶的运输和搬运

气瓶在运输、搬运过程中，易受到振动或冲击而引发事故，甚至发生粉碎性爆炸。气瓶在运输中也常常会把瓶阀撞坏或碰断，致使气瓶喷气飞动伤人，或引起喷出的可燃气体着火燃烧。

2005年7月4日，上海某交管站一辆装有10只液氨气瓶的敞篷货车违反夏季高温禁运危险化学品的有关规定，在当日气温高达38℃情况下，将车停靠于南汇惠南镇人员密集区域，致使一支气瓶爆裂，共有108人到医院医治，其中2人中度中毒，5人轻度中毒，社会影响严重。

为确保气瓶在运输中的安全，气瓶的运输单位，应根据有关规程、规范，按气体性质，制定相应的运输管理制度和安全操作规程，并对运输、装卸气瓶的人员进行专业的安全技术教育，气瓶运输应注意以下事项：

（1）装运气瓶的车辆应有"危险品"的安全标志；

（2）气瓶必须配戴好气瓶帽、防震圈，当装有减压器时应拆下，气瓶帽要拧紧，防止摔断瓶阀造成事故；

（3）气瓶应直立向上装在车上，妥善固定，防止倾斜、摔倒或跌落，车厢高度应在瓶高的三分之二以上；

（4）运输气瓶的车辆停靠时，驾驶员与押运人员不得同时离开。运输气瓶的车不得在繁华市区、人员密集区附近停靠；

（5）运输可燃气体气瓶的车辆必须备有灭火器材；

（6）运输有毒气体气瓶的车辆必须备有防毒面具；

（7）夏季运输时应有遮阳设施，适当覆盖，避免暴晒；

（8）所装介质接触能引燃爆炸，产生毒气的气瓶，不得同车运输；

（9）易燃品、油脂和带有油污的物品，不得与氧气瓶或强氧化剂气瓶同车运输；

（10）车辆上除司机、押运人员外，严禁无关人员搭乘；

（11）司乘人员严禁吸烟或携带火种。

气瓶搬运需注意以下事项：

（1）搬运气瓶时，要旋紧瓶帽，以直立向上的位置来移动，注意轻装轻卸，禁止从瓶帽处提升气瓶；

（2）近距离（5m内）移动气瓶，应手扶瓶肩转动瓶底，并且要使用手套。移动距离较远时，应使用专用小车搬运，特殊情况下可采用适当的安全方式搬运；

（3）禁止用身体搬运高度超过1.5m的气瓶到手推车或专用吊篮等里面，可采用手扶瓶肩转动瓶底的滚动方式；

（4）卸车时应在气瓶落地点铺上软垫或橡胶皮垫，逐个卸车，严禁溜放；

（5）装卸氧气瓶时，工作服、手套和装卸工具、机具上不得粘有油脂；

（6）提升气瓶时，应使用专用吊篮或装物架。不得使用钢丝绳或链条吊索，严禁使用电磁起重机和链绳；

（7）ENPAC的全塑型气瓶推车功能更强大、操作性更好、平衡性更好，气瓶的搬上搬下十分轻松，运动起来十分省力。停止时，可以作为气瓶放置和固定架使用，无倾倒之忧。全塑型气瓶推车不产生摩擦火花，车身在任何恶劣天气下，不会腐蚀，不产生噪声。质轻，耐用，不费力；

（8）单气瓶推车放置的气瓶直径从8厘米到31厘米，可以放置一个最常见的气瓶和乙炔气瓶。全路况单气瓶推车车轮是高性能橡胶车轮，噪声小，适合在任何路面行走，耐用；

（9）ENPAC双气瓶推车具有单气瓶推车的所有优点，尤其不会产生电火花！非常适合运送安全性差的气体。42厘米的充气车轮可以保证在任何地面操作性、运动性最好。92厘米长的内置杂物盘可以盛放各种工具、阀门和手电筒等。

2. 气瓶的储存

由于气瓶所盛装的气体品种多、性质复杂，具有不同程度的爆炸、可燃、助燃、毒害和腐蚀等危险性，因此盛装了气体的气瓶在储存过程中受到强烈的振动、撞击或接近火源、受阳光暴晒、雨淋水浸、储存时间过长、温湿度变化的影响就会引起爆炸、燃烧，造成人身伤亡的事故。所以，气瓶的储存单位，应重视气瓶的储存管理，并应遵守下列基本要求：

（1）气瓶宜存储在室外带遮阳、雨篷的场所；

（2）存储在室内时，建筑物应符合有关标准要求；

（3）气瓶存储室不得设在地下室或半地下室，也不能和办公室或休息室设在一起；

（4）存储场所应通风、干燥，防止雨（雪）淋、水浸、避免阳光直射；

（5）严禁明火和其他热源，不得有地沟、暗道和底部通风孔，并且严禁任何管线穿过；

（6）存储可燃、爆炸性气体气瓶的库房内照明设备必须防爆，电器开关和熔断器都应设置在库房外，同时应设避雷装置；

（7）禁止将气瓶放置到可能导电的地方；

（8）气瓶应分类存储：空瓶和满瓶分开、氧气或其他氧化性气体与燃料气瓶和其他易燃材料分开；

（9）易燃气体气瓶储存场所的15m范围以内，禁止吸烟、从事明火和生成火花的工作，并设置相应的警示标志；

（10）使用氢气瓶的现场，氢气的存储不得超过30立方（相当5瓶，指公称容积为40L的乙炔瓶）。氢气的储存量超过30立方时，应用非燃烧材料隔离出单独的储存间，其中一面应为固定墙壁；

（11）氢气的储存量超过240立方（相当40瓶）时，应建造耐火等级不低于二级的存储仓库，与建筑物的防火间距不应小于10m，否则应以防火墙隔开；

（12）气瓶应直立存储，用栏杆或支架加以固定或扎牢，禁止利用气瓶的瓶阀或头部来固定气瓶；

（13）支架或扎牢应采用阻燃的材料，同时应保护气瓶的底部免受腐蚀；

（14）气瓶（包括空瓶）存储时应将瓶阀关闭，卸下减压器，戴上并旋紧气瓶帽，整齐排放；

（15）盛装不宜长期存放或限期存放气体的气瓶，如氯乙烯、氯化氢、甲醚等气瓶，均应注明存放期限；

（16）盛装容易发生聚合反应或分解反应气体的气瓶，如乙炔气瓶，必须规定存储期限，根据气体的性质控制储存点的最高温度，并应避开放射源；

（17）气瓶存放到期后，应及时处理；

（18）气瓶在室内存储期间，特别是在夏季，应定期测试存储场所的温度和湿度，并做好记录；

（19）存储场所最高允许温度应根据盛装气体性质而确定，储存场所的相对湿度应控制在80%以下；

（20）存储毒性气体或可燃性气体气瓶的室内储存场所，必须监测储存点空气中毒性气体或可燃性气体的浓度；

（21）如果浓度超标，应强制换气或通风，并查明危险气体浓度超标的原因，采取整改措施；

（22）如果气瓶漏气，首先应根据气体性质做好相应的人体保护；

（23）在保证安全的前提下，关闭瓶阀，如果瓶阀失控或漏气点不在瓶阀上，应采取相应紧急处理措施；

（24）应定期对存储场所的用电设备、通风设备、气瓶搬运工具和栅栏、防火和防毒器具进行检查，发现问题及时处理。

10.2　移动式容器

随着工业社会的发展，对石油天然气产品依赖逐步加强，其产品的多样性丰富了市场上物资的需要，随之带来石油天然气产品的分类更加细化，包括甲烷、丙烷、丁烷、戊烷、稳定轻烃、液化石油气等，对这些产品的充装和运输也提出了专业管理技术要求。近几年来随着经济的发展，对液化气体需求越来越多，移动式压力容器数量逐年增加。

移动式压力容器包括汽车罐车、铁路罐车、罐式集装箱和长管拖车。其运输的对象是最高工作压力大于等于0.1MPa、设计温度不高于50℃的液化气体、低温液体，所用的储运容器是钢制罐体。

移动式压力容器是一种运输装备，主要是由压力容器罐体或钢制无缝瓶式压力容器连接而成的，有罐式和瓶式两种，容器之间与走行装置或框架之间的连接是永久性的。

10.2.1 常温液化气体汽车罐车

1. 罐车的结构

常温液化气体汽车罐车由汽车和储液罐构成。其结构包括承载行驶部分、储运容器、装卸系统与安全附件等。最常见的液化气体罐车是液氨罐车和液化石油气罐车。

储运容器是一个承受内压的卧式圆筒形钢制焊接压力容器，一般称为罐体。罐体能够在规定的设计温度及相应的设计压力下储运液化气体并保证安全可靠。在罐体上设有液相和气相进出口并配置操作阀门，可以进行正常装卸作业。并设置了紧急切断装置、安全阀、压力表、液位计、温度计等，以保证罐车的运输、装卸作业的安全可靠和正常运行。

罐体上还设有人孔，以便于制造和检修过程中人员的出入。罐体内部设置防波隔板，以减轻运行过程中液体介质对罐体的冲击，增加罐体运行的稳定性。大型罐车罐体上还设置有排污孔或排污阀接孔。

装卸系统包括：装卸阀门即液相及气相进出阀门、放残阀、快速接头及装卸软管、阀门箱及手摇油泵等。

安全附件包括紧急切断装置、安全阀、压力表、液位计、温度计等，此外还设置有消除静电装置及消防器材等。

（1）固定式汽车罐车

固定式汽车罐车又称单车固定式汽车罐车，通常是指储液罐永久性地牢固固定在载重汽车的底盘梁上，使储液罐与汽车底盘成为一个整体，能够经受运输过程中的剧烈振动，再配备设置完善的装卸系统和安全附件，构成了一辆运输液化石油气的专用车辆，其结构如图10-5所示。由于罐体与汽车纵梁是采用永久性连接，结构固定，耐剧烈振动，整车的运输比较稳定，且比较灵活，具有较高的安全行车速度，但单车装载量较小。

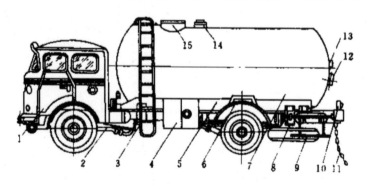

图10-5 SD450Y型液化石油气汽车槽车

1-驾驶室；2-气路系统；3-梯子；4-阀门箱；5-支架；6-挡泥板；7-罐体；

8-固定架；9-围栏；10-后保险杠尾灯；11-接地链；12-旋转式液面计；13-名牌；

14-内装式安全阀；15-人孔

（2）半挂式汽车罐车

半挂式汽车罐车又称拖挂式汽车罐车，这种罐车是将罐体固定在拖挂式汽车底架上，见图10-6。这种罐车充分发挥了牵引车和走行装置的负载能力，又不受底架尺寸的影响，因而具有装载能力大，稳定性能好的优点。但由于半挂式汽车罐车一般车身较长，整体灵活性差，往往还有受公路条件的限制。

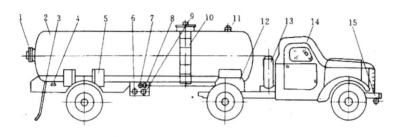

图10-6 解放牌改装半拖挂式液化石油气汽车罐车

1-人孔，液位计；2-罐体；3-接地链；4-排污管；5-后支座；6-液相管；7-温度计；

8-压力表；9-气相管；10-梯子；11-安全阀；12-前支座；13-备用胎；14-驾驶室；15-消音器

（3）活动式汽车罐车

活动式汽车罐车是把活动罐用可拆卸的固定装置安装在汽车车厢上，加配一些安全附件而组成，见图10-7。这种罐车在需要运输时可以通过螺栓或钢索等将罐体固定在卡车厢内，运输完毕后，又可以把罐体拆卸下来，当作地面储罐使用，而卡车也可以从事其他运输工作。因此，活动式汽车罐车又具有一车多用的特点。

但由于活动式汽车罐车的活动罐重心和尺寸受载重汽车车厢底部高度及车厢尺寸的限制，与同类固定式汽车罐车相比，装卸能力小，重心高，稳定性差，汽车速度慢，运费高。另外，这种罐车也不便于操作与管理。

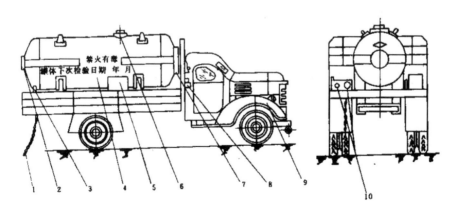

图10-7 活动式液氨汽车罐车

1-接地链；2-液位计；3-事故手柄；4-罐体；5-阀门箱；6-安全阀；7-人；

8-干粉灭火器；9-汽车；10-装卸软管

2. 设计要求

（1）罐体与底盘的连接结构和固定装置必须牢固可靠，必须满足运输要求，并能承受重力加速度的振动和冲击，罐体纵向中心平面与底盘纵向中心平面应重合，汽车罐体应符合GB7258《机动车运行安全技术条件》的有关规定。

（2）罐体应为钢制焊接结构，其结构设计应符合GB150的有关规定。筒体上的纵、环焊缝和封头上的拼接焊缝必须采用全焊透对接型式，且不得有永久性垫板。人孔、接管、凸缘等处的角焊缝应采用全焊透结构。

（3）罐体上应至少设置一个公称直径不小于400mm的人孔，至少设置一根液相管和一根气相管，罐内应设置防波板，每个防波板的有效面积应大于罐体横断面积的40%，防波板的安装位置，应使上部弓形面积小于罐体横断面积的20%。防波板与罐体的联接应采取牢固的结构，防止产生裂纹和脱落。每个防波段容积一般不大于3m³。

（4）强度计算和外压稳定性校核时，采用规则设计的应符合GB/T150.3的规定，采用分析设计的应符合JB4732的规定。

（5）当罐体强度按GB/T150.3计算时，局部应力分析可按JB4732的规定进行。

（6）低温型汽车罐车的罐体允许不开设人孔和不设置防波板，罐体一端的封头与筒节连接199的环向接头可采取永久性垫板。

（7）对于易燃、易爆、毒性为中度、高度介质的罐体，应设置符合要求的必要的安全附件以及装卸阀门等，且应集中布置，并设防护装置。

（8）罐体表面颜色、色带、字色、字样和标志应符合相应的规定。

3. 最大充装量

根据《液化气体汽车罐车安全监察规程》每辆槽车规定了所允许充装的介质和允许的最大充装量。一般情况下，槽车允许的最大充装重量不得超过按下式计算所得之数值：

$$W = \phi V$$

式中：W—槽车许的最大充装重量，kg；ϕ—单位容积充装重量，t/m³；V—罐体实测容积，m³。

表10-9 常见介质的设计压力、腐蚀裕量、单位容积充装重量

介质种类	设计压力（MPa）	罐体腐蚀裕量（mm）	单位容积充装重量 Φ（t/m³）
液氨	2.16	≥ 2	0.52
液氯	1.62	≥ 4	1.2
液态二氧化硫	0.98	≥ 4	1.2
丙烯	2.16	≥ 1	0.43
丙烷	1.77	≥ 1	0.42
液化50℃饱和蒸汽压大于1.62MPa	2.16	≥ 1	0.42
石油气其余情况	1.77	≥ 1	0.42

介质种类	设计压力（MPa）	罐体腐蚀裕量（mm）	单位容积充装重量 Φ（t/m³）
正丁烷	0.79	≥1	0.51
异丁烷	0.79	≥1	0.49
丁烯、异丁烯	0.79	≥1	0.50
丁二烯	0.79	≥1	0.55

4. 安全装置

常温液化气体汽车罐车的安全附件包括安全阀、爆破片、压力表、液面计、温度计、紧急切断装置、导静电装置等。罐车的各种安全装置和附件必须齐全、灵敏、安全、可靠；各种漆色和标志应明晰、无损。

（1）安全阀

汽车罐车顶部气相空间必须设有一个以上内装式弹簧安全阀，如NA42F-25型，其排放气体应在罐体上方。槽车的安全阀必须设计成全启式。安全阀的开启高度与阀座喉部直径之比应不小于1/4。安全阀的弹簧应能耐介质腐蚀。安全阀露出罐外部分的高度不得超过150mm，并应加以保护。

安全阀的开启压力应高于罐体设计压力，但不得超过罐体设计压力的1.10倍。其全开压力，不得高于罐体设计压力的1.20倍；回座压力应不低于开启压力的0.8倍。

安全阀的设计必须考虑发生火灾和罐内压力出现异常情况下，均能迅速排放。安全阀的排放能力应不低于按下式计算所得之数值。

罐体的安全泄放量按式10-6计算：

$$G = 1.55 \times 10^5 A^{0.82} \frac{F}{r} \qquad \text{式10-6}$$

式中：G —罐体的安全泄放量，kg/h；

　　　F —与压力容器所在位置有关的系数。对于地面上的罐车，$F=1.0$；

　　　r —安全阀在额定排放压力时，液化气体的汽化潜热，kJ/kg。

　　　A —罐体的表面积，m²；对于半球形封头的罐体，$A_r = 3.14 D_0 L$；

对于椭圆形封头的罐体，$3.14(0.3)A_r = D_0 L + D_0$

　　　D_0 —罐体外静，m；

　　　L —罐体总长，m。

安全阀的安全泄放量按式（10-7）计算：

$$G' = 7.6 \times 10^{-2} C_0 X P A \left(\frac{M}{ZT} \right)^{1/2} \qquad \text{式10-7}$$

式中：G' —安全阀的排放能力，kg/h；

　　　A' —安全阀的最小排气截面积，mm²；$A' = 0.25 \quad d_1^2$

　　　d_1 —安全阀座口径，mm；

X—标准状态下介质的特性参数，可按有关标准规定选取；

C_0—额定泄放系数，取0.9倍泄放系数。通常由安全阀制造厂提供，无法确定时，取0.6～0.7；

P—安全阀进口处的排放压力（绝压），取1.1P+0.1。其中P为罐体设计压力，MPa；

M—气体的摩尔质量，kg/mol；

T—额定排放压力下，饱和气体的绝对温度，K；

Z—额定排放压力下，饱和气体的压缩系数，无法确定时取1。

在安装多个安全阀的情况下，其排放能力为各个安全阀排放能力之和。

（2）紧急切断装置

为了防止罐车在装卸过程中因管道断裂、接头脱落等造成事故，罐车在罐体的液相管和气相管等主要接管口处均必须装设一套内置式紧急切断装置。紧急切断装置包括紧急切断阀、远控系统以及易熔塞自动切断装置。在装卸罐车时，用手摇泵使油路系统升压，开启紧急切断阀。装卸结束后，使用手摇泵卸压手柄泄压，关闭紧急切断阀，随即将球阀关闭。皮囊蓄能器作用是稳定油压系统的作用。紧急切断系统中设有四个易熔塞，分别装在三个紧急切断阀及拉阀上。

紧急切断装置要求动作灵活、性能可靠、便于检修。紧急切断阀自始闭起，应在10秒钟内确实闭止。油压式或气压式紧急切断阀应保证在工作压力下全开，并持续放置48小时不致引起然闭止。

紧急切断装置的作用是：

①当罐车的装卸球阀发生故障无法控制时，可用紧急切断阀关闭止漏。

②装卸作业过程中，如出现火灾或管道破裂等意外事故，当操作人员无法靠近去关闭装卸阀门时，可以通过远控操纵系统关闭紧急切断阀，制止继续泄漏。

③装卸作业时如发生大面积火灾，操作人员无法靠近罐车关闭阀门止漏时，紧急切断系统中设置有易熔断关闭装置，装置中的易熔合金会因火焰烘烤而熔化（易熔塞的易熔合金熔融温度为70±5℃），自动关闭紧急切断阀而制止泄漏。

④罐车使用过程中，如果管路和阀门的严重损坏（如撞击或交通事故）发生瞬时间大202量液化气外流，操作人员来不及或无法控制时，紧急切断阀内的过流，切断装置在高速液流的作用下，能自动关闭通路止泄。

紧急切断阀的结构类型：根据内置式紧急切断阀的结构和功能不同，紧急切断阀可分为有过流关闭功能的紧急切断阀和无过流关闭功能的紧急切断阀两种。

根据操作系统牵引方式的不同，紧急切断阀又可分为机械牵引式、油压操纵式、气压式和电动式四种。

紧急切断阀应满足如下要求：具有足够的强度和密封性；具有良好的使用性能，操作方便；具有良好的抗震性能；具有足够的寿命。

（3）液位计

罐车罐体至少必须设有一套液面测量装置，如YWJ25-A型旋转管式液位计。液位计主要是用来控制槽车的充装量以保证槽车不超装超载。

罐车液面计需要满足下面的基本要求：①测量装置必须灵敏，具有足够的精度，观测方便；②耐压、密封性能良好、安全可靠；③有牢固的结构；④耐介质腐蚀。

（4）压力表和温度计

罐车罐体上至少必须设有一套压力表（包括阀门），如Y-100T型压力表，其精度等级应不低于1.5级。表盘的刻度极限值应为罐体设计压力的2倍左右，并在对应于介质温度40℃和50℃时的饱和蒸汽压处涂以红色标记，以提醒操作者当指针接近此处时应采取措施降压。

罐车在充装与运输过程汇总，由于温度对罐体内压力的升降具有决定作用，对温度的控制较压力更严格。罐车罐体必须设有一套温度测量装置，以测量介质的液相温度。测量范围应为 – 40℃ ~ + 60℃，如WTQ-280型，通过温度计连接管将其安装在阀门箱内，并应在40℃和50℃处涂以红色标记，以提醒操作者当指针接近此处时应采取措施降温。

（5）消除静电装置与消防装置

高速运动的液化石油气（如流速过大、泄漏时的高速喷射等）由于摩擦作用，将会产生数千伏甚至上万伏的静电电压。如果不及时消除，有可能引起石油气火灾酿成大祸。因此罐车必须装设可靠的静电接地装置。

罐车的消静电装置，应保证罐体、法兰、管道和阀门等各部分全部接地。法兰之间的连接应加导电片；罐车罐体与底盘应以螺栓连接而不应绝缘，底盘上应装设接地链与地面接触；在装卸作业前还需将设置在阀门箱内的接地导线与作业现场的接地栓相接通，或把罐车上的通地导线插头接地。罐车进入装卸罐内，其接地链应该提起。

由于液化石油气易燃、易爆，在装卸、运输时的流速、飞溅、冲击等均能产生大量的静电，为了避免发生事故，罐车上应按规定配置消防装置和器材。

10.2.2 常温液化气体铁路罐车

目前应用的主要是1435mm的标准轨距运输液化气体的新造四轴铁道罐车，设计压力为0.8 ~ 2.2MPa，设计温度为50℃，容积大于30m³。储运的液化气体包括：液氨、液氯、液态二氧化硫、丙烯、丙烷、丁烯、丁烷、丁二烯及液化石油气（指丙烯、丙烷、丁烯、丁烷、丁二烯中两种或两种以上混合物）。

1. 一般结构

铁路罐车由底架、罐体、装卸阀件、紧急切断装置、安全阀以及遮阳罩、操作台、支座等附件组成。铁路罐车与液化气体汽车罐车相近。结构方面一个大的不同点的是铁路罐车采用上装上卸方式，全部装卸阀件及检测仪表均设置在人孔盖上，并且设置护罩进行保护。罐体的装卸口（气相口、液相口）应由三道相互独立并且串联在一起的装置组成，切断装置，第二道是装卸阀门，第三道是在装卸口处设置的盲法兰或等效的装置，且应有能防止意外打开的功能。

2. 罐体

铁路罐车罐体用碳素钢或低合金钢钢材，常温下的屈服强度标准值应不大于460MPa，抗拉强度上限标准值应不大于725MPa，且能适应罐车在运输、使用中所遇到的环境条件。

表10-10 碳素钢或低合金钢、钢管和钢锻件的夏比冲击吸收能量

钢材标准抗拉强度下限值 Rm/MPa	3个标准试样夏比冲击吸收能量平均值 KV2/J
≤ 510	≥ 27
> 510~570	≥ 34
> 570~630	≥ 38（且侧向膨胀量 LE ≥ 0.53mm）
对 Rm 随厚度增大而降低的钢材，按该钢材最小厚度范围的 Rm 确定夏比冲击吸收能量指标。	

罐体外压载荷按下列要求确定：（1）一般不小于0.04MPa外压；（2）在制造、运输、装卸、检验试验、使用或其他工况中，可能承受大于0.04 MPa外压的，应按最大可能的外压进行稳定性校核，无法确定时，应按0.1MPa外压进行稳定性校核；（3）设有外夹套结构的罐体，按所有可能出现工况中的最大内、外压差进行外压稳定性校核。

3. 安全附件、仪表及装卸阀门

安全附件包括安全泄放装置、紧急切断装置等。仪表包括压力表、液位计和温度计等。装卸附件为装卸阀门。罐体在耐压试验合格后方可进行安全附件、仪表及装卸附件的安装，安全附件、装卸阀门与罐体不应采用螺纹连接形式，其他附件与罐体或管路的连接方式可采用法兰、螺纹或焊接结构。紧急切断装置的操纵装置、压力表、温度计和装卸阀门等附件应集中布置，应设有防护装置，防止相关附件被意外开启。

（1）安全泄放装置。罐车应设置一个或多个安全泄放装置，不应单独设置不可复位类安全泄放装置，或不可复位类安全泄放装置与安全阀的并联。安全泄放装置中选用全启式弹簧安全阀或全启式弹簧安全阀与爆破片的组合装置。在设计上应能防止任何异物的进入和防止液体的渗出，且能承受罐体内的压力、可能出现的危险超压及包括液体流动力在内的动态载荷。安全阀与罐体之间不设置过渡连接阀门。安全泄放装置的设置应符合下列规定：①应安装在罐体的顶部，尽量铅直安装；②安全泄放装置的入口应设置在罐体液面以上的气相空间；③气体的排放应畅通无阻，排放口朝向与水平线夹角应大于0°，且不应指向罐体和操作位置。罐体安全泄放装置单独采用安全阀时，安全阀的整定压力应为罐体设计压力的1.05倍 ~ 1.10倍，额定排放压力应不大于罐体设计压力的1.20倍，回座压力应不小于整定压力的0.90倍。

（2）紧急切断装置。紧急切断装置由紧急切断阀、远程控制系统、过流控制阀以及易熔合金塞等装置组成。紧急切断阀应符合GB/T22653的规定，且动作灵活、性能可靠、便于检修。紧急切断阀阀体一般不采用铸铁或非金属材料制造。罐体的装卸口处的紧急切

断阀在非装卸时紧急切断阀处于闭合状态，能防止因冲击或意外动作所致的打开。紧急切断阀内置，其安装凸缘直接与罐体相焊，紧急切断阀不兼作他用。远程控制系统的关闭操作装置装在人员易于到达的位置。

（3）仪表。仪表直接与罐内介质连通的仪表不应采用易碎、易损材料制造。仪表应灵敏、可靠，并有足够的精度和牢固的结构。仪表露出罐体外的部分应设置能防止受到意外撞击的保护装置。

①压力表。罐体应至少装设一只压力表，符合相应国家标准或行业标准要求的抗震压力表，精度不低于1.6级，表盘刻度的极限值应为工作压力的1.5倍~3.0倍，直径不小于100mm。压力表的装设位置应便于操作人员观察和清洗，且避免受到辐射热、冻结或震动等不利因素的影响。压力表和罐体之间应装设切断阀，且切断阀应有开启标记和锁紧装置。充装腐蚀性介质用压力表，应采用隔膜式压力表或在压力表和罐体之间装设能隔离介质的缓冲装置。压力表校验后应加铅封。

②液位计。罐车应至少设置一个液位计，液位计根据充装介质、设计压力和设计温度等设计参数正确选用，可采用磁力浮球式液位计。液位计应灵敏准确、结构牢固、观察使用方便，精度等级不低于2.5级。当毒性程度为中度危害或中度危害介质以上介质，且设有液位计时，设置防止泄漏的密封式保护装置。液位计应设置在便于观察和操作的位置，其允许的最高安全液位应有明显的标记。液位计应有液面指示刻度与容积的对应关系，且附有不同温度下，介质密度、压力和体积对照表。

③温度计。罐体应至少设置一个温度计，测量范围应与介质的工作温度相适应，并在设计温度处涂以红色警戒标记，测温元件应到达介质液相且与介质不直接接触。

（4）装卸阀门。装卸阀门的公称压力不小于罐体的设计压力，其阀体的耐压试验压力为阀体公称压力的1.5倍。装卸阀门应在全开和全闭工作状态下进行气密性试验合格。阀体不选用铸铁或非金属材料制造。手动阀门应在阀门承受气密性试验压力下全开、全闭操作自如，并且不得感到有异常阻力、空转等。

4. 罐车附属设施

罐车应设有外扶梯，车顶操作平台及安全护栏，操作平台应有足够的操作空间。罐体内应设有方便检修操作人员进入的内梯。罐车上可拆卸的阀盖、人孔罩盖等附件应设置防止丢失的安全链和防止意外开启或拆卸的防护装置。罐车上人孔罩盖及需引出或穿过人孔保护罩的管路与人孔保护罩之间应设置橡胶垫。

10.2.3　低温液化气体罐车

1. 结构设计

在低温工程中，把低于123K的温度范围划为低温领域，因此所谓低温液化气体罐车即指工作温度在123K以下，储存介质为上述永久气体的罐车。

目前国产常见的低温铁路罐车，大多是罐体工作压力不大于1.6MPa的液氮、液氧、液氢铁路罐车。罐体由双层壳体构成，内胆多用不锈钢、铝合金制成，外壳多用碳钢，采用真空粉末绝热为多。

2.绝热类型

低温液化气体罐车的质量和性能的关键在于特定的结构设计和绝热性能，良好的绝热性能是保证长时间无损耗运行的关键。

低温绝热一般分成非真空绝热和真空绝热两大类型。非真空绝热也称普通堆积绝热，在需要绝热的表面上装填或包覆一定厚度的绝热材料，以达到绝热的目的；而真空绝热系在绝热空间保持一定的真空度的一种绝热型式。真空绝热又分成高真空绝热、真空多孔绝热（含微球绝热）、高真空多层绝热和多屏绝热等几种类型。

（1）普通堆积绝热在天然气液化与贮存装置、空气液化与分离等各种设备及管道中广泛地应用，在一些特大的液质贮槽及试验设备也采用普通堆积绝热。常用的堆积绝热材料有固体泡沫型、粉末型及纤维型等。普通堆积绝热中的热传导主要是指固体传导和气体传导。为了减少固体导热，普通堆积绝热应尽可能选用密度小的绝热材料，如常用的膨胀珍珠岩（又名珠光砂）、气凝胶、超细玻璃棉、聚苯乙烯、泡沫塑料等。

（2）高真空绝热亦称单纯真空绝热。一般要求在绝热空间保持1.33mPa以下压强的真空度，这样就可以消除气体的对流传热和绝大部分的残余气体导热，以达到良好的绝热效果。

（3）真空多孔绝热是在绝热空间充填多孔性绝热材料（粉末或纤维），再将绝热空间抽至一定真空度的一种绝热型式。

（4）多层绝热又称高真空多层绝热，它是一种在绝热空间中安置许多层平行于冷壁的辐射屏来大幅度减少辐射热而达到高效绝热之目的一种绝热结构。

（5）多屏绝热是一种多层防辐射屏与蒸汽冷却屏相结合的绝热结构。用不多的金属屏与冷蒸发气体逸出管相连接，利用冷蒸汽吸收的显热来冷却辐射屏、降低热屏的温度，抑制辐射热流，提高绝热效果。表10-11列出了罐车常用的几种绝热类型及其特点。其中真空粉末（或纤维）绝热和高真空多层绝热应用较多。

表10-11　低温液化气体罐车的绝热类型

类型		特点	
		有点	缺点
堆积绝热	泡沫型	成本低有一定的机械强度，不需要真空罩	热膨胀率大，热导率会随时间变化
	粉末式纤维型	成本低，易用于不规则形状，不会燃烧	需防潮层，粉末沉降易造成热导率增大
高真空绝热		易于对形状负载的表面绝热，预冷损失小，真空夹层可做的很小也不致影响绝热性能	需持久的高真空，边界表面的辐射率要小
真空多孔绝热		不需要太高的真空度，易于对形状复杂的表面绝热	振动负荷和反复热循环后易沉降压实，抽真空时必须设计滤网以防粉末进入抽真空系统

类型	特点	
	有点	缺点
高真空多层绝热	绝热性能优越，重量轻，与粉末绝热相比预冷损失小，稳定性好	费用较大，难以对复杂形状绝热，抽成高真空不易，抽真空工艺比较复杂
高真空多屏绝热	不需要太高的真空度，易于对形状复杂的表面绝热	仅对液氮或液氢罐体有显著效果，结构复杂，成本较高

3. 液体传输方式

低温液体罐车的输液方式有两种：压力传送（自增压输液）和泵送液体。

所谓压力传送是利用蒸发器汽化低温介质返回贮罐增压，借助压差挤压出低温液体。这种输液方式较简单，只需装配简单的管路和阀门，在国产罐车中应用较多。不足是：转注时间长；罐体设计压力高，罐车空载重量大，载液重量与整车重量的比例（重量利用系数）下降，导致运输效率降低。

泵送液体输液方式采用配置于车上的离心式低温液体泵泵送液体。优点是转注流量大，时间短。泵前压力要求低，无须消耗大量的液体进行增压，泵后压力高，可以适应各种压力规格的贮槽。

低温液体罐车贮存的是深冷液化气体，贮存的这些介质大都是易燃或助燃的，因此低温液体罐车的安全性设计至关重要，不安全的设计会带来严重的后果。

4. 安全附件

保证罐车安全有以下两个方面：防止超压和清除燃烧的可能性（禁火、禁油、消除静电）。为此，在罐车上设置有安全阀、爆破片等超压泄放装置。由于处理的是深冷液体，为了防止超压和便于维修，低温液体罐车往往采用双路安全系统。

低温型汽车罐车安全阀应按罐体绝热层被破坏，罐体的日蒸发损失量和汽化器的最大汽化能力两者中的较大值为其排放量。

低温型汽车罐车设置的爆破片装置在满足常温液化气体汽车罐车设置的爆破片装置要求外，爆破片装置的材料应与低温液体介质相容，在低温下应有良好的力学性能和冲击韧性。液氢、液氧汽车罐车爆破片的材料，应选用爆破后不产生 火花和金属碎片的材料。

10.2.4　长管拖车（集束气瓶）

长管拖车（Tube Trailer）是指在半挂车或集装框架内装有几只到十几只大型无缝气瓶的高压气体运输设备，通常用配管和阀门将气瓶连接在一起，并配有安全装置、压力表和温度计。其设计压力一般为15～30MPa，容积一般为500—26130L，长度为5～12m。在美国、加拿大及南美地区，所用的气瓶为符合美国运输部标准的DOT-3AAX或DOT-3T无缝气瓶。

1960年，美国CPI公司开发制造出了世界上第一辆长管拖车，由于这种设备具有高效灵活、安全可靠、使用维护方便等特点，因此，随着气体工业的发展被迅速推广使用。

1987年初，长管拖车被引进国内，并在近几年来得到越来越多的应用。

我国开始长管拖车气瓶的应用、研究和制造时间很短。还没有足够的技术和经验积累，没有形成成熟的法规标准体系，但考虑到长管拖车气瓶等大容积气瓶已是发展的趋势，2000年版《气瓶安全监察规程》对89年版第2条"适用范围"做了修改，公称容积适用范围改为0.4~3000L。显然长管拖车气瓶属于其监察范围，而《特种设备目录》（国质检锅[20041]31号）又将长管拖车气瓶归类为移动式压力容器，但没有具体规定的条款。

美国由于使用长管拖车有几十年，已形成了一整套比较完善的涉及气瓶设计、制造、检验、使用、定期检验及长管拖车安全管理的标准和法规。

1. 气瓶的设计DOT-3AAX气瓶是水容积超过454升且操作压力大于3.45MPa的钢制无缝气瓶，其设计标准美国联邦法规第49章（49CFR）17837节；DOT-3T气瓶是水容积超过454升且操作压力大于12.4MPa的钢制无缝气瓶，其设计标准为美国联邦法规。两种型号气瓶的设计公式都是基于最大主应变理论的巴赫公式，计算得到的最大主应力限制条件见表10-12，对瓶壁设计应力进行双重限制可以防止通过片面提高材料的抗拉强度来减小钢瓶的壁厚以降低重量。由于两种气瓶都比较长，在长管拖车上固定时仅靠两端支撑，气瓶的自重造成的弯曲在气瓶的底部形成轴向拉应力。另外，气瓶正常使用或水压试验状态下，工作压力或试验压力也在轴向形成拉应力。因此，标准还要求校核轴向拉应力，拉应力应当满足的条件见表10-12。另外，对两种气瓶用材料的化学成分、最终热处理后机械性能均有相应的要求，见表10-13，表10-14。

表10-12　最大主应力限制条件

气瓶类型	最大主应力限制条件	轴向拉应力限制条件
DOT-3AAX	≤ 0.67 σb 且 ≤ 482MPa（70000psi）	弯曲应力的两倍与水压试验压力引起的轴向拉应力之和不应超过材料最小屈服强度的80%
DOT-3T	≤ 0.67 σb 且 624MPa（90500psi）	

表10-13　气瓶用材料化学成分

气瓶类型	钢种	C ≤, %	s ≤, %	p ≤, %
DOT-3AAX	铬钼钢	0.25~0.35	0.04	0.04
	锰钢	0.4	0.05	0.04
DOT-3T		0.35~0.5	0.04	0.035

表10-14　气瓶用材料最终热处理后机械性能

气瓶类型	力学指标	其他要求
DOT-3AAX	延伸率 δ_5 > 20%	压扁试验： 压扁到6倍的壁厚时钢瓶不出现裂纹为合格
DOT-3T	延伸率 δ_5 > 16% 抗拉强度不能超过1069MPa；硬度 Rc 不能超过36	须按照 ASTM A-333-67 的要求进行夏比冲击试验。3个 10mm×10mm 试件在 -178℃下的试验平均值不能小于34.5J。1个试样的最小值不能低于27.7J。

2. 气瓶的充装

对钢瓶充装非液化压缩气体的规定是：3AAX钢瓶可以盛装空气、氩气、三氟化硼、一氧化碳、乙烷、乙烯、氦气、氢气、甲烷、氖气、氮气或氧气等十二种气体；3T钢瓶可以充装除氢气之外的十一种气体。另外，甲烷的纯度不能低于98％，且不含有腐蚀性的成分。如果需要充装标准规定之外或不满足标准规定的气体，可以向美国运输部危险品安全行政管理部门申请免除令或许可。

3. 关于超量充装的规定　美国联邦法规还规定，满足以下条件的3AAX和3T气瓶盛装非液化、非溶解、无毒并且非易燃的压缩气体时允许超出标记的工作压力10％进行充装：

（1）气瓶装有爆破片式的安全泄压装置（无易熔合金），并且爆破片的爆破压力不超过气瓶的水压试验压力；

（2）气瓶在制造检验或定期检验时利用水夹套外测法测定的弹性膨胀量合格；

（3）水压试验压力下的平均瓶壁应力和最大瓶壁应力不超过下表10-15中规定的极限值；

（4）气瓶在上次检验或定期检验时，外观检查和内部检查没有发现超标的腐蚀、凹坑或其他危险性的缺陷。

表10-15　平均瓶壁和最大瓶壁应力极限值

气瓶类型	平均瓶壁应力极限值，MPa	最大瓶壁应力极限值，MPa
3AAX	462	503
3T	600	648

4. 配管和安全装置

美国联邦法规规定3AAX和3T钢瓶只能水平安装在长管拖车或ISO集装管束内，以整体的形式使用；每只钢瓶必须在一端固定，另一端必须有允许钢瓶热胀冷缩的措施。钢瓶的阀门和安全泄压装置或其保护结构必须能够承受本身两倍重量的惯性力。盛装易燃气体的钢瓶，其安全泄压装置的排放口必须垂直向上，并且对气体的排放没有任何阻挡。

钢瓶上的配管也应满足相应部分的规定。例如，钢瓶盛装氢气、甲烷等气体时，每只钢瓶都应装配单独的瓶阀，这些阀门在运输过程中都必须关闭；从瓶阀上引出的支管必须有足够的韧性和挠度，以防对阀门造成破坏；每只钢瓶上都必须装配符合要求的安全泄压装置。

钢瓶上安全泄压装置的选型必须符合相应标准的要求，规定了安全阀、爆破片、易熔塞、易熔塞与爆破片的组合结构、安全阀和爆破片的组合装置等八种型式的安全泄压装置，并列出了对应每一种气体所允许选用的型式。

参考文献

[1] GB/T 13005-2011《气瓶术语》

[2] GB/T 16163-2012《瓶装气体分类》

[3] GB/T 33145-2016《大容积钢质无缝气瓶》

[4] GB/T 5099-1994《钢质无缝气瓶》

[5] GB/T 32566–2016《不锈钢焊接气瓶》

[6] GB/T 9251–2011《气瓶水压试验方法》

[7] GB/T 16918–2017《气瓶用爆破片安全装置》

[8] GB/T 33215–2016《气瓶安全泄压装置》

[9] GB/T 8337–2011《气瓶用易熔合金塞装置》

[10] GB/T 15382–2009《气瓶阀通用技术要求》

[11] GB 16804–2011《气瓶警示标签》

[12] GB/T 34525–2017《气瓶搬运、装卸、储存和使用安全规定》

[13] GB 7258《机动车运行安全技术条件》

[14] GB/T 10478–2017《液化气体铁路罐车》

[15] GB/T 5100–2020《钢质焊接气瓶》

第十一章　典型事故案例

11.1　江苏响水天嘉宜化工有限公司"3·21"特别重大爆炸事故

2019年3月21日14时48分许，位于江苏省盐城市响水县生态化工园区的天嘉宜化工有限公司发生特别重大爆炸事故，造成78人死亡、76人重伤，640人住院治疗，直接经济损失19.86亿元。

1. 事故经过

事故调查组调取了2019年3月21日现场有关视频，发现有5处视频记录了事故发生过程。

（1）"6#罐区"视频监控显示：14时45分35秒，旧固废库房顶中部冒出淡白烟，如图11-1所示。

图11-1　事故经过照片1

（2）"新固废库外南"视频监控显示：14时45分56秒，有烟气从旧固废库南门内由东向西向外扩散，并逐渐蔓延扩大，如图11-2所示。

图11-2　事故经过照片2

（3）"新固废库内南"视频监控显示：14时46分57秒，新固废库内作业人员发现火情，手提两个灭火器从仓库北门向南门跑去试图灭火，如图11-3所示。

图11-3　事故经过照片3

（4）"6#罐区"视频监控显示：14时47分03秒，旧固废库房顶南侧冒出较浓的黑烟，如图11-4所示。

图11-4 事故经过照片4

（5）"6#罐区"视频监控显示：14时47分11秒，旧固废库房顶中部被烧穿有明火出现，火势迅速扩大。14时48分44秒视频中断，判断为发生爆炸，如图11-5所示。

图11-5 事故经过照片5

从旧固废库房顶中部冒出淡白烟至发生爆炸历时3分9秒。根据现场破坏情况，将事故现场划分为事故中心区和爆炸波及区。事故中心区北至纬一路，南至大和路，西至江苏之江化工有限公司，东至301县道，面积约为0.5平方千米，如图11-6所示。爆炸形成了直径120米积水覆盖的圆形坑。排水后发现，爆炸形成以天嘉宜公司旧固废库硝化废料堆垛区为中心基准点，直径75米、深1.7米爆坑，如图11-7、8所示。

爆炸中心300米范围内的绝大多数化工生产装置、建构筑物被摧毁，造成重大人员伤亡。事故引发周边8处起火，包括天嘉宜公司储罐区3处，江苏华旭药业有限公司、响水富梅化工有限公司、响水县鲲鹏化工有限公司、江苏之江化工有限公司和盐城德力化工有限公司各1处起火，周边15家企业受损严重。爆炸冲击波造成周边建筑、门窗及玻璃不同程度受损，其中严重受损（建筑结构受损）区域面积约为14平方千米，中度受损（建筑外墙及门窗受损）区域面积约为48平方千米。由于爆炸冲击波作用，造成建筑物门窗玻璃受损，向东最远达14.7千米（响水县大有镇康庄村），向西最远达11.4千米（连云港市灌南县田楼镇佑心村），向南最远达10.5千米（响水县南河镇安宁村），向北最远达8.8千米（响水县陈家港镇蟒牛村、灌南县化工园区）。响水县、灌南县133家生产企业、2700多家商户受到波及，约4.4万户居民房屋门窗、玻璃等不同程度受损。

中国地震台网测得此次爆炸引发2.2级地震。经测算，此次事故爆炸总能量约为260吨TNT当量。事故共造成78人遇难，其中天嘉宜公司29人、之江化工16人、华旭药业10人、园区其他单位10人、周边群众7人、外地人员6人。事故还造成76人重伤，640人住院治疗。

2. 事故原因

（1）事故直接原因

事故调查组通过深入调查和综合分析认定，事故直接原因是：天嘉宜公司旧固废库内长期违法贮存的硝化废料持续积热升温导致自燃，燃烧引发硝化废料爆炸。

起火位置为天嘉宜公司旧固废库中部偏北堆放硝化废料部位。经对天嘉宜公司硝化废料取样进行燃烧实验，表明硝化废料在产生明火之前有白烟出现，燃烧过程中伴有固体颗粒燃烧物溅射，同时产生大量白色和黑色的烟雾，火焰呈黄红色。经与事故现场监控视频比对，事故初始阶段燃烧特征与硝化废料的燃烧特征相吻合，如图11-10所示，认定最初起火物质为旧固废库内堆放的硝化废料。事故调查组认定贮存在旧固废库内的硝化废料属于固体废物，经委托专业机构鉴定属于危险废物。

事故调查组通过调查逐一排除了其他起火原因，认定为硝化废料分解自燃起火。经对样品进行热安全性分析，硝化废料具有自分解特性，分解时释放热量，且分解速率随温度升高而加快。实验数据表明，绝热条件下，硝化废料的贮存时间越长，越容易发生自燃。天嘉宜公司旧固废库内贮存的硝化废料，最长贮存时间超过七年。在堆垛紧密、通风不良的情况下，长期堆积的硝化废料内部因热量累积，温度不断升高，当上升至自燃温度时发生自燃，火势迅速蔓延至整个堆垛，堆垛表面快速燃烧，内部温度快速升高，硝化废料剧烈分解发生爆炸，同时殉爆库房内的所有硝化废料，共计约600吨袋（1吨袋可装约1吨货物）。

（2）间接原因

①刻意瞒报硝化废料。违反《环境保护法》第四十二条第一款、《环境影响评价法》第二十四条，擅自改变硝化车间废水处置工艺，通过加装冷却釜冷凝析出废水中的硝化废料，未按规定重新报批环境影响评价文件，也未在项目验收时据实提供情况；违反《固体废物污染环境防治法》第三十二条，在明知硝化废料具有燃烧、爆炸、毒性等危险特性情况下，始终未向环保（生态环境）部门申报登记，甚至通过在旧固废库内硝化废料堆垛前摆放"硝化半成品"牌子、在硝化废料吨袋上贴"硝化粗品"标签的方式刻意隐瞒欺骗。据天嘉宜公司法定代表人陶在明、总经理张勤岳（企业实际控制人）、负责环保的副总经理杨钢等供述，硝化废料在2018年10月复产之前不贴"硝化粗品"标签，复产后为应付环保检查，张勤岳和杨钢要求贴上"硝化粗品"标签，在旧固废库硝化废料堆垛前摆放"硝化半成品"牌子，"其实还是公司产生的危险废物"。

②长期违法贮存硝化废料。天嘉宜公司苯二胺项目硝化工段投产以来，没有按照《国家危险废物名录》《危险废物鉴别标准》（GB5085.1-GB5085.6）对硝化废料进行鉴别、认定，没有按危险废物要求进行管理，而是将大量的硝化废料长期存放于不具备贮存条件的煤棚、固废仓库等场所，超时贮存问题严重，最长贮存时间甚至超过7年，严重违反《安全生产法》第三十六条、《固体废物污染环境防治法》第五十八条、原环保部和原卫生部联合下发的《关于进一步加强危险废物和医疗废物监管工作的意见》关于贮存危险废物不得超过一年的有关规定。

③违法处置固体废物。违反《环境保护法》第四十二条第四款、《固体废物污染环境防治法》第五十八条和《环境影响评价法》第二十七条，多次违法掩埋、转移固体废物，

偷排含硝化废料的废水。2014年以来，8次因违法处置固体废物被响水县环保局累计罚款95万元，其中：2014年10月因违法将固体废物埋入厂区内5处地点，受到行政处罚；2016年7月因将危险废物贮存在其他公司仓库造成环境污染，再次受到行政处罚。曾因非法偷运、偷埋危险废物124.18吨，被追究刑事责任。

④固废和废液焚烧项目长期违法运行。违反《环境保护法》第四十一条有关"三同时"的规定、《建设项目竣工环境保护验收管理办法》第十条，2016年8月，固废和废液焚烧项目建成投入使用，未按响水县环保局对该项目环评批复核定的范围，以调试、试生产名义长期违法焚烧硝化废料，每个月焚烧25天以上。至事故发生时固废和废液焚烧项目仍未通过响水县环保局验收。

⑤安全生产严重违法违规。在实际控制人犯罪判刑不具备担任主要负责人法定资质的情况下，让硝化车间主任挂名法定代表人，严重不诚信。违反《安全生产法》第二十四条、第二十五条，实际负责人未经考核合格，技术团队仅了解硝化废料着火、爆炸的危险特性，对大量硝化废料长期贮存引发爆炸的严重后果认知不够，不具备相应管理能力。安全生产管理混乱，在2017年因安全生产违法违规，3次受到响水县原安监局行政处罚。违反《安全生产法》第四十三条，公司内部安全检查弄虚作假，未实际检查就提前填写检查结果，3月21日下午爆炸事故已经发生，但重大危险源日常检查表中显示当晚7时30分检查结果为正常。

⑥违法未批先建问题突出。违反《城乡规划法》第四十条、《建筑法》第七条，2010年至2017年，在未取得规划许可、施工许可的情况下，擅自在厂区内开工建设包括固废仓库在内的6批工程。

11.1.3　事故教训

1. 企业主体责任不落实，诚信缺失和违法违规问题突出

天嘉宜公司主要负责人曾因环境污染罪被判刑，仍然实际操控企业。该企业自2011年投产以来，为节省处置费用，对固体废物基本都以偷埋、焚烧、隐瞒堆积等违法方式自行处理，仅于2018年底请固体废物处置公司处置了两批约480吨硝化废料和污泥，且假冒"萃取物"在环保部门登记备案；企业焚烧炉在2016年8月建成后未经验收，长期违法运行。一些环评和安评中介机构利欲熏心，出具虚假报告，替企业掩盖问题，成为企业违法违规的"帮凶"。对涉及生命安全的重点行业企业和评价机构，不能简单依靠诚信管理，要严格准入标准，严格加强监管，推动主体责任落实。

2. 对非法违法行为打击不力，监管执法宽松软

响水县环保部门曾对天嘉宜公司固体废物违法处置行为做出8次行政处罚，原安监部门也对该企业的其他违法行为处罚过多次，但都没有一查到底。这种以罚代改、一罚了之的做法，客观上纵容了企业违法行为。目前法律法规对企业严重不诚信、严重违法违规行为处罚偏轻，往往是事故发生后追责，对事前违法行为处罚力度不够，而且行政执法与刑

事司法衔接不紧，造成守法成本高、违法成本低，一些企业对长期违法习以为常，对法律几乎没有敬畏。

3. 化工园区发展无序，安全管理问题突出

江苏省现有化工园区54家，但省市县三级政府均没有制定出台专门的化工园区规划建设安全标准规范，大部分化工园区是市县审批设立，企业入园大多以投资额和创税为条件。涉事化工园区名为生态化工园，实际上引进了大量其他地方淘汰的安全条件差、高毒高污染企业，现有化工生产企业40家，涉及氯化、硝化企业25家，构成重大危险源企业26家，且产业链关联度低，也没有建设配套的危险废物处置设施，"先天不足、后天不补"，导致重大安全风险聚集。目前全国共有800余家化工园区（化工集中区），规划布局不合理、配套设施不健全、入园门槛低、安全隐患多、专业监管能力不足等问题比较普遍，已经形成系统性风险。

4. 安全监管水平不适应化工行业快速发展需要

我国化工行业多年保持高速发展态势，产业规模已居世界第一，但安全管理理念和技术水平还停留在初级阶段，不适应行业快速发展需求，这是导致近年来化工行业事故频繁发生的重要原因。监管执法制度化、标准化、信息化建设进展慢，安全生产法等法律法规亟须加大力度修订完善，化工园区建设等国家标准缺失，危险化学品生产经营信息化监管严重滞后，缺少运用大数据智能化监控企业违法行为的手段。危险化学品安全监管体制不健全、人才保障不足，缺乏有力的专职监管机构和专业执法队伍，专业监管能力不足问题非常突出，加上一些地区贯彻落实中央关于机构改革精神有偏差，简单把安监部门牌子换为应急管理部门，只增职能不增编，从领导班子到干部职工没有大的变化，使原本量少质弱的监管力量进一步削弱。国务院办公厅和江苏省2015年就明文规定到2018年安全生产监管执法专业人员配比达到75%，至今江苏省仅为40.4%，其他一些地区也有较大差距。2016年中共中央、国务院印发了《关于推进安全生产领域改革发展的意见》，提出加强危险化学品安全监管体制改革和力量建设，建立有力的协调联动机制，消除监管空白，但推动落实不够。

11.2 吉安市海洲医药化工有限公司"11·17"较大爆炸事故

2020年11月17日7时21分，位于吉安市井冈山经济技术开发区富滩产业园的吉安市海洲医药化工有限公司发生较大爆炸事故，造成3人死亡，直接经济损失1000余万元。

11.2.1 事故经过

2020年11月16日晚上8点左右，103车间班长夏香富带领班组人员接班；11月17日1时30分左右，R302釜完成常压蒸馏后，夏香富将物料转入R303釜继续减压蒸馏；6时50分左右，R303釜完成减压蒸馏，此时，釜内有200Kg左右的偶氮二甲酸二乙酯；7时10分左

右，夏香富、文名万、欧阳正英、龚上俊等四人去公司食堂吃早饭，车间还有员工颜成权（男，103车间主操工，已在事故中死亡）、杨兵兵（男，103车间工人，已在事故中死亡）、郭长赣（男，103车间工人，在事故中受伤）三人在103车间作业，之后，颜成权在R303釜旁观察釜内情况；7时21分41秒，R303釜发生爆炸。

第一次爆炸直接造成R303蒸馏釜碎裂，两名操作工死亡，车间厂房部分坍塌。在R303蒸馏釜发生爆炸后，产生的冲击波冲击了车间北面墙外用铁桶装的偶氮二甲酸二乙酯（有1200Kg左右成品），引发第二次爆炸。第二次爆炸造成103车间全部坍塌，北面墙体柱钢筋裸露，并以其为中心形成直径约5米的爆炸坑。第二次爆炸的飞出物砸中动力车间附近的欧阳永林（后因伤势过重不治身亡）。

103车间在事故中基本损毁，仅残余西面部分墙体，地面有较明显的两处炸坑，位于103车间东南角R303釜正下方的炸坑约长宽1米深0.3米，位于103车间北面墙体处炸坑约长宽5米深0.5米。103车间北面厂区围墙坍塌，北面厂区围墙外其他企业厂房部分受损，爆炸残片四处飞溅散落。103车间南面102车间受损较重，其厂房顶部基本坍塌，北面临近东面区域受损严重。103车间相邻105和106车间部分受损，厂区内其他建筑部分玻璃震毁。103车间西面设备受损较小，其位置保持且釜体完整，103车间其余反应釜均有不同程度受损，且位置散落。周边厂区和民房玻璃门窗受爆炸冲击波影响有不同程度受损，事故现场照片如图11-12和13所示。

7时29分，吉安市消防救援支队指挥中心接到报警后，出动化工专业处置队共6车、35名指战员赶赴现场处置。7时33分，位于富滩工业园区的井冈山经开区消防大队富滩中队到达现场，立即划定警戒区域，并出动2支灭火枪控制外围火势。7时50分，市消防救援队伍及装备陆续到达现场。8时30分，现场明火被扑灭。市消防支队调集3条搜救犬赶赴现场搜寻失联人员，开始在厂区车间外开展地毯式搜索；10时34分，在103车间西北角搜索到一名失联人员，已无生命体征。15时40分，搜救人员在外围发现失联人员部分零碎肢体，初步判断为另一名失联人员，并于16时30分移交公安部门做DNA鉴定核实确认失联人员身份。

井冈山经开区管委会和吉安市政府先后接到事故报告后相继启动应急预案，吉安市政府、井冈山经开区、青原区等市、区主要领导和分管领导及相关部门负责人第一时间赶赴事故现场，并成立了事故应急救援指挥部，组织开展救援工作。

现场救援结束后，事故应急救援指挥部组织有关专家认真分析、研判事故现场，研究制定了《厂区危险化学品处置方案》，督促指导经开区管委会对事故企业尚存的危险化学品进行了妥善处置，未发生次生事故和引发次生灾害。

11.2.2 事故原因

1. 直接原因

事发前，在R303蒸馏釜的上部充满二氯甲烷、偶氮二甲酸二乙酯等爆炸性混合气体，同时釜内还有温度较高的易爆性化合物偶氮二甲酸二乙酯液体，操作工在取样前操作时，本应先关真空阀，降温，再通入氮气置换内部气体，停止搅拌再放空；操作工未待R303降温、没有先通入氮气而是错误地先开放空阀，导致蒸馏釜中进入大量空气，使得蒸馏釜中爆炸性气体浓度达到了爆炸极限，在氧气、高热和易爆性化合物都存在的条件下发生了爆炸。

2.间接原因

（1）非法组织生产。在未取得危险化学品安全生产许可的情况下非法组织偶氮二甲酸二乙酯生产，违反《安全生产许可证条例》第二条；其安全生产许可证已于2020年10月19日过期，未及时办理延期手续，到期后继续从事生产，违反《安全生产许可证条例》第九条；未核实工艺的安全可靠性，未对偶氮化重点监管危险化工工艺进行反应安全风险评估；对相关物料性质及工艺危险性的认识严重不足。违反《安全生产法》第二十六条。

（2）生产工艺及装置未经正规设计。偶氮二甲酸二乙酯生产装置未按照《危险化学品建设项目安全监督管理办法》的要求取得安全设施"三同时"手续，也未委托专业机构进行工艺计算和施工图设计。在未采取重新校核、变更设计的情况下组织施工，安全设施不到位，无自动化控制系统、安全仪表系统、可燃和有毒气体泄漏报警系统等安全设施，工艺控制参数主要依靠人工识别，生产操作靠人工操作，不具备安全生产条件。

（3）操作人员资质不符合规定要求。偶氮化工艺作业属于《特种作业目录》9.18类，违反《安全生产法》第二十七条之规定，事故车间生产岗位上多名从事特种作业人员未持证上岗，且绝大部分操作工均为初中及以下文化水平，不符合国家对涉及"两重点一重大"装置的操作人员必须具有高中以上文化程度的强制要求，不能满足企业安全生产的要求。

（4）安全生产教育和培训不到位。违反《安全生产法》第四十一条，未按照规定对从业人员进行安全生产教育和培训，员工操作和安全培训不到位，培训时间不足，内容缺乏针对性，事故车间员工对本岗位生产过程中存在的安全风险认识不到位，对生产操作过程接触的物料成分、性质不了解，操作人员缺乏化工安全生产基本常识和操作技能。

（5）安全管理混乱。海洲医药公司安全生产责任制不落实，安全生产职责不清，规章制度不健全，未制定偶氮二甲酸二乙酯岗位安全操作规程，未认真组织开展安全隐患排查治理，风险管控措施缺失，对员工未按照作业要求操作检查不到位。偶氮二甲酸二乙酯是热敏性液体，对光、热和震动敏感，车间违规临时堆放偶氮二甲酸二乙酯在103车间北面铁皮棚内，不符合贮存要求，海洲医药公司未能及时排查消除隐患，导致引发第二次爆炸。

（6）刻意隐瞒用途申购剧毒化学品和易制爆化学品。违反《剧毒化学品购买和公路运输许可证件管理办法》第五条第一项，虚报用途：购买剧毒化学品氯甲酸乙酯用于生产叔丁基二甲基氯硅烷，购买易制爆化学品水合肼用于生产美海屈林萘二磺酸盐，购买易制爆化学品过氧化氢用于高浓度废水处理。实际上都是用于生产偶氮二甲酸二乙酯。

11.2.3 事故教训

为深刻汲取事故教训，举一反三，有效防范和决遏制生产安全事故发生，提出如下建议措施，防止再次发生类似事故。

1. 牢固树立安全发展理念

各县（市、区）尤其是井冈山经开区要牢固树立"两个至上"理念，深入贯彻落实习近平总书记关于安全生产的重要论述并落实到安全生产的各项工作中，时刻绷紧安全生产这根弦。要统筹好安全与发展，严格危险化学品企业安全准入。深刻吸取事故教训，举一反三，在各生产经营单位开展警示教育工作，督促企业认真吸取事故教训，落实安全生产主体责任，防止类似事故发生。

2. 抓实企业主体责任落实

各地各有关部门要督促企业进一步落实法定代表人、主要负责人、实际控制人的安全生产责任，切实加强化工过程安全管理，强化风险辨识和隐患排查治理。大力推进安全生产标准化建设，不断提升企业本质安全水平。进一步提升化工行业从业人员专业素质和技能，严格落实化工行业主要负责人、分管负责人、安全管理人员和关键岗位从业人员专业、学历、能力要求，并按规定配备化工相关专业注册安全工程师。

3. 深入开展打非治违专项整治

要深刻吸取此次事故暴露的部门之间信息共享不够、工作衔接不紧等问题，建立健全应急管理、公安、环保等部门信息共享、联合执法、协作配合、定期会商研判等工作机制，从企业原料购买、生产过程监管、"危废"处理等方面掌握企业非法违法生产信息，形成监管合力。各地、各部门要按照要求，进一步建立完善"政府统一领导、部门依法打击、企业自查自纠、社会广泛参与"的安全生产领域打非治违常态化工作机制，加大打非治违工作力度，严厉打击各类非法违法建设行为。

4. 切实提升危险化学品安全监管能力

各地各有关部门尤其是井冈山经开区要通过指导协调、监督检查、巡察考核等方式，推动有关部门严格落实危险化学品各环节安全生产监管责任。加强专业监管力量建设，健全安全生产执法体系，提高具有安全生产相关专业学历和实践经验的执法人员比例，确保监管力量能够满足监管任务需要。

5. 强化精细化工安全监管

各监管部门要将精细化工企业作为监管重点，涉及重大危险源和危险化工工艺的项目要从严审批。加快推进精细化工反应安全风险评估和自动化改造，相关在役装置要根据反应安全风险评估结果，补充和完善安全管控措施，及时审查和修订安全操作规程。

11.3　中国化工集团盛华化工公司"11·28"重大爆燃事故

2018年11月28日0时40分55秒，位于河北张家口望山循环经济示范园区的中国化工集团河北盛华化工有限公司氯乙烯泄漏扩散至厂外区域，遇火源发生爆燃，造成24人死亡（其中1人后期医治无效死亡）、21人受伤（4名轻伤人员康复出院），38辆大货车和12辆小型车损毁，截至2018年12月24日造成直接经济损失4148.8606万元，其他损失尚需最终核定。

11.3.1　事故经过

2018年11月27日23时，盛华化工公司聚氯乙烯车间氯乙烯工段丙班接班。班长李永军、精馏DCS（自动化控制技术中的集散控制系统）操作员袁秀霞、精馏巡检工郭智、张占文、转化岗DCS操作员孟亚平上岗。当班调度为侯亚平、冯涛，车间值班领导为副主任刘志启。接班后，袁秀霞在中控室盯岗操作，李永军在中控室查看转化及精馏数据，未见异常。从生产记录、DCS运行数据记录、监控录像及询问交、接班人员等情况综合分析，接班时生产无异常。

27日23时20分左右，郭智和张占文从中控室出来，直接到巡检室。

27日23时40分左右，李永军到冷冻机房检查未见异常，之后在冷冻机房用手机看视频。

28日0时36分53秒，DCS运行数据记录显示，压缩机入口压力降至0.05kPa。中控室视频显示，袁秀霞在之后3分钟内进行了操作；DCS运行数据记录显示，回流阀开度在约3分钟时间内由30%调整至80%。

28日0时39分19秒，DCS运行数据记录显示，气柜高度快速下降，袁秀霞用对讲机呼叫郭智，汇报气柜波动，通知其去检查。随后，袁秀霞用手机向李永军汇报气柜波动大。

李永军在0时41分左右，听见爆炸声，看见厂区南面起火，立即赶往中控室通知调度侯亚平。侯亚平电话请示生产运行总监郭朋强后，通知转化岗DCS操作员孟亚平启动紧急停车程序，孟亚平使用固定电话通知乙炔、烧碱和合成工段紧急停车，停止输气。

同时，李永军、郭智、张占文一起打开球罐区喷淋水，随后对氯乙烯打料泵房及周围进行灭火，在灭掉氯乙烯打料泵房及周围残火后，返回中控室。调取气柜东北角的监控视频（视频时间比北京时间慢7分2秒），显示1#氯乙烯气柜发生过大量泄漏；0时40分55秒观察到气柜南侧厂区外火光映入视频画面。事故现场如图11-14、15、16和17所示。

11.3.2　事故原因

1. 直接原因

盛华化工公司违反《气柜维护检修规程》（SHS01036-2004）第2.1条和《盛华化工公司低压湿式气柜维护检修规程》的规定，聚氯乙烯车间的1#氯乙烯气柜长期未按规定检修，事发前氯乙烯气柜卡顿、倾斜，开始泄漏，压缩机入口压力降低，操作人员没有及时发现气柜卡顿，仍然按照常规操作方式调大压缩机回流，进入气柜的气量加大，加之调大过快，氯乙烯冲破环形水封泄漏，向厂区外扩散，遇火源发生爆燃。

2.间接原因

（1）企业不重视安全生产。中国化工集团有限公司违反《安全生产法》第二十一条和《中央企业安全生产监督管理暂行办法》（国务院国有资产监督管理委员会令第21号）第七条的规定，未设置负责安全生产监督管理工作的独立职能部门，对下属企业长期存在的安全生产问题管理指导不力。新材料公司未设置负责安全生产监督管理工作的独立职能部门，对下属盛华化工公司主要负责人及部分重要部门负责人长期不在盛华化工公司，安全生产管理混乱、隐患排查治理不到位、安全管理缺失等问题失察失管。

（2）盛华化工公司安全管理混乱。违反《安全生产法》第二十二条的规定，主要负责人及重要部门负责人长期不在公司，劳动纪律涣散，员工在上班时间玩手机、脱岗、睡岗现象普遍存在，不能对生产装置实施有效监控；工艺管理形同虚设，操作规程过于简单，没有详细的操作步骤和调控要求，不具有操作性；操作记录流于形式，装置参数记录简单；设备设施管理缺失，违反《气柜维护检修规程》（SHS01036-2004）第2.1条和《盛华化工公司低压湿式气柜维护检修规程》的规定，气柜应1-2年中修，5-6年大修，至事故发生，投用6年未检修；违反《危险化学品重大危险源监督管理暂行规定》第十三条第（一）项的规定，安全仪表管理不规范，中控室经常关闭可燃、有毒气体报警声音，对各项报警习以为常，无法及时应对。

（3）盛华化工公司安全投入不足。违反《安全生产法》第二十条的规定，安全专项资金不能保证专款专用，检修需用的材料不能及时到位，腐蚀、渗漏的装置不能及时维修；安全防护装置、检测仪器、联锁装置等购置和维护资金得不到保障。

（4）盛华化工公司教育培训不到位。违反《安全生产法》第二十五条第一款的规定，安全教育培训走过场，生产操作技能培训不深入，部分操作人员岗位技能差，不了解工艺指标设定的意义，不清楚岗位安全风险，处理异常情况能力差。

（5）盛华化工公司风险管控能力不足。违反《河北省安全生产条例》第十九条②的规定，对高风险装置设施重视不够，风险管控措施不足，多数人员不了解氯乙烯气柜泄漏的应急救援预案，对环境改变带来的安全风险认识不够，意识淡薄，管控能力差。

（6）盛华化工公司应急处置能力差。违反《生产安全事故应急预案管理办法》第十二条③、三十条④的规定，应急预案如同虚设，应急演练流于形式，操作人员对装置异常工况处置不当，泄漏发生后，企业应对不及时、不科学，没有相应的应急响应能力。

（7）盛华化工公司生产组织机构设置不合理。盛华化工公司撤销了专门的生产技术部门、设备管理部门，相关管理职责不明确，职能弱化，专业技术管理差。

（8）盛华化工公司隐患排查治理不到位。违反《安全生产法》第三十八条第一款①的规定，未认真落实隐患排查治理制度，工作开展不到位、不彻底，同类型、重复性隐患长期存在，"大排查、大整治"攻坚行动落实不到位，致使上述问题不能及时发现并消除。

11.3.3　事故教训

1. 提高政治站位，进一步树牢安全发展理念。十八大以来，习近平总书记对安全生产工作作出一系列重要指示批示，强调发展决不能以牺牲人的生命为代价，这要作为一条不可逾越的红线。各级党委政府要深刻吸取事故教训，严格按照"党政同责、一岗双责、齐抓共管、失职追责"要求，压实各级安全生产责任，落实企业主体责任、地方党委政府属地责任以及部门监管责任，着力构建上下联动、左右协调、共同推进的工作格局。张家口市要充分利用创建安全生产示范城市的契机，加快调整产业结构，把安全生产与"转方式、调结构、促发展"紧密结合起来，通过产业调整，加快退出一批安全基础差、危险性大的企业，提升安全生产整体水平。

2. 加大执法力度，推动企业主体责任有效落实。持续开展大排查大整治攻坚行动，突出矿山、危化品、道路交通、建筑施工、油气管道、城乡燃气、消防、人员密集场所等行业领域，加强对大型企业集团的安全监管，把企业主要负责人履行安全生产法定职责作为重点检查内容。始终保持执法高压态势，坚决查处无规划、土地、环评、安评等法定手续或手续不全的非法企业，严厉打击"先上车后买票"的违法行为。特别对危险化学品行业，要严格按照"企业重点检查内容四十条"和"危险化学品企业重大隐患判定标准"从严检查。对查出的重大隐患和问题、典型违法违规行为，通过"黑名单"联合惩戒、媒体曝光、高限处罚等多种手段，提高企业违法成本，推动企业有效落实安全生产主体责任，坚决避免重特大安全事故发生。

3. 加强源头风险管控，严把危险化学品企业安全准入关口。一是全面清理整治危险化学品企业，制定实施危险化学品安全生产整治实施方案，深入开展危险化学品重点县提升指导攻坚行动，对安全生产不达标企业先停后治，对散乱污企业关停取缔，严把危险化学品企业准入关口。二是严格规范危险化学品产业布局，落实国家有关危险化学品产业发展布局规划，加强城市建设与危险化学品产业发展的规划衔接，切实管控危险化学品企业风险外溢。三是严禁在化工园区外新建、扩建危险化学品生产项目，各有关部门要加强监督检查，发现一起、查处一起。四是全面提升危险化学品企业自动化控制水平，新建"两重点一重大"化工装置和危险化学品储存设施要设置安全仪表系统，对于在役的化工装置、危险化学品储存设施，要开展自动化系统功能符合性审查。

4. 强化生产过程管理，全面提升危险化学品行业安全生产水平。一是加强设备管理，督促企业切实发挥设备管理职能部门作用，完善企业设备管理制度，严格按照设备检修规程做好设备的日常维护保养和计划检修工作。二是加强工艺管理，督促企业定期修订岗位操作规程，不断提高员工操作技能，完善工艺参数的过程报警、操作记录的管理，加强对异常情况的原因分析，广泛开展HAZOP分析，对生产装置中潜在的风险进行全面辨识、分析和评价，提高装置的自动化水平。三是加强生产管理，督促企业严格执行巡检管理制度、交接班等制度，加强对关键设备、重点部位的管控，保证生产安全平稳运行。四是加强变更管理，督促企业按照化工过程安全管理的要求，规范变更申请、变更风险评估、变更审批、变更验收的程序，严格管控变更风险。

5. 优化调整产业布局，切实推动重点地区化工产业提质升级。全省各级各部门要认真学习贯彻国务院安委会、安委办和应急管理部关于危险化学品安全发展的有关文件要求，因地制宜确定本地区化工产业发展定位，科学规划化工园区，优化产业布局。要切实推动重点地区化工产业提质升级，按照关闭淘汰一批、整改提升一批、重点帮扶一批的原则，对辖区内化工企业实施分级分类监管，引导分散的化工企业逐步集中到符合规范要求的化工园区。通过依法依规整顿规范企业、推动化工企业退城入园、化工园区集约集聚发展等方式方法，对市场前景好、有能力实施工艺技术升级改造的企业重点帮扶，将规模小、安全水平低、经济效益差且提升难度大的企业有序淘汰，为化工产业提质升级腾出空间。

6. 强化安全教育培训，提升各类人员安全管理素质。一是加强企业主要负责人和安全生产管理人员的教育培训工作，加大培训、考核力度，提升安全管理能力水平，对新发证、延期换证企业主要负责人根据《化工（危险化学品）企业主要负责人安全生产管理知识重点考核内容》进行考核，对考核不合格的不予安全许可。二是督促企业加强职工安全教育和培训工作，强化职工安全生产意识，提升职工专业技术水平，杜绝"三违"行为，各级安全监管部门在行政许可现场审核、执法检查过程中，要抽取一线员工进行安全生产知识复核。三是突出抓好培训教材的规范化、培训教师的专业化、培训对象的全员化、培训时间的经常化、培训方式的多样化、培训效果的奖惩化等六个方面工作。四是加强事故警示教育工作。凡是发生亡人事故的地区，一律组织召开由相关行业部门、同行业企业主要负责人和安全管理人员参加的警示教育现场会。

7. 强化安评机构监管，坚决杜绝各类违法违规行为。各地各有关部门要加强对安全评价机构的监管，督促其加强内部管理，强化行业自律，严格过程控制。安全评价报告要满足相关标准规范要求，对存在严重疏漏、弄虚作假的报告，坚决予以查处，依法暂停或吊销资质并在媒体公开曝光。

8. 加强应急体系建设，提高应急处置能力。进一步完善应急管理标准和规章制度，健全指挥协调、快速响应、应急联动机制；强化预案体系建设，突出预案的实用性、可操作性和衔接性；加快省市县应急信息指挥平台建设，发挥大数据支撑和辅助决策作用；建立应急管理专家库，保障物资储备，扎实做好应急准备；切实加强应急救援队伍建设，狠抓应急演练，快速有效应对突发事件。

9. 加强监管队伍建设，不断提高履职尽责的综合能力。推动市、县政府进一步落实属地监管责任，加强各级负有危险化学品安全监管职责部门的监管力量建设，健全完善危险化学品安全监管机构，调优配强危险化学品监管力量，确保监管能力与工作任务相适应，提高依法履职的水平。推动全省化工园区健全安全生产管理机构，配备安全监管人员，保证75%以上监管人员具备专业能力，增强落实工作的履职能力。

11.4 中石油吉林石化分公司"11.13"特大爆炸事故

2005年11月13日，中国石油天然气股份有限公司吉林石化分公司双苯厂硝基苯精馏塔发生爆炸，造成8人死亡，60人受伤，直接经济损失6908万元，并引发松花江水污染事件。国务院事故及事件调查组认定，中石油吉林石化分公司双苯厂"11.13"爆炸事故和松花江水污染事件是一起特大生产安全责任事故和特别重大水污染责任事件。

11.4.1 事故经过

2005年11月13日，双苯厂苯胺二车间二班班长徐某在班，同时顶替本班休假职工刘某硝基苯和苯胺精制内操岗位操作。因硝基苯精馏塔（以下称T102塔）塔釜蒸发量不足、循环不畅，需排放T102塔塔釜残液，降低塔釜液位。集散型控制系统（DCS系统）记录和当班硝基苯精制操作记录显示，10时10分（本段所用时间未标注的均为DCS系统显示时间，比北京时间慢1分50秒）硝基苯精制单元停车和排放T102塔塔釜残液。根据DCS系统记录分析、判断得出，操作人员在停止硝基苯初馏塔（以下称T101）进料后，没有按照操作规程及时关闭粗硝基苯进料预热器（以下称预热器）的蒸汽阀门，导致预热器内物料汽化，T101塔进料温度超过了温度显示仪额定量程（15分钟内即超过了150℃量程的上限）。11时35分左右，徐某发现超温，指挥硝基苯精制外操人员关闭了预热器蒸汽阀门停止加热，T101塔进料温度才开始下降至正常值，超温时间达70分钟。恢复正常生产开车时，13时21分，操作人员违反操作规程，先打开了预热器蒸汽阀门加热（使预热器温度再次出现超温）；13时34分，操作人员才启动T101塔进料泵向预热器输送粗硝基苯，温度较低（约26℃）的粗硝基苯进入超温的预热器后，突沸并发生剧烈振动，造成预热器及进料管线的法兰松动、密封失效，空气吸入系统内，随后空气和突沸形成的汽化物，被抽入负压运行的T101塔。13时34分10秒，T101塔和T102塔相继发生爆炸。受爆炸影响，至14时左右，苯胺生产区2台粗硝基苯储罐（容积均为150m³，存量合计145吨）及附属设备、2台硝酸储罐（容积均为150m³，存量合计216吨）相继发生爆炸、燃烧。与此同时，距爆炸点165的55#罐区1台硝基苯储罐（1500m³，存量480吨）和2台苯储罐（容积2000m³，存量为240吨和116吨）受到爆炸飞出残骸的打击，相继发生爆炸和燃烧。上述储罐周边的其他设备设施也受到不同程度损坏。

图11-18　吉林石化分公司"11.13"特大爆炸事故照片

爆炸事故发生后，大部分生产装置和中间贮罐及部分循环水系统遭到严重破坏，致使未发生爆炸和燃烧的部分原料、产品和循环水泄漏出来，逐渐漫延流入双苯厂清净废水排水系统，抢救事故现场所用的消防水与残余物料混合后也逐渐流入该系统。这些污水通过吉化分公司清净废水排水系统进入东10号线，并与东10号线上游来的清净废水汇合，一并流入松花江，造成了松花江水体严重污染。

图11-19　吉林石化分公司"11.13"特大爆炸事故装置前后对比

松花江水污染情况：事故发生前，现场共有原料、产品约为1349.61吨，其中苯358.8吨、硝基苯697.08吨、苯胺77.43吨、硝酸216.3吨。事故发生后，回收的物料约为337.6吨，其中苯100吨、硝基苯237.6吨。其余物料通过爆炸、燃烧、挥发、地面吸附、导入污水处理厂和进入松花江等途径损失。经专家组计算，爆炸发生后，约有98吨物料（其中苯17.6吨、苯胺14.7吨、硝基苯65.7吨）流入松花江。根据吉林市环保局监测数据显示，11月13日至12月2日东10号线监测断面持续超标。11月13日15时30分第一次监测的数据即为最大值，其中硝基苯为1703毫克/升、苯为223毫克/升、苯胺为1410毫克/升，分别超出排污标准851.5倍、2230倍和1410倍（国家标准《污水综合排放标准》GB8978–1996规定，硝基苯小于2.0毫克/升，苯小于0.1毫克/升，苯胺小于1.0毫克/升）。

事故发生后，现场人员启动了事故应急预案，立即向119报警和向有关部门、领导报告，双苯厂迅速成立了抢险救灾指挥部。13时45分，消防车赶到事故现场，实施灭火救援，由于事故现场可能存在二次爆炸的危险，消防队员迅速撤离了事故现场。吉林石化分公司、吉林市、吉林省主要领导接到事故报告后，迅速赶到了现场，启动了应急预案。14时左右，吉林市政府成立了事故应急救援指挥部，开始全面指挥爆炸现场紧急救援工作。在停电约2小时后，于15时20分恢复供电、供水，16时恢复装置区灭火。14日凌晨4时，火势得到基本控制，14日中午12时，现场明火全部扑灭。中石油集团公司、中石油股份公司也派出有关负责人员于爆炸事故发生当天抵达吉林市，并参与了爆炸事故应急救援工作。

11.4.2 事故原因

1. 直接原因

硝基苯精制岗位外操人员违反操作规程，在停止粗硝基苯进料后，未关闭预热器蒸气阀门，导致预热器内物料气化；恢复硝基苯精制单元生产时，再次违反操作规程，先打开了预热器蒸汽阀门加热，后启动粗硝基苯进料泵进料，引起进入预热器的物料突沸并发生剧烈振动，使预热器及管线的法兰松动、密封失效，空气吸入系统，由于摩擦、静电等原因，导致T101塔发生爆炸，并引发其他装置、设施连续爆炸。

污染事件的直接原因是：双苯厂没有事故状态下防止受污染的"清净下水"流入松花江的措施，爆炸事故发生后，未能及时采取有效措施，防止泄漏出来的部分物料和循环水及抢救事故现场消防水与残余物料的混合物流入松花江。污染事件的主要原因：一是吉化分公司及双苯厂对可能发生的事故会引发松花江水污染问题没有进行深入研究，有关应急预案有重大缺失。二是吉林市事故应急救援指挥部对水污染估计不足，重视不够，未提出防控措施和要求。三是中国石油天然气集团公司和股份公司对环境保护工作重视不够，对吉化分公司环保工作中存在的问题失察，对水污染估计不足，重视不够，未能及时督促采取措施。

2. 间接原因

（1）吉化分公司双苯厂安全生产管理制度存在着漏洞，安全生产管理制度执行不严格，尤其是操作规程和停车报告制度的执行不落实。在吉化分公司双苯厂安全生产检查制度上，存在着车间巡检方式针对性不强和巡检时间安排不合理的问题。从苯胺二车间当天巡检记录来看，事故发生前车间巡检人员虽然对各个巡检点进行了两次巡检，但未能发现硝基苯精制单元长达205分钟的非正常工况停车。按照双苯厂有关制度的规定，如果临时停车，当班班长要向车间和厂生产调度室报告，但从调度和通信记录看，生产调度人员虽在当天10时13分与当班班长徐某通过电话了解情况，却未发现10时10分硝基苯精制单元就已经停车。苯胺二车间11月13日当班应属正常操作，出现非正常工况临时停车后，操作人员虽在硝基苯精制操作记录上记载了停车时间，却未记载向生产调度室和苯胺二车间巡检人员报告的情况。

（2）吉化分公司双苯厂及苯胺二车间的劳动组织管理存在着一定缺陷。按照吉化分公司有关操作人员定额的规定，苯胺二车间应配备4个化工班，12名内操人员、20名外操人员、4名班长、4名备员，而实际配备12名内操人员、4名班长、4名备员、42名外操人员。外操岗位操作人员相对较多，超定员22人，而内操岗位操作人员却没有富裕。按照吉化分公司岗位责任制的规定，当班时内、外操作人员不能互相兼值操作岗位，只有班长可以兼值其他操作岗位。因操作人员休假调配不合理，经常导致当班班长兼值内、外操岗位。据统计，徐某从2005年3月18日担任班长至11月13日事故发生时，共有35班兼值内、外操岗位。11月13日，徐某在当班的同时，兼值硝基苯和苯胺精制内操岗位，由于硝基苯精制装置出现了非正常工况，班长徐某既要组织指挥其他岗位操作人员处理问题，又要进行硝基苯和苯胺精制内操岗位的操作，致使硝基苯和苯胺精制内操岗位时常处于无人值守的状态。

（3）吉化分公司对安全生产管理中暴露出的问题重视不够，整改不力。2004年12月30日，吉化分公司化肥厂合成车间曾发生过一起三死三伤的爆炸事故，导致事故发生的原因是在现场安全生产管理方面存在着一定漏洞。吉化分公司虽然在2004年工作总结中，已经指出现场管理方面存在的问题，尤其是非计划停车问题比较突出，但没有认真吸取教训，有针对性地加以整改。

11.4.3 事故教训

1. 中石油集团公司和中石油股份公司及吉化分公司应持续开展反违章指挥、违章作业和违反劳动纪律的"反三违"活动，经常认真检查安全管理制度存在的问题和漏洞，并持续改进和完善；加强从业人员的安全培训和教育，特别是注重对操作人员实际操作技能的培训和考核，严格执行安全生产管理制度和操作规程。

2. 建议国家有关部门尽快组织认真研究并修订石油和化工企业设计规范，提出在事故状态下防止环境污染的措施和要求，尽量减少生产装置区特别是防爆区内的危险化学品的储存。当前，限期落实事故状态下"清净下水"不得排放的措施，防止和减少事故状态下的环境污染。

3. 建议各地、各有关部门、有关单位要按照国家有关法律、法规的规定，尽快完善事故状态下环境污染的监测、报告和信息发布的内容、程序和要求；要结合实际情况，不断改进本地区、本部门和本单位《重大突发事件应急救援预案》中控制、消除环境污染的应急措施。

4. 建议建立统一的化学品危险性和安全信息国家档案和信息传递平台，为危险化学品事故预防和应急救援，为防范环境污染和应急处理提供相关信息和技术服务；尽快建立危险化学品事故应急救援体系，组建国家和地方的危险化学品事故应急救援指挥中心；加强环境监测监控力量，制定各有关部门能够协同作战的环境污染应急预案。

5. 国家应鼓励科研机构和有关企业开展化学品燃烧、爆炸机理的基础研究、本质安全技术研究；大力推广应用符合清洁发展、安全发展要求的先进技术和切实有效的措施；支持从事易燃易爆化学品生产活动的单位进行安全技术和事故状态下防止环境污染措施的持续改进。

6. 本着"四不放过"的原则，各地、各部门、各有关单位认真组织开展危险化学品事故特别是此次事故及事件经验教训的宣传和交流活动，进一步提高各级党、政领导干部和企业负责人对危险化学品事故引发环境污染的认识，切实加强危险化学品的安全监督管理和环境监测监管工作，举一反三，排查治理隐患，防止类似事故和事件的再次发生。